普通高等教育“十一五”国家级规划教材

“十三五”江苏省高等学校重点教材(编号:2018-2-134)

环境系统工程

主　审　贺克斌

主　编　王丽萍　何士龙

副主编　王　华　赵　瑜

王建兵　郭中权

中国矿业大学出版社

· 徐州 ·

内容简介

本书以环境系统数学模型、环境系统规划和环境问题的科学决策等原理及方法为重点内容，比较全面地阐述了环境系统工程的基本理论和方法。本书主要内容包括环境系统工程的基本理论和方法、环境系统模型化技术、环境系统规划、水环境系统模型、水污染系统控制规划、大气环境系统模型与控制规划等，也涉及环境系统思想与方法的现实应用——环境风险评价与管理、环境决策、工业生态系统工程等。

本书既有理论和方法的论述，又有应用实例，可作为高等院校环境科学与工程、城市规划、市政工程、资源管理以及其他相关专业本科生、研究生的教材或教学参考书，也可供从事环境规划、评价和管理以及市政、水利等有关部门的科技人员参考。

图书在版编目(CIP)数据

环境系统工程/王丽萍，何士龙主编. —3版. —徐州：中国矿业大学出版社，2024.1
ISBN 978-7-5646-6160-1

Ⅰ. ①环… Ⅱ. ①王… ②何… Ⅲ. ①环境系统工程—高等学校—教材 Ⅳ. ①X192

中国国家版本馆CIP数据核字(2024)第044496号

书　　名　环境系统工程
主　　编　王丽萍　何士龙
责任编辑　周　红
出版发行　中国矿业大学出版社有限责任公司
（江苏省徐州市解放南路　邮编221008）
营销热线　(0516)83885370　83884103
出版服务　(0516)83995789　83884920
网　　址　http://www.cumtp.com　**E-mail**:cumtpvip@cumtp.com
印　　刷　苏州市古得堡数码印刷有限公司
开　　本　787 mm×1092 mm　1/16　**印张** 22.5　**字数** 576千字
版次印次　2024年1月第3版　2024年1月第1次印刷
定　　价　46.00元
（图书出现印装质量问题，本社负责调换）

第三版前言

环境问题是由经济-社会-自然多系统相互作用而产生的，呈现出多种污染类型叠加、多种过程耦合以及多尺度污染相互作用等特征。环境问题的有效解决，需要坚持系统观点，从整体性全过程来解决。环境系统工程是系统工程的新分支学科，是系统工程方法论在环境学科的应用，是分析解决复杂环境问题的一项重要工具。

本书是在普通高等教育"十一五"国家级规划教材（2010年第一版）和"十三五"江苏省高等学校重点教材（2019年第二版）的基础上，由中国矿业大学、南京大学、河海大学、中国矿业大学（北京）和中煤科工集团杭州研究院有限公司等单位相关专家重新修订而成。该书以"理论-方法-应用"的思路构建知识体系，以"单介质-多介质-区域环境"的环境系统分析理论与方法、环境规划与环境风险预测及其应用为主线展开，设置了环境决策分析、环境污染事故突发性预测和工业生态系统工程等学科前沿内容。

《环境系统工程》（第三版）重点在以下方面进行了修改和完善：

在内容和知识点上推陈出新，融入学科发展的最新成果，介绍环境系统工程研究及应用中为解决我国复杂环境问题做出贡献的案例和研究成果，体现教材的时代性、创新性与前沿性。如第五章，针对我国最受关注的大气污染物 $PM_{2.5}$ 和 O_3 受化学转化的影响很大等问题，在大气环境系统模型中增加了复杂化学传输模式内容；在第八章大气地面浓度控制规划中，指出了该方法的局限性；同时在教材内容中增加了双碳背景下大气环境质量-经济-能源系统规划研究案例和矿区工业生态工程案例等。

在内容体系上强化完整性和可读性。在第四章水环境系统模型部分，在原有内容的基础上，在第二节河流水环境模型和第四节近岸海域水环境模型增加了水环境特征部分，引出后续模型；第三节增加了悬沙模型和拉格朗日粒子追踪模型，在第四节增加了湍流流动模型，第六节增加了流域水环境模型，以保证内容的丰富性与全面性。将第十一章改为"突发性环境污染事故的预防"，增加"重大危险源"内容，形成"两重点"和"一重大"危险源辨识体系；将工艺过程危险性识别和风险事故源项的定量分析方法内容，合并为第四节"系统安全分析"；新增事故后果分析和预防对策，形成突发性环境污染事故分析、预测、预防的完整链。

本书每章增加本章导读，使读者整体了解篇章的重要知识点。同时教材中更新并增加了例题和思考题，使得内容丰富、覆盖面广。为了培养学生分析和解决复杂环境问题的能力，一些习题中设置了比较复杂的环境情景，体现了本书的高阶性，也有助于学生学习、理解，有利于学生应用系统工程的理论和方法，分析处理与环境和环境保护相关的问题。另外，本书相关章节后配套了数字资源(扫描章后二维码，可获得相应课程资源)，有利于读者更好地理解和掌握本书知识。

本书编写分工如下：第一、第十二章由王丽萍修订，第二、第三章由何士龙修订，第四、第六章由王华修订，第五、第八章由赵瑜修订，第七章由王建兵、王立章修订，第十章由王建兵修订，第九章由郭中权和赵雅琴修订，第十一章由郭中权和雷灵琰修订。全书由王丽萍统稿，由清华大学贺克斌院士主审。

由于编者水平所限，书中疏漏之处在所难免，恳请读者批评指正。

编　者

2023 年 12 月

目　录

第一章　环境系统工程概述

导　读

系统工程是组织管理系统的规划、研究、设计、制造、试验和使用的科学方法，环境系统工程是系统工程解决环境系统问题的具体应用，是对环境系统进行合理规划、设计、运行管理的思想、组织及技巧的总称。环境问题的复杂性、综合性以及与环境系统的多目标等特征为系统工程在环境领域的应用提供了广阔的天地，环境规划、管理、评价和区域环境污染综合防控需要系统工程这一有力工具。本章内容重在帮助读者构建系统、系统工程方法论和环境系统工程的系统化和结构化的知识体系，进而掌握环境系统工程的基础理论、研究与应用及拓展方向，培养利用系统方法解决复杂环境问题的能力。

第一节　系统及其特征

一、系统的概念

系统这一概念源于人类的长期实践，是随着人类社会生产实践的发展而发展起来的。在处理具体工程问题和认识实际事物时，常提及系统一词，例如灌溉系统、河流系统、教育系统等，但自 20 世纪 40 年代贝塔朗菲(L. von Bertalanffy)提出一般系统论以后，特别是20 世纪五六十年代应用系统工程解决复杂问题取得重大成功以后，系统思想与系统方法才广泛地渗透到各学科领域。随着系统概念在实际应用中进一步明确化和具体化，人们认识到系统是一切事物存在的方式之一，所有事物都可以用系统的观点进行考察，用系统的方法进行描述。

尽管系统是人们对具体事物进行某种程度抽象得到的，但不同性质、结构和功能的系统之间存在着某些共性的东西。研究系统之间的共性规律，运用系统思想和方法解决问题，对于研究、创建、运行和管理具体的系统以及提高系统的功能具有重要意义。于是，系统科学、系统工程及方法就应运而生了。系统方法特别适合解决复杂大系统中的一些问题，尤其是涉及社会-经济-环境的复合系统。因此，自 20 世纪 70 年代以来，系统工程方法几乎被推广应用到人类社会经济和社会活动的所有方面。

系统是由两个或两个以上相互独立又相互制约并执行特定功能的元素组成的有机整体。系统的元素(组成部分)可以是一个子系统,每一个子系统又可以由若干个子系统组成。同样,每一个系统又可以是比它大的系统的一个子系统。我国著名科学家钱学森对系统的定义是:把极其复杂的研究对象称为系统,即由相互作用和相互依赖的若干组成部分结合成具有特定功能的有机整体,而且这个系统本身又是它所从属的一个更大系统的组成部分。

从系统的定义可以归纳出系统的要点:一个系统由两个或两个以上的元素组成;系统元素之间相互独立又相互作用和制约;各个元素组成一个整体,执行特定的功能。组成系统的诸要素的集合具有一定的特性,或表现为一定的行为,这些特性和行为并不是原来组成部分或任何一个子系统所具有的。换句话说,一个系统是由许多要素所构成的整体,但从系统功能来看,它又是一个不可分割的整体,如果硬要把一个系统分割开来,那么它将失去原来的性质。

二、系统的分类

在自然界和人类社会中,系统概念应用的广泛性决定了系统的多样性。从不同的角度出发,可将系统分成不同的类别。

(一) 自然系统与人工系统

按照系统的起源,可以将系统分为自然系统、人工系统。存在于自然界、不受人类活动干预的系统称为自然系统,如宇宙系、银河系、太阳系、生态系统、生物系、矿藏系统、海洋系统以及微观的原子核系统等。为达到人类需求的目的而人为地建立起来的系统称为人工系统。例如,生产、交通、水利、电力、教育、经营、医疗等系统;由人将零星部件装置成工具、仪器、设备,以及由它们组成的工程技术系统;由一定的制度、组织、程序、手续等组成的管理系统和社会系统;根据人对自然现象、社会现象的科学认识而建立的科学体系和技术体系。

实际上,大多数系统是由自然系统与人工系统组合起来的复合系统。它们既有自然系统的特征,又具备人工系统的特性,如交通管制系统、航空导航系统、广播系统等人机系统。这是因为:一方面,由自然系统和人工系统组合起来的复合系统,要适应自然系统的内在规律;另一方面它又是根据自然系统的内在规律而创造出来的。环境保护工作中的环境污染监测系统和环境污染控制系统等,均属于复合系统。

(二) 实体系统与概念系统

在研究与社会现象有关的一些问题时,理解实体系统和概念系统是很有用的。凡是以矿物、生物、机械和人群等实体为过程要素所组成的系统称为实体系统。本质上讲,实体系统的特性是由实体执行的特定过程决定的,如污水处理系统的特性是由各单元构筑物净化污水过程决定的,它依赖于各个单元执行的工艺过程。凡是由概念、原理、原则、规划、政策、制度、方法、程序等概念性的非物质实体所构成的系统称为概念系统,如军事指挥系统、环境管理系统、社会系统等。实体系统与概念系统在大多数情况下是结合在一起的,实体系统是概念系统的物质基础,而概念系统往往是实体系统的中枢神经,指导实体系统的行为。如军事指挥系统既包括军事指挥员的思想、信息、原则、命令等概念系统,也包括计算机系统、通信设备系统等实体系统。

（三）开放系统与封闭系统

开放系统是指与环境之间存在物质、能量和信息交换的系统。这些系统通过系统内部各类子系统的不断调整来适应环境变化，使其在一定阶段保持稳定状态，并谋求发展。而封闭系统则不存在物质、能量和信息的交换，由系统的界限将环境与系统隔开，因而它是一种呈封闭状态的系统。封闭系统存在的前提条件是，其系统内部的要素存在某种均衡关系，对这种关系的认识是了解封闭系统最基本的步骤。

实际系统一般都属于开放系统。因开放系统与环境有密切的关系，研究这类系统不仅要研究系统本身的结构和状态，而且要研究系统所处的外部环境，剖析环境因素对系统的影响方式和影响程度，以及环境随机变化的因素。系统面对的环境可能是平稳的，也可能是动态的；环境对系统的影响可能是确定的，也可能是随机的、不确定的。开放系统必须具有适应环境变化的功能，否则无法继续生存。

有一些开放系统和环境没有清晰的边界，这种系统往往是按照所关心的问题从千丝万缕、互相联系的事物中相对孤立出一部分事物作为研究对象。处理这类系统，要求组成系统时尽可能排除主观因素的影响。

（四）动态系统与稳态系统

按系统状态的时间过程特征，可将系统分为动态系统和稳态系统。系统的特征随时间变化的系统称为动态系统，反之则称为稳态系统。绝对的稳态系统是不存在的，状态随时间变化缓慢，或者在某一周期内的平均状态基本稳定的系统称为稳态系统。环境保护系统基本上属于动态系统。

在解决实际问题时，复合系统、动态系统和开放系统都是较难处理的系统，需要综合分类。环境保护系统就是属于这样复杂的系统。在处理复杂系统时，有两种方法可以选择：采用复杂的技术，力图真实地反映系统的复杂性，或者对系统进行某种程度的简化，采用比较简便的方法反映系统的主要特征。

三、系统的特征

（一）目的性

人工系统和复合系统都是“自为”系统，是为追求一定的目的而建立的。复杂系统的目的不止一个，并与系统的结构层次相对应。系统作为总体具有一个总目标，各子系统也可分别具有各自的层次性目标，因此需要一个指标体系来描述系统的目标。为了实现系统的目的，使各层次的目标均能按既定的意图得以实现，系统必须具有控制、调节和管理的功能。管理的过程也就是系统的有序化过程，即使系统进入与系统目的相适应的状态。

系统追求自身的目的，而系统目的又可以分解为多层次的目标。实现全部的系统目标，就等于实现了系统目的。如果以 G 表示系统目的，以 g_i 表示系统目标，则

$$G = \{g_i \mid g_i \in G, i = 1, 2, \cdots, p\} \tag{1-1}$$

（二）集合性

集合的概念是指把具有某种属性的一些对象看成一个整体，从而形成一个集合。集合里的各个对象称为集合的要素（子集）。系统是由两个或两个以上可以互相区分的要素（或子系统）组成的。实际工作中，系统常常是巨大、复杂的，这并不一定是在规模上庞大，而是由于非常多的要素作为它的组成部分，从而产生复杂的动作、程序和状态。一个系统常常是由若干个子系统有机地结合起来的，子系统又由更小的系统构成，形成一个多层次的结构。

一个系统是由多个子系统和系统元素组成的，它们之间的关系可以表示为

$$X = \{x_i \mid x_i \in X, i = 1,2,\cdots,n \quad n \geqslant 2\} \tag{1-2}$$

式中，X 表示系统；x 表示子系统或系统元素。

（三）相关性

组成系统各部分要素之间及系统与环境之间的相互联系、相互制约和相互作用，就是系统的相关性。如果只有一些要素，虽然是多种多样的，但它们之间没有任何联系，那么这些要素就不能被称为系统。相关性是为说明这些联系之间的特定关系以及这些关系之间的演变规律的。

系统中的各个子系统以及系统元素之间的联系是反映系统特征和保证实现系统目标的主要内容，体现了各个子系统或系统元素之间的相互联系和相互制约。

$$S = \{x \mid R\} \tag{1-3}$$

式中，S 表示系统的总体关系；R 表示子系统或系统元素之间的关系。系统的总体关系是各个子系统或系统元素之间关系的集合。

（四）阶层性

系统作为一个相互作用的诸要素的总体，可以分解为一系列并存在一定层次结构的子系统，这就是系统空间结构的特定形式。在系统层次结构中表述了不同层次子系统中存在着动态的信息流和物质流，其构成了系统的运动特性，为深入研究系统层次之间的控制和调节功能提供了条件。

子系统或者系统元素在系统中是按照一定的层次排列的，如图 1-1 所示。由于子系统或系统元素的位置差别，它们之间形成如下 3 种关系。

① 领属关系：表示上级子系统或元素对下级的关系；

② 从属关系：表示下级子系统或元素对上级的关系；

③ 相互关系：表示同级子系统或元素之间的关系。

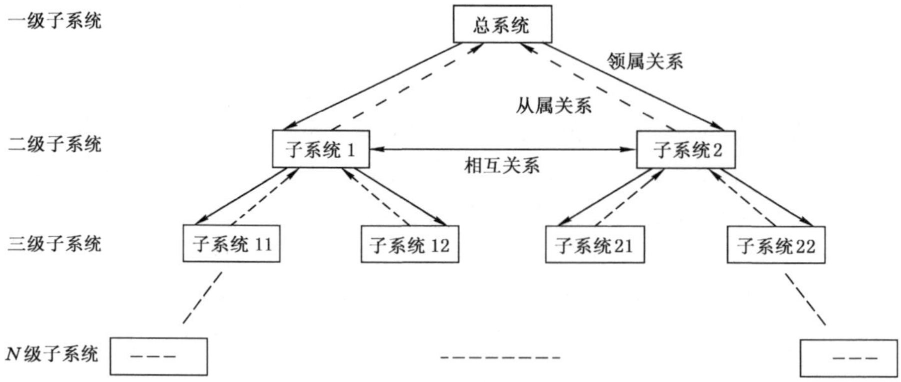

图 1-1　系统的层次结构

（五）整体性

系统是由两个或两个以上可以互相区别的要素，按照系统应具有的综合整体性而构成的。系统整体性表明，具有独立功能的系统要素以及要素间的相互关系（关联性、阶层性）是根据逻辑统一性的要求，协调存在于整体之中的。任何一个要素不能离开整体去研究，要素

间的联系和作用也不能脱离整体协调去考虑。系统不是各个要素的简单集合，否则它就不会具有作为整体的特定功能。脱离了整体性，各构成要素的机能及要素间的作用就失去了原有的意义，研究任何事物的单独部分不能够得出有关整体的结论。系统的构成要素和要素的机能、要素间的相互联系要服从系统整体的目的和功能，在整体功能的基础上进行各要素及其相互之间的活动，这种活动的总和形成了系统整体的有机行为。因此，在一个系统整体中，虽然每个要素并非很完善，但它们通过综合协调可以成为具有良好功能的系统；反之，即使每个要素都是良好的，但作为整体不具备某种良好的功能，也就不能称之为完善的系统。

整体涌现性是一种规模效应和组分之间的相干效应（结构效应），因而具有非加和性，即对于系统而言，1＋1 往往大于 2。优化设计和改造系统，目的就是提高系统的整体功能。系统的整体性体现了一个系统作为一个整体实现系统目标的特征。系统中的所有子系统和系统元素都按照一定的结合方式，追求系统目标的最优。结合效应可由下式体现：

$$E^{*} = \max_{p \to G} p(X, R, C) \tag{1-4}$$

式中，E^{*} 表示系统结合函数；p 表示整体结合效果函数；X 表示子系统或系统元素集合；R 表示关系集合；C 表示系统阶层集合。

（六）不确定性与环境适应性

系统具有不确定性，是因为系统中存在某些不能用确定性方法描述其状态的构成要素。这些组成部分的活动或者由于人的认识未完全掌握其准确的规律，或者由于活动本身具有一定的随机性，因而只能使用统计规律等手段反映其活动状态与进程，这就使系统具有不确定性。任何系统都不能孤立存在，而是存在于一定的物质环境之中，它必然地与外界环境发生物质的、能量的和信息的交换，以适应外界环境的变化，这就构成了系统的环境适应性。同时外界环境的变化必然会引起系统内部各要素之间的变化。不能适应环境变化的系统则是没有生命力的，而能够经常与外部环境保持最佳适应状态的系统，才是理想的系统。

系统兼多样性和统一性两个特点。系统是一切事物的存在方式之一，因而可以用系统的观点来考察和描述事物。也就是说，一个系统不是由组成它的子系统简单叠加而成的，而是按照一定规律的有机综合。简单地说，系统思想与方法的核心是把所研究的对象看作一个有机的整体（系统），并从整体的角度去考察、分析与处理事物。系统思想是指事物的整体性观念、相互联系的观念、演化和发展的观念等，这些都来源于人类的社会实践。这些思想方法，一旦获得了数学表达形式和计算工具，就从一种哲学思维发展成为专门的学科——系统科学和系统工程学。

第二节　系统工程方法论

一、系统工程

系统工程是一门新兴学科，目前还缺乏一个公认的定义。在科学技术的体系结构中，系统工程属于工程技术。国内外不同领域的学者，从各自的背景和不同的观点出发，对系统工程有不同的认识，提出了不同的定义，这为我们认识系统工程提供了线索和参考。

1975 年，美国《科学技术辞典》对系统工程给出的定义是："许多密切联系的单元所组成的复杂系统设计的科学。在设计时，应有明确的预定功能及目标，并使各组成单元之间以及各单元与系统整体之间有机联系，配合协调，从而使系统整体能够达到最佳目标。同时还要考虑系统中人的因素与作用。”

钱学森提出“系统工程是组织管理系统的规划、研究、设计、制造、试验和使用的科学方法，是一门组织管理的技术”。

美国切斯纳(H. Chestnut)提出“系统工程认为，虽然每个系统都是由许多不同的特殊功能部分组成的，这些功能部分之间存在着相互关系，但每个系统都是完整的整体，每一个系统要有一个或若干个目标。系统工程则是按照各个目标进行权衡，全面求得最优解(或满意解)的方法，并使各组成部分能够最大限度地互相适应”。

日本工业标准(JIS)规定，“系统工程是为了更好地达到系统目标，对系统的组成要素、组织结构、信息流动和控制机制等进行分析与设计的技术”。

日本学者三浦武雄指出，系统工程与其他工程学的不同之处在于它不仅是跨越许多学科的科学，而且是填补这些学科边界空白的边缘科学。系统工程的目的是研究系统，而系统不仅涉及工程学领域，还涉及社会、经济和政治等领域，为圆满解决这些交叉领域的问题，除了需要某些纵向的专门技术以外，还需要一种技术从横向把它们组织起来，这种横向技术就是系统工程，也就是研究系统所需的思想、技术、方法和理论等体系化的总称。

系统工程是以研究大规模复杂系统为对象的一门交叉学科，根据系统总体协调的需要，把自然科学和社会科学中的某些理论、方法、思想、策略和手段等有机联系起来，将人们的生产、科研或经济活动有效组织起来，运用定量与定性分析相结合的方法和计算机等技术工具，进行系统结构与功能分析，包括系统建模、仿真、分析、优化、评价和决策，以求得最好的或满意的系统方案并付诸实施。系统工程对系统的构成要素、组织结构、信息交换和反馈控制等功能进行分析、设计、制造和服务，从而达到最优设计、最优控制和最优管理的目的，以便最充分地发挥人力、物力、财力的潜力，通过各种管理技术，使局部和整体之间的关系协调配合，以实现系统的综合最优化。综上所述，系统工程不同于其他技术，它既是一门综合性的整体技术，又是一门定性定量相结合的技术，是从整体上研究和解决问题的科学方法。

从上述几个有代表性的定义中，可以看出系统工程具有如下特点：

① 全局性(整体性)。系统工程是从全局整体出发，统筹兼顾，而不是从某一局部或指标出发来思考和解决问题的。

② 关联性。系统工程研究的问题是全面深入地考虑系统各部分之间和各因素之间的相互联系和相互制约的情况，并且用明确的方式(如方程式)表达出来。

③ 最优性。系统工程研究的问题是最优化问题，如果是多目标决策问题，则要寻求满意解。

④ 综合性。系统工程研究的问题要求尽可能全面，要考虑经济、技术、政治和环境等多方面的因素，要应用基础数学、运筹学、经济学和各种相关专业知识，需要各方面的专家协作等。

⑤ 定量性。系统工程是定量的科学。应用系统工程研究问题，要进行定量分析，即使有的难以直接或明确定量，也得设法借助其他办法加以定量，如模糊决策、灰色系统和专家评估就属于这类办法。

⑥ 实践性。系统工程非常强调实践，如果离开了具体系统的决策实践，也就谈不上系

统工程。当然强调实践，丝毫不排斥对系统工程基本理论的深入探索。

二、系统工程方法论

（一）系统工程的程序

系统工程和系统分析的定义严格来说是不同的，前者是处理系统的工程技术，也就是组织管理“系统”的规划、研究、设计、制造、试验和使用的科学技术，而后者则是应用于前者的数学理论和优选方法。系统分析也区别于运筹学。运筹学只对能定量或计算的问题进行择优，而系统分析还可以对包括某些不能定量或难于计算的因素的系统进行优化决策。但从方法学范畴来看，系统分析和系统工程又属于相同的概念，它们都是力图全面地、发展地和互相联系地分析研究问题。

从一个系统工程的具体实施过程来看可将其分为四个部分，其中系统分析是系统工程的核心部分，如图 1-2 所示。

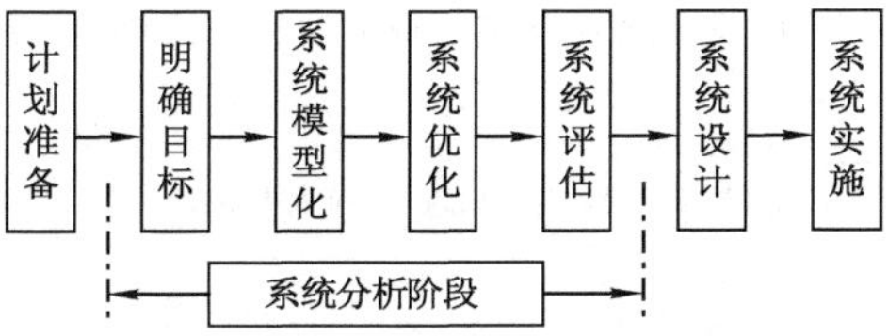

图 1-2　系统工程的程序

完整的系统工程是在系统分析的基础上进行系统设计并加以工程实施的。一件事物或一项工程项目可以分成计划准备、系统分析、系统设计和系统实施等几个阶段。系统分析是其中的一个主要组成部分，是针对研究问题的整体，进行全面的、互相联系的和发展的研究，以期找到解决问题的最佳方案或替代方案，并预测这些方案实施后可能产生的后果。

在实际工程中，系统分析、系统设计和系统实施这三个阶段的内容在时间上一般是顺序执行的。只有提出一个好的系统分析方案，才能保证做出好的系统设计，继而保证最终实施的工程质量。但从认识的角度，这三个阶段又不是截然可分的。系统分析的成败，与前人的工作以及分析者的阅历与经验直接相关，而这些经验中很多需要在系统设计和系统实施的过程中取得，同时，就某项实际工程而言，根据系统设计或系统实施阶段提出的反馈信息，成功修改或部分修改系统分析的实例也屡见不鲜。

（二）硬系统方法论

任何一门科学或技术都有自己的一系列方法，系统工程也不例外。系统工程一直非常重视方法和方法论的研究，其中以霍尔（Hall，1969）为代表的硬系统方法论影响最广。他提出的系统工程的三维结构是比较完善的方法，其特点是强调明确目标，认为对任何现实问题都必须弄清其需求。其核心内容是最优化，即现实问题都可以归结为工程问题，可以应用定量方法求得最优的系统方案。霍尔系统工程方法论三维结构图如图 1-3 所示。

霍尔系统工程方法论的程序和步骤如图 1-4 所示。一般而言，系统分析大体按以下步骤进行。

1. 明确问题的范围和性质

首先，问题是在一定的外部环境作用下和系统内部发展的需要中产生的，它不可避免地带有一定的本质属性和存在范围。只有明确了问题的性质和范围后，系统分析才有可靠的

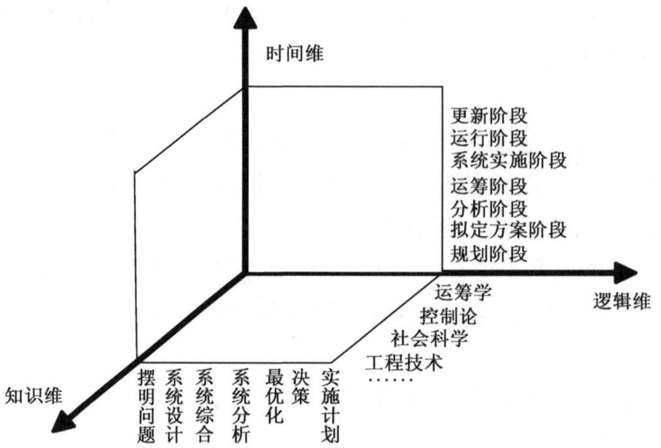

图 1-3　霍尔系统工程方法论三维结构

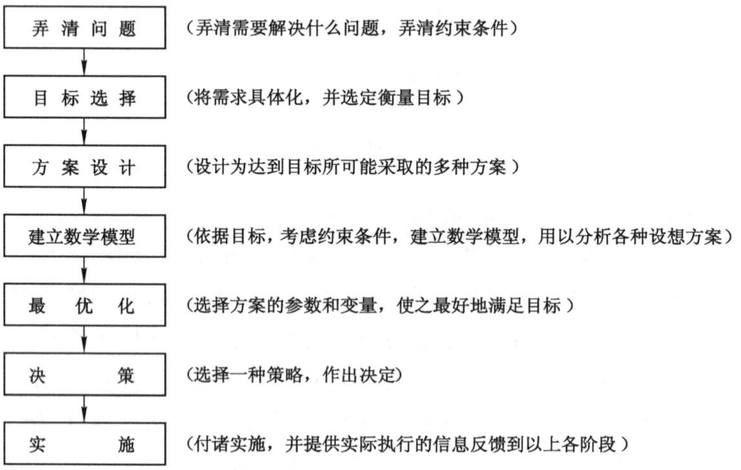

图 1-4　霍尔系统工程方法论的程序和步骤

起点。其次，根据问题的范围和性质，决定问题涉及的系统、系统的组成元素和元素间的相互联系以及它们和环境间的关系，从而将问题的界限进一步划清。其中，根据具体条件确定研究系统的内部结构及其与周围环境的联系是特别重要的。

2. 设立目标

系统分析是针对所提出的具体目标而展开的，由于实现系统功能的目的是靠多方面因素来保证的，因此系统目标也必然有若干个。在多目标条件下，要考虑各项目标之间的协调，防止发生抵触或顾此失彼，以及可能产生的互有矛盾。在明确目标的过程中，还须注意目标的整体性、可行性和经济性。

3. 收集资料，提出方案

资料是系统分析的基础和依据。根据研究的系统结构和选择的系统目标，以及对系统分析的其他要求，调查和测试系统及环境的有关数据资料，包括历史资料和当前的状态数据。资料和数据的获取通常通过调查、试验、观察、统计以及引用国外资料等方式。有时说明某一问题的资料很多，但未必都有用，因此，选择和鉴别资料是收集资料时必须注意的问题，避免过多冗余数据浪费时间和精力。收集资料特别重视调查数据的来源和质量，必须注意资料的可靠性，说明重要目标的资料必须经过反复核对和推敲。资料必须是说明系统目标的，对照目标整理资料，找出影响目标的诸因素，然后提出达到目标条件的替代方案。所拟定的替代方案应具备创造性、先进性和多样性的特色。创造性是指方案在解决问题上应有创新精神，新颖独到，有别一般；先进性是指方案应采纳当前国内外最新科技成果，符合世界发展趋势，具有前瞻性；多样性是指所提方案应从事物的多个侧面提出解决问题的思路，使用多种方法计算模拟方案，避免落入主观、直觉的误区。

4. 建立数学分析模型

该过程包括建立系统的结构模型和优化模型。人们通过长期努力已经对许多典型环境系统建立了各种用于系统分析的模型。依据表达方式和方法不同，这些模型可分为图式模型、仿真模型、数学模型和实体模型。系统分析人员应找出说明系统功能的主要因素及其相互关系，即系统的输入、输出和转换关系，系统的目标和约束等，根据具体情况选择或修改现有的模型。通过模型的建立，确认影响系统功能和目标的主要因素及其影响程度，确认这些因素的相关程度、总目标的达成途径及其约束条件等，使模型能够满足现实系统分析任务和精度的要求。当没有合适的系统模型时，需要自己通过试验研究建立模型。

5. 综合分析与评价

综合分析与评价也称为决策阶段。一般通过系统分析可以得到不止一个可行方案，需要从这些方案中寻找出最佳或较佳方案，这就需要评价标准。制定系统评价标准是决策的基础性工作。由于环境保护领域研究的多数是社会-经济-环境复合系统，目前用得最多的评价标准是环境经济学或环境生态经济学推荐的确定评价标准的方法，同时综合考虑设计系统的其他性能，如系统的功能、系统运行的可靠性、系统的可维护性、系统的实现难度和需要的时间等。利用已建立的各种模型对替代方案可能产生的结果进行计算和测定，比如费用指标，应考虑投入的劳动力、设备、资金和动力等，不同方案的输入、输出不同，得到的指标也不同，当分析模型比较复杂、计算工作量较大时，应充分利用计算机的多种功能和优势。

在上述分析基础上，再考虑各种无法量化的定性因素，对比系统目标需要达到的程度，用标准来衡量，即进行综合分析与评价。评价结果应能推荐一个或几个可行方案，或列出各方案的优先顺序，供决策者参考。运用系统的结构模型和最优化模型，分析系统的各种可行方案，最终通过系统比较确定最优或较优方案，并撰写系统分析报告。

6. 系统设计与实施

系统设计是在系统分析提出方案的基础上进行的，它运用各种工程方法将系统分析的结果落实在工程措施上，以确保系统结果的实现。

硬系统方法的特点：抽象简化对象现实系统，以便进行状态描述；建立数学模型并在此基础上形成方案，进行方案优化和选择；强调数学模型的基础作用，要求尽可能精确并追求最优化和效率；无法考虑人的因素，主要基于还原论思想使之适于“硬问题”。

（三）“软科学”系统方法论

进入 20 世纪 70 年代以来，系统工程开始大量应用于社会经济系统和社会发展问题，所涉及的社会因素相当复杂，很多因素很难用定量方法进行研究。一些学者发现霍尔方法论对解决各种战术问题或组织管理大型工程问题(建立硬系统)有效,而对于以建立和管理“软系统”为目的的社会科学、管理科学等软科学领域则不适用。

以切克兰德(Checkland,1972)为代表的一些学者开始在霍尔三维结构基础上提出统一规划法。切克兰德提出“软科学”系统方法论,其核心不是最优化,而是比较或者学习,从模型和现状的比较中来学习改善现状的途径。比较意味着要组织讨论并达成共识,这样就能够更好地反映人的因素和社会经济系统的特点,不拘泥于定量分析。20 世纪 80 年代末,我国著名学者钱学森和其他系统工程研究者进一步提出了处理复杂巨系统的综合集成方法,1992 年又提出从定性到定量的综合集成研讨式体系。

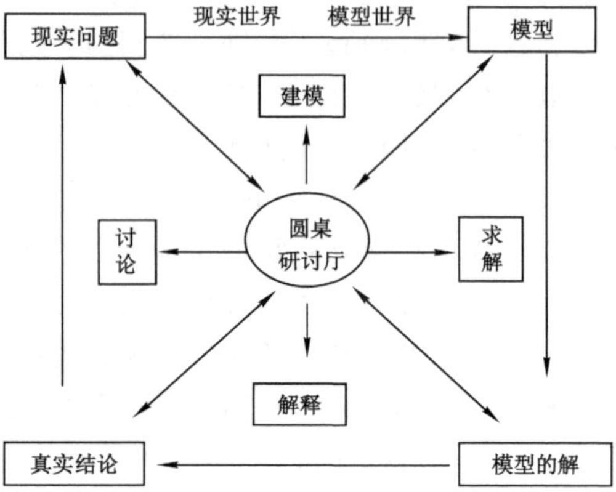

图 1-5 广义系统方法论

一些学者把仅靠传统的运筹学和系统工程等、用常规数学模型就能优化解决硬问题的方法称为硬系统方法;把注重人的因素,考虑人的世界观、价值观以便处理包括人在内的软问题的方法称为软系统方法。而二者的结合称为广义系统方法论,见图 1-5。

“软科学”系统方法论的主要内容如图 1-6 所示。

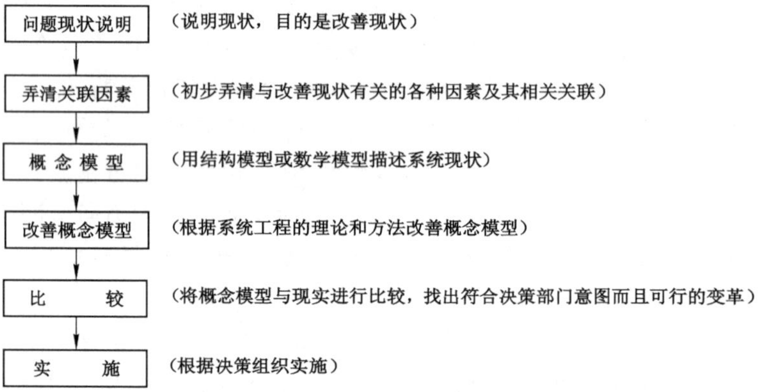

图 1-6 “软科学”系统方法论的主要内容

“软科学”系统方法的特点:问题处理过程分为现实世界行为和系统思考行为;注重人的因素,强调人的世界观和价值观;引入自学系统思维模型——概念模型;强调共识、沟通和适用方法;没有一定算法,可操作性差,主观性较强。广义系统方法的特点:还原思维和系统思维相结合,以系统思维为主;知识综合集成;兼有软、硬系统方法的优点。

第三节 环境系统工程

一、环境系统的定义及分类

人类生存的环境是一个大系统,这个大系统称为环境系统。它由一定时空范围内的物理系统(岩石、土壤、大气圈、水圈)、生态系统(生物与非生物成分组成的循环动态系统)和社会系统等三个大子系统组成。由于组成环境系统的三大子系统之间或内部不断地发生信息、物质和能量的交换,因而,环境系统是一个具有多层次结构、多输入、多输出、多目标、多变量和随机性的巨大复杂系统。每个大子系统又由众多次级子系统组成。环境系统是一个非常庞大而开放的复杂巨系统,随着理论与实践的发展,环境系统变得越来越复杂。从系统分析的观点出发,环境系统的复杂性以及伴随着复杂性而存在的模糊性,主要表现在系统的组成,系统的指标、目标和约束,系统的决策者等几个方面。

事实上,人们在认识环境质量演变规律,寻找环境质量调控方法,建立环境污染控制系统、生态环境保护系统和环境管理系统时,一般把与所研究的环境问题有关的事物或元素组织起来,把所形成的有机整体称为环境系统。环境问题一般都比较复杂,具有跨领域、多层次、多因素的特点,不仅涉及自然科学和工程技术研究的内容,还涉及社会科学和各类生态学研究的内容,这使得环境系统也十分复杂。

目前,人们研究比较多的和比较成熟的是各类环境污染控制系统,包括对污染发生源的控制系统和污染物处理系统的研究,对环境-社会-经济复合系统、环境生态系统的研究还不普遍。环境监测和环境管理被认为是控制污染的手段,从这个意义上讲,这两个系统也是环境污染控制系统的子系统。表 1-1 列出了与环境污染控制有关的环境系统。

表 1-1　环境系统的分类

分类方法	系统实例
按污染物的发生和迁移过程分类	污染物发生(污染源)系统、污染物输送系统、污染物处理系统、污染物受体(环境)系统等
按环境管理体系功能分类	环境统计管理系统、环境监测系统、排污申报管理系统、排污收费系统和环境规划管理系统等
按环境保护对象分类	自然保护区系统、生态保护区系统、河流水系污染控制系统、湖泊(水库)污染控制系统、大气污染控制系统、城市垃圾系统、有害固体废弃物污染控制系统、海洋污染控制系统、道路交通污染控制系统等

二、环境系统工程

(一) 环境系统工程的定义

环境系统工程是系统工程众多分支中的一个新分支学科,是系统工程在环境保护中的具体应用。环境系统工程是对环境系统进行合理规划、设计和运行管理的思想、组织和技巧的总称,也是系统工程的一个专业门类。可以说,没有环境系统工程及其方法学的支持,就没有实际意义上的现代化区域和城市环境管理及区域污染综合防治。现代化的环境管理主要体现在科学化、定量化、系统化和最优化(满意化),离开环境系统工程这一有力工具是无法实现的。

(二) 典型环境污染控制系统

环境系统工程目前研究最多的是地面水污染控制系统、大气污染控制系统和地下水污染控制系统等,各污染控制系统具有类似的结构。以水污染控制系统为例,污染控制系统一般由污染源子系统、污水收集和输送子系统、污水处理子系统、接纳水体子系统等四个子系统组成。

污染源子系统包括工业污染源、农业污染源和生活污染源等。这些污染源具有不同的形态,如点源污染和面源污染等。不同类型和不同形态污染源的产污规律和向水体排放的规律不同。污染源子系统和工农业生产系统、城市系统紧密联系在一起。搞清污染排放规律与推行清洁生产工艺与技术,优化产业结构和排放源布局,在污染源之间合理地分配削减量,是污染源控制的主要内容。

污水收集和输送子系统包括污水输送管线和提升泵站,把污染源和处理厂联系起来。污水收集和输送的费用是整个水污染控制系统费用的主要组成部分之一,如何通过优化处理厂的位置和管网,进而减少污水收集和运输费用,是水污染控制系统研究的重要内容。污水处理子系统是水污染控制系统的核心子系统,污水处理厂不同的规模和工艺、采用的不同设备和不同运行参数,是水污染控制系统最主要的决策变量,对出水指标和处理费用具有决定性的影响。污水处理后的最终出路是排放到接纳水体或者深度处理后中水回用。

在研究水环境污染控制系统时,需要划分水环境功能区,确定各功能区的环境质量目标,水质标准决定了污染控制系统应具有的净化能力。在一定管理区域内水污染控制系统范围较大,往往需要将系统划分成不同的水污染控制单元才能便于实际管理。环境目标管理要求把污染源(控制对象)和受保护对象(接纳水体)在一定设计条件下定量联系起来。水污染控制单元由污染源和水域两部分构成,污染源为排入该水域的所有污染源的集合,水域按不同使用功能划分。通过对这些系统和单元的研究可以科学地确定水污染物总量控制指标。

三、环境系统工程的理论基础

环境系统工程是系统工程方法在环境系统中的应用。因此,环境系统工程的基础理论主要来源于环境科学与工程、系统科学与工程两大学科。

环境科学是近年来新兴的一门介于自然科学和社会科学之间的边缘学科。环境科学是研究“人类-环境”系统,即以人类为中心的生态系统的发生、发展、预测、调控、改造和利用的科学,其目的是探讨在人类活动的影响下,环境质量发生变化的规律及其对人类产生的影响,从而为改善环境和创造新环境提出科学依据。环境科学的主要研究内容是:探索全球范围内环境演化的规律;研究人类活动同自然环境之间的关系;探索环境变化对人类生存的影响;研究区域环境污染综合防治的技术措施和管理措施。因此,环境科学的基础理论不仅涉及自然科学,也涉及社会科学。为了分析环境系统的结构与特性,环境化学、环境生态学、环境地学、环境水文学、污染气象学的知识十分重要。环境工程如水污染控制工程、大气污染控制工程、固体废物处理与利用、噪声污染控制等,是污染控制系统的理论和技术基础。环境经济学的方法在评价建立的环境污染控制系统的性能方面得到广泛的应用。环境预测方法和环境评价方法、环境污染控制工程原理和技术在环境系统模拟和系统最优化过程中发挥巨大作用。

系统工程理论是在系统科学、控制理论、信息论、运筹学、管理科学以及计算科学等基础上发展起来的。这些是系统工程的基础理论。因而,系统工程作为在许多学科的基础上发展起来的一门边缘学科,本身涉及应用数学、自动控制理论、电子计算技术和管理科学等。联系到具体研究对象,又涉及不同门类的工程技术,因此系统工程的领域也具有多学科的基础。系统科学与工程学科内的系统论、控制论和信息论是环境系统工程中系统思想的主要来源。数理统计方法、运筹学和最优化技术是环境系统工程中模型化和最优化的主要工具。

四、环境系统工程的发展、研究与应用

（一）环境系统工程发展概况

20世纪四五十年代，随着世界各国工业化和城市化的加速发展，环境公害首先在工业发达国家开始肆虐，各国开始进行环境污染治理，但在污染排放口进行的治理工作并没有取得满意的效果，“头痛医头，脚痛医脚”的做法使得环境保护工作十分被动。这种情况下环境问题的全局性、复杂性和综合性等特点才被人们逐渐认识。人们认识到环境问题的解决只有在一定的空间和时间范围内综合考虑，通过动员区域内社会各方面的力量，协调配合，才可能有成效。美国、英国和日本等工业发达国家先后建立全国性的环境保护管理和科研机构，进行区域环境污染综合治理实践活动，这为环境系统工程的产生和发展提供了条件。环境系统工程学科诞生之后，又对环境保护工作起到很大的促进作用。

事实上，世界上许多著名的环境污染防治工程的研究和设计都采用了环境系统工程的方法，如伦敦河污染的治理、里海污染防治、美国和加拿大之间的酸雨防治、北美五大湖污染治理等工程。20世纪60年代初，著名的罗马俱乐部就用系统动力学方法建立了世界环境系统模型，分析了传统经济发展可能带来的环境悲剧，提出了人类必须停止增长的结论。1972年发表的《环境工程的数学模式化》，被认为是该学科正式形成的标志。1972年，美国Rich教授发表专著《环境系统工程》，这是环境系统工程学科的第一部著作。1977年，日本教授高武松一郎和美国林教授(Ling)共同发表专著《环境系统工程》，其概括了日本利用环境系统工程解决日本严重环境公害的经验。1978年，美国、英国、澳大利亚、加拿大等国家20余位教授合著《水污染控制数学模型》。随后，环境系统工程方面的专著不断出现。

从1981年起，每年召开一次环境系统工程学术研讨会，这标志着环境系统工程成为一门独立的、迅速发展的环境科学与工程学分支学科。环境系统工程之所以成为一门独立的分支学科，理由如下：

(1) 环境系统工程有自己的研究对象、研究方法和研究领域。

环境系统工程有特定的研究对象——环境系统，特别是环境污染控制系统；有系统且具特色的研究方法——系统工程的方法，包括系统化、模型化、最优化和决策科学化；有相对固定的知识框架——40余年环境系统工程丰富的研究成果，许多研究成果都固化为本学科的基本知识内容，这些内容是科学的、经过实践检验的，并且是系统的，而且还在不断发展和扩展。环境系统工程也具有相对固定的研究领域。

(2) 社会发展对环境系统工程有强烈的需要。

环境问题的复杂性、综合性、区域性和全局性，为环境系统工程提供了广阔的用武之地。环境规划、环境管理、环境评价、区域环境污染综合防控和可持续发展需要系统工程这一有力工具。环境重大决策失误会造成社会损失和生态损失，因此，环境科学决策成为环境保护工作中最重要的环节，日益受到重视，对环境系统工程这一环境科学决策工具的需要尤为迫切。

（二）环境系统工程的主要任务和研究内容

根据目前我国环境保护工作的实际需要，环境系统工程的基本任务是研究环境系统内部各组成成分之间的对立统一关系，通过合理控制污染源和建立合理的污染控制与管理方法，寻求区域最佳的污染防治体系和环境管理体系，为各类环境决策提供科学依据。

保护环境是国家、社会、公众和企业的共同要求，但环境问题的解决又受到社会、经济、技术、生态及环境条件的制约，其使得这一多目标、多层次、充满矛盾的大系统在控制和管理上更加复杂化。传统的思维方式和决策方法已经无能为力，只有用严密的系统化方法和数学方法，以及电子计算机来实现决策科学化，做到以环境科学理论、生态规律和社会经济规律为依据，通过优化污染防治系统和环境管理系统，控制社会-经济-环境复合系统沿着最优轨迹发展。环境系统工程完成上述基本任务的基本方法是系统化、模型化和最优化，通过调节和协调系统内各组成成分之间的关系，实现经济效益、社会效益和环境效益的统一。

环境系统工程研究的主要内容，是从系统的观点出发，采取定量的，或定性与定量相结合的方法，建立环境系统数学模型，进行最优化计算，从经济、技术与社会各方面来对环境系统作优化分析和评价，力求决策科学化。所谓系统的观点是指从全局、大范围、长时间、高层次和大空间角度来考虑问题。定量方法通过建立环境系统数学模型，并用计算机进行各种计算得到结论。定性方法依据专业有关理论对研究的系统加以评述、比较、推断和立论。定性和定量相结合的方法既要运用专业理论和实际经验来分析问题，又要根据资料、信息和数学原理建立环境系统数学模型。

（三）环境系统工程的应用

1. 环境系统工程应用的主要领域

最近几年，我国环境系统工程或系统分析实践应用领域得到迅速扩展，环境系统工程方法和工具库不断充实，呈现成长学科的兴旺景象。

环境系统工程还在以下领域得到越来越广泛的应用。解决工业污染问题，需要大力推广清洁生产，从源头削减，从生产全过程控制。现代化大规模生产是一类非常复杂的系统，要求控制的精度非常高，而且面对的是激烈竞争的市场，将环境要素纳入企业自身管理中去是发展的必然趋势。因而企业活动一直是系统工程应用的主要领域。清洁生产要求的加入将进一步丰富该领域研究的内容。

生产过程系统工程（典型的是化工系统工程）和生产过程系统优化技术，都应该增加环境污染控制系统设计、管理和优化的研究。清洁生产的概念在不断扩展，不仅包括清洁能源、清洁工艺，还包括清洁产品、对产品进行生态设计和生命周期评价。这不仅涉及生产系统，还涉及消费系统、回收和处理系统。生态工业和生态工业园区是清洁生产的进一步深入，是工业生态学在清洁生产实践中的应用。这表明推行清洁生产已经从单个企业和行业发展到区域。因此，清洁生产的深化和生态工业工程的实践与学科发展更离不开系统观点和系统方法。

2. 环境系统工程应用的新拓展领域

化学品管理不当及其环境释放是新污染物的主要来源。新污染物治理，需要分析化学品在人类社会子系统、新污染物在自然环境子系统中的源-流-汇；研究化学品和新污染物对人类社会、生态系统及各层次子系统造成的影响时，以物质流分析、生命周期评价、计算毒理学、绿色化学等现代科技手段为核心要素的环境系统工程方法，有助于新污染物治理和化学品风险管理，化学品风险的源头防控、过程控制和末端治理的环境系统工程技术体系可实现对新污染物的有效治理。形成系统科学的精准管控和治理方案，这是近期环境系统工程应用的新领域。

可持续发展战略为环境系统工程的应用提供了新的机遇。可持续发展理论的研究聚焦于识别“自然-社会-经济复合系统”的内涵和演化，经济学、生态学和社会学是理论的建立和完善的学科和方法论基础。可持续发展理论的研究开辟了一个全新的系统学方向，通过分析复合系统经济、社会、生态和环境之间的协调度、发展度和持续度，揭示复合系统各部分在实现目标上的制约和协同，为中国的可持续发展战略实施提供理论指导。

可持续发展战略具体实施过程中，关键是把人类社会、自然环境和经济活动作为一个有机整体统一考虑，需建立综合决策的机制。发达国家无一不是通过建立综合决策机制来推进可持续发展战略、实现环境与经济协调发展的。中国生态文明战略的实施更是离不开环境系统工程方法论的指导，同时也必将推进环境系统工程学科的发展。

思考题

1. 何谓“系统是整合起来的多样性，兼多样性和统一性两个特点”？用生活或工作中的具体事例，说明系统分析方法解决问题的思路与步骤。

2. 系统工程中研究的系统具有哪些特征？系统的各个特征在环境系统最优化模型中起什么作用？

3. 试说明环境系统分析（工程）的基本任务和具体任务，并用自己阅读的文献中介绍的实例说明环境系统分析在环境保护实际工作中起的作用。

4. 如何确定环境系统的目标？举例说明环境系统的多目标特征，在一个多目标的系统中，又如何理解系统最优化的概念。

5. 请谈谈环境系统工程应用的新拓展领域。

第二章　环境系统数学模型概述

导　读

系统数学模型是利用数学语言对客观系统中涉及的各种要素和过程及它们相互联系和作用的表达，并且可以通过数学上的演绎推理和分析求解，使得人们能够深化对所研究系统的实际问题的认识，为实际问题的优化解决提供支撑。本章重点围绕环境系统模型的建立过程，使读者掌握环境系统模型建立的基础理论、参数估计的方法、模型的检验以及灵敏度分析等理论与方法，培养其环境系统建模能力。

第一节　数学模型的定义和分类

一、数学模型的定义和特征

根据研究对象系统或研究对象过程所观察到的现象及实践经验或理论分析，将其简化和理想化归纳成一套反映系统内或过程中某些变量数量关系的数学公式和具体算法，用来描述对象的运动（变化）规律，这套公式和算法称为数学模型。如果这个对象是环境系统或环境过程，则称为环境系统或环境过程的数学模型。

数学模型不是对现实系统的简单模拟，而是对现实对象的信息提炼、分析、归纳和翻译的结果。数学模型使用数学语言来精确地表达对象的内在特征和运动规律，并且可以通过数学上的演绎推理和分析求解，使得人们能够深化对所研究的实际问题的认识。

数学模型的最大特点是它的抽象性。通过数学模型，可以将一个形象思维问题转化为抽象思维问题，从而可以突破实际系统的约束，反映事物更为本质的内容。运用数学模型研究复杂的实际问题，具有以下优点：

① 由于数学模型的抽象性，可以进行多变量的模拟。对于实物模型或物理模型而言，最多可同时模拟 3 个变量，而数学模型可以同时进行 10 个甚至更多变量的模拟。

② 用数学模型对实际系统进行研究时，不需要过多的专用设备和空间，比较容易实现模拟，而且不受外界恶劣条件影响，可以加快模拟研究的进度。

③ 在实物模型上或原型上进行某些特殊或极端条件下的模拟实验研究是不允许的或

是不可能做到的，而在数学模型中可以很容易做到，而且在数学模型模拟中不存在放大效应。

④ 在环境科学与工程领域，常常需要对大范围区域进行研究，如流域、区域、全球环境，对物理模型来说这几乎是不可能的，而数学模型可以做到。

数学模型的高度抽象和简化也给它的应用带来了一定程度的制约：一是抽象或简化可能不完全正确，在描述系统的某些特征时有可能忽略了关键因素，造成模型失真；二是由于系统本身的复杂性，数学模型仅能够对系统进行粗略的近似，模型本身存在着固有误差，如果不切实际地要求提高精度，会使得模型变得十分复杂、计算困难或根本无法获得可靠的解答。因此，数学模型不是万能的，在许多方面需要原型和实物模型的帮助。对于十分复杂的系统或系统现象，目前只能用实物模型技术，但数学模型可以成为实物模型或原型研究的有力帮手。

二、数学模型的分类

数学模型可以按照不同的方法进行分类。

（一）根据建模时人们对系统规律掌握的程度分类

1. 白箱模型

白箱模型又称机理模型。由于人们对系统行为规律已经完全掌握，在这些被掌握的规律基础上建立起来的模型就是白箱模型，故这种模型在规律相同的系统中广泛地使用。

2. 黑箱模型

黑箱模型又称经验模型或输入-输出模型。与白箱模型相反，人们对系统运行规律没有掌握，系统模型是在研究对象的输入、输出数据的基础上建立的，这种模型往往是针对一个具体系统或一种具体状态的，在其他系统或状态下使用是有条件的。

3. 灰箱模型

灰箱模型又称半机理模型。人们由于对客观世界认识的局限性，对系统的运动规律往往不能完全掌握，只能知道系统内部各因素的定性关系。对这些因素定性关系进行量化，需要引入一个或多个经验系数来进行，这些经验系数的确定要靠对原型或实物模型的观察或实验来获得。

在工程实践中，由于系统现象的复杂性，完全的机理模型是很少的，黑箱模型的应用范围又受到很大限制，需要针对具体系统进行大量的实验或观察，然后再建立模型。目前应用较多的是灰箱模型。

（二）根据模型构成内容的变化规律分类

1. 动态模型和稳态模型

模型变量随时间变化的模型称为动态模型，反之称为稳态模型。稳态模型在环境系统工程中的应用十分广泛。而且，有时为了简化环境问题，常常通过分析稳态模型来了解动态系统中一些典型情况的状态，如用短时间内平均风速和风场估计烟囱排放污染物在大气中的扩散情况。

2. 线性模型和非线性模型

模型中变量之间呈线性关系的模型称为线性模型，反之称为非线性模型。

3. 确定性模型和随机性模型

模型中变量之间存在确定的对应关系（一一对应或一多对应）的模型称为确定性模型，

反之称为随机性模型。目前使用的大多数环境数学模型都是确定性模型。

4. 集中参数模型和分散参数模型

模型中的参数不随时空变化的模型称为集中参数模型，反之称为分散参数模型。

（三）根据模型的用途分类

1. 模拟模型

模拟模型用于模拟研究对象的运动规律。

2. 管理模型

管理模型用于辅助方案的选择和决策。

从不同的角度，数学模型还有其他的分类方法。各种分类方法之间相互交叉，同一模型按照不同的分类方法，可以归入不同的类别。由于环境问题的复杂性，通常的环境系统模型既是动态模型，又是非线性模型，还属于随机性模型和分散参数模型。

第二节　环境系统数学模型的建立过程与方法

一、环境系统数学模型的基本要素

（一）变量

变量是描述系统状态和行为的量，描述系统本身内部状态随时间而变化的变量称为状态变量，描述系统与外部环境相互作用的变量称为行为变量，包括输入变量和输出变量。变量中有些是可以人为控制或改变的，称为控制变量或决策变量。

（二）常量

常量是系统中保持固定不变的物性参数，如比例系数等。

（三）参量

参量是用于描述系统内部结构或过程变化特性的参数。参量可以是常数，也可以是函数。一类是普适参量，一般都是常数，对所有系统都适用，如气体常数、重力加速度等；另一类参量在具体某个系统内、某一空间和时间内是常数，但随环境系统而变化，如大气扩散参数、有机物衰减常数、大气复氧系数、摩擦因数等。这些参量都有一定的实际意义。随系统和系统状态变化的参量仅能够通过实验或观察获得。纯粹利用输入输出数据建立模型得到的系数一般没有实际意义。

变量、常量、参量之间的关系表达了系统中的联系与制约，这类函数关系是根据系统的物理性质、工艺机理或实物的其他运动规律建立起来的。

二、对环境系统数学模型的要求

建立数学模型所需的信息通常来自两个方面：一是对系统的结构和性质的认识和理解；二是系统输入和输出的观测数据。利用前一类信息建立模型的方法称为演绎法；利用后一类信息建立模型的方法称为归纳法。用演绎法建立的模型称为机理模型，这类模型一般只有唯一解；用归纳法建立的模型称为经验模型，这类模型一般有多组解。不论用什么方法，建立什么样的模型，都必须满足下述基本要求：

（1）环境系统数学模型必须有足够的精确度，能够满足应用要求。

精确度是指模型的计算结果与实际测量数据的吻合程度，是衡量模型质量的重要指标。精确度不仅与研究对象有关，而且与它所处的时间、状态及其他条件有关。因此，对于模型精确度的具体规定,要视模型应用的主客观条件而定。

(2) 环境系统数学模型要尽可能简单、实用和易于推广。

模型要具有一定的精确度,同时形式尽可能简单。但随着模型精确度的提高,模型的复杂程度也相应提高,模型的求解趋于困难,使得建立模型和运用模型的条件和费用增加。因此,有时为了方便模型的求解,便于模型的推广和应用,不得不通过降低对精确度的要求来简化模型。

(3) 建立模型的依据要充分。

对白箱模型和灰箱模型,要通过深入的研究充分了解系统的结构和性质,理论推导上要严谨。对灰箱模型和黑箱模型,输入输出数据要可靠和充足。建立的模型一定要通过独立于原建模数据的数据进行验证。

(4) 环境系统数学模型中要有决策变量。

决策变量是指人类能够控制并且对系统输出的数值大小和方向能够起到影响的变量。没有决策变量的数学模型无法用于环境污染控制系统的建立和管理,没有实际意义。

三、环境系统数学模型的一般建立过程

欲使一个环境系统数学模型能够真实地反映环境系统的实际情况,我们必须认真观察系统的各种现象,由表及里地进行分析,深刻认识系统的结构和运行规律,经过实践—抽象—再实践的多次反复,才能够建立起来。由于客观事物都在不断变化,反映客观事物的模型也要不断修改和补充。尊重实际和尊重客观是建立模型和应用模型的重要原则。建立一个可付诸实用的模型,大体要经历以下几个步骤(见图 2-1)。

(一) 准备阶段

在准备阶段,需要明确问题的社会背景和建模目的,收集详细而又全面的与建模有关的资料。

(二) 系统认识阶段

对于复杂系统,首先需要用一个略图来定性描述系统,假定有关的成分和因素、系统环境的界定以及设定系统适当的外部条件和约束条件,对于有若干子系统的系统,通常确定子系统,画出分图来表明它们之间的联系,并描述各个子系统的输入/输出(I/O)关系。

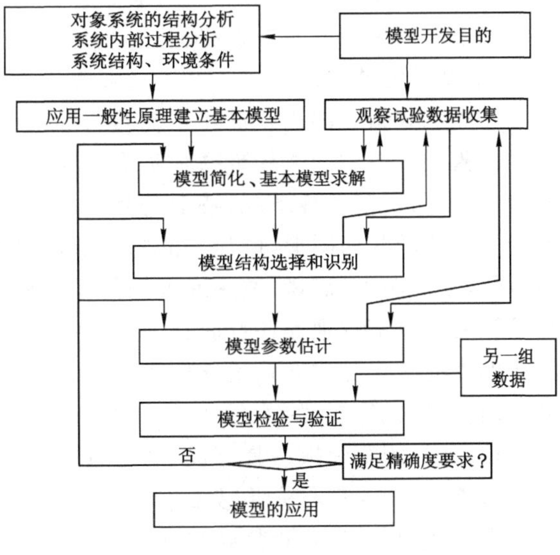

图 2-1　环境系统数学模型的建立过程

在这个阶段应注意到精确性与简化性有机结合的原则,通常系统范围外延大、变量多、子系统繁乱会导致模型呆板、求解困难、精确度降低;反之,系统变量的集结程度过高,会使一些具有决定性的因素被省略,从而导致模型失真。

数据的整理与分析是该阶段最为关键的工作,通常要绘制成变量的时间过程线、空间关系曲线或表格,从中考察和分析事物的时空变化规律。

（三）系统建模阶段

在前面阶段已经完成的模型假设和数据分析工作的基础上，根据自然科学和社会科学理论，建立一系列的数学关系式。

（四）模型求解阶段

模型求解常常会用到传统的和现代的数学方法，目前计算机数值解法是模型求解中的最有力的工具之一。

在求解阶段得出的结果一般要求对输入变量和参数变动无敏感性，即模型的参数与变量之间有一定的稳定性，因此，在模型求解阶段还要做模型参数识别的重要工作。

（五）模型检验阶段

模型的验证包括对模型精确性的验证和对模型可靠性的验证。模型的精确度主要通过计算结果进行误差分析来判断。模型验证所用的数据对于参数估值来说应该是独立的，即一个模型的建立至少需要两套独立的数据。如果计算数据与观测数据偏差很大，就要重新对模型参数进行估值，甚至要修改模型结构。因此，建立数学模型过程是一个不断反馈的过程。直至结果满意，建模过程才结束。

（六）模型的应用

一个实际模型的建立，还需要在实际中不断校正和提高，利用实际数据提高模型精度是最好的途径。模型的使用过程也就是模型的不断完善和改进的过程。

四、灰箱模型的建立方法

由于环境系统自身的复杂性，目前建立和应用的模型大多属于灰箱模型，因此，在此主要介绍一下灰箱模型的建立方法。

（一）图解建模法

采用点和线组成的用以描述系统的图形模型称为图模型，它属于结构模型，可用于描述自然界和人类社会中的大量事物和实物之间的关系；还可以利用图论方面的原理，按图的性质进行分析，为研究各种系统，特别是复杂系统提供一种有效的方法。构成图模型的图形通常不同于一般的几何图形，例如它的每一条边可以被赋予权，组成加权图；权可以取一定的数值，用以表示距离、流量、费用或人们的重视程度等。图模型已被广泛应用于自然科学、工程技术和社会经济管理等各方面。

图模型通常还是建立系统方程式模式的辅助分析工具，因为它对从直观上和概念上了解系统结构和功能之间的关系是很有帮助的。

概括来说，图解建模法具有以下优点：

① 形象，直观，使人易于记忆和理解，形成深刻的印象；

② 图解建模法对决策者掌握情况、做出判断以及了解全面和整幅系统图景时，效果比定量化模型更好；

③ 图解建模法使许多优化问题变得简单；

④ 图解建模法对定性地研究系统的稳定性也是很有帮助的。

但是图解建模法作为一种描述性方法，有其自身的局限性。图解模型提供的数据往往精确度很差，所含的定量信息较少，因此常常在图解模型的基础上采用解析法，以提高模型的精确性；图解模型受人的视觉影响而局限于三维空间中，通常在多变量系统中不能整体地把握模型。

（二）质量平衡法（空间状态法）

根据质量平衡原则建立微分方程是最常用的建模方法。应用质量平衡方法必须知道物质流的方向和通量，污染物质反应的方式和速度，以及各种污染物之间的相关关系和关联作用。

环境数学模型中很多都是在质量平衡的基础上建立的，利用质量平衡法建立环境质量数学模型的过程将在第三章详细介绍。

（三）量纲分析法

量纲分析法是理论和实验物理学、流体力学以及化工原理等学科常用的建模方法。在环境污染控制设备研究和开发过程中，特别是利用物理（实物）模型研究环境污染现象和污染控制设备工作机理、建立环境系统模型或环境污染控制过程系统模型时，量纲分析建模方法有特殊的意义。

所谓模化方法，是指不直接研究自然现象或污染控制过程本身，而是用与这些现象或过程相似的实物模型来进行研究的一种方法。严格说来，模化方法是用量纲分析方法导出相似准则，并且在根据相似准则建立起来的模型实验台上通过实验求出的相似准数之间的函数关系或相关关系，从而建立原型系统的数学模型。这种方法目前广泛地应用于环境风洞实验，流体力学现象研究，除尘设备、燃烧设备与热交换设备开发等领域。

接下来介绍量纲齐次原则和 π 定理。

许多物理量都是有量纲的，包括基本量纲和导出量纲。例如，在研究动力学问题时，一般把长度 L、质量 M、时间 T 作为基本量纲，而速度 LT^{-1}、加速度 LT^{-2}、力 LMT^{-2} 等作为导出量纲。用数学公式表示一个物理定律时，等号两端必须保持量纲的一致，包括一些公式中有量纲的常数，该原则被称为量纲的齐次性。量纲分析就是利用该原则寻求物理量之间的关系，建立描述这些量之间关系的模型。

因次分析的基本理论是 π 定理：任何与 N 个物理量有关的全部函数关系，当这些物理量共具有 m 个基本量纲时，则此函数关系可以简化为用这些物理量组成的 $N-m$ 个无因次数群来表示。这些无因次数群称为相似准数。

相似准数可以根据描述现象的各类方程及量纲齐次原则导出，也可以直接通过分析描述现象的所有变量的因次并根据 π 定理得到。

例 2-1　在环境灾害性事故中，如燃料气储罐突然起火燃烧，如果时间相对较短，可以将此现象看成瞬间行为，则分析的范围比较大，将燃料罐看成点源，不考虑地面或其他障碍物反射。试通过量纲分析建立温度变化的模型。

解　描述该现象的物理量有：燃料瞬时燃烧发出的热量 e、空间介质的体积比热容 c、介质的热扩散系数 k、温度 U、时间 t、关心点距燃烧点的距离 r，则

$$U = f(e,c,k,t,r) \text{ 或 } f(U,e,c,k,t,r) = 0 \tag{2-1}$$

描述该现象用到 4 个基本量纲：L，M，T 和温度 Θ，而现在有 6 个物理容量，应该有两个相似准数。我们知道，热量量纲与功相同，为 L^2MT^{-2}；比热容量纲为 $L^{-1}MT^{-2}\Theta^{-1}$；热扩散系数量纲为 $LMT^{-3}\Theta^{-1}$。这里，热扩散系数的量纲是由它的定义式即传热通量（q）的计算式推出的。

$$q = -k\frac{\partial U}{\partial r} \tag{2-2}$$

可以写出所求量纲齐次的联立方程，这里用量纲矩阵 **A** 表示这些联立方程更为简捷。

$$\boldsymbol{A}=\begin{array}{c} \left(\begin{array}{cccccc} 0 & 2 & -1 & 1 & 0 & 1 \\ 0 & 1 & 1 & 1 & 0 & 0 \\ 0 & -2 & -2 & -3 & 1 & 0 \\ 1 & 0 & -1 & -1 & 0 & 0 \end{array}\right)\begin{array}{l} \mathrm{L} \\ \mathrm{M} \\ \mathrm{T} \\ \Theta \end{array} \\ \begin{array}{cccccc} U & e & c & k & t & r \end{array} \end{array} \tag{2-3}$$

根据量纲齐次原则，有

$$\pi=U^{n_U}e^{n_e}c^{n_c}k^{n_k}t^{n_t}r^{n_r}$$

$$\boldsymbol{A}\cdot(n_U,n_e,n_c,n_k,n_t,n_r)^{\mathrm{T}}=0 \tag{2-4}$$

解得两个基本解

$$(n_U,n_e,n_c,n_k,n_t,n_r)^{\mathrm{T}}=(0,0,1,-1,-1,2)$$

$$(n_U,n_e,n_c,n_k,n_t,n_r)^{\mathrm{T}}=(-2,2,1,-3,-3,0) \tag{2-5}$$

利用上述解，写出相似准数

$$\pi_1=\frac{cr^2}{tk},\pi_2=\frac{ce^2}{U^2t^3k^3}$$

$$f(\pi_1,\pi_2)=0 \tag{2-6}$$

通过实验建立的实际公式，考虑温度的空间分布，对上式稍作修改，令 $k/c=a^2$，得

$$U=\frac{e}{c}(a^2t)^{-\frac{3}{2}}g\left(\frac{r^2}{a^2t}\right) \tag{2-7}$$

式中，g 是某种形式的函数。通过散热理论微分方程也可以推导出温度分布公式

$$U=\frac{e}{c}\left(\frac{1}{2\sqrt{\pi a^2t}}\right)^3\exp\left(-\frac{r^2}{4a^2t}\right) \tag{2-8}$$

从上述例中可以看出，量纲分析是建立物理现象数学模型的一个有用工具，可以给出许多有用的信息。但它是在对现象的规律缺乏透彻了解的情况下使用的，有较大的局限性。在进行量纲分析时，要正确确定现象涉及的物理量，合理选取基本量纲，恰当构造相似准数(取合理的联立方程基本解)，并和其他方法分析得到的信息比较再确定模型结构。

（四）概率统计法

环境系统特性的变化和发展不是孤立的，是受许多因素的影响和制约的，具有一定的因果关系。例如，城市上空大气中灰尘浓度的大小与污染源的排放量、工业的总产量等有关系，且此关系是非常复杂的，无法用精确的函数式来描述其因果关系。因此，只能通过大量的监测数据进行统计处理，从中找到其内在的联系和规律，即把监测数据拟合成数学式，亦称监测数据公式化。

根据因素的关系来建立回归预测模型，必须预先确定自变量的值。但是，在环境系统预测中，许多情况下自变量是未知的，需要对其进行预测。然而，在实际工作中，自变量的历史统计数据往往是容易得到的，它是一组按时间顺序排列的数据序列。通过对预测目标本身的时间数据序列的处理，研究其变化趋势，达到预测目的，这种方法称为时间序列预测法。时间序列预测法是基本的预测法之一，其广泛地应用于环境保护领域和其他领域。

这类预测方法的基本原理是利用事物发展的延续性，运用过去的时间序列数据进行统计分析，推测事物的发展趋势，作出定量预测；其特点是简便易行，但准确性较差；考虑了事

物发展中随机因素的影响和干扰。为了消除事物发展的不规律性的影响，将历史时间序列数据作为随机变量序列，运用统计分析中加权平均的方法进行趋势预测。下面介绍时间序列法的三种主要方法。

1. 滑动平均法

这种方法通过不断引进新数据来修改平均值，以消除变动的偶然因素影响得出事物发展的主导趋势，其实质是对时间序列的修均。滑动平均法的预测模型为

$$F_t = \frac{x_{t-1} + x_{t-2} + \cdots + x_{t-n}}{n} \qquad (t \geqslant n) \tag{2-9}$$

式中　t——资料的时间期限，年、季、日；

F_t——t 期(时间)的预测值；

x——实际值；

n——预测资料期(滑动平均的时间长)。

该方法只要有足够的历史数据，方法本身是简单的。关于 n 值的选择，主要取决于预测的目的和实际数据的特点。一般说来，如果要求预测值比较精确，n 可取得小一点(可在 3～5 之间)；如果只要得到事物变化的大体趋势，n 可取得大一点(可取 10 左右)；如果实际数据上下波动较大，n 也可取得大一点。

2. 加权滑动平均法

加权滑动平均法就是利用不同的权数来反映数据的作用，一般距预测值近的数据，对预测值的影响较大，其权数应大些；距预测值较远的数据，其权数可取得小一点。加权滑动平均法的数学模型如下：

$$F_t = \sum_{i=t-n}^{t-1} \alpha_i x_i \tag{2-10}$$

式中　F_t——t 时间的预测值；

α_i——与 x_i 相对应的加权值，满足 $\sum \alpha_i = 1$，且 $0 \leqslant \alpha_i \leqslant 1$；

x_i——实测值。

采用加权滑动平均法预测能比较好地反映实际值的变化情况，较滑动平均法计算的预测值误差小。加权滑动平均法的关键是选择权数 w_i，一般规律是：对近期的数据加较大的权数；对远期的数据则加较小的权数。

3. 指数平滑法

指数平滑法是在滑动平均法的基础上发展起来的一种时间序列预测方法。其特点是以以前的实际值和预测值为依据，经修改后得出本期的预测值。该法实际上也是一种加权平均法，只不过它的权和加权滑动平均法的权不同，后者权数的选取带有经验性，而前者其权数是由实际值与预测值的误差来确定的，且它在整个时间序列中是有规律排列的。指数平均法的数学模型为

$$F_t = F_{t-1} + \alpha(x_{t-1} - F_{t-1}) \tag{2-11}$$

式中，α 为平滑系数($0 \leqslant \alpha \leqslant 1$)；其他符号含义同前。用该式计算预测值，其大小主要取决于前期的实际值和预测值的误差($x_{t-1} - F_{t-1}$)以及平滑系数 α。

一般说来，当前期的预测值与实际值误差较大时，α 要取得大些；反之，当误差较小时，则 α 可取得小些。α 的作用是修正其误差，目的是使预测值更接近于实际值，如 $\alpha = 0.3$ 则表

示有 30%的误差需要修正。

用指数平均法进行预测，α 的取值直接影响预测的精度。一般说来，当时间序列的前期数据对近期发展影响不大，或者时间序列的波动较大时，一般 α 取 0.3～0.5 或更大些；当时间序列变动缓慢，长期趋势较稳定时，α 可取较小的值，一般取 0.05～0.3。在估算 α 值时，最好通过试算来确定。例如，对同一个预测对象分别用 $\alpha=0.3$、0.5、0.7(或 0.9)进行试算，看哪一个 α 值修正前期预测值与实际值的绝对误差小，即可把这个值确定为平滑系数。

第三节　环境系统数学模型参数的估值方法

在一些环境系统模型的结构形式确定之后，还需要确定模型中的参数值，这种做法称为环境数学模型的参数估值。在实际工作中，模型中的参数值随不同的具体环境变化而变化，必须通过试验或观测得到数据，然后采用一定的方法进行估计，如扩散系数 E、有机物衰减常数 k_d、大气复氧系数 K_a 等。

对环境系统模型而言，许多参数都有确定的物理意义，受一定的自然规律制约，在一定范围内取值。通过长期的摸索，人们不仅掌握了这些参数的取值范围，而且还建立了用于估值的一些经验公式。对同一个参数往往存在多个经验公式可供选择。只要掌握这些公式的使用条件和可能的误差范围，就可以使用这些公式进行参数估计。但经验公式估值方法在精度上不如利用观察数据估值方法，往往需要和试验估计值进行对比。验证公式估计的可靠性，选择合适的经验公式更离不开下面介绍的参数估值方法。

一、线性函数参数估值方法

（一）一元线性回归分析法参数估值

如果模型呈线性关系，或可以转化成线性关系，就可以利用一元或多元线性回归分析法估计出参数值。

一元线性回归分析是一种常用的数理统计方法。它的基本假设是：

① 所有自变量取值 x_i 都是准确值，不存在误差；

② 应变量和自变量之间是相关关系，应变量还存在观察误差，与观察点拟合得最好的直线是各观察点到该直线的 Y 向距离平方和最小。

设所求的回归(直线)方程为

$$\hat{Y} = b + mX \tag{2-12}$$

式中，Y 上方加一个尖号，表示用建立的线性回归方程估计的应变量值。若上边加短平线表示平均值，不加任何符号的为实测值。线性回归方程为

$$y_i = b + mx_i + \varepsilon \tag{2-13}$$

式中，ε 为回归方程估计值和实际值的差，称为残差。各已知观察点到该回归直线的 Y 向距离的平方和(残差平方和)为

$$\sum \varepsilon_i^2 = \sum_{i=1}^{n} [y_i - (b + mx_i)]^2 = J \tag{2-14}$$

令残差平方和等于 J，则式(2-14)称为准则函数，求使 J 取最小值的回归方程系数 m 和 b，即使 J 对 b 和 J 对 m 的偏导数为零的 m 和 b 值。

令$\partial J/\partial b=0$，$\partial J/\partial m=0$，联立方程有

$$\begin{cases} \sum y_i - m\sum x_i = nb \\ \sum x_i y_i - m\sum x_i^2 = b\sum x_i \end{cases} \tag{2-15}$$

对上述方程组求解，可以得到一元线性回归系数的计算公式，即

$$m = \frac{\sum x_i \sum y_i - n\sum x_i y_i}{(\sum x_i)^2 - n\sum x_i^2} \tag{2-16}$$

$$b = \frac{\sum x_i y_i \sum x_i - \sum x_i^2 \sum y_i}{(\sum x_i)^2 - n\sum x_i^2} = \overline{y} - m\overline{x} \tag{2-17}$$

例 2-2 某河流河水在恒温培养箱中定时测定耗氧值，如表 2-1 所示，求有机物衰减系数 k_d。

表 2-1 测量数据

时间 t/d	1	2	3	4	5	6	7	8	9	10
浓度/(g/L)	2.567	3.690	4.988	6.019	6.837	7.488	8.005	8.415	8.741	9.000

解 有机物耗氧分解基本上是一级反应，且本系统不涉及流体流动，则该系统的数学模型可以表示为

$$\frac{dL}{dt} = -k_d L$$

$$L(t=0) = L_0 \tag{2-18}$$

上述模型的解析解为

$$L(t) = L_0 \exp(-k_d t) \tag{2-19}$$

而 BOD 逐日测定值为

$$Y(t) = L_0 - L = L_0[1 - \exp(-k_d t)] \tag{2-20}$$

待求参数和浓度的关系是非线性的，可以用不同的方法把它转化为线性。Thomas 利用近似公式，把式(2-20)转变成一元线性关系式。

由泰勒公式可知

$$e^{-x} = 1 - \frac{x}{1!} + \frac{x^2}{2!} - \frac{x^3}{3!} + \frac{x^4}{4!} - \cdots \tag{2-21}$$

而

$$1 - e^{-k_d t} = k_d t\left[1 - \frac{k_d t}{2!} + \frac{(k_d t)^2}{3!} - \frac{(k_d t)^3}{4!} + \cdots\right] \tag{2-22}$$

当 k_d 值比较小的时候(一般都能够满足此要求)，存在以下近似式

$$k_d t\left(1 + \frac{k_d t}{6}\right)^{-3} = k_d t\left[1 - \frac{k_d t}{2!} + \frac{(k_d t)^2}{3!} - \frac{(k_d t)^3}{21.6} + \cdots\right] \tag{2-23}$$

与式(2-22)比较，有以下近似关系，即

$$1 - e^{-k_d t} \approx k_d t\left[1 + \frac{k_d t}{6}\right]^{-3} \tag{2-24}$$

经过整理，有

$$[t/y(t)]^{1/3} = (L_0 k_d)^{-1/3} + (L_0 k_d)^{-1/3}\frac{k_d t}{6} \tag{2-25}$$

令 $Y=[t/y(t)]^{1/3}$，$b=(L_0k_d)^{-1/3}$，$m=(L_0k_d)^{-1/3}$，$X=\frac{k_dt}{6}$，有线性关系式

$$Y = b + m \cdot X \tag{2-26}$$

该表达式是常见的一元线性关系式，利用回归分析方法求未知参数（或由未知参数组成的表达式），得到 $k_d=0.23$。

（二）二元线性回归分析法参数估值

线性或可以转化成线性的环境系统模型中，自变量往往不止一个，这就需要用到二元或多元线性回归分析方法进行参数估值。回归系数计算公式的推导和一元线性回归公式相同，只是准则方程需要对多个回归系数求偏导数并令其为零，建立线性方程组并解得回归系数。二元回归分析中的准则方程为

$$J = \sum[y_i-(b_0+b_1x_1+b_2x_2)]^2 \tag{2-27}$$

由 $\frac{\partial J}{\partial b_0}=0$，$\frac{\partial J}{\partial b_1}=0$，$\frac{\partial J}{\partial b_2}=0$ 得到由三个方程组成的联立方程组

$$\begin{cases}\sum(y_i-b_0-b_1x_1-b_2x_2)=0\\ \sum(y_i-b_0-b_1x_1-b_2x_2)x_1=0\\ \sum(y_i-b_0-b_1x_1-b_2x_2)x_2=0\end{cases} \tag{2-28}$$

令变量的方差和协方差为

$$\begin{aligned}L_{iy} &= L_{xi,y} = \sum(x_{ik}-\overline{x}_i)(y_i-\overline{y})\\ L_{ij} &= L_{xi,xj} = \sum(x_{ik}-\overline{x}_i)(x_{jk}-\overline{x}_j)\end{aligned} \tag{2-29}$$

解联立方程组，并用方差和协方差表示解，有

$$\begin{aligned}b_1 &= \frac{L_{1y}L_{22}-L_{2y}L_{12}}{L_{11}L_{22}-(L_{12})^2}\\ b_2 &= \frac{L_{2y}L_{11}-L_{1y}L_{12}}{L_{11}L_{22}-(L_{12})^2}\\ b_0 &= \overline{y}-b_1\overline{x}_1-b_2\overline{x}_2\end{aligned} \tag{2-30}$$

二、模型参数估值的最优化方法

如果数学模型的解析解表达式无法转变为线性关系式，则需要用最优化的方法进行参数估值。根据待确定参数的数量，选择采用单参数估值方法或多参数同时估值方法。

（一）单参数估值最优化方法

各种非线性数学模型一般表达式为

$$y = f(x,\theta) \tag{2-31}$$

式中，x 代表所有自变量，包括系统状态变量、控制变量和干扰变量等。在参数估值时，x 是已知量。只有一个未知量 θ 即待估参数。

1. 0.618 法

这是一种简单的单参数估值最优化方法。利用这种方法首先要建立准则方程，有

$$J = \sum[y_i-f_i(x_i,\theta)]^2 = F(\theta) \tag{2-32}$$

参数估值就是找出使准则函数最小的参数值。0.618 法的解题思路是通过缩短含最优

解的区间，逐步逼近最优解。假设准则函数有唯一最优解且该最优解在$[a_0, b_0]$区间内，如果该准则函数呈下凸形状（如果呈上凸，最优解一定是两个端点之一），则我们可以采取在该区间取两个分点，通过判断去掉不包含最优解的那一段子区间，重复进行直到所余含最优解区间小于要求精度。

分点的取法要采用迭代计算，用黄金分割进行区间分割可以使计算十分简单。如果从左端点 a 到分点 θ_1 的距离为 L_1，区间总长为 L，有

$$\frac{L}{L_1} = \frac{L_1}{L - L_1} \tag{2-33}$$

得到计算分点的代数方程为

$$L_1^2 + LL_1 - L^2 = 0 \tag{2-34}$$

解上述方程，有 $L_1 = \dfrac{-1+\sqrt{5}}{2}L \approx 0.618L$。从 b 起进行分割，得到另一个分点 θ_1。无论从哪一端去除分点外的一段，余下分点又把线段分成同比例。

根据函数下凸的性质，有

$$\begin{aligned} F(\theta_1) \leqslant F(\theta_2), \theta^* \in [a, \theta_2] \\ F(\theta_1) \geqslant F(\theta_2), \theta^* \in [\theta_1, b] \end{aligned} \tag{2-35}$$

去掉不含最优解的那一段子区间，线段缩短率为

$$\lambda = \frac{\text{截断后线段}}{\text{原线段}} = 0.618 \tag{2-36}$$

m 次缩减后，总缩短率为

$$E_{\mathrm{T}} = \lambda^{m-1} \tag{2-37}$$

0.618 法具体计算步骤：

提出收敛（精度）要求 δ，计算要求进行的迭代次数 m，则

$$m = \frac{\ln\left[\dfrac{\delta}{(b-a)}\right]}{\ln \lambda} + 1 \tag{2-38}$$

建立准则函数

$$J = \sum [y_i - f(x_i, \theta)]^2 \tag{2-39}$$

① 根据专业知识确定参数范围$[a, b]$，进行第一次分割，则

$$\begin{aligned} \theta_1 &= a + \lambda(b-a) \\ \theta_2 &= b - \lambda(b-a) \end{aligned} \tag{2-40}$$

比较 $f(\theta_1)$和 $f(\theta_2)$，如果 $f(\theta_1) \geqslant f(\theta_2)$，令

$$b^{(1)} = \theta_1^{(0)}, a^{(0)} = a^{(0)}, \theta_1^{(1)} = \theta_2^{(0)}$$

则

$$\theta_2^{(1)} = b^{(1)} - \lambda[b^{(1)} - a^{(1)}] \tag{2-41}$$

否则，各分点和端点发生如下变化

$$\begin{aligned} b^{(1)} = b^{(0)}, a^{(0)} = \theta_2^{(0)}, \theta_2^{(1)} \rightarrow \theta_1^{(0)} \\ \theta_1^{(1)} = a^{(1)} + \lambda[b^{(1)} - a^{(1)}] \end{aligned} \tag{2-42}$$

② 搜索 m 次结束，给出结果。一般取最后区间各分点和端点中准则函数最小的那个点作为最优解的值。

需要注意，所选区间内只能有唯一局部极小值，也就是该区间最小值。如果准则函数在

所选区间内有多于 1 个局部极小值，要把区间划小，直到每一个区间仅有 1 个极小值为止。如果开始时无法判断参数所在区间，只能估计最可能存在的点，则可以采用进退算法先确定最优解所在区间。进退算法基本做法是：选择一个进退的步长，前进两步得到三个点，比较三个点的准则函数值。如果刚开始前进方向函数值变小，三点函数值形成大—小—大的顺序，说明最优解已经被包括进该区域，否则还要再扩大步长，直到出现大—小—大顺序。如果一开始就出现函数值增加，则反向搜寻第三点，直到出现顺序点的函数值按大—小—大顺序排列。需要注意的另一点是，结束搜寻最优解的判断条件可以是两个分点之间距离小于要求精度。

2. 牛顿迭代法

这也是一种常用的单参数估值最优化方法，它要求准则函数

$$J = \sum[y_i - f(x_i,\theta)]^2 \tag{2-43}$$

为连续可微函数，且为严格的凸函数，则该函数可以在初值 θ_0 处进行泰勒展开

$$J(\theta) = J(\theta_0) + \frac{J'(\theta_0)}{1!}(\theta-\theta_0) + \frac{J''(\theta_0)}{2!}(\theta-\theta_0)^2 + \cdots + R_n(\theta) \tag{2-44}$$

如果在初值处有极值，则展开式高次项可以忽略，令

$$J(\theta) \approx J(\theta_0) + \frac{J'(\theta_0)}{1!}(\theta-\theta_0) + \frac{J''(\theta_0)}{2!}(\theta-\theta_0)^2 = g(\theta) \tag{2-45}$$

有

$$\frac{\mathrm{d}g(\theta)}{\mathrm{d}\theta} = \frac{J'(\theta_0)}{1!} + \frac{J''(\theta_0)}{2!} \times 2 \times (\theta_1-\theta_0) = 0 \tag{2-46}$$

解得逼近最优解的另一个点 θ_1，有

$$\theta_1 = \theta_0 - \frac{J'(\theta_0)}{J''(\theta_0)} \tag{2-47}$$

我们得到牛顿迭代法的迭代公式

$$\theta^{(k)} = \theta^{(k-1)} - \frac{J'[\theta^{(k-1)}]}{J''[\theta^{(k-1)}]} \tag{2-48}$$

当 $|\theta^{(k)} - \theta^{(k-1)}| \leqslant \delta$，则迭代完成。如果对准则函数求导困难时，可以用差分代替微分。

$$\left[\frac{\mathrm{d}J(\theta^k)}{\mathrm{d}\theta^k}\right]_{\theta=\theta^k} = \frac{J[\theta^k + \Delta\theta] - J(\theta^k)}{\Delta\theta^k} \tag{2-49}$$

$$\left[\frac{\mathrm{d}^2 J(\theta^k)}{\mathrm{d}\theta^2}\right]_{\theta=\theta^k} = \frac{J[\theta^k + \Delta\theta] - 2J(\theta^k) + J(\theta^k - \Delta\theta)}{(\Delta\theta)^2} \tag{2-50}$$

当初值选得比较合适时，迭代能够比较快地取得结果，否则可能出现反常。

（二）模型多参数估值最优化方法

如果待求参数不止一个，则需要利用多变量同时寻优技术。最常用的方法是梯度法（最速下降法）。准则方程仍是

$$J = \sum[y_i - f_i(x_i,\theta)]^2 = J(\theta) \tag{2-51}$$

该方法的解题思路是：先确定一个参数的初值 $\theta_0=(\theta_{10},\theta_{20},\theta_{30},\cdots,\theta_{p0})$。问题是比该初值优的下一个点如何找。梯度法采用沿准则函数下降最快的方向作为寻优的方向，选择合适的步长作为选择下一个点的依据，通过逐点寻找，逐渐逼近最优解。

1. 梯度法的寻优方向

选择准则函数的负梯度方向作为寻优方向，即

$$S^* = -\nabla J(\theta^k) = -\left(\frac{\partial J}{\partial \theta_1}, \frac{\partial J}{\partial \theta_2}, \cdots, \frac{\partial J}{\partial \theta_p}\right)_{\theta=\theta^k} \tag{2-52}$$

2. 梯度法的寻优步长

利用海森矩阵确定最优步长 λ，是常用的方法。计算公式为

$$\lambda^k = \frac{\nabla J(\theta^k)^{\mathrm{T}} \cdot \nabla J(\theta^k)}{\nabla J(\theta^k)^{\mathrm{T}} \cdot H(\theta^k) \cdot \nabla J(\theta^k)} \tag{2-53}$$

$$\nabla J(\theta^k)^{\mathrm{T}} = \left(\frac{\partial J}{\partial \theta_1^k}, \frac{\partial J}{\partial \theta_2^k}, \cdots, \frac{\partial J}{\partial \theta_p^k}\right) \tag{2-54}$$

$$\boldsymbol{H}(\theta^k) = \begin{bmatrix} \dfrac{\partial^2 J}{\partial(\theta_1^k)^2} & \dfrac{\partial^2 J}{\partial\theta_1^k\partial\theta_2^k} & \cdots & \dfrac{\partial^2 J}{\partial\theta_1^k\partial\theta_p^k} \\ \vdots & \vdots & & \vdots \\ \dfrac{\partial^2 J}{\partial\theta_1^k\partial\theta_p^k} & \dfrac{\partial^2 J}{\partial\theta_2^k\partial\theta_p^k} & \cdots & \dfrac{\partial^2 J}{\partial(\theta_p^k)^2} \end{bmatrix} \tag{2-55}$$

如果准则方程的导数不容易求出，可以用差分代替微分。一般取

$$\Delta\theta = 0.001\theta \tag{2-56}$$

$$\frac{\partial J}{\partial \theta_i} = \frac{J(\theta_i + \Delta\theta, \theta') - J(x - \theta_i, \theta')}{\Delta\theta} \tag{2-57}$$

$$\frac{\partial^2 J}{\partial \theta^2} = \frac{1}{(\Delta\theta)^2}[J(\theta_i + \Delta\theta, \theta') - 2J(\theta_i, \theta') + J(\theta_i - \Delta\theta, \theta')] \tag{2-58}$$

$$\frac{\partial^2 J}{\partial \theta_i \partial \theta_j} = \frac{1}{(\Delta\theta)^2}[J(\theta_i + \Delta\theta, \theta_j + \Delta\theta, \theta'') - J(\theta_i + \Delta\theta, \theta_j, \theta'') - J(\theta_i, \theta_j + \Delta\theta, \theta'') + J(\theta_i, \theta_j, \theta'')] \tag{2-59}$$

式中，带撇号的参数向量表示不包括变动的参数。

（三）网格法多参数估值方法

网格法是另一种简单的多参数估值方法，通过连续问题离散化方法去寻找最适合的参数。该方法也需要先用模型表达式和观察数据构建准则函数。

$$z_{\min} = \sum_{j=1}^{m}[y_j - f_j(x_j, \theta)]^2 \tag{2-60}$$

设有 n 个待定参数 $\theta = (\theta_1, \theta_2, \cdots, \theta_n)$，如果根据专业知识知道各参数的大致范围 $\theta_i = [a_i, b_i]$，我们把每个参数在可能存在的范围内通过平均分割取一些离散的值，这些离散的值 $\theta_i^j(\theta_i^0 = a_i, \theta_i^n = b_i)$ 组成了一定数量的参数值组 $(\theta_1^i, \theta_2^k, \cdots, \theta_n^l)$，每一组都代入准则方程并进行计算，其中使准则方程取最小值的组就是所有参数组中最接近解的值。如果结果已经足够精确，即它和周围邻近组取得的准则方程值之间差值小于规定的精度，则计算结束。否则还需要在该组附近邻域进一步细分参数，进行下一轮计算。

这种方法简单易懂，但计算时间长，一般必须在计算机上完成。由于准则方程往往形态十分复杂，存在许多局部最优解，不同的参数分割方案可能得到不同的解。

第四节　模型的验证和误差分析

通过对对象系统的研究建立的模型，在首次投入使用前一般要对其进行模型验证、误差分析和灵敏度分析，掌握模型的可应用性、精度、性质以及可靠性。

一、图形检验表示法

说明模型与系统实际吻合程度的方法有多种，最简单的方法是将系统观察值和模型计算值点绘在直角坐标纸上，以实际观察值为横坐标，模型计算值为纵坐标，见图 2-2。如果完全吻合，点应该完全位于 45°的一条直线上。吻合程度越好，散点构成的夹角越小，因此夹角大小可以作为模型精度半定量性指标。这种方法虽然直观，但用一个简单数值不容易说明模型好坏，因为相同夹角的模型可以有完全不同的精度。

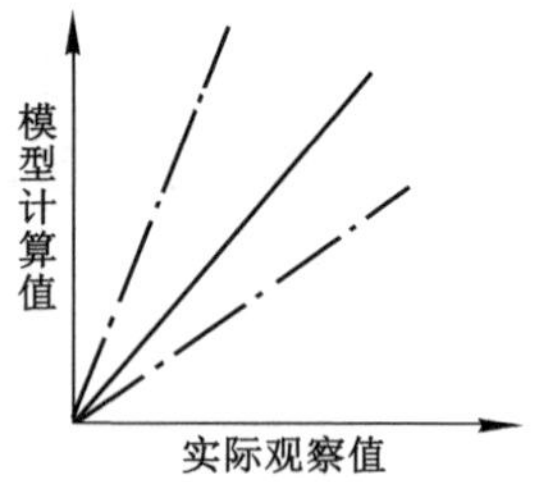

图 2-2　模型的图形检验

二、相关系数法

系统观察值和模型计算值也构成数对，可以用一元线性回归方法建立回归方程。显然，这条回归直线在由实际观察值和模型计算值构成的坐标纸上越接近 45°线，线性相关关系越密切，表明模型计算值和系统实际值吻合得越好。也就是说，回归方程

$$y = b_0 + m\hat{y} \tag{2-61}$$

$$R = \frac{\sum (y_i - \overline{y})(\hat{y}_i - \overline{\hat{y}})}{\sqrt{\sum (y_i - \overline{y})^2 \sum (\hat{y}_i - \overline{\hat{y}})^2}} \tag{2-62}$$

式中，m 越接近 1，b_0 越接近零，相关系数 R 越接近 1，模型与系统实际的吻合程度越好。对 m 和 b_0 的要求要严于 R，如果它们离要求值太远，则 R 值再接近 1 也没有用。

三、相对误差法

模型的误差估计，在介绍输入输出模型时已经作了介绍。对模型的误差估计，不需要独立的观察数据，可以使用建模时的原始数据，但模型的误差必须通过模型计算值和实际观察值比较来获得，不可能直接通过模型分析得到。

一个测量值和真值的误差可以用绝对误差或相对误差表示。对于用大量观测数据去度量的模型误差，则往往先用系统观察值和对应的模型计算值计算出绝对差值或相对差值，然后绘出累计频率曲线。我们常用累计频率为 10%、50%和 90%的差值说明模型的精度或误差水平。

绝对误差计算：

$$\Delta = | y_i - \hat{y}_i | \tag{2-63}$$

相对误差计算：

$$e_i = \frac{| y_i - \hat{y}_i |}{y_i} \tag{2-64}$$

把大量数据的绝对误差或相对误差按从小到大顺序排列，观察数据样本容量为 n，某绝对误差或相对误差排列序号是 m，该误差值的经验累计频率是

$$p = \frac{m}{n} \times 100\% \tag{2-65}$$

由于 10%和 90%累计频率误差波动比较大，所以在环境系统模型误差表示方法中，常采用 50%累计频率误差 $e_{0.5}$（中值误差）表示模型误差。中值误差计算公式可用以下两式表示。

用相对误差表示：

$$e_{0.5(相对)} = 0.6745\sqrt{\frac{\sum\left(\frac{y_i - \hat{y}_i}{y_i}\right)^2}{n-1}} \tag{2-66}$$

用绝对误差表示：

$$e_{0.5(绝对)} = 0.6745\sqrt{\frac{\sum(y_i - \hat{y}_i)^2}{n-1}} \tag{2-67}$$

实际上，还可以用标准误差 σ 和平均误差 η 表示模型误差，即

$$\sigma = \sqrt{\frac{\sum(y_i - \hat{y}_i)^2}{n-1}}; \quad \eta = \frac{\sum|y_i - \hat{y}_i|}{n} \tag{2-68}$$

中值误差、标准误差和平均误差之间有如下数量关系：

$$e_{0.5(绝对)} = 0.6745\sigma = 0.8453\eta \tag{2-69}$$

第五节　灵敏度分析

一、灵敏度分析的意义

环境保护系统是一个开放性系统，受到自然因素和人为因素的干扰。环境保护系统所受到的干扰非常复杂，难以精确量化。在利用数学模型对环境保护系统进行模拟时，模型结构、模型参数都会存在偏差。

通过对模型灵敏度的分析，可以估算模型计算结果的偏差；同时灵敏度分析还有利于根据需要探讨建立高灵敏度或低灵敏度的模型；灵敏度分析还广泛地被应用于确定合理的设计裕量。

假定研究模型的形式如下：

目标函数为　　$\min Z = f(\boldsymbol{x}, \boldsymbol{u}, \boldsymbol{\theta})$　　(2-70)

约束条件为　　$G(\boldsymbol{x}, \boldsymbol{u}, \boldsymbol{\theta}) = 0$　　(2-71)

式中，$\boldsymbol{x}$ 为状态变量组成的向量，如空气中的 SO_2 浓度、水体中的 BOD_5 浓度等；$\boldsymbol{u}$ 为决策变量组成的向量，例如排放污水中的 SS、BOD_5 等；$\boldsymbol{\theta}$ 为模型参数组成的向量，如水体的大气复氧速率常数 K_a，大气湍流扩散系数 D_y、D_z 等。

在环境保护系统中，主要研究两种灵敏度：① 状态与目标对参数的灵敏度，即研究参数的变化对状态变量和目标值产生的影响；② 目标对状态的灵敏度，即研究由于状态变量的变化对目标值的影响。

二、状态与目标对参数的灵敏度

在 $\theta = \theta_0$ 附近，x 状态变量（或目标 Z）相对于原值 x^*（或 Z^*）的变化率和参数 θ 相对于 θ_0 的变化率的比值称为状态变量（或目标）对参数的灵敏度。

（一）单个变量时的灵敏度

为了便于讨论，首先研究单个变量时的灵敏度。假定模型中的状态变量和参数的数目均为 1，同时假定决策变量保持不变，则状态变量 x 和目标 Z 都可以表示为参数 θ 的函数。

$$x^* = f(\theta_0)$$
$$Z^* = F(\theta_0) \tag{2-72}$$

根据灵敏度的定义，状态对参数的灵敏度可以表示如下：

$$S_\theta^x = \frac{\Delta x}{x^*} \Big/ \frac{\Delta\theta}{\theta_0} = (\frac{\Delta x}{\Delta\theta}) \frac{\theta_0}{x^*} \tag{2-73}$$

目标对参数的灵敏度可以表示如下：

$$S_\theta^Z = \frac{\Delta Z}{Z^*} \Big/ \frac{\Delta\theta}{\theta_0} = (\frac{\Delta Z}{\Delta\theta}) \frac{\theta_0}{Z^*} \tag{2-74}$$

当 $\theta_0 \rightarrow 0$ 时，可以忽略高阶微分项，得：

$$\begin{aligned} S_\theta^x &= (\frac{\mathrm{d}x}{\mathrm{d}\theta})_{\theta=\theta_0} \frac{\theta_0}{x^*} \\ S_\theta^Z &= (\frac{\mathrm{d}Z}{\mathrm{d}\theta})_{\theta=\theta_0} \frac{\theta_0}{Z^*} \end{aligned} \tag{2-75}$$

式中，$(\frac{\mathrm{d}x}{\mathrm{d}\theta})_{\theta=\theta_0}$ 和 $(\frac{\mathrm{d}Z}{\mathrm{d}\theta})_{\theta=\theta_0}$ 分别称为状态变量和目标函数参数的一阶灵敏度系数。它们反映了系统的灵敏度特征。

（二）多变量时的灵敏度

设最优化模型为

$$\begin{aligned} \min Z &= f(\boldsymbol{x},\boldsymbol{u},\boldsymbol{\theta}) \\ G(\boldsymbol{x},\boldsymbol{u},\boldsymbol{\theta}) &= 0 \end{aligned} \tag{2-76}$$

如果假设 G 是 n 维向量函数，$\boldsymbol{x}$ 是 n 维状态变量，$\boldsymbol{u}$ 是 m 维决策变量，$\boldsymbol{\theta}$ 是 p 维参数向量，则状态变量对参数的一阶灵敏度系数是一个 $n \times p$ 维的矩阵。

$$\frac{\partial x}{\partial \theta} = \begin{pmatrix} \frac{\partial x_1}{\partial \theta_1} & \cdots & \frac{\partial x_1}{\partial \theta_p} \\ \vdots & & \vdots \\ \frac{\partial x_n}{\partial \theta_1} & \cdots & \frac{\partial x_n}{\partial \theta_p} \end{pmatrix} \tag{2-77}$$

而目标对参数的灵敏度系数则是一个 p 维向量，即

$$\frac{\partial Z}{\partial \theta} = (\frac{\partial Z}{\partial \theta_1}, \cdots, \frac{\partial Z}{\partial \theta_p})^{\mathrm{T}} \tag{2-78}$$

由于参数不仅对目标产生直接影响，还通过对状态的影响对目标产生影响。

$$\frac{\partial Z}{\partial \theta} = \frac{\partial f}{\partial \theta} + (\frac{\partial f}{\partial x})(\frac{\partial x}{\partial \theta}) \tag{2-79}$$

参数对状态的影响可以由约束条件推导

$$\frac{\partial G}{\partial \theta} + (\frac{\partial G}{\partial x})(\frac{\partial x}{\partial \theta}) = 0 \tag{2-80}$$

如果$\frac{\partial G}{\partial x}$的逆存在，则$\frac{\partial x}{\partial \theta} = -(\frac{\partial G}{\partial x})^{-1}(\frac{\partial G}{\partial \theta})$，目标对参数的一阶灵敏度系数可以表达为

$$\frac{\partial Z}{\partial \theta} = \frac{\partial f}{\partial \theta} - (\frac{\partial f}{\partial x})(\frac{\partial G}{\partial x})^{-1}(\frac{\partial G}{\partial \theta}) \tag{2-81}$$

三、目标对状态的灵敏度

如果给定下述模型：

目标函数为 $\min Z = f(\boldsymbol{v},\boldsymbol{u},\boldsymbol{\theta})$ (2-82)

约束条件为 $G(\boldsymbol{v},\boldsymbol{u},\boldsymbol{\theta}) = 0$ (2-83)

式中，$\boldsymbol{v}$ 是 m 维决策变量；$\boldsymbol{u}$ 是 n 维状态变量；$\boldsymbol{\theta}$ 是参数向量。根据定义，目标对约束的灵敏度可以表达为

$$S_G^f=\left[\frac{\mathrm{d}f(x)}{f^*(x)}\right]\Big/\left[\frac{\mathrm{d}G(x)}{G^*(x)}\right]_{x=x^0}=\left[\frac{\mathrm{d}f(x)}{\mathrm{d}G(x)}\right]\left[\frac{G^*(x)}{f^*(x)}\right] \tag{2-84}$$

同时，约束条件的变化取决于状态变量和决策变量的变化。

$$\mathrm{d}G(x)=\frac{\partial G(x)}{\partial u}\mathrm{d}u+\frac{\partial G(x)}{\partial v}\mathrm{d}v=\boldsymbol{A}\mathrm{d}u+\boldsymbol{B}\mathrm{d}v \tag{2-85}$$

此外，目标函数的变化也取决于状态变量和决策变量的变化。

$$\mathrm{d}f(x)=\frac{\partial f(x)}{\partial u}\mathrm{d}u-\frac{\partial f(x)}{\partial v}\mathrm{d}v=\boldsymbol{C}\mathrm{d}u+\boldsymbol{D}\mathrm{d}v \tag{2-86}$$

式中，

$$\boldsymbol{A}=\begin{pmatrix}\frac{\partial g_1}{\partial u_1} & \cdots & \frac{\partial g_1}{\partial u_n}\\ \vdots & & \vdots\\ \frac{\partial g_n}{\partial u_1} & \cdots & \frac{\partial g_n}{\partial u_n}\end{pmatrix},\boldsymbol{B}=\begin{pmatrix}\frac{\partial g_1}{\partial v_1} & \cdots & \frac{\partial g_1}{\partial v_m}\\ \vdots & & \vdots\\ \frac{\partial g_n}{\partial v_1} & \cdots & \frac{\partial g_n}{\partial v_m}\end{pmatrix}$$

$$\boldsymbol{C}=\left(\frac{\partial f(x)}{\partial u_1}\quad\cdots\quad\frac{\partial f(x)}{\partial u_n}\right),\boldsymbol{D}=\left(\frac{\partial f(x)}{\partial v_1}\quad\cdots\quad\frac{\partial f(x)}{\partial v_m}\right) \tag{2-87}$$

如果存在逆矩阵，由约束条件的变换式可以得出

$$\mathrm{d}u=\boldsymbol{A}^{-1}\mathrm{d}G(x)-\boldsymbol{A}^{-1}\boldsymbol{B}\mathrm{d}v \tag{2-88}$$

将其代入目标函数的变化表达式，得到

$$\begin{aligned}\mathrm{d}f(x)&=\boldsymbol{C}[\boldsymbol{A}^{-1}\mathrm{d}G(x)-\boldsymbol{A}^{-1}\boldsymbol{B}\mathrm{d}v]+\boldsymbol{D}\mathrm{d}v\\&=\boldsymbol{CA}^{-1}\mathrm{d}G(x)+(\boldsymbol{D}-\boldsymbol{CA}^{-1}\boldsymbol{B})\mathrm{d}v\end{aligned} \tag{2-89}$$

根据库恩-塔克定律，在最优点处，有

$$(\boldsymbol{D}-\boldsymbol{CA}^{-1}\boldsymbol{B})\mathrm{d}v=0 \tag{2-90}$$

所以

$$\mathrm{d}f(x)\Big|_{x=x^0}=\boldsymbol{CA}^{-1}\mathrm{d}G(x) \tag{2-91}$$

由此可以得到目标对约束的灵敏度系数

$$\frac{\mathrm{d}f(x)}{\mathrm{d}G(x)}\bigg|_{x=x^0}=\boldsymbol{CA}^{-1} \tag{2-92}$$

思考题

1. 在环境系统工程技术研究中，数学模型的作用是什么？试举例说明。利用数学模型和尊重客观实际之间有什么矛盾？应如何处理这个矛盾？

2. 试叙述建立环境数学模型的基本过程和建模的基本方法。数学模型的抽象性对环境科学和工程的研究有什么利弊？如何趋利除弊？

3. 试介绍 0.618 法进行灰箱模型参数估值的基本思路。

4. 利用最速下降法进行环境模型多参数估值，如何选择初始点、参数变动方向和参数

修正步长？为什么代入不同的初始值有时会得到不同的参数值？

5. 灵敏度分析有什么意义？如何进行灵敏度分析？

6. 为了评价汽车尾气对城市空气污染现状，需要掌握各街道风速变化。为此进行了20天的测试，测得某街道风速日平均值和从当地气象站抄得的对应日风速平均数据，列于表2-2(单位 m/s)。试建立某街道风速值和气象站测试值的关系式。

表 2-2　气象站和街道的风速值

序　号	1	2	3	4	5	6	7	8	9	10
气象站	4.3	2.7	3.3	4.7	4.3	5.7	6.0	6.0	5.3	6.0
街　道	3.0	3.5	3.5	4.0	4.5	2.5	4.0	4.0	4.5	4.5
序　号	11	12	13	14	15	16	17	18	19	20
气象站	5.0	3.7	2.7	1.0	1.0	2.7	1.0	0.7	0.7	0.7
街　道	3.5	2.2	1.8	1.2	1.0	2.0	1.2	1.0	1.0	0.4

7. 某大气中汞的主要污染源是某化工厂氯碱车间。环境监测站曾经对该化工厂排放含汞废气对近地面大气质量的影响进行研究并建立了如下模型：

$$C(x,y=0,z=1.5)=\frac{Q}{2\pi u\sigma_y\sigma_z}\exp\left(-\frac{1}{2}\times\frac{2.25}{\sigma_z^2}\right)$$

$$C(x,y,z=1.5)=\frac{Q}{2\pi u\sigma_y\sigma_z}\exp\left[-\frac{1}{2}\left(\frac{y^2}{\sigma_y^2}+\frac{2.25}{\sigma_z^2}\right)\right]$$

为了验证上述模型，又对该化工厂的汞污染进行实测，得到下风向轴线汞浓度(表2-3)，表中还列出模型计算值。试判断该模型是否可以用于污染预测？如果可以，估计预测的误差。

表 2-3　下风向轴线浓度　　单位：ng/m^3

序号	计算值 $\hat{y}$	实测值 y	序号	计算值 $\hat{y}$	实测值 y
1	68	93	15	253	270
2	95	93	16	272	386
3	120	166	17	278	278
4	138	312	18	283	290
5	143	150	19	287	191
6	154	145	20	327	372
7	157	167	21	346	472
8	168	93	22	430	379
9	180	167	23	462	408
10	185	280	24	472	—
11	203	256	25	542	406
12	204	253	26	557	568
13	216	167	27	707	696
14	235	171	28	489	536

第三章 环境质量基本模型

导 读

环境质量基本模型是环境系统的基础模型，是以质量守恒定律为依据，利用数学表达式来描述物质在环境介质中的迁移转化规律，为环境污染预测和环境管理提供科学支撑。本章重点围绕环境质量基本模型的建立过程，使读者掌握污染物在环境介质中的运动特征、环境质量基本模型建立的理论与方法以及污染物在流场中的分布特征等内容，为实际环境系统的数学模型建立奠定基础。

第一节 污染物在环境介质中的运动特征

环境介质一般是指在自然环境中能够传递物质和能量的媒介，如空气、水和土壤。尽管污染物在进入不同的环境介质之后发生变化，做着复杂的运动，但这些运动都是由以下几种基本形式组成的：① 随介质的迁移运动（推流迁移）；② 污染物的分散运动；③ 污染物的衰减与转化；④ 污染物被环境介质吸收或吸附；⑤ 污染物的沉淀。

一、推流迁移

推流迁移是污染物随介质运动而发生的位置变化，不改变环境介质中污染物的质量和浓度。通常用迁移通量来描述污染物随环境介质的推流迁移。

单位时间通过某断面单位面积的污染物迁移通量 f 为

$$f = u \cdot c \tag{3-1}$$

分解到三个坐标轴，则有

$$f_x = u_x \cdot c; \quad f_y = u_y \cdot c; \quad f_z = u_z \cdot c \tag{3-2}$$

式中 f_x, f_y, f_z——分别为污染物在 x、y、z 三个方向上的迁移通量，量纲为 $M \cdot L^{-2} \cdot T^{-1}$；

u_x, u_y, u_z——分别为环境介质在 x、y、z 三个方向上的流速分量，量纲为 $L \cdot T^{-1}$；

c——污染物在环境介质中的浓度，量纲为 $M \cdot L^{-3}$。

二、污染物的分散运动

环境介质对排入其中的污染物有如下三种形式的分散作用。

（一）分子扩散

分子扩散是由分子的随机运动而引起的分散现象，存在于污染物的所有运动过程中。分子扩散过程服从菲克（Fick）第一扩散定律，即分子扩散的质量通量（I_m）与扩散物质的浓度梯度成正比。分解到三个坐标轴，有

$$I_{m,x}=-E_M\frac{\partial c}{\partial x};\quad I_{m,y}=-E_M\frac{\partial c}{\partial y};\quad I_{m,z}=-E_M\frac{\partial c}{\partial z} \tag{3-3}$$

式中　$I_{m,x}$，$I_{m,y}$，$I_{m,z}$——分别为 x，y，z 方向上污染物分子扩散的质量通量，量纲为$M\cdot L^{-2}\cdot T^{-1}$；

E_M——分子扩散系数，指单位浓度梯度下物质在单位时间内通过单位面积的量，量纲为 $L^2\cdot T^{-1}$；

分子扩散是各向同性的，式中负号表示污染物向浓度减小的方向扩散。

（二）湍流扩散

湍流扩散是湍流流场中质点的各种状态参数（流速、压力、浓度、温度等）的瞬时值相对其平均值的随机脉动而导致的分散现象。当质点的运动是稳定条件下的随机运动，湍流扩散规律可用 Fick 第一定律描述[式(3-4)]。与分子扩散不同，湍流扩散往往是各向异性的。

$$I_{t,x}=-E_x\frac{\partial \bar{c}}{\partial x};\quad I_{t,y}=-E_y\frac{\partial \bar{c}}{\partial y};\quad I_{t,z}=-E_z\frac{\partial \bar{c}}{\partial z} \tag{3-4}$$

式中　$I_{t,x}$，$I_{t,y}$，$I_{t,z}$——分别为 x，y，z 方向上由湍流扩散作用引起的污染物的质量通量，量纲为 $M\cdot L^{-2}\cdot T^{-1}$；

E_x，E_y，E_z——分别为 x，y，z 方向上的湍流扩散系数，量纲为 $L^2\cdot T^{-1}$；

$\bar{c}$——环境介质中污染物在一定时间周期内的平均浓度，量纲为 $M\cdot L^{-3}$。注意，如果以瞬时浓度表示，就不会有湍流扩散项出现。

（三）弥散

在流动的环境介质中，常常考察某一空间范围内的平均浓度和平均流速，如河流断面平均浓度和平均流速，某空间地下水的平均浓度和平均流速。在这一断面或空间内，介质实际流速的分布是不均匀的，这又引起另一种分散现象——弥散现象。弥散现象可以定义为由空间各点流速（或其他参数）与考察空间的平均值的系统差别所产生的分散现象。弥散也可以用（没有严格的理论证明）Fick 第一定律的形式表示[式(3-5)]。

$$I_{D,x}=-D_x\frac{\partial \bar{\bar{c}}}{\partial x};\quad I_{D,y}=-D_y\frac{\partial \bar{\bar{c}}}{\partial y};\quad I_{D,z}=-D_z\frac{\partial \bar{\bar{c}}}{\partial z} \tag{3-5}$$

式中　$I_{D,x}$，$I_{D,y}$，$I_{D,z}$——分别为 x，y，z 方向上由弥散作用引起的污染物的质量通量，量纲为 $M\cdot L^{-2}\cdot T^{-1}$；

D_x，D_y，D_z——分别为 x，y，z 方向上的弥散系数，其具有更大的各向异性，量纲为$L^2\cdot T^{-1}$；

$\bar{\bar{c}}$——湍流时平均浓度的空间平均浓度，量纲为 $M\cdot L^{-3}$。

在环境系统建模过程中，当考察空间平均浓度时，分子扩散、湍流扩散和弥散三种现象都应考虑，但由于这三种分散作用的大小悬殊，如在河流中分子扩散系数为 $10^{-5}\sim10^{-4}$ m^2/s、湍流扩散系数为 $10^{-2}\sim100$ m^2/s、弥散系数为 $10\sim10^4$ m^2/s，为此，仅需要考虑弥散作用就可以了。当对大气环境以及海洋环境中污染物浓度进行考察时，一般取一个质点的

值，所以不考虑弥散现象，仅考虑比分子扩散作用大得多的湍流扩散作用就可以了。当研究类似于湖泊或水库这种净水环境中污染物浓度分布时，尽管分子扩散作用很小，但其是污染物的主要分散形式，也应当考虑。

三、污染物的衰减与转化性质

污染物可以分成两大类：守恒物质和非守恒物质。

守恒物质在环境介质输送和迁移过程中不发生转化和相间转移，当然这是假想的情况。如果污染物转化速率相对考察的污染物输送距离和时间而言很小，相间转移份额也很小，此污染物就可以被认为是守恒物质，如水中可溶性无机盐类往往被认为是守恒物质，二氧化硫和微细烟尘，在局地污染问题中也可以被认为是守恒的，实际转化率可以忽略。

非守恒物质进入环境之后，除了稀释、扩散和迁移之外，本身还发生自我分解或在其他化学物质与生物的作用下衰减。由于污染物在环境中的浓度很低，很多实验和实际观测数据都表明，污染物在环境中的衰减过程基本上符合一级反应，两者的误差不会很大。

$$\frac{\mathrm{d}L}{\mathrm{d}t}=-k\cdot L \tag{3-6}$$

式中　L——污染物浓度，mg/L；

t——衰减时间，s；

k——衰减速率常数，s^{-1}。

环境介质的推流迁移作用、污染物的分散和衰减作用可用图 3-1 来说明。

假定在 $x=x_0$ 处，向环境中排放的污染物质总量为 A，其分布为直方状[见图 3-1(a)]，经过一段时间该污染物的重心迁移至 x_1，污染物质的总量为 a。如果只存在推流作用，则$a=A$，且在 x_1 处的污染物分布形状与 x_0 处相同；如果存在推流迁移和分散的双重作用[见图 3-1(b)]，则仍有 $a=A$，但在 x_1 处的分布形状与初始时不一样，污染物的通过时间延长了；如果同时存在推流迁移、分散和衰减三重作用，则不仅污染物的分布形状发生了变化，而且 $a<A$。

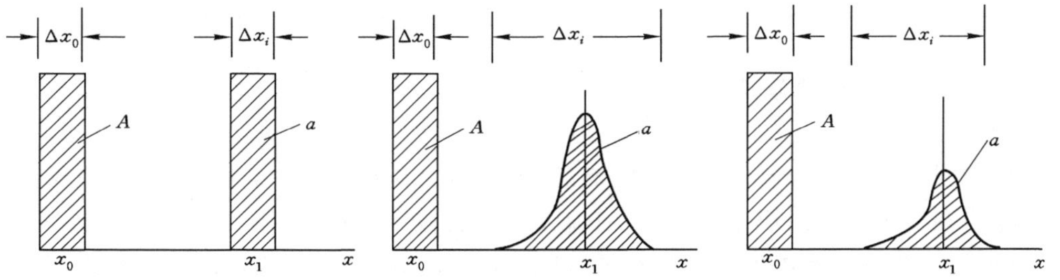

(a) 推流迁移　$a=A,\Delta x_i=\Delta x_0$

(b) 推流迁移＋分散　$a=A,\ \Delta x_i>\Delta x_0$

(c) 推流迁移＋分散＋衰减　$a<A,\ \Delta x_i>\Delta x_0$

图 3-1　推流迁移、分散和衰减作用

第二节　基本模型的推导

污水或废气排放后进入环境，在流动的环境介质（主要是地表水体、大气和地下水）中被不断稀释和扩散，并在环境中形成污染物的浓度场。这是在污染控制系统中遇到的一个最基本的问题。根据污染物在大气或水体中稀释扩散规律推导出来的、描述污染物排放后环境中浓度分布的模型有时被称为环境质量基本模型。

为了便于讨论，假设进入环境的污染物能够和介质互相融合，具有相同的流体力学性质，无相间转移现象，从而可以把污染物质点看作流体质点进行分析。

当然，在实际环境条件下，污染物质点除了随流体质点运动外，还会产生凝聚、沉淀等现象。这些将作为对基本模型修正的因素予以考虑。

一、零维环境质量基本模型(箱式模型)的推导

(一) 基本模型

1. 单箱模型的推导

在某些特定条件下，可以将所研究的单元(如一个小的湖泊中的水体，或一个小城市上空的大气)看作一个完全混合反应器(箱子)，即认为排放的污染物或其他物质进入该环境单元后，很快混合均匀，单元内仅用一个平均浓度表示。根据质量守恒定律，有

$$V\frac{\mathrm{d}C}{\mathrm{d}t}=QC_0-QC+S+rV \tag{3-7}$$

式中 V——环境单元体积；

Q——流入环境单元的流量；

C_0——流入流体中污染物浓度；

C——单元内污染物平均浓度；

S——环境单元中源或汇；

r——污染物的衰减速度。

环境单元内的源是指系统内污染物增加的来源或产生项，汇是指系统内污染物减少的消失项，但污染物自身衰减不计入。如果单元内没有源和汇项，并且自身衰减可以看作一级反应，则零维模型可以改写成

$$V\frac{\mathrm{d}C}{\mathrm{d}t}=Q(C_0-C)-KCV \tag{3-8}$$

式中 K——污染物的降解速率常数。

2. 多箱模型的推导

如果被视为完全混合器的环境单元有若干个，且首尾相连，则描述这种环境系统的零维模型被称为混合单元系列模型。比如，河流无法被看成一个箱子，但可以被分割成一系列的河段，每个河段被认为是浓度均匀的箱子，则可近似模拟河流的污染情况。混合单元系列模型可直接利用零维模型，对单元 1 有

$$V\frac{\mathrm{d}C_1}{\mathrm{d}t}=Q(C_0-C_1)-KC_1V$$

对单元 2 有

$$V\frac{\mathrm{d}C_2}{\mathrm{d}t}=Q(C_1-C_2)-KC_2V$$

对单元 i，有

$$V\frac{\mathrm{d}C_i}{\mathrm{d}t}=Q(C_{i-1}-C_i)-KC_iV \tag{3-9}$$

如果将河流分成 n 段，总计有 n 个微分方程。

（二）零维模型的解析解

1. 单箱模型的解析解

（1）稳态条件，即 $dC/dt=0$ 时，依据零维模型的基本模式［见式(3-8)］，解得

$$C=\frac{C_0}{1+\frac{V}{Q}K}=\frac{C_0}{1+Kt_w} \tag{3-10}$$

式中，$t_w=V/Q$，称为理论停留时间；其余符号含义同前。

（2）非稳态条件，即 $dC/dt\neq 0$ 时，解常微分方程［式(3-8)］，对 $K=0$ 的持久性污染物，有

$$C=C_0-(C_0-C_b)\exp(-rt) \tag{3-11}$$

对非持久性污染物，有

$$\left(1+\frac{K}{r}\right)C=C_0-\left[C_0-\left(1+\frac{K}{r}\right)C_b\right][\exp(-rt)]^{1+\frac{K}{r}}$$

如果 $C_b=0$，则

$$C=\frac{C_0}{1+\frac{K}{r}}\{1-[\exp(-rt)]^{1+\frac{K}{r}}\} \tag{3-12}$$

式中，$r=Q/V=1/t_w$，称为河流冲刷系数；C_b 为单元内污染物的初始浓度。

2. 多箱模型的解析解

（1）稳态条件，即 $dC/dt=0$ 时，式(3-9)的解析解为

$$C_1=\frac{C_0}{1+\frac{V}{Q}K};\quad C_2=\frac{C_1}{1+\frac{V}{Q}K} \tag{3-13}$$

对其他单元，有

$$C_i=\frac{C_{i-1}}{1+\frac{V}{Q}K}=\frac{C_0}{\left(1+\frac{V}{Q}K\right)^i} \tag{3-14}$$

（2）非稳态条件，输入污染物数量为 $W(t)=Q(t)\cdot C(t)$，该函数形式可能很复杂，这里仅考虑流量 Q 为常数，当 $t\leqslant 0$ 时，各单元内无该污染物，即 $C_i=0$，则对第 1 单元，通过质量平衡可以建立如下微分方程：

$$V\frac{dC_1}{dt}=W(t)-QC_1-KC_1V \tag{3-15}$$

令 $\alpha=\left(\frac{Q}{V}+K\right)=(r+K)$，则上式可以改写为

$$\frac{dC_1}{dt}+\alpha C_1=\frac{W(t)}{V}$$

两边同乘以 $e^{\alpha t}$，上式则为

$$e^{\alpha t}\frac{dC_1}{dt}+\alpha C_1e^{\alpha t}=\frac{W(t)}{V}e^{\alpha t}=\frac{d(e^{\alpha t}C_1)}{dt}$$

解上述微分方程，有

$$C_1=e^{-\alpha t}\int_0^t\frac{W(\tau)}{V}e^{\alpha\tau}d\tau \tag{3-16}$$

对后边各单元，有

$$V\frac{\mathrm{d}C_i}{\mathrm{d}t}=QC_{i-1}-QC_i-KC_iV$$

$$\frac{\mathrm{d}C_i}{\mathrm{d}t}+\alpha C_i=\frac{Q}{V}C_{i-1}$$

两边同乘 $e^{\alpha t}$，同样得到类似的微分方程

$$e^{\alpha t}\frac{\mathrm{d}C_i}{\mathrm{d}t}+\alpha C_i e^{\alpha t}=\frac{Q}{V}C_{i-1}e^{\alpha t}$$

在初始条件下，$C_i(t\leqslant 0)=0$，则有

$$C_i=\frac{Q}{V}e^{-\alpha t}\int_0^t C_{i-1}e^{\alpha\tau}\,\mathrm{d}\tau \tag{3-17}$$

显然，各单元的污染物浓度取决于时间和污染物的排放规律。我们分两种极端情况进行讨论。

第一种情况，排放污染物数量不变，$W(t)=W_0$，W_0 为常数，则

$$C_1=e^{-\alpha t}\int_0^t\frac{W_0}{V}e^{\alpha\tau}\,\mathrm{d}\tau=\frac{W_0}{\alpha\cdot V}(1-e^{-\alpha t}) \tag{3-18}$$

如果 $t\to\infty$，则有

$$C_1=\frac{W_0}{\alpha\cdot V}=\frac{W_0}{\left(\frac{Q}{V}+K\right)\cdot V}=\frac{C_0}{\left(1+\frac{V}{Q}K\right)} \tag{3-19}$$

同时可以求出第二单元污染物的浓度。

$$C_2=\frac{Q}{V}e^{-\alpha t}\int_0^t\frac{W_0}{\alpha\cdot V}(1-e^{-\alpha\tau})e^{\alpha\tau}\,\mathrm{d}\tau$$

$$C_2=\frac{Q}{V}e^{-\alpha t}\frac{W_0}{\alpha\cdot V}\left[\frac{1}{\alpha}(e^{\alpha t}-1)-t\right] \tag{3-20}$$

其他单元污染物的浓度也可以用同样的方法逐步求出来。

第二种情况，排放污染物是瞬时发生的。瞬时排放污染物一般可以用 δ 函数来描述，即 $W(t)=M\cdot\delta(t)$。其中，$\delta(t)$函数定义为

$$\begin{cases}\delta(t)=1,t=t_0\\ \delta(t)=0,t\neq t_0\end{cases} \tag{3-21}$$

δ 函数有以下两个性质：

$$\begin{cases}\displaystyle\int_{-\infty}^{\infty}\delta(t)\,\mathrm{d}t=1\\ \displaystyle\int_{-\infty}^{\infty}\phi(t)\delta(t-a)\,\mathrm{d}t=\phi(a)\end{cases} \tag{3-22}$$

对第一单元，将反映污染物排放规律的函数代入零维方程：

$$V\frac{\mathrm{d}C_1}{\mathrm{d}t}=M\delta(t)-QC_1-KC_1V$$

用前述方法解上述微分方程，有

$$C_1=e^{-\alpha t}\int_0^t\frac{M\delta(\tau)}{V}e^{\alpha\tau}\,\mathrm{d}\tau \tag{3-23}$$

由于上式积分符号内式子只在一点有值，其他为零，所以积分上、下限可以写成

$+\infty$到$-\infty$，利用δ函数性质，可以得到

$$C_1 = \frac{M}{V}e^{-\alpha t} \tag{3-24}$$

将第一单元解代入式(3-17)，则得第二和第三单元污染物浓度分别为

$$C_2 = \frac{Q}{V}e^{-\alpha t}\int_0^t \frac{M}{V}e^{-\alpha\tau}e^{\alpha\tau}d\tau = \frac{QM}{V^2}e^{-\alpha t}t \tag{3-25}$$

$$C_3 = \frac{M}{V}\left(\frac{Q}{V}\right)^2 \frac{t^2}{2\times 1}e^{-\alpha t} \tag{3-26}$$

对于第i单元，有

$$C_i = \frac{M}{V}\left(\frac{Q}{V}\right)^{i-1} \frac{t^{i-1}}{(i-1)\times(i-2)\times\cdots\times 1}e^{-\alpha t} \tag{3-27}$$

二、一维环境质量基本模型的推导

（一）一维基本模型的推导

考察如图 3-2 所示的一个微小体元中污染物质的进出情况，利用质量守恒原理，考虑流体的推流迁移和实际存在的扩散作用（可以是分子扩散、湍流扩散或弥散），在x方向即流动方向的两个界面上，可以写出下述质量通量方程。

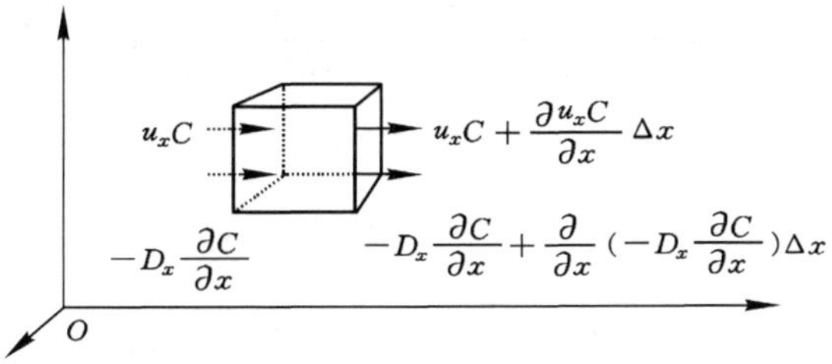

图 3-2　一维环境质量基本模型推导示意图

单位时间输入体积单元的污染物量为$\left[u_xC+\left(-D_x\frac{\partial C}{\partial x}\right)\right]\Delta y\Delta z$，单位时间输出体积单元的污染物量为$\left[u_xC+\frac{\partial u_xC}{\partial x}\Delta x+\left(-D_x\frac{\partial C}{\partial x}\right)+\frac{\partial}{\partial x}\left(-D_x\frac{\partial C}{\partial x}\right)\Delta x\right]\Delta y\Delta z$，污染物在微小体元内发生一级衰减反应，由衰减输出的量为$-KC\Delta x\Delta y\Delta z$。

对微小体元利用质量守恒定律，并令$\Delta x\rightarrow 0$，得

$$\frac{\partial C}{\partial t} = -\frac{\partial u_xC}{\partial x} - \frac{\partial}{\partial x}\left(-D_x\frac{\partial C}{\partial x}\right) - KC \tag{3-28}$$

在均匀流场中，流速和扩散系数可以看作常数，则上式可进一步简化为

$$\frac{\partial C}{\partial t} = D_x\frac{\partial^2 C}{\partial x^2} - u_x\frac{\partial C}{\partial x} - KC \tag{3-29}$$

式(3-28)和式(3-29)是一般流场和均匀流场中的一维环境质量基本模型，在河流水质模拟和预测中有广泛的应用。

（二）一维基本模型的解析解

1. 均匀稳定流场和污染源连续稳定排放

$$D_x\frac{\partial^2 C}{\partial x^2} - u_x\frac{\partial C}{\partial x} - KC = 0$$

边界条件为

$$C(0,t)=C_0$$
$$C(\infty,t)=0 \tag{3-30}$$

该方程为二阶常系数线性齐次微分方程，用特征方程方法求解，得到

$$C(x)=C_0\exp\left[\frac{u_x x}{2D_x}\left(1-\sqrt{1+\frac{4KD_x}{u_x^2}}\right)\right] \tag{3-31}$$

2. 均匀稳态流场和污染源瞬时排放

$$\frac{\partial C}{\partial t}=D_x\frac{\partial^2 C}{\partial x^2}-u_x\frac{\partial C}{\partial x}-KC$$

边界条件为

$$\begin{cases}C(0,t)=C_0\cdot\delta(t)\\C(\infty,t)=0\end{cases} \tag{3-32}$$

初始条件，取最简单情况 $C(x,0)=0$。

这是比较典型的二阶偏微分方程，要用积分变换方法或特征值法求解，其具体过程从略。这里仅介绍最后的结果。

$$C(x,t)=\frac{u_x C_0}{\sqrt{4\pi D_x t}}\exp\left[-\frac{(x-u_x t)^2}{4D_x t}\right]\exp(-Kt) \tag{3-33}$$

如果瞬时排放的污染物量为 M，河流断面积为 A，在开始阶段和流量为 Q 的环境介质混合，混合后浓度为 C_0，$C_0=\frac{M}{Q}=\frac{M}{Au_x}$。将其代入上式，有

$$C(x,t)=\frac{M}{A\sqrt{4\pi D_x t}}\exp\left[-\frac{(x-u_x t)^2}{4D_x t}\right]\exp(-Kt) \tag{3-34}$$

3. 均匀稳态流场和污染源短时间连续排放

短时间连续排放是实际污染事故中经常遇到的一种情况，排放时间 Δt 虽然短，但不能够看作瞬时发生的事情。这时候，微分方程的边界条件将发生变化。

$$\begin{cases}C(0,t)=C_0[u(t)-u(t-\Delta t)]\\C(\infty,t)=0\end{cases} \tag{3-35}$$

式中，$u(t)$是阶梯函数，定义为

$$u(t-\Delta t)=\begin{cases}0, t\leqslant\Delta t\\1, t>\Delta t\end{cases} \tag{3-36}$$

定解条件发生上述变化，求解过程和解的形式也变得十分复杂，不易求解。可以利用瞬时排放的解对其进行积分，求短时间排放条件下浓度分布的解。

$$C(x,t)=\int_0^{\Delta t}\frac{C_0 u_x}{\sqrt{4\pi D_x t}}\exp\left[-\frac{(x-u_x t)^2}{4D_x t}\right]\exp(-Kt)\mathrm{d}t \tag{3-37}$$

这个积分式也不容易求解，需要运用一些技巧，我们直接给出积分结果。

$$C(x,t)=\frac{C_0}{2}[\exp(A_1)\mathrm{erfc}(A_2)+\exp(A_3)\mathrm{erfc}(A_4)]\exp\left(\frac{u_x x}{2D_x}\right)-$$
$$\frac{C_0}{2}[\exp(A_1)\mathrm{erfc}(A_5)+\exp(A_3)\mathrm{erfc}(A_6)]\exp\left(\frac{u_x x}{2D_x}\right)u(t-\Delta t) \tag{3-38}$$

$$A_1 = \frac{x}{\sqrt{D_x}}\sqrt{\frac{u_x^2}{4D_x}+K}$$

$$A_2 = \frac{x}{2\sqrt{D_x t}}+\sqrt{\frac{u_x^2 t}{4D_x}+Kt}$$

$$A_3 = -A_1$$

$$A_4 = \frac{x}{2\sqrt{D_x t}}-\sqrt{\frac{u_x^2 t}{4D_x}+Kt}$$

$$A_5 = \frac{x}{2\sqrt{D_x(t-\Delta t)}}+\sqrt{\frac{u_x^2(t-\Delta t)}{4D_x}+K(t-\Delta t)}$$

$$A_6 = \frac{x}{2\sqrt{D_x(t-\Delta t)}}-\sqrt{\frac{u_x^2(t-\Delta t)}{4D_x}+K(t-\Delta t)}$$

式中用到的误差函数和误差余函数[erf(x)称为误差函数，erfc(x)称为误差余函数]，它们的定义是

$$\mathrm{erfc}(x) = 1-\mathrm{erf}(x) \tag{3-39}$$

$$\mathrm{erf}(x) = \frac{2}{\sqrt{\pi}}\int_0^x \mathrm{e}^{-t^2}\,\mathrm{d}t \tag{3-40}$$

误差函数可以通过查表得到函数值，也可以用下面的近似公式计算。

$$\mathrm{erf}(x) \cong x-\frac{x^3}{(1!)\times 3}+\frac{x^5}{(2!)\times 5}-\frac{x^7}{(3!)\times 7}+\cdots \tag{3-41}$$

（三）一维流场中的分布特征

在瞬时排放条件下，对于式(3-34)

$$C(x,t)=\frac{M}{A\sqrt{4\pi D_x t}}\exp\left[-\frac{(x-u_x t)^2}{4D_x t}\right]\exp(-Kt) \tag{3-42}$$

令

$$\sigma_x = \sqrt{2D_x t}$$

则式(3-42)可以写成

$$C(x,t) = \frac{M}{A\sigma_x\sqrt{2\pi}}\exp\left[-\frac{(x-u_x t)^2}{2\sigma_x^2}\right]\exp(-Kt) \tag{3-43}$$

这是一个典型的正态分布表达式，具有如下特征：

① 断面处出现最大浓度的时间是

$$\bar{t} = \frac{x}{u_x}$$

② 相应的最大浓度值为

$$C(x,t)_{\max} = \frac{M}{A\sigma_x\sqrt{2\pi}}\exp(-Kt) \tag{3-44}$$

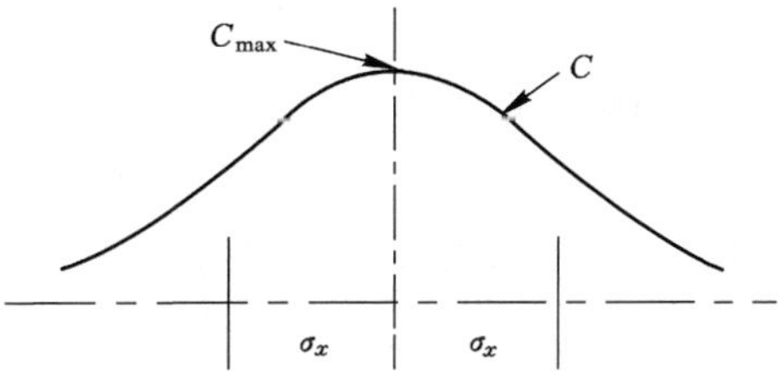

图 3-3　离散程度

式(3-44)中 σ_x 为图 3-3 所示的钟形曲线离散程度。在同一断面处，测得 σ_x 值越大，表明污染物的离散程度越好。

根据正态分布规律，在最大浓度发生点附近 $\pm 2\sigma_x$ 的范围内，包含了大约 95%的污染物总量，

可以把 $4\sigma_x$ 这个长度定义为含有污染物的水团长度。

由式(3-42)和式(3-43)可以看出，当弥散系数增大时，表征分布曲线宽度的 σ_x 也增大，最大浓度值 $C(x,t)_{\max}$ 将下降，水团长度增大，污染物的通过时间将延长。

三、二维环境质量基本模型的推导

（一）二维基本模型的推导

如果考虑微小体元中两个方向上物质的平衡关系，可以得到相应的均匀流场中的二维环境质量基本模型。

一般流场的二维环境质量基本模型为

$$\frac{\partial C}{\partial t}=-\left(\frac{\partial u_x C}{\partial x}+\frac{\partial u_y C}{\partial y}\right)-\left[\frac{\partial}{\partial x}\left(-D_x\frac{\partial C}{\partial x}\right)+\frac{\partial}{\partial y}\left(-D_y\frac{\partial C}{\partial y}\right)\right]-KC \tag{3-45}$$

均匀稳态流场的二维环境质量基本模型为

$$\frac{\partial C}{\partial t}=D_x\frac{\partial^2 C}{\partial x^2}+D_y\frac{\partial^2 C}{\partial y^2}-u_x\frac{\partial C}{\partial x}-u_y\frac{\partial C}{\partial y}-KC \tag{3-46}$$

二维模型较多应用于大型河流、河口、海湾、浅湖中的水质预测，也应用于线源大气污染的计算。

（二）二维基本模型的解析解

1. 均匀稳态流场和点污染源稳定连续排放

$$D_x\frac{\partial^2 C}{\partial x^2}+D_y\frac{\partial^2 C}{\partial y^2}-u_x\frac{\partial C}{\partial x}-u_y\frac{\partial C}{\partial y}-KC=0 \tag{3-47}$$

点污染源作为坐标系的原点，环境介质流向作为 x 轴，定解条件为

$$C(0,0,t)=C_0;C(\pm\infty,y,t)=0;C(x,\pm\infty,t)=0$$

点污染源源强为 Q，则式(3-47)的解析解为

$$C(x,y)=\frac{Q}{4\pi h(x/u_x)^2\sqrt{D_xD_y}}\exp\left(-\frac{\left(y-\frac{u_yx}{u_x}\right)^2}{4D_y\frac{x}{u_x}}\right)\exp\left(-\frac{Kx}{u_x}\right) \tag{3-48}$$

式中，h 为平均水深。

在稳态条件下，一般纵向弥散作用和横向流动可以忽略，即 $D_x=u_y=0$，则式(3-47)的解析解为

$$C(x,y)=\frac{Q}{u_xh\sqrt{4\pi D_y(x/u_x)}}\exp\left(-\frac{u_xy^2}{4D_yx}\right)\exp\left(-\frac{Kx}{u_x}\right) \tag{3-49}$$

2. 均匀稳态流场和污染源瞬时排放

$$\frac{\partial C}{\partial t}-D_x\frac{\partial^2 C}{\partial x^2}-D_y\frac{\partial^2 C}{\partial y^2}+u_x\frac{\partial C}{\partial x}+u_y\frac{\partial C}{\partial y}+KC=0 \tag{3-50}$$

原点的定解条件中，仅污染源点的条件需要改变为

$$C(0,0,t)=C_0\delta(t-t_0)$$

则式(3-50)的解析解为

$$C(x,y,t)=\frac{M}{4\pi ht\sqrt{D_xD_y}}\exp\left[-\frac{(x-u_xt)^2}{4D_xt}-\frac{(y-u_yt)^2}{4D_yt}\right]\exp(-Kt) \tag{3-51}$$

注意：瞬时排放时纵向弥散作用一般不能忽略。

3. 考虑边界(河岸)的反射作用

对于一维流场,如河流,只要河道中有水,总会向前运行,直到进入湖泊或海洋。而对二维流场,主要流动方向与一维问题类似,但非主要流动方向常常存在“岸”的问题。“岸”实际上是具有和流动的环境介质不同相的物质,是流动介质的硬边界,如河流的岸、气体流动的壁面等。流动介质不能无阻碍地或不能通过这些边界,则污染物的迁移存在反射现象。

点源污染物扩散问题,在有边界条件下的反射作用可以用一个虚拟点源来模拟,即把边界作为一个反射界面,在边界另一侧对称的位置假设有一个源强相同的虚源,形成的浓度分布和边界反射增加的浓度相同。

对上述各式进行修正,即把实源和虚源形成的浓度相加,得到具有反射面的解的形式。设点源距岸边距离为 b,河岸可以看作直线,则式(3-49)变为

$$C(x,y)=\frac{Q}{u_x h\sqrt{4\pi D_y x/u_x}}\exp\left(-K\frac{x}{u_x}\right)\cdot\left[\exp\left(-\frac{u_x y^2}{4D_y x}\right)+\exp\left(-\frac{u_x(2b-y)^2}{4D_y x}\right)\right] \tag{3-52}$$

式(3-51)成为

$$C(x,y,t)=\frac{M}{4\pi h\sqrt{D_x D_y t^2}}[\exp(A_1)+\exp(A_2)]\exp(-Kt) \tag{3-53}$$

其中

$$A_1=-\frac{(x-u_x t)^2}{4D_x t}-\frac{(y-u_y t)^2}{4D_y t}$$

$$A_2=-\frac{(x-u_x t)^2}{4D_x t}-\frac{(2b+y-u_y t)^2}{4D_y t}$$

当排放口在岸边时,$b=0$,则由式(3-53)得

$$C(x,y,t)=\frac{M}{2\pi h\sqrt{D_x D_y t^2}}\exp\left[-\frac{(x-u_x t)^2}{4D_x t}-\frac{(y-u_y t)^2}{4D_y t}\right]\exp(-Kt) \tag{3-54}$$

稳态条件下,对河流这样的二维流场,离排放口近的河岸对污染物扩散有反射作用,离排放口远的河岸对污染物扩散也有反射作用,而且这种反射作用不可以忽略。由于两岸的反射,形成连锁式的反复反射。设河流宽为 B,排放口位于河中心,浓度计算公式[式(3-52)]改写为

$$C(x,y)=\frac{Q}{u_x h\sqrt{4\pi D_y x/u_x}}\exp\left(-\frac{Kx}{u_x}\right)\cdot A$$

$$A=\exp\left(-\frac{u_x y^2}{4D_y x}\right)+\sum_{n=1}^{\infty}\exp\left[-\frac{u_x(nB-y)^2}{4D_y x}\right]+\sum_{n=1}^{\infty}\exp\left[-\frac{u_x(nB+y)^2}{4D_y x}\right] \tag{3-55}$$

如果排放口在岸边,则

$$A=2\left[\exp\left(-\frac{u_x y^2}{4D_y x}\right)+\sum_{n=1}^{\infty}A'+\sum_{n=1}^{\infty}A''\right] \tag{3-56}$$

$$A'=\exp\left[-\frac{u_x(2nB-y)^2}{4D_y x}\right];\quad A''=\exp\left[-\frac{u_x(2nB+y)^2}{4D_y x}\right]$$

如果排放口既不在中心,也不在岸边,离最近的岸边距离为 a,则

$$A=\sum_{n=-\infty}^{\infty}\exp\left[-\frac{u_x(2nB+y-a)^2}{4D_y x}\right]+\sum_{n=-\infty}^{\infty}\exp\left[-\frac{u_x(2nB+y+a)^2}{4D_y x}\right] \tag{3-57}$$

(三) 二维流场中的分布特征

对于描述在二维流场中连续稳定排放的污染物运动变化规律的式(3-49),如果令

$\sigma_y=\sqrt{2D_y\frac{x}{u_x}}$，则有

$$C(x,y)=\frac{Q}{u_xh\sigma_y\sqrt{2\pi}}\exp\left(-\frac{u_xy^2}{4D_yx}\right)\exp\left(-\frac{Kx}{u_x}\right) \tag{3-58}$$

由上式可以看出，在下游 x 方向的断面上，污染物在 y 方向上呈正态分布，其最大浓度发生在 x 轴上，最大值为

$$C(x,y)_{\max}=\frac{Q}{hu_x\sigma_y\sqrt{2\pi}}\exp\left(-\frac{Kx}{u_x}\right) \tag{3-59}$$

如果定义扩散羽的宽度为包含断面上 95％的污染物总量的宽度，则扩散羽的宽度为 $4\sigma_y$。由式(3-55)和式(3-59)可知，横向弥散作用越大，断面最大浓度值越小，且随着流经距离 x 的延长，σ_y 也越大，污染物的钟形分布将趋于扁平，最后近似于直线，即在整个断面上达到污染物的均匀分布，见图3-4。

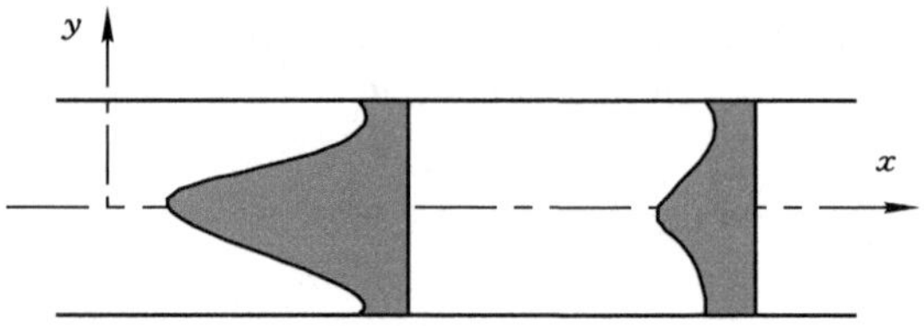

图 3-4　连续稳定点源排放的污染物在二维流场中的横向分布

一般来说，在二维流场中，在中心排放的条件下，当边界处的污染物浓度达到断面污染物平均浓度的 5％时，则称污染物到达边界。由污染物排放点到污染物到达边界断面的最小距离称为污染物到达岸边所需的距离。

任意一个断面的污染物平均浓度可以表达如下

$$\overline{C}=\frac{Q}{hu_xB}\exp\left(-\frac{Kx}{u_x}\right) \tag{3-60}$$

断面上任意一点的浓度与平均浓度的比值可以表达为

$$\frac{C}{\overline{C}}=\frac{1}{\sqrt{4\pi x'}}\left\{\exp\left(-\frac{y^2}{4x'B^2}\right)+\exp\left[-\frac{(B-y)^2}{4x'B^2}\right]+\exp\left[-\frac{(B+y)^2}{4x'B^2}\right]+\cdots\right\} \tag{3-61}$$

式中

$$x'=\frac{D_yx}{u_xB^2} \tag{3-62}$$

当污染物在中心排放时，$y=B/2$，代入式(3-61)，得

$$\frac{C_{\min}}{\overline{C}}=\frac{1}{\sqrt{4\pi x'}}\left[2\exp\left(-\frac{1}{16x'}\right)+\exp\left(-\frac{9}{16x'}\right)+\cdots\right] \tag{3-63}$$

根据定义，当边界处的污染物的浓度达到断面污染物平均浓度的 5％时，则认为污染物到达边界，即$\frac{C_{\min}}{\overline{C}}=0.05$，于是可以求出：$x'=0.013\,7$，则

$$x=\frac{0.013\,7u_xB^2}{D_y} \tag{3-64}$$

若污染物在岸边排放，即 $y=B$，则

$$x=\frac{0.055u_xB^2}{D_y} \tag{3-65}$$

当断面上任意一点的污染物浓度与断面污染物平均浓度之比介于 0.95～1.05 时，则称

该断面已经完成横向混合。污染物排放点至完全混合断面的最小距离称为完成横向混合所需的距离。

根据断面上任意一点的污染物浓度与断面污染物平均浓度之间的关系，当$\frac{C_{\min}}{C}=0.95$时，求得$x'=0.1$。同时，断面污染物最大浓度发生在$y=0$处，当$x'=0.1$时，可以求得：$\frac{C_{\max}}{C}=1.038\leqslant1.05$。所以可以认为，当$x=0.1$时，该断面已经完成横向混合。在中心排放时，完成横向混合所需的距离为

$$x=\frac{0.1u_xB^2}{D_y} \tag{3-66}$$

在岸边排放时，完成横向混合所需的距离为

$$x=\frac{0.4u_xB^2}{D_y} \tag{3-67}$$

四、三维环境质量基本模型的推导

（一）三维基本模型的推导

三维环境质量基本模型为

$$\frac{\partial C}{\partial t}=E_x\frac{\partial^2C}{\partial x^2}+E_y\frac{\partial^2C}{\partial y^2}+E_z\frac{\partial^2C}{\partial z^2}-u_x\frac{\partial C}{\partial x}-u_y\frac{\partial C}{\partial y}-u_z\frac{\partial C}{\partial z}-KC \tag{3-68}$$

三维环境质量模型大量应用于大气质量的模拟和预测中，也应用于深海排放污水时的水质预测中。

（二）三维基本模型的解析解

对于非守恒物质，忽略纵向弥散作用和非主流方向流动，则有

$$\frac{\partial C}{\partial t}=E_y\frac{\partial^2C}{\partial y^2}+E_z\frac{\partial^2C}{\partial z^2}-u_x\frac{\partial C}{\partial x}-KC \tag{3-69}$$

1. 均匀稳定流场和污染源稳定连续排放

定解条件

$$C(0,0,0,t)=C_0=\frac{Q}{u_xA_0};\quad C(\pm\infty,y,z,t)=0$$

对其他方向也有上述边界条件。在上述简化的定解条件下，式(3-69)的解为

$$C(x,y,z)=\frac{Q}{4\pi x\sqrt{E_yE_z}}\exp\left[-\frac{u_x}{4x}\left(\frac{y^2}{E_y}+\frac{z^2}{E_z}\right)\right]\exp\left(-\frac{Kx}{u_x}\right) \tag{3-70}$$

2. 均匀稳定流场和污染源瞬时排放

瞬时排放条件下，纵向弥散作用不能忽略，则微分方程为

$$\frac{\partial C}{\partial t}=E_x\frac{\partial^2C}{\partial x^2}+E_y\frac{\partial^2C}{\partial y^2}+E_z\frac{\partial^2C}{\partial z^2}-u_x\frac{\partial C}{\partial x}-KC \tag{3-71}$$

在简单的定解条件下有解析解

$$C(x,y,z,t)=\frac{M}{8\sqrt{(\pi t)^3E_xE_yE_z}}\exp(A)\exp(-Kt) \tag{3-72}$$

$$A=\exp\left\{-\frac{1}{4t}\left[\frac{(x-u_xt)^2}{E_x}+\frac{y^2}{E_y}+\frac{z^2}{E_z}\right]\right\}$$

第三节　环境质量基本模型的数值解

基本模型的解析解求解所要求的条件非常严格，复杂的环境条件通常很难满足这些要求。因此求解数值解就成为环境模拟中常用的方法。有限差分法和有限单元法是常用的两种方法。

一、有限差分法

将一个空间和时间连续的系统变成一个离散系统，形成空间和时间的网格体系，然后计算各个网格节点处的系统状态值，用以代表节点附近的值，这就是有限差分法。

有限差分法的核心是用一个差分方程近似代表相应的微分方程。由偏导数的概念可知：

状态对 x 的一阶导数　$$\frac{\partial u}{\partial x}\approx\frac{u(x+h,y)-u(x,y)}{h}\tag{3-73}$$

状态对 x 的二阶导数　$$\frac{\partial^2 u}{\partial x^2}\approx\frac{u(x+h,y)-2u(x,y)+u(u-h,y)}{h^2}\tag{3-74}$$

状态对 y 的一阶导数　$$\frac{\partial u}{\partial y}\approx\frac{u(x,y+h)-u(x,y)}{h}\tag{3-75}$$

状态对 y 的二阶导数　$$\frac{\partial^2 u}{\partial y^2}\approx\frac{u(x,y+h)-2u(x,y)+u(u,y-h)}{h^2}\tag{3-76}$$

下面介绍几种常用的差分解法。

（一）一维动态水质模型的显式差分解法

一维动态水质模型的基本形式为

$$\frac{\partial C}{\partial t}+u_x\frac{\partial C}{\partial x}=D_x\frac{\partial^2 C}{\partial x^2}-KC$$

用向后差分表示，则有

$$\frac{C_i^{j+1}-C_i^j}{\Delta t}+u_x\frac{C_i^j-C_{i-1}^j}{\Delta x}=D_x\frac{C_i^j-2C_{i-1}^j+C_{i-2}^j}{\Delta x^2}-KC_{i-1}^j$$

由式(3-76)可以得到

$$C_i^{j+1}=C_{i-2}^j\left(\frac{D_x\Delta t}{\Delta x^2}\right)+C_{i-1}^j\left(\frac{u_x\Delta t}{\Delta x}-\frac{2D_x\Delta t}{\Delta x^2}-K\Delta t\right)+C_i^j\left(1-\frac{u_x\Delta t}{\Delta x}+\frac{D_x\Delta t}{\Delta x^2}\right)\tag{3-77}$$

式中　i——表示空间网格节点的编号；

　　j——表示时间网格节点的编号。

该式表明，为了计算第 i 个节点处第 $j+1$ 个时间节点的水质浓度值，必须知道该空间节点(i)及前 2 个空间节点($i-1$)和($i-2$)处的前一个时间节点(j)处的水质浓度值 C_i^j，C_{i-1}^j 和 C_{i-2}^j。因此，采用向后差分时，根据前两个时间层的浓度的空间分布，就可以计算当前时间层的浓度分布。对 $i+1$ 个时间层有

对 $i=1$　　$C_1^{j+1}=C_0^j\beta+C_1^j\gamma$

对 $i=2$　　$C_2^{j+1}=C_0^j\alpha+C_1^j\beta+C_2^j\gamma$

⋮

对 $i=i$　　$$C_i^{j+1}=C_{i-2}^j\alpha+C_{i-1}^j\beta+C_i^j\gamma\quad(i=1,2,\cdots,n)\tag{3-78}$$

当 D_x、K、u_x 和 Δt 均为常数时，α、β、γ 均为常数，即

$$\begin{cases}\alpha=\dfrac{D_x\Delta t}{\Delta x^2}\\ \beta=\dfrac{u_x\Delta t}{\Delta x}-\dfrac{2D_x\Delta t}{\Delta x^2}-K\Delta t\\ \gamma=1-\dfrac{u_x\Delta t}{\Delta x}+\dfrac{D_x\Delta t}{\Delta x^2}\end{cases}\tag{3-79}$$

式中，Δx、Δt 分别为空间网格的步长和时间网格的步长。

显式差分的条件是稳定的，Δx 和 Δt 的选择应该满足下述稳定性条件：$\dfrac{u_x\Delta t}{\Delta x}\leqslant 1$ 和 $\dfrac{D_x\Delta t}{\Delta x^2}\leqslant\dfrac{1}{2}$。

根据差分格式的逐步求解过程，可以写出

$$\boldsymbol{C}^{j+1}=\boldsymbol{A}\boldsymbol{C}^j$$

其中　$\boldsymbol{C}^{j+1}=(C_1^{j+1},C_2^{j+1},\cdots,C_n^{j+1})^{\mathrm{T}}$；　$\boldsymbol{C}^j=(C_1^j,C_2^j,\cdots,C_n^j)^{\mathrm{T}}$

$$\boldsymbol{A}=\begin{pmatrix}\beta & \gamma & 0 & \cdots & 0\\ \alpha & \beta & \gamma & \ddots & \vdots\\ 0 & \alpha & \beta & \gamma \ddots & 0\\ 0 & & \alpha & \beta & \gamma\\ \vdots & \ddots & & \ddots & \ddots\\ 0 & \cdots & 0 & \alpha & \beta\end{pmatrix}\tag{3-80}$$

（二）一维动态模型的隐式差分解法

显式差分是有条件稳定的，在某些情况下，为了保证稳定性必须取很小的时间步长，从而大大增加了计算时间。

隐式差分是无条件稳定的，隐式差分可以采用向前差分格式。

对 $i=1$：$\dfrac{C_1^{j+1}-C_1^j}{\Delta t}+u_x\dfrac{C_1^j-C_0^j}{\Delta x}=D_x\dfrac{C_2^{j+1}-2C_1^{j+1}+C_0^{j+1}}{\Delta x^2}-K\dfrac{C_1^{j+1}+C_0^j}{2}$

对 $i=2$：$\dfrac{C_2^{j+1}-C_2^j}{\Delta t}+u_x\dfrac{C_2^j-C_1^j}{\Delta x}=D_x\dfrac{C_3^{j+3}-2C_2^{j+2}+C_1^{j+1}}{\Delta x^2}-K\dfrac{C_2^{j+1}+C_1^j}{2}$

⋮

对 $i=i$：$\dfrac{C_i^{j+1}-C_i^j}{\Delta t}+u_x\dfrac{C_i^j-C_{i-1}^j}{\Delta x}=D_x\dfrac{C_{i+1}^{j+1}-2C_i^{j+1}+C_{i-1}^{j+1}}{\Delta x^2}-k\dfrac{C_i^{j+1}+C_{i-1}^j}{2}$　(3-81)

如果令

$$\begin{cases}\alpha=-\dfrac{D_x}{\Delta x^2}\\ \beta=\dfrac{1}{\Delta t}+\dfrac{2D_x}{\Delta x^2}+\dfrac{K}{2}\\ \gamma=-\dfrac{D_x}{\Delta x^2}\end{cases}\tag{3-82}$$

$$\delta_i=\left(\frac{1}{\Delta t}-\frac{u_x}{\Delta x}\right)C_i^j+\left(\frac{u_x}{\Delta x}-\frac{K}{2}\right)C_{i-1}^j\tag{3-83}$$

从这里可以写出隐式差分求解的一般格式：

$$\alpha C_{i-1}^{j+1}+\beta C_i^{j+1}-\gamma C_{i+1}^{j+1}=\delta_i\tag{3-84}$$

对于第一个($i=1$)和第 n 个($i=n$)方程，C_0^{j+1} 和 C_{n+1}^{j+1} 是上下边界的值，若令

$$C_{n+1}^{j+1} = C_n^{j+1} + (C_n^{j+1} - C_{n-1}^{j+1}) = 2C_n^{j+1} - C_{n-1}^{j+1} \tag{3-85}$$

则有

$$\begin{cases} \beta C_1^{j+1} - \gamma C_2^{j+1} = \delta'_1 \\ \quad \vdots \\ \alpha C_{i-1}^{j+1} + \beta C_i^{j+1} - \gamma C_{i+1}^{j+1} = \delta_i \\ \quad \vdots \\ \alpha'_n C_{n-1}^{j+1} + \beta'_n C_n^{j+1} = \delta_n \end{cases} \tag{3-86}$$

由此可以写出矩阵方程

$$\boldsymbol{B}\boldsymbol{C}^{j+1} = \boldsymbol{\delta}$$

式中

$$\boldsymbol{C}^{j+1} = (C_1^{j+1}, C_2^{j+1}, \cdots, C_n^{j+1})^{\mathrm{T}} \tag{3-87}$$

$$\boldsymbol{\delta} = (\delta'_1, \delta_2, \cdots, \delta_n)^{\mathrm{T}}$$

$$\boldsymbol{B} = \begin{pmatrix} \beta & \gamma & 0 & \cdots & & 0 \\ \alpha & \beta & \gamma & & \ddots & \vdots \\ 0 & \alpha & \beta & \gamma & & \\ \vdots & & \ddots & \ddots & \gamma & 0 \\ & \ddots & & \alpha & \beta & \gamma \\ 0 & \cdots & & 0 & \alpha'_n & \beta'_n \end{pmatrix} \tag{3-88}$$

$$\delta'_1 = \delta_1 - \alpha C_0^{j+1}$$

$$\alpha'_n = \alpha - \gamma$$

$$\beta'_n = \beta + 2\gamma$$

对于第 $j+1$ 个时间层的浓度空间分布，可以由下式解出：

$$\boldsymbol{C}^{j+1} = \boldsymbol{B}^{-1}\boldsymbol{\delta} \tag{3-89}$$

采用隐式有限差分格式时，在计算 C_{i+1}^{j+1} 的表达式中，出现了 C_{i+1}^{j+1} 的值，故由此方程组不可能递推求解，而必须联立求解。

隐式差分虽然是无条件稳定的，但为了防止数值弥散，应该满足 $\frac{u_x \cdot \Delta t}{\Delta t} \leqslant 1$ 的条件。

（三）二维动态模型的差分解法

二维动态模型的一般形式为：

$$\frac{\partial C}{\partial t} = D_x \frac{\partial^2 C}{\partial x^2} + D_y \frac{\partial^2 C}{\partial y^2} - u_x \frac{\partial C}{\partial x} - u_y \frac{\partial C}{\partial y} - KC$$

该模型的求解可以借助 P-R(Peaceman-Rachfold)的交替方向法。P-R 方法的差分格式如下：

$$\frac{C_{i,k}^{2j+1} - C_{i,k}^{2j}}{\Delta t} = D_x \frac{C_{i+1,k}^{2j+1} - 2C_{i,k}^{2j+1} + C_{i-1,k}^{2j+1}}{\Delta x^2} + D_y \frac{C_{i,k+1}^{2j} - 2C_{i,k}^{2j} + C_{i,k-1}^{2j}}{\Delta y^2} - u_x \frac{C_{i+1,k}^{2j+1} - C_{i,k}^{2j+1}}{\Delta x} - u_y \frac{C_{i,k+1}^{2j} - C_{i,k}^{2j}}{\Delta y} - \frac{K}{4}(C_{i,k}^{2j+1} + C_{i+1,k}^{2j+1}) \tag{3-90}$$

$$\frac{C_{i,k}^{2j+2}-C_{i,k}^{2j+1}}{\Delta t}=D_x\frac{C_{i+1,k}^{2j+1}-2C_{i,k}^{2j+1}+C_{i-1,k}^{2j+1}}{\Delta x^2}+D_y\frac{C_{i,k+1}^{2j+2}-2C_{i,k}^{2j+2}+C_{i,k-1}^{2j+2}}{\Delta y^2}-u_x\frac{C_{i+1,k}^{2j+1}-C_{i,k}^{2j+1}}{\Delta x}-u_y\frac{C_{i,k+1}^{2j+2}-C_{i,k}^{2j+2}}{\Delta y}-\frac{K}{4}(C_{i,k}^{2j+2}+C_{i,k+1}^{2j+2}) \tag{3-91}$$

在相邻两个时间层$(2j+1)$和$(2j+2)$中交替使用上面两个差分方程，前者是在x方向上求解，后者是在y方向上求解。

二、有限单元法

有限单元法又称有限容积法，在一维问题中也称为有限段法。

有限单元法的基本思路是将一个连续的环境空间离散为若干个单元(段)，每一个单元(段)都可以视为一个完全混合的子系统，通过对每一个单元建立质量平衡方程，从而建立起系统模型。

根据质量平衡原理，对任何一个单元都可以写出

$$V_j\frac{dC_j}{dt}=\sum_i(G_{ji}+H_{ji})+S_j \tag{3-92}$$

式中　V_j——第j个有限单元的体积；

S_j——第j个有限单元的污染物的来源(源)与消减(汇)量；

G_{ji}——第j单元和第i单元之间由推流作用引起的污染物质交换量；

H_{ji}——第j单元和第i单元之间由弥散(或扩散)作用引起的污染物质交换量。

推流作用引起的质量交换项可以表达如下

$$G_{ji}=Q_{ji}[\delta_{ji}C_j+(1-\delta_{ji})C_i] \tag{3-93}$$

式中　Q_{ji}——单元j和单元i之间的介质流量；

δ_{ji}——推流交换系数，反映了单元j和单元i之间的权重关系，通常可以取$\delta_{ji}=1$。

由弥散作用导致的交换量可以计算如下

$$H_{ji}=D_{ji}(C_j-C_i)$$
$$D'_{ji}=D_{ji}A_{ji}/L_{ji} \tag{3-94}$$

式中　D_{ji}——单元j和单元i之间的弥散系数；

A_{ji}——单元j和单元i之间的界面面积；

L_{ji}——特征长度，可以取单元j和单元i的重心距。

综合以上各式，得

$$V_j\frac{dC_j}{dt}=\sum_i\{Q_{ji}[\delta_{ji}C_j+(1-\delta_{ji})C_i]+D_{ji}(C_j-C_i)\}+S_j \tag{3-95}$$

对于稳态问题，式(3-94)可以写成

$$\left\{\sum_i[D'_{ji}-(1-\delta_{ji})Q_{ji}]\right\}C_i-\sum_i[(\delta_{ji}Q_{ji}+D'_{ji})C_j]=S_j \tag{3-96}$$

上面两个方程是表达第j个单元的污染物平衡方程。方程左边第二项表示第j个单元的污染物浓度C_j及其相关的系数；左边第一项为与第j个单元存在污染物交换的所有单元的污染物浓度C_i及其相关的系数；方程右边表示系统外部与第j个单元的污染物交换量。如果这个系统被划分为n个单元，则可以写出n个与上式相似的方程，由这n个方程可以写出系统的矩阵方程，即

$$\boldsymbol{AC}=\boldsymbol{S} \tag{3-97}$$

式中 $\boldsymbol{C}$——由系统各单元的污染物浓度组成的 n 维向量；

$\boldsymbol{S}$——由各单元与系统外交换的污染物量组成的 n 维向量；

$\boldsymbol{A}$——污染物浓度系数矩阵(n 阶)，根据单元特征、弥散系数等计算。

系统各单元的污染物浓度可以由下式求出，即

$$\boldsymbol{C}=\boldsymbol{A}^{-1}\boldsymbol{S} \tag{3-98}$$

思考题

1. 当建立污染物在环境介质中稀释扩散规律模型时，有时要考虑分子扩散、湍流扩散或弥散，试说明考虑不同扩散作用的条件。

2. 在描述污染物在环境介质中迁移转化的环境质量基本模型中，一般包括三个方向的推流迁移项和扩散(弥散)迁移项，在什么条件下可以省略其中的一些项？试举例说明。

3. 一维稳态河流，初始断面污染物浓度 $C_0=50$ mg/L，纵向弥散系数 $D_x=2.5\ \mathrm{m^2/s}$，衰减系数 $K=0.2\ \mathrm{d^{-1}}$，断面平均流速 $u_x=0.5$ m/s。试求下游 500 m 处在下述各种条件下的污染物浓度，并讨论各种方法计算结果的异同。

(1) 一般解析解；

(2) 忽略弥散作用时的解；

(3) 忽略推流作用时的解；

(4) 忽略衰减作用时的解。

4. 均匀稳定河流，岸边排放，河宽 50 m，河床纵向坡度 $s=0.000\ 2$，平均水深 $h=2$ m，平均流速 $u_x=0.8$ m/s，横向扩散系数 $D_y=0.4hu^*$，u^* 是河流剪切速度，$u^*=\sqrt{ghs}$。试计算：

(1) 污染物扩散到对岸所需的纵向距离；

(2) 污染物在断面上达到均匀分布所需的距离；

(3) 排放口下游 1 000 m 处的扩散羽宽度。

第四章　水环境系统模型

导　读

水环境系统模型是指利用数学方式定量描述污染物在复杂水体系统中，因物理、化学、生物等环境因素的共同作用而随时间和空间迁移转化的过程。应用水环境系统模型可以进行水环境质量的模拟和预测，并对河流、近岸海域、湖库、流域、地下水等不同水体进行水环境影响评价与水环境容量计算，从而制定水体污染总量控制方案，实施水环境目标管理。本章内容重在帮助读者构建系统化和结构化的知识体系，以及从理论机理的推导到实际问题的解决，进而掌握水环境系统模型基础理论，培养利用模型技术解决水环境问题的能力。

第一节　污染物在河流中的迁移转化过程

一、污染物与河流的混合过程

污水排入河流后，从污水排放口到污染物在河流断面上达到均匀分布，通常需要经历横向混合与竖向混合两个阶段，如图 4-1 所示。

由于河流的深度通常要比其宽度小很多，污染物进入河流后，在比较短的距离内就达到了竖向的均匀分布，即完成竖向混合过程。完成竖向混合所需要的距离大约是水深的数倍至数十倍。在竖向混合阶段，河流中发生的物理作用十分复杂，涉及污水与河水之间的质量交换、热量交换与动量交换等问题。在竖向混合阶段也发生横向的混合作用。

从污染物达到竖向均匀分布到污染物在整个断面上达到均匀分布的过程称为横向混合阶段。在直线均匀河道中，横向混合的主要动力是横向弥散作用；在弯道中，由于水流形成的横向环流，大大加速了横向混合的进程。完成横向混合所需的距离要比竖向混合大得多。

在某些较大的河流中，横向混合可能达不到对岸，且横向混合区不断向下游远处扩散，形成所谓的“污染带”。

在污染物与河流的混合过程中，影响污染物输移的最主要因素是水流的扩散和弥散作用。

所谓扩散是指液体分子或质点的随机运动产生的一种分散现象，包括分子扩散和湍流

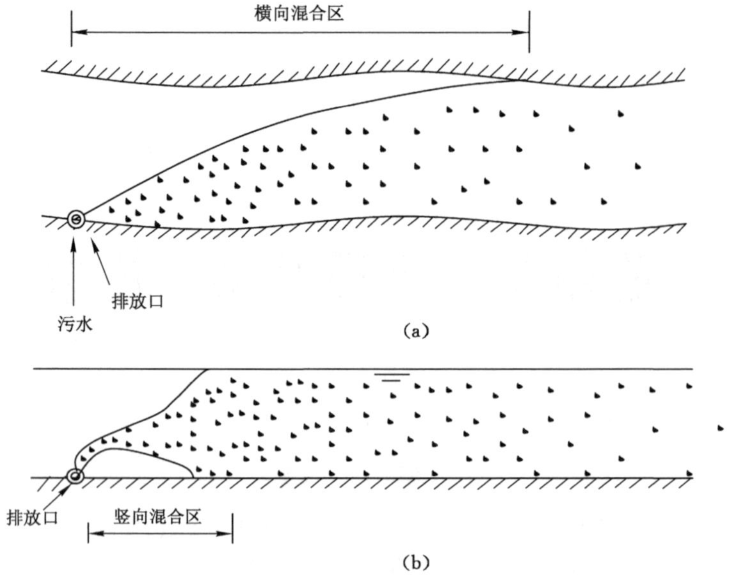

图 4-1　污染物在河流中的混合
(a) 横向混合;(b) 竖向混合

扩散两种。在河流混合作用中,河流的湍流扩散作用要比分子扩散作用大得多,所以通常主要因素是指湍流扩散,而分子扩散忽略不计。在描述湍流扩散时,采用类似分子扩散的菲克(Fick)第一定律那样的形式,即湍流扩散中通过单位截面积的质量与扩散物质浓度梯度成正比。

$$I_x = -E_x \frac{\partial C}{\partial x}$$

$$I_y = -E_y \frac{\partial C}{\partial y}$$

$$I_z = -E_z \frac{\partial C}{\partial z} \tag{4-1}$$

式中　I_x, I_y, I_z——x、y、z 方向的湍流扩散的传质通量,mg/(m^2·s);

C——所传递物质的平均浓度,mg/L;

x, y, z——坐标轴上的相应距离,m;

E_x, E_y, E_z——x、y、z 方向上的湍流扩散系数,数值范围在 $10^{-1} \sim 10^{-3}$ m^2/s(与分子扩散系数数值范围 $10^{-9} \sim 10^{-10}$ m^2/s 相比,湍流系数大得多,所以,一般在分析河流扩散作用时,可以忽略分子扩散作用)。

所谓弥散作用就是由于水流横断面上各点的实际流速不相等所引起的,即由于湍流的时间平均值与空间平均值的差异而形成的分散作用。弥散作用使污水与河水之间的混合速度大大加快。描述弥散作用也可采用与 Fick 第一定律类似的公式。

$$J_x = -D_x \frac{\partial C}{\partial x}$$

$$J_y = -D_y \frac{\partial C}{\partial y}$$

$$J_z = -D_z \frac{\partial C}{\partial z} \tag{4-2}$$

式中　J_x, J_y, J_z——x、y、z 方向弥散的传质通量，$mg/(m^2 \cdot s)$；

D_x, D_y, D_z——x、y、z 方向的弥散系数，m^2/s。

一般河流的弥散作用还不算严重，对于受潮汐影响的河流其弥散作用是十分大的。

二、污染物的转化

污水排入河流后，污染物的转化包括物理过程、化学过程和生物降解过程。

（一）物理过程

物理过程主要指污染物在河流中的自然沉降过程，即指排入河流的污染物中含有的微小悬浮颗粒，如颗粒态的重金属、虫卵等由于流速较小逐渐沉降到水底。污染物沉淀对水质来说是净化，但对底泥来说污染物浓度呈增加趋势。沉淀作用的大小可用以下公式表示。

$$\frac{dC}{dt} = -k_3 C \tag{4-3}$$

式中　C——水中可沉淀污染物浓度，mg/L；

k_3——沉降速率常数，如果 k_3 取负值，表示已沉降物质再被冲起，d^{-1}。

若污染物属于挥发性物质，由于污染物的挥发而使河流中污染物的浓度降低。

（二）化学过程

化学过程主要指污染物在水体中发生的自身理化性质发生变化的一些化学反应。

1. 氧化还原反应

氧化还原反应是河流化学自净的主要反应。水中的溶解氧可与某些污染物发生氧化反应，如铁、锰等重金属离子可被氧化成难溶解的氢氧化物而沉淀析出；硫化物可被氧化为硫代硫酸盐或硫而被净化。还原反应对河流净化也有一定的作用，但这类反应多在微生物作用下进行，如硝酸盐在水体缺氧条件下，通过反硝化菌作用被还原成氮气而被去除。

2. 酸碱反应

水体中存在的地表矿物质（如石灰石、白云石、硅石）以及游离的二氧化碳、碳酸系碱度等，对排入的酸、碱有一定的缓冲能力，使水体的 pH 值维持稳定。当排入的酸、碱量超过缓冲能力后，河流的 pH 值就会发生变化。

3. 吸附与凝聚

天然水体中含有各种各样的胶体，如硅、铝、铁等的氢氧化物，黏土颗粒和腐殖质等，由于有些微粒具有较大的表面积，另有一些物质本身就是凝聚剂，使天然水体具有混凝沉淀作用和吸附作用，从而使有些污染物随着这些作用从水中去除。

（三）生物降解过程

生物降解过程是指通过微生物的生命活动，将大分子的有机物氧化分解为简单的有机物或稳定的无机物的过程。

有机污染物的降解分为两个阶段：碳有机物的降解和氮有机物的降解。氮有机物分解包括硝化和反硝化过程，可以用下式表示：

$$\text{有机氮} \longrightarrow NH_3\text{-}N \longrightarrow NO_2^-\text{-}N \longrightarrow NO_3^-\text{-}N \longrightarrow N_2$$

三、大气复氧与耗氧过程

（一）大气复氧过程

水中溶解氧的主要来源是大气，主要的复氧途径就是大气复氧。氧气由大气进入水中

的质量传递速率可以表示为

$$\frac{\mathrm{d}C}{\mathrm{d}t}=\frac{K_{\mathrm{L}}A}{V}(C_{\mathrm{s}}-C) \tag{4-4}$$

式中 C——河流中溶解氧的浓度，mg/L；

C_{s}——河流中饱和溶解氧的浓度，mg/L；

K_{L}——质量传递系数，m/s；

A——气体扩散的表面积，m^2；

V——水的体积，m^3。

对于河流，$A/V=1/H$，H 是平均水深，$(C_{\mathrm{s}}-C)$表示河水中溶解氧的不足量，称为亏氧，用 D 表示，则式(4-4)可写为

$$\frac{\mathrm{d}D}{\mathrm{d}t}=-\frac{K_{\mathrm{L}}}{H}D=-K_{\mathrm{a}}D \tag{4-5}$$

式中 K_{a}——大气复氧常数。

K_{a} 是河流流态及温度等的函数。如果以 20 ℃为基准，则任意温度时的大气复氧速率常数可以写为

$$K_{\mathrm{a,r}}=K_{\mathrm{a,20}}\theta_{\mathrm{r}}^{T-20} \tag{4-6}$$

式中 $K_{\mathrm{a,20}}$——20 ℃条件下的大气复氧速率常数，d^{-1}；

θ_{r}——大气复氧速率常数的温度系数，在温度 5～35 ℃时，$\theta_{\mathrm{r}}=1.024$。

欧康奈尔(D. O'Conner)和多宾斯(W. Dobbins)在 1958 年提出了根据河流的流速、水深计算大气复氧速率常数的方法，其一般形式为

$$K_{\mathrm{a}}=C\frac{u_x^n}{H^m} \tag{4-7}$$

式中 u_x——河流的平均流速，m/s；

H——河流的平均水深，m。

式(4-7)中 K_{a} 的单位是 d^{-1}，很多学者对式(4-7)中参数 C，m，n 进行了研究，表 4-1 列出了部分研究成果。

表 4-1 式(4-7)中的参数

数据来源	C	n	m
O'Conner & Dobbins(1958)	3.933	0.50	1.50
Churchill 等(1962)	5.018	0.968	1.673
Owens 等(1964)	5.336	0.67	1.85
Langbein & Durum(1967)	5.138	1.00	1.33
Isaacs & Gaudy(1968)	3.104	1.00	1.50
Isaacs & Rojanski(1969)	4.740	1.00	1.50
Neglescu & Gaudy(1969)	10.922	0.85	0.85
Padden & Gloyna(1971)	4.523	0.703	1.055
Bennett & Rathbun(1972)	5.369	0.674	1.865

饱和溶解氧浓度 C_{s} 是温度、盐度和大气压力的函数，在 760 mmHg(1.013×10^5 Pa)压

力下，淡水中的饱和溶解氧浓度可以用下式计算：

$$C_s = \frac{468}{31.6 + T} \tag{4-8}$$

式中　C_s——饱和溶解氧浓度，mg/L；

T——温度，℃。

在河口，饱和溶解氧的浓度还会受到水的含盐量的影响，这时可以用海叶儿（Hyer，1971）经验公式计算：

$$C_s = 14.6244 - 0.367134T + 0.0044972T^2 - 0.0966S + 0.00205ST + 0.00022739S^2 \tag{4-9}$$

式中　S——水中含盐量，10^{-6}。

（二）光合作用

水生植物的光合作用是河流溶解氧的另一个重要来源，欧康奈尔假定光合作用的速度随着光照强弱的变化而变化，中午光照最强时，产氧速率最快，夜晚没有光照时，产氧速率为0。欧康奈尔假定光合作用产氧速率符合下列规律：

$$\begin{cases} P_t = P_m \sin\left(\dfrac{t}{T}\pi\right), & 0 < t < T \\ P_t = 0, & \text{其他时间} \end{cases} \tag{4-10}$$

式中　P_t——产氧速率，mg/(L·d)；

T——白天发生光合作用的持续时间，例如 12 h；

t——光合作用开始以后的时间，h；

P_m——一天中最大的光合作用产氧速率，mg/(L·d)，P_m 的值随河流条件变化很大，其范围在 0～30 mg/(L·d)。

对于一个时间平均模型，可以将产氧速率取为一天中的平均值，即将产氧速率取为一个常数。

$$\left(\frac{\partial O}{\partial t}\right)_P = P \tag{4-11}$$

式中　P——一天中产氧速率的平均值。

（三）有机物的降解

有机污染物的降解分为两个阶段：碳有机物的降解和氮有机物的降解。碳有机物的降解即有机物转化为二氧化碳，这个阶段的需氧量称为碳化需氧量或碳化阶段的 BOD，这个过程服从一级反应规律。

$$\frac{\mathrm{d}L}{\mathrm{d}t} = -K_C L \tag{4-12}$$

式中　L——任意时刻 t 水中的 BOD，mg/L；

K_C——碳化 BOD 的反应速率常数，d^{-1}。

将上式积分可得

$$L = L_0 e^{-K_C t} \tag{4-13}$$

硝化过程中氨氮转化为亚硝酸氮和硝酸氮，由于浓度较低，也服从一级反应规律，其反应速度为

$$\frac{dL_N}{dt'} = -K_N L_N \tag{4-14}$$

式中 L_N——时间 t' 时水中存在的硝化过程需氧量，mg/L；

K_N——硝化反应速率常数，d^{-1}。

将上式积分可得

$$L_N = L_{0(N)} e^{-K_N t'} \tag{4-15}$$

综合式(4-12)～式(4-15)可知，碳化过程耗氧量为

$$Y = L_0 - L = L_0(1 - e^{-K_C t}) \tag{4-16}$$

硝化过程耗氧量为

$$Y_N = L_{0(N)} - L_N = L_{0(N)}(1 - e^{-K_N t'}) \tag{4-17}$$

总耗氧量为

$$Y_{t'} = L_0(1 - e^{-K_C t_C}) + L_{0(N)}[1 - e^{-K_N(t'-t_C)}] \tag{4-18}$$

式中 t_C——碳化过程时间，d；

t'——生物过程总反应时间，d。

上面所引用的反应速率常数都受温度的影响。对于某一温度 T ℃时的 K_C 及 K_N 值为

$$K_{C(T)} = K_{C(20)} \cdot \theta^{T-20} \tag{4-19}$$

式中 $K_{C(T)}$——T ℃时的 BOD 反应速率常数，d^{-1}；

$K_{C(20)}$——20 ℃时的 BOD 反应速率常数，d^{-1}；

θ——温度系数，在 1.0～1.2 之间，在温度 5～35 ℃时通常取 θ=1.047。

$$\lg K_N = 0.022\,5T - 0.197 \tag{4-20}$$

（四）藻类的呼吸作用

藻类的呼吸作用要消耗河水中的溶解氧。通常把藻类呼吸耗氧速度看作常数，即

$$\left(\frac{\partial O}{\partial t}\right) = -R \tag{4-21}$$

在一般情况下，R 值在 0～5 mg/(L·d)。

光合作用产氧速率与呼吸作用的耗氧速率可以用黑白瓶试验求得。

将河水水样分别置于两个密封的碘量瓶中，其中一个用黑布罩住，同时放入河水中。黑瓶用以模拟黑夜的呼吸作用，白瓶用以模拟白天的呼吸作用和光合作用，试验在白天进行。根据两个瓶中的溶解氧在试验周期中的变化，可以写出黑瓶和白瓶的氧平衡方程。

对于白瓶
$$\frac{24(C_1 - C_0)}{\Delta t} = P - R - K_C L_0$$

对于黑瓶
$$\frac{24(C_2 - C_0)}{\Delta t} = -R - K_C L_0 \tag{4-22}$$

式中 C_0——试验开始时水样的溶解氧浓度，mg/L；

C_1，C_2——试验终了时白瓶中的水样和黑瓶中的水样溶解氧浓度，mg/L；

K_C——试验温度下 BOD 降解速率常数，d^{-1}；

Δt——试验延续时间，h；

L_0——试验开始时的河水 BOD 值，mg/L。

（五）底栖动物和沉淀物的耗氧

底泥耗氧的主要原因是底泥中的耗氧物质返回水中和底泥顶层耗氧物质的氧化分解。

目前底泥耗氧的机理尚未完全阐明。费尔(Fair)用阻尼反应来表示底泥的耗氧速率。

$$\left(\frac{\mathrm{d}O}{\mathrm{d}t}\right)_{\mathrm{d}}=-\frac{\mathrm{d}L_{\mathrm{d}}}{\mathrm{d}t}=-(1+r_{\mathrm{c}})^{-1}K_{\mathrm{b}}L_{\mathrm{d}} \tag{4-23}$$

式中　L_{d}——河床的BOD面积负荷，$\mathrm{mg/m^2}$；

K_{b}——河床的BOD耗氧速率常数，$\mathrm{d^{-1}}$；

r_{c}——底泥耗氧的阻尼系数。

第二节　河流水环境模型

一、河流的水环境特征

地表水在重力作用下，经常性地(或间歇性地)沿着陆地表面上的线形洼地流动，形成河流。河流是地球物质输移和循环的重要载体，并具有供水、灌溉、航运、景观、保障行洪安全等功能。

河流水环境受地理区域、人类活动与流域景观特征的共同影响。其中，地理区域产生的影响体现在受降雨驱动的水文情势改变等方面；人类活动造成的影响包括但不限于土地利用方式的变化与污水的排放；流域景观特征往往倾向于对河流支流水质造成较大影响。河流支流通过运输水体与来自陆地的有机物、泥沙与营养盐来影响干流水质，且支流水质与斑块沿水文路径到河流的距离显著相关，并受季节变化与分析尺度影响显著。

目前，塑料垃圾、抗生素与过量营养盐等污染物质的输入使得全球河流均面临着水体污染的压力。河流污染物来源可分为点源与非点源，通常点源包括生活污水、工业废水与规模化养殖业废水等的排放，非点源包括农业污水的排放、土壤侵蚀与大气干湿沉降等。

二、单一河段水质模型

在所研究的河段内只有一个排放口时，称该河段为单一河段。在研究单一河段时，一般将排放口置于河段的起点，即定义排放口处的纵向坐标 $x=0$，上游河段的水质视为河流水质的本底值。单一河段的模型一般都比较简单，是研究各种复杂模型的基础。

(一) S-P 模型

描述河流水质的第一个模型是由斯特里特(H. Streeter)和菲尔普斯(E. Phelps)在1925年建立的，简称为S-P模型。S-P模型可描述一维稳态河流中的BOD-DO的变化规律。在建立S-P模型时，提出了如下基本假设：河流中BOD的衰减和溶解氧的复氧都是一级反应，反应速率是定常的；河流中的耗氧是由BOD衰减引起的，而河流中的溶解氧来源则是大气复氧。

S-P模型是关于BOD和DO的耦合模型，可以写为

$$\begin{cases}\dfrac{\mathrm{d}L}{\mathrm{d}t}=-k_{\mathrm{d}}L\\[2ex]\dfrac{\mathrm{d}D}{\mathrm{d}t}=k_{\mathrm{d}}L-K_{\mathrm{a}}D\end{cases} \tag{4-24}$$

式中　L——河水中的BOD值，mg/L；

D——河水中的亏氧值，mg/L；

k_{d}——河水中的BOD衰减(耗氧)速率常数，$\mathrm{d^{-1}}$；

K_{a}——河流复氧速率常数，$\mathrm{d^{-1}}$；

t——河水的流行时间，d。

上式的解析解为

$$\begin{cases} L(x) = L_0 e^{-k_d t} \\ D(x) = \dfrac{k_d L_0}{K_a - k_d}\left[e^{-k_d t} - e^{-K_a t}\right] + D_0 e^{-K_a t} \end{cases} \tag{4-25}$$

式中 L_0——河流起始点的 BOD 值，mg/L；

D_0——河流起始点的亏氧值，mg/L。

如果以河流的溶解氧来表示，则

$$O = O_s - D = O_s - \frac{k_d L_0}{K_a - k_d}\left[e^{-k_d t} - e^{-K_a t}\right] - D_0 e^{-K_a t} \tag{4-26}$$

式中 O——河流中的溶解氧值，mg/L；

O_s——饱和溶解氧值，mg/L。

式(4-26)称为 S-P 氧垂公式，根据式(4-26)绘制的溶解氧沿程变化曲线称为氧垂曲线(见图 4-2)。

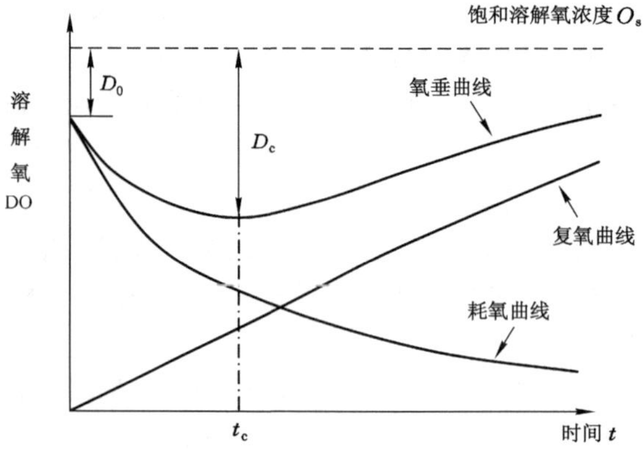

图 4-2　河流溶解氧曲线

在很多情况下，人们希望能找到溶解氧浓度的最低点——临界点。在临界点上，溶解氧含量最低，而氧亏值最大，溶解氧浓度变化速度为零，则

$$\frac{dD}{dt} = k_d L - K_a D_c = 0 \tag{4-27}$$

由此得

$$D_c = \frac{k_d}{K_a} L_0 e^{-k_d t_c} \tag{4-28}$$

式中 D_c——临界点的亏氧值，mg/L；

t_c——由起始点到达临界点的流行时间，s。

对式(4-25)求导，并令其为 0，可以得到 t_c。

$$t_c = \frac{x_c}{u_x} = \frac{1}{K_a - k_d}\ln\left\{\frac{K_a}{k_d}\left[1 - \frac{D_0(K_a - k_d)}{L_0 k_d}\right]\right\} \tag{4-29}$$

S-P 模型广泛地应用于河流水质的模拟预测中，也用于计算最大排污量。

（二）S-P 模型的改进模型

S-P 模型由于仅考虑了碳有机物分解和大气复氧两项，误差比较大。许多学者在对该模型长期研究的基础上，通过增加模型包括的变量和过程，提高了该模型的预测精度。这些和溶解氧有关的过程和状态变量可以用图 4-3 表示。

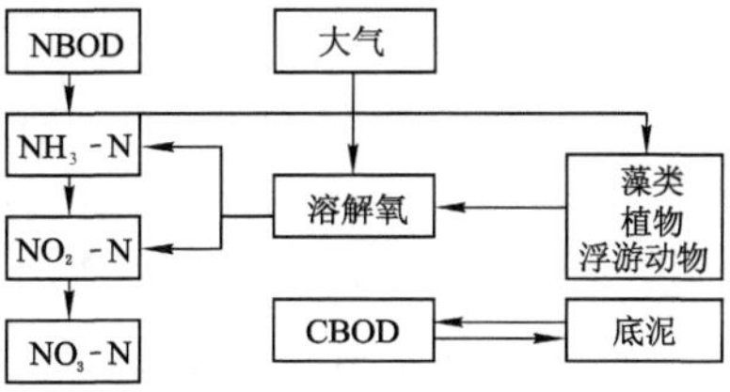

图 4-3　河流氧平衡概念模型

下面介绍一些重要的 S-P 模型改进形式，这些模型在实际工作中得到了比较多的应用，是水质模拟的重要工具。

1. 托马斯模型

与 S-P 模型比较，增加了 BOD 沉降和底泥再悬浮项。

$$\begin{cases} \dfrac{\mathrm{d}L}{\mathrm{d}t} = -(k_\mathrm{d} + K_\mathrm{s})L \\ \dfrac{\mathrm{d}D}{\mathrm{d}t} = k_\mathrm{d}L - K_\mathrm{a}D \end{cases} \tag{4-30}$$

式中　K_s——通过沉淀作用去除 BOD 的速率常数，d^{-1}。

托马斯方程的解为

$$\begin{cases} L(x) = L_0 \mathrm{e}^{-(k_\mathrm{d}+K_\mathrm{s})t} \\ D = \dfrac{k_\mathrm{d}L_0}{K_\mathrm{a} - (k_\mathrm{d} + K_\mathrm{s})}[\mathrm{e}^{-(k_\mathrm{d}+K_\mathrm{s})t} - \mathrm{e}^{-K_\mathrm{a}t}] + D_0\mathrm{e}^{-K_\mathrm{a}t} \end{cases} \tag{4-31}$$

2. 康布模型

与 S-P 模型比较，增加了 BOD 沉降、底泥耗氧和藻类光合作用，但把底泥耗氧速率和光合作用产氧速率都当作常数。其微分方程为

$$\begin{cases} \dfrac{\mathrm{d}L}{\mathrm{d}t} = -(k_\mathrm{d} + K_\mathrm{s})L + B \\ \dfrac{\mathrm{d}D}{\mathrm{d}t} = -K_\mathrm{a}D + k_\mathrm{d}L - P \end{cases} \tag{4-32}$$

式中　B——底泥的耗氧速率，d^{-1}；

　　P——河流中藻类光合作用的产氧速率，d^{-1}。

上述微分方程组的解为

$$L(x) = \left(L_0 - \frac{B}{k_\mathrm{d} + K_\mathrm{s}}\right)\mathrm{e}^{-(k_\mathrm{d}+K_\mathrm{s})t} + \frac{B}{k_\mathrm{d} + K_\mathrm{s}} \tag{4-33}$$

$$D(x) = \frac{k_\mathrm{d}}{K_\mathrm{a} - k_\mathrm{d} - K_\mathrm{s}}\left(L_0 - \frac{B}{k_\mathrm{d} + K_\mathrm{s}}\right)[\mathrm{e}^{-(k_\mathrm{d}+K_\mathrm{s})} - \mathrm{e}^{-K_\mathrm{a}t}] + \frac{k_\mathrm{d}}{K_\mathrm{a}}\left(\frac{B}{k_\mathrm{d} + K_\mathrm{s}} - \frac{P}{k_\mathrm{d}}\right)(1 - \mathrm{e}^{-K_\mathrm{a}t}) + D_0\mathrm{e}^{-K_\mathrm{a}t} \tag{4-34}$$

3. 欧康奈尔模型

欧康奈尔模型在托马斯模型的基础上引进了含氮有机物对水质的影响，微分方程为

$$\begin{cases}\dfrac{\mathrm{d}L_C}{\mathrm{d}t}=-(k_d+K_s)L_C\\ \dfrac{\mathrm{d}L_N}{\mathrm{d}t}=-K_NL_N\\ \dfrac{\mathrm{d}D}{\mathrm{d}t}=k_dL_C+K_NL_N-K_aD\end{cases} \tag{4-35}$$

式中 L_C——含碳有机物的 BOD 值，mg/L；

L_N——含氮有机物的 BOD 值，mg/L；

K_N——含氮有机物的衰减速率常数，d^{-1}。

在稳态排放和简化的边界条件下，上述微分方程组的解析解为

$$L_C(x)=L_{0(C)}\mathrm{e}^{-(k_d+K_s)t}$$

$$L_N(x)=L_{0(N)}\mathrm{e}^{-K_Nt}$$

$$D(x)=\frac{k_dL_{0(C)}}{K_a-k_d-K_s}[\mathrm{e}^{-(k_d+K_s)t}-\mathrm{e}^{-K_at}]+\frac{K_NL_{0(N)}}{K_a-K_N}(\mathrm{e}^{-K_Nt}-\mathrm{e}^{-K_at})+D_0\mathrm{e}^{-K_at} \tag{4-36}$$

式中的 L_N 可以用氨氮的需氧量表示。根据氨的氧化反应方程

$$NH_3+2O_2 = HNO_3+H_2O$$

可知，在 NH_3 被完全氧化时，氨氮与氧之比为 14∶64，也就是说，氧化 1 g NH_3-N 需要 4.57 g(64/14=4.57)氧，则 1 g 氨氮的需氧量为 4.57 g。

三、多河段水质模型

（一）多河段水质模型的概化

单一河段水质模型的解析解是在均匀和稳定的水流条件下取得的。在河流的水文条件沿程发生变化时，可以将河流分成若干个河段，使得每一河段内部的水文条件基本保持均匀稳定，在每一河段内部可以应用单一河段水质模型的解析解。

通常可以按下述原则在河流上设置断面，将流态复杂的河流离散为多个单一河段：

① 在河流断面形状发生较大变化，导致河流水情（流态）发生变化的地方，宜设分界断面，把不同水情的河段分开；

② 在有支流、取水口和排污口的地方设分界断面，邻近的污水排放口应该适当合并，合并后的排污口位置在两个排污口之间，用排污量做权值进行平均计算；

③ 在环境质量监控点、水文站站点等地方设分界断面。

河流断面确定后，可以根据水流与污染物的输入、输出条件作出河流水质计算的概化图。图 4-4 表示一维多段河流的概化图。

（二）BOD 多河段模型

多河段河流水质的特点之一是上游每个排放口排放的污染物对下游每一个断面的水质都会产生一个增量，而下游的水质对上游不会产生影响，因此，河流每一个断面上的水质状态都可以视为上游每一个断面排放的污染物和本断面排放的污染物的影响的总和。这里讨论的 BOD 多河段模型也可以应用于性质与 BOD 类似的其他污染物的模拟。

由 S-P 模型可以写出河流中 BOD 的变化规律：

$$L=L_0\mathrm{e}^{-k_dt} \tag{4-37}$$

根据图 4-4 中符号的定义及水流连续性原理，可以写出每个断面流量、BOD 的平衡关系。

$$Q_{2i}=Q_{1i}-Q_{3i}+Q_i \tag{4-38}$$

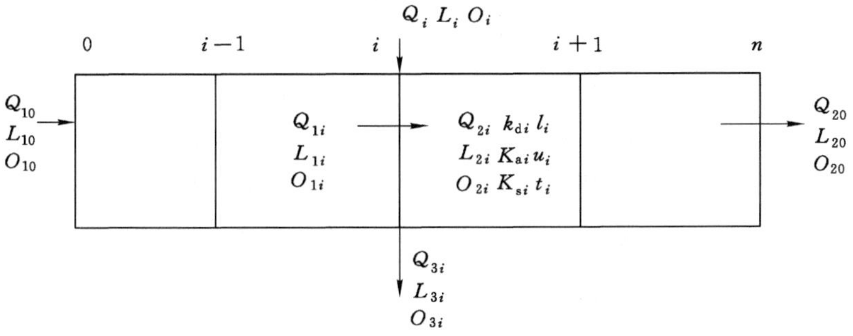

Q_i—第 i 断面流入河流的污水（或支流）的流量；Q_{1i}—由上游进入断面 i 的流量；Q_{2i}—由断面 i 输出到下游的流量；Q_{3i}—在断面 i 处的取水量；L_i，O_i—断面 i 处进入河流的污水（或支流）的 BOD 和 DO 的浓度；L_{1i}，O_{1i}—由上游进入断面 i 的 BOD 和 DO 的浓度；L_{2i}，O_{2i}—由断面 i 输出到下游的 BOD 和 DO 的浓度；k_{di}，K_{ai}，K_{si}—断面 i 下游河段的水质模型参数，其中 k_{di} 为 BOD 的衰减速率常数，K_{ai} 为大气复氧速率常数；K_{si} 为悬浮物的沉淀与再悬浮速率常数；l_i—断面 i 下游河流段的长度；u_i—断面 i 下游河流段的平均流速；t_i—断面 i 下游河流段内的流行时间。

图 4-4 一维多段河流的概化图

$$Q_{1i} = Q_{2,i-1} \tag{4-39}$$

$$L_{2i}Q_{2i} = L_{1i}(Q_{1i} - Q_{3i}) + L_iQ_i \tag{4-40}$$

另外，由 S-P 模型可以写出由 $i-1$ 断面至 i 断面间的 BOD 衰减关系：

$$L_{1i} = L_{2,i-1}\mathrm{e}^{-k_{\mathrm{d},i-1}t_{i-1}} \tag{4-41}$$

令

$$\alpha = \mathrm{e}^{-k_{\mathrm{d},i-1}t_{i-1}} \tag{4-42}$$

代入式(4-41)，得

$$L_{1i} = \alpha L_{2,i-1} \tag{4-43}$$

同时由式(4-40)和式(4-43)可以写出

$$L_{2i} = \frac{L_{2,i-1}\alpha_{i-1}(Q_{1i} - Q_{3i})}{Q_{2i}} + \frac{Q_i}{Q_{2i}}L_i \tag{4-44}$$

令

$$a_{i-1} = \frac{\alpha_{i-1}(Q_{1i} - Q_{3i})}{Q_{2i}} \tag{4-45}$$

$$b_i = \frac{Q_i}{Q_{2i}} \tag{4-46}$$

则任一断面的 BOD 表达式可以表示为

$$\begin{aligned} L_{21} &= a_0L_{20} + b_1L_1 \\ L_{22} &= a_1L_{21} + b_2L_2 \\ &\vdots \\ L_{2i} &= a_{i-1}L_{2,i-1} + b_iL_i \\ &\vdots \\ L_{2n} &= a_{n-1}L_{2,n-1} + b_nL_n \end{aligned}$$

这一组递推式可以用一个矩阵方程来表达

$$\boldsymbol{AL}_2 = \boldsymbol{BL} + \boldsymbol{g} \tag{4-47}$$

式中 $\boldsymbol{A}$,$\boldsymbol{B}$ 是 n 维矩阵。

$$\boldsymbol{A}=\begin{pmatrix}1 & 0 & 0 & \cdots & 0 & 0\\ -a_1 & 1 & 0 & \cdots & 0 & 0\\ 0 & -a_2 & 1 & \cdots & 0 & 0\\ \vdots & \vdots & \vdots & & \vdots & \vdots\\ 0 & 0 & 0 & \cdots & -a_{n-1} & 1\end{pmatrix}_{n\times n}$$

$$\boldsymbol{B}=\begin{pmatrix}b_1 & 0 & 0 & \cdots & 0\\ 0 & b_2 & 0 & \cdots & 0\\ 0 & 0 & b_3 & \cdots & 0\\ \vdots & \vdots & \vdots & & \vdots\\ 0 & 0 & 0 & \cdots & b_n\end{pmatrix}_{n\times n}$$

由式(4-47)可以得出

$$\boldsymbol{L}_2=\boldsymbol{A}^{-1}\boldsymbol{BL}+\boldsymbol{A}^{-1}\boldsymbol{g} \tag{4-48}$$

$$\boldsymbol{g}=(g_1,0,\cdots,0)^{\mathrm{T}}$$

$$g_1=a_0L_{20}$$

矩阵方程式(4-47)表示每一个断面向下游输出的 BOD($\boldsymbol{L}_2$ 向量)与各个节点输入河流的 BOD($\boldsymbol{L}$ 向量)之间的关系。在水质预测和模拟时,$\boldsymbol{L}$ 是一组已知量,$\boldsymbol{L}_2$ 是需要模拟的量;在水质控制规划中,$\boldsymbol{L}_2$ 作为河流 BOD 约束是一组已知量,$\boldsymbol{L}$ 则是需要确定的量。

(三) 多河段 DO 模型

根据 S-P 模型,可以写出第 i 断面的溶解氧计算式,如下所示:

$$O_{1i}=O_{2,i-1}\mathrm{e}^{-K_{\mathrm{a},i-1}t_{i-1}}-\frac{k_{\mathrm{d},i-1}L_{2,i-1}}{K_{\mathrm{a},i-1}-k_{\mathrm{d},i-1}}[\mathrm{e}^{-K_{\mathrm{d},i-1}t_{i-1}}-\mathrm{e}^{-K_{\mathrm{a},i-1}t_{i-1}}]+O_{\mathrm{s}}[1-\mathrm{e}^{-K_{\mathrm{a},i-1}t_{i-1}}] \tag{4-49}$$

同时,根据质量平衡原理,可以写出

$$Q_{2i}O_{2i}=O_{1i}(Q_{1i}-Q_{3i})+O_iQ_i \tag{4-50}$$

令 $\gamma_{i-1}=\mathrm{e}^{-K_{\mathrm{a},i-1}t_{i-1}}$,$\beta_i=\dfrac{k_{\mathrm{d}i}(\alpha_i-\gamma_i)}{K_{\mathrm{a}i}-k_{\mathrm{d}i}}$,$\delta_i=O_{\mathrm{s}}(1-\gamma_i)$,并代入式(4-50)得

$$O_{2i}=\frac{Q_{1i}-Q_{3i}}{Q_{2i}}[O_{2,i-1}\gamma_{i-1}-\beta_{i-1}L_{2,i-1}+\delta_{i-1}]+b_iO_i \tag{4-51}$$

令 $c_{i-1}=\dfrac{Q_{1i}-Q_{3i}}{Q_{2i}}\gamma_{i-1}$,$d_{i-1}=\dfrac{Q_{1i}-Q_{3i}}{Q_{2i}}\beta_{i-1}$,$f_{i-1}=\dfrac{Q_{1i}-Q_{3i}}{Q_{2i}}\delta_{i-1}$,可得

$$O_{2i}-c_{i-1}O_{2,i-1}=-d_{i-1}L_{2,i-1}+f_{i-1}+b_iO_i \tag{4-52}$$

与 BOD 的计算相似,将上述递推方程归结为一个矩阵方程

$$\boldsymbol{CO}_2=-\boldsymbol{DL}_2+\boldsymbol{BO}+\boldsymbol{f}+\boldsymbol{h} \tag{4-53}$$

式中 $\boldsymbol{C}$,$\boldsymbol{D}$ 是 n 维矩阵。

$$\boldsymbol{C}=\begin{pmatrix}1 & 0 & 0 & \cdots & 0 & 0\\ -c_1 & 1 & 0 & \cdots & 0 & 0\\ 0 & -c_2 & 1 & \cdots & 0 & 0\\ \vdots & \vdots & \vdots & & \vdots & \vdots\\ 0 & \cdots & 0 & \cdots & -c_{n-1} & 1\end{pmatrix}_{n\times n}$$

$$\boldsymbol{D}=\begin{pmatrix}0&0&0&\cdots&0&0\\d_1&0&0&\cdots&0&0\\0&d_2&0&\cdots&0&0\\\vdots&\vdots&\vdots&&0&\vdots\\0&0&0&\cdots&d_{n-1}&0\end{pmatrix}_{n\times n}$$

由式(4-53)可得

$$\boldsymbol{O}_2=\boldsymbol{C}^{-1}\boldsymbol{BO}-\boldsymbol{C}^{-1}\boldsymbol{DL}_2+\boldsymbol{C}^{-1}(\boldsymbol{f}+\boldsymbol{h}) \tag{4-54}$$

式中 $\boldsymbol{f}=(f_0,f_1,f_2,\cdots,f_{n-1})^{\mathrm{T}}$，$\boldsymbol{h}=(h_1,0,0,\cdots,0)^{\mathrm{T}}$，则

$$h_1=C_0O_{2,0}-d_0L_{2,0}=\frac{Q_{1,0}-Q_{3,0}}{Q_{2,0}}O_{2,0}-\frac{Q_{1,0}-Q_{3,0}}{Q_{2,0}}L_{2,0} \tag{4-55}$$

解矩阵方程，有

$$\boldsymbol{O}_2=\boldsymbol{C}^{-1}\boldsymbol{BO}-\boldsymbol{C}^{-1}\boldsymbol{DA}^{-1}\boldsymbol{BL}+\boldsymbol{C}^{-1}(\boldsymbol{f}+\boldsymbol{h})-\boldsymbol{C}^{-1}\boldsymbol{DA}^{-1}\boldsymbol{g} \tag{4-56}$$

令

$$\boldsymbol{U}=\boldsymbol{A}^{-1}\boldsymbol{B},\boldsymbol{V}=-\boldsymbol{C}^{-1}\boldsymbol{DA}^{-1}\boldsymbol{B}$$

$$\boldsymbol{m}=\boldsymbol{A}^{-1}\boldsymbol{g}\quad \boldsymbol{n}=\boldsymbol{C}^{-1}\boldsymbol{BO}+\boldsymbol{C}^{-1}(\boldsymbol{f}+\boldsymbol{h})-\boldsymbol{C}^{-1}\boldsymbol{DA}^{-1}\boldsymbol{g}$$

代入式(4-48)和式(4-56)，有

$$\begin{cases}\boldsymbol{L}_2=\boldsymbol{UL}+\boldsymbol{m}\\\boldsymbol{O}_2=\boldsymbol{VL}+\boldsymbol{n}\end{cases} \tag{4-57}$$

式(4-57)是描述多段河流 BOD-DO 耦合关系的矩阵模型。其中 $\boldsymbol{U}$ 和 $\boldsymbol{V}$ 是两个由给定数据计算的 n 阶下三角矩阵，$\boldsymbol{m}$，$\boldsymbol{n}$ 是两个由给定数据计算的 n 维向量。每输入一组污水的 BOD($\boldsymbol{L}$)值，就可以获得一组对应的河流河段的 BOD 和 DO($\boldsymbol{L}$ 和 $\boldsymbol{O}_2$)值。由于 $\boldsymbol{U}$ 和 $\boldsymbol{V}$ 反映了这种因果变换关系，因此我们称 $\boldsymbol{U}$ 为 BOD 的稳态响应矩阵，$\boldsymbol{V}$ 为 DO 的稳态响应矩阵。

(四) 含支流的河流矩阵模型

当把支流和主流作为一个整体考虑时，可以对支流写出与式(4-57)相似的矩阵方程，然后插入主流的矩阵方程，形成新的矩阵方程。

设主流含有 n 个断面，支流含有 m 个断面(不含支流入主流处的断面)，汇合断面在主流上的编号为 i。主流各断面的编号为 $1,2,3,\cdots,i,\cdots,n$，支流编号为 $1(i),2(i),3(i),\cdots,j(i),\cdots,m(i)$(见图 4-5)。

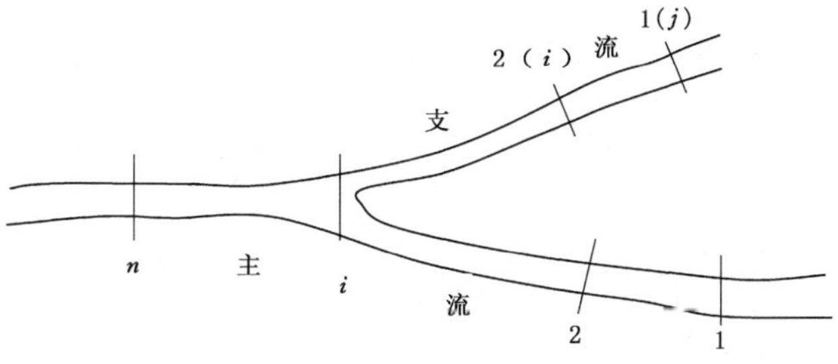

图 4-5　含支流的河流系统

首先对主流和支流分别写出 BOD 和 DO 的矩阵方程。

$$\begin{cases} \boldsymbol{L}_2 = \boldsymbol{UL} + \boldsymbol{m} \\ \boldsymbol{O}_2 = \boldsymbol{VL} + \boldsymbol{n} \end{cases} \tag{4-58}$$

$$\begin{cases} \boldsymbol{L'}_2 = \boldsymbol{U'L'} + \boldsymbol{m'} \\ \boldsymbol{O'}_2 = \boldsymbol{V'L'} + \boldsymbol{n'} \end{cases} \tag{4-59}$$

将式(4-58)中的 $\boldsymbol{L}$ 展开，得

$$\boldsymbol{L} = (L_1, L_2, \cdots, L_i, \cdots, L_n)^{\mathrm{T}}$$

式中 L_1 表示由支流输入的 BOD 值，L_i 的值就是式(4-59)中 $\boldsymbol{L'}_2$ 的最后一个元素 L_{2m}'，即

$$L_i = L'_{2m} = u'_{m1}L'_1 + u'_{m2}L'_2 + \cdots + u'_{mj}L'_j + \cdots + u'_{mm}L'_m + m'_m \tag{4-60}$$

由此可以求出主流矩阵方程中的 $\boldsymbol{L}$，进而计算主流各断面的 BOD($\boldsymbol{L}_2$)和 DO($\boldsymbol{O}_2$)。

$\boldsymbol{L'}_{2m}$ 可以通过引入一个算子 $\boldsymbol{\lambda}$ 计算。

$$\boldsymbol{L'}_{2m} = \boldsymbol{\lambda}^{\mathrm{T}}(\boldsymbol{U'L'} + \boldsymbol{m}) \tag{4-61}$$

式中 $\boldsymbol{\lambda}^{\mathrm{T}} = (0, 0, \cdots, 0, 1)$ 为 m 维算子向量。

例 4-1 已知某一维河流的输入、输出数据如图 4-6 所示。设河流的饱和溶解氧值 $\boldsymbol{O}_s$ 为 10 mg/L。试用多段矩阵模型模拟河流的 BOD 和 DO。

$Q_1 = 0.5$	$Q_2 = 0.3$	$Q_3 = 0.4$	$Q_4 = 0.5$
$L_1 = 200$	$L_2 = 200$	$L_3 = 200$	$L_4 = 200$
$O_1 = 1$	$O_2 = 1$	$O_3 = 1$	$O_4 = 1$

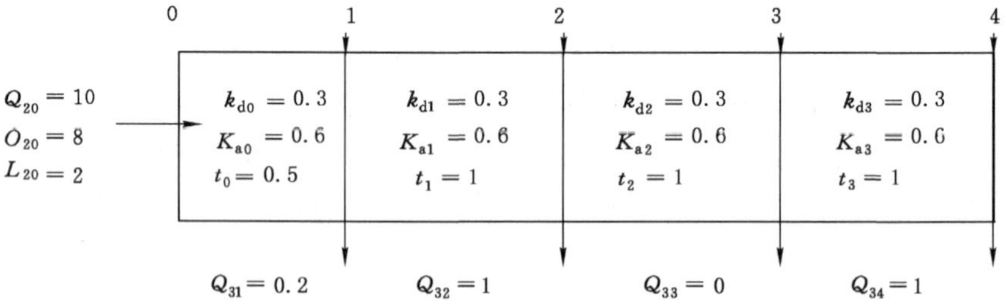

单位：Q，m^3/s；L，mg/L；O，mg/L；k_d，d^{-1}；K_a，d^{-1}；t，d。

图 4-6 某一维河流的输入、输出数据

解

第一步：计算矩阵 $\boldsymbol{A}, \boldsymbol{B}, \boldsymbol{C}, \boldsymbol{D}$ 的元素。

$$a_0 = \frac{\alpha_0(Q_{11} - Q_{31})}{Q_{21}} = \frac{e^{-k_{d0}t_0}(Q_{11} - Q_{31})}{Q_{11} - Q_{31} + Q_1} = 0.818\ 9$$

$$a_1 = \frac{\alpha_2(Q_{12} - Q_{32})}{Q_{22}} = \frac{e^{-k_{d1}t_1}(Q_{12} - Q_{32})}{Q_{12} - Q_{32} + Q_2} = 0.711\ 6$$

$$a_2 = \frac{\alpha_2(Q_{13} - Q_{33})}{Q_{23}} = \frac{e^{-k_{d2}t_2}(Q_{13} - Q_{33})}{Q_{13} - Q_{33} + Q_3} = 0.711\ 2$$

$$a_3 = \frac{\alpha_3(Q_{14} - Q_{34})}{Q_{24}} = \frac{e^{-k_{d3}t_3}(Q_{14} - Q_{34})}{Q_{14} - Q_{34} + Q_4} = 0.701\ 8$$

$$b_1 = \frac{Q_1}{Q_{21}} = 0.048\ 52$$

$$b_2 = \frac{Q_2}{Q_{22}} = 0.031\ 25$$

$$b_3 = \frac{Q_3}{Q_{23}} = 0.040\ 00$$

$$b_4 = \frac{Q_4}{Q_{24}} = 0.052\ 63$$

$$c_0 = \frac{\gamma_0(Q_{11}-Q_{31})}{Q_{21}} = \frac{e^{-K_{a0}t_0}(Q_{11}-Q_{31})}{Q_{11}-Q_{31}+Q_1} = 0.704\ 8$$

$$c_1 = \frac{\gamma_1(Q_{12}-Q_{32})}{Q_{22}} = \frac{e^{-K_{a1}t_1}(Q_{12}-Q_{32})}{Q_{12}-Q_{32}+Q_2} = 0.531\ 7$$

$$c_2 = \frac{\gamma_2(Q_{13}-Q_{33})}{Q_{23}} = \frac{e^{-K_{a2}t_2}(Q_{13}-Q_{33})}{Q_{13}-Q_{33}+Q_3} = 0.526\ 8$$

$$c_3 = \frac{\gamma_3(Q_{14}-Q_{34})}{Q_{24}} = \frac{e^{-K_{a3}t_3}(Q_{14}-Q_{34})}{Q_{14}-Q_{34}+Q_4} = 0.519\ 9$$

$$d_0 = \frac{\beta_0(Q_{11}-Q_{31})}{Q_{21}} = \frac{k_{d0}(\alpha_0-\gamma_0)}{K_{a0}-k_{d0}} \cdot \frac{(Q_{11}-Q_{31})}{Q_{11}-Q_{31}+Q_1} = 0.114\ 1$$

$$d_1 = \frac{\beta_1(Q_{12}-Q_{32})}{Q_{22}} = \frac{k_{d1}(\alpha_1-\gamma_1)}{K_{a1}-k_{d1}} \cdot \frac{(Q_{12}-Q_{32})}{Q_{12}-Q_{32}+Q_2} = 0.186\ 0$$

$$d_2 = \frac{\beta_2(Q_{13}-Q_{33})}{Q_{23}} = \frac{k_{d2}(\alpha_2-\gamma_2)}{K_{a2}-k_{d2}} \cdot \frac{(Q_{13}-Q_{33})}{Q_{13}-Q_{33}+Q_3} = 0.184\ 3$$

$$d_3 = \frac{\beta_3(Q_{14}-Q_{34})}{Q_{24}} = \frac{k_{d3}(\alpha_3-\gamma_3)}{K_{a3}-k_{d3}} \cdot \frac{(Q_{14}-Q_{34})}{Q_{14}-Q_{34}+Q_4} = 0.181\ 9$$

$$f_0 = \frac{\delta_0(Q_{11}-Q_{31})}{Q_{21}} = O_s(1-\gamma_0)\frac{(Q_{11}-Q_{31})}{Q_{11}-Q_{31}+Q_1} = 2.466\ 2$$

$$f_1 = \frac{\delta_1(Q_{12}-Q_{32})}{Q_{22}} = O_s(1-\gamma_1)\frac{(Q_{12}-Q_{32})}{Q_{12}-Q_{32}+Q_2} = 4.731\ 0$$

$$f_2 = \frac{\delta_2(Q_{13}-Q_{33})}{Q_{23}} = O_s(1-\gamma_2)\frac{(Q_{13}-Q_{33})}{Q_{13}-Q_{33}+Q_3} = 4.331\ 5$$

$$f_3 = \frac{\delta_3(Q_{14}-Q_{34})}{Q_{24}} = O_s(1-\gamma_3)\frac{(Q_{14}-Q_{34})}{Q_{14}-Q_{34}+Q_4} = 4.274\ 5$$

$$g_1 = a_0 L_{20} = 1.637\ 8$$

$$h_1 = c_0 O_{20} - d_0 L_{20} = 5.410\ 2$$

第二步：将计算的值填入各个矩阵和向量，经过运算求出 BOD 稳态响应矩阵和 DO 稳态响应矩阵及常数向量。

$$\boldsymbol{U} = \begin{pmatrix} 0.048\ 54 & 0 & 0 & 0 \\ 0.034\ 83 & 0.031\ 25 & 0 & 0 \\ 0.024\ 77 & 0.022\ 23 & 0.040\ 0 & 0 \\ 0.017\ 38 & 0.015\ 60 & 0.028\ 07 & 0.052\ 63 \end{pmatrix}$$

$$\boldsymbol{V} = \begin{pmatrix} 0 & 0 & 0 & 0 \\ -0.009\ 03 & 0 & 0 & 0 \\ -0.011\ 18 & -0.005\ 759 & 0 & 0 \\ -0.010\ 32 & -0.007\ 038 & -0.007\ 276 & 0 \end{pmatrix}$$

$$\boldsymbol{m} = (1.637\ 8 \quad 1.175\ 3 \quad 0.835\ 9 \quad 0.586\ 7)^{T}$$

$$\boldsymbol{n} = (7.925\ 3 \quad 8.311\ 0 \quad 8.355\ 3 \quad 8.611\ 8)^{T}$$

第三步：利用 $\boldsymbol{U},\boldsymbol{V},\boldsymbol{m}$ 和 $\boldsymbol{n}$ 计算各断面 BOD 和 DO(单位 mg/L)。

$$\boldsymbol{L}_2=\boldsymbol{UL}+\boldsymbol{m}=(11.35\quad 14.39\quad 18.24\quad 23.32)^{\mathrm{T}}$$

$$\boldsymbol{O}_2=\boldsymbol{VL}+\boldsymbol{n}=(7.93\quad 6.51\quad 5.15\quad 3.69)^{\mathrm{T}}$$

上述计算可以由计算机完成。

（五）二维水质模型

如果需要模拟的河流较短或宽度较大，污染物在宽度方向上的浓度梯度较大，就要进行纵向和横向的模拟。描述纵向和横向水质变化的水质模型称为平面二维水质模型。平面二维水质模型的一般形式为

$$\frac{\partial C}{\partial T}+u_x\frac{\partial C}{\partial x}+u_y\frac{\partial C}{\partial y}=\frac{\partial}{\partial x}\left(D_x\frac{\partial C}{\partial x}\right)+\frac{\partial}{\partial y}\left(D_y\frac{\partial C}{\partial y}\right)+S$$

在一般情况下，由于河床非常不规则，解析解的应用受到限制，常常采用数值解。目前常用的数值解很多，如有限差分法、有限元法、有限单元法(容积法)等。下面介绍有限单元法在求解二维水质模型中的应用。

1. 正交曲线坐标系统

在一个给定的河段中，沿水流方向将河宽分成 m 个流带，同时，在垂直水流方向，将河段分为 n 个子河段，构成一个含有 $m\times n$ 个有限单元的平面网格系统(见图 4-7)。对每一个有限单元来说，水质变化的原因包括：由纵向或横向水流的携带作用造成的污染物的输入与输出；由纵向及横向弥散作用形成的污染物的输入与输出；污染物的转化与衰减；系统外部的污染物的输入。根据这些关系，可以针对每一个有限单元写出质量平衡方程，然后联立求解 $m\times n$ 个方程，就可以获得二维系统中的污染物分布。

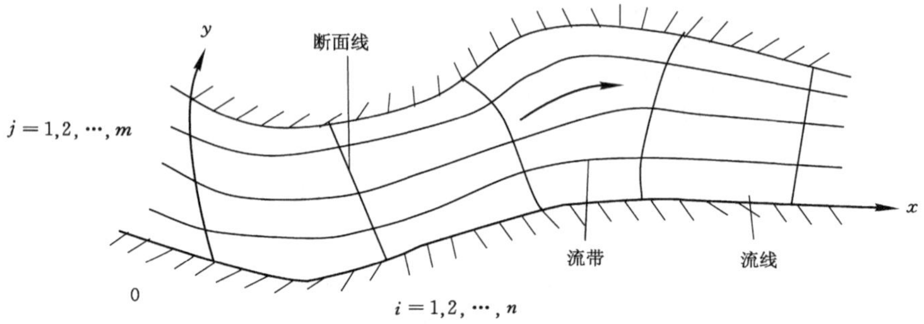

图 4-7　正交曲线坐标系统

二维系统中的横向水流分量的确定是非常困难的。如果在划分流带时，欲使每条流带的流量保持恒定，就可以忽略横向的水流交换。为了保持流带内的流量恒定，流带的宽度就必然要随河流的形状不断变化。

假定河流的计算流量为 Q，河宽为 B，横断面的面积为 A，如图 4-8 所示。河流断面上任一宽度上的流量可以用下式计算。

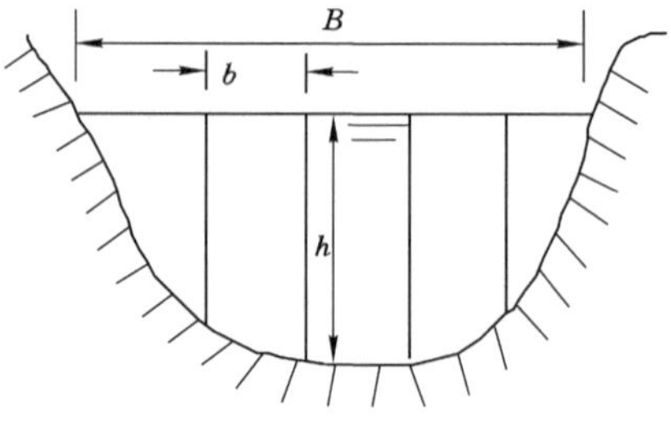

图 4-8　河流断面

$$q = a\left(\frac{h}{H}\right)^b \frac{Q}{B} \tag{4-62}$$

式中　q——河流断面上某一单位宽度上的流量，m^3/s；

h——河流断面上某一单位宽度上的局部水深，m；

H——河流断面的平均水深，m；

Q——河流流量，m^3；

B——河流断面的水面宽度，m。

a 和 b 是根据断面流量分布估计的参数。休姆(Sium)根据河流中观测数据给出了 a 和 b 的取值范围。

在平直河道中

$$若\ 50 \leqslant B/H < 70，则\ a = 1.0, b = 5/3$$

$$若\ 70 \leqslant B/H，则\ a = 0.92, b = 7/4$$

在弯曲河道中

$$若\ 50 \leqslant B/H < 100，则\ 0.8 \leqslant a \leqslant 0.95, 1.78 \leqslant b \leqslant 2.48$$

确定河流断面上的单宽流量之后，就可以求出断面上的横向累计流量，作出横向累计流量曲线。根据累计流量曲线，可以确定相对于某一确定流量的流带的宽度。

确定流带宽度之后，就可以给出流带的形状，然后垂直各流带的分界线(流线)作出断面线。由流线和断面线构成一个正交曲线坐标系统(见图 4-7)。这个系统共含有 $m\times n$ 个单元，单元的长度为 Δx_i，宽度为 Δy_i，深度为 h_i。如果假定在一个单元内部污染物的浓度是均匀的，就可以对每一个单元写出物质平衡方程，从而建立起系统水质模型。

2. BOD 二维模型

从图 4-7 中取出任意一个有限单元，设为 $ij(i=1,\cdots,m;j=1,\cdots,n)$ 单元，通过该单元的质量平衡关系，可以写出一个差微分方程。

由水流输入、输出该单元的 BOD 总量为 $q_j(L_{i-1,j}-L_{ij})$，由纵向弥散作用输入、输出该单元的 BOD 总量为 $D'_{(i-1,j),ij}(L_{i-1,j}-L_{ij})-D'_{ij,(i+1,j)}(L_{ij}-L_{i+1,j})$，由横向弥散作用输入、输出该单元的 BOD 总量为 $D'_{(i,j-1),ij}(L_{i,j-1}-L_{ij})-D'_{ij,(i,j-1)}(L_{ij}-L_{i,j+1})$，在 ij 单元内的 BOD 衰减量为 $V_{ij}k_{dij}L_{ij}$，由系统外输入的 BOD 总量为 W_{ij}^L。

于是可得

$$D'_{(i-1,j),ij} = D_{(i-1,j),ij}\frac{A_{(i-1)j,ij}}{\overline{x}_{(i-1)j,ij}}$$

$$D'_{ij,(i+1,j)} = D_{ij,(i+1,j)}\frac{A_{ij,(i+1)j}}{\overline{x}_{ij,(i+1)j}}$$

$$D'_{(i,j-1),ij} = D_{(i,j-1),ij}\frac{A_{i(j-1),ij}}{\overline{y}_{i(j-1),ij}}$$

$$D'_{ij,(i,j+1)} = D_{ij,(i,j+1)}\frac{A_{ij,i(j+1)}}{\overline{y}_{ij,i(j+1)}}$$

上式中，q_j 为第 j 流带中的流量，m^3/s；L_{ij} 为第 ij 个单元中的 BOD 浓度，mg/L；V_{ij} 为第 ij 个单元的容积，m^3；k_{dij} 为第 ij 个单元中 BOD 的衰减速率常数，d^{-1}；$D_{ij,kl}$ 为单元 ij 和 kl 间的弥散系数，$k=1,\cdots,m$，$l=1,\cdots,n$；$A_{ij,kl}$ 为单元 ij 和 kl 间的界面面积，m^2；$\overline{x}_{ij,kl}$ 为上下游

相邻单元间的平均距离，m；$\overline{y}_{ij,kl}$为横向相邻单元间的平均距离，m。

对 ij 单元写出质量平衡关系，有

$$V_{ij}\frac{\mathrm{d}L_{ij}}{\mathrm{d}t}=q_{ij}(L_{(i-1)j}-L_{ij})+D'_{(i-1)j,ij}(L_{(i-1)j}-L_{ij})-D'_{ij,(i+1)j}(L_{ij}-L_{(i+1)j})+$$
$$D'_{i(j-1),ij}(L_{i(j-1)}-L_{ij})-D'_{ij,i(j+1)}(L_{ij}-L_{i(j+1)})-V_{ij}k_{\mathrm{d}ij}L_{ij}+W_{ij}^{L} \quad (4\text{-}63)$$

在研究稳态问题时，$\mathrm{d}L/\mathrm{d}t=0$，则

$$-q_{ij}(L_{(i-1)j}-L_{ij})-D'_{(i-1)j,ij}(L_{(i-1)j}-L_{ij})+D'_{ij,(i+1)j}(L_{ij}-L_{(i+1)j})-$$
$$D'_{i(j-1),ij}(L_{i(j-1)}-L_{ij})+D'_{ij,i(j+1)}(L_{ij}-L_{i(j+1)})+V_{ij}k_{\mathrm{d}ij}L_{ij}=W_{ij}^{L} \quad (4\text{-}64)$$

如果将所有有限单元中的 BOD 值写成一个 $m\times n$ 维向量，即

$$\boldsymbol{L}=(L_{11}L_{12}\cdots,L_{1m}L_{21}L_{22},\cdots,L_{ij}\cdots L_{nm})^{\mathrm{T}}$$

将所有的系统外输入也写成一个 $m\times n$ 维向量，即

$$\boldsymbol{W}^{L}=(W_{11}^{L}W_{12}^{L}\cdots,W_{1m}^{L}W_{21}^{L}W_{22}^{L}\cdots,W_{ij}^{L}\cdots,W_{nm}^{L})^{\mathrm{T}}$$

对整个河段可以写出矩阵方程

$$\boldsymbol{GL}=\boldsymbol{W}^{L} \quad (4\text{-}65)$$

$\boldsymbol{G}$ 是一个 $m\times n$ 阶矩阵，称为二维河流的 BOD 变换矩阵。根据式(4-64)可以写出矩阵 $\boldsymbol{G}$ 的各个元素 $g_{kl}(k=1,2,\cdots,m;l=1,2,\cdots,n)$ 的一般形式，即

对 $l=k$，$g_{kl}=q_j+D'_{i(j-1),ij}+D'_{ij,i(j+1)}+D'_{(i-1)j,ij}+D'_{ij,(i+1)j}=V_{ij}k_{\mathrm{d}ij}$

对 $l=k+1$，$g_{kl}=D'_{i(j-1),ij}$

对 $l=k-1$，$g_{kl}=D'_{ij,i(j+1)}$

对 $l=k+m$，$g_{kl}=-D'_{ij,(i+1)j}$

对 $l=k-m$，$g_{kl}=-q_j-D'_{(i-1)j,ij}$

对其余元素，$g_{kl}=0$

由上面各式可以看出，矩阵 $\boldsymbol{G}$ 的元素是河流流带的流量、弥散系数、各单元的几何尺寸及 BOD 衰减速率常数的函数，它们可以通过各种测量和计算方法得到。因此，当系统外部的 BOD 输入已知时，就可以用下式求得河流的 BOD 分布。

$$\boldsymbol{L}=\boldsymbol{G}^{-1}\boldsymbol{W}^{L} \quad (4\text{-}66)$$

式中，$\boldsymbol{G}^{-1}$ 称为二维河流的 BOD 相应矩阵。

3. DO 二维模型

与 BOD 的二维模型相似，可写出一个有限单元内的 DO 平衡方程，即

$$V_{ij}\frac{\mathrm{d}O_{ij}}{\mathrm{d}t}=q_j(O_{(i-1)j}-O_{ij})+D'_{(i-1)j,ij}(O_{(i-1)j}-O_{ij})-D'_{ij,(i+1)j}(O_{ij}-O_{(i+1)j})+$$
$$D'_{i(j-1),ij}(O_{i(j-1)}-O_{ij})-D'_{ij,i(j+1)}(O_{ij}-O_{i(j+1)})-V_{ij}K_{\mathrm{a}ij}L_{ij}+V_{ij}K_{\mathrm{a}ij}(O_{\mathrm{s}}-O_{ij})+W_{ij}^{O}$$
$$(4\text{-}67)$$

式中 O_{ij}——第 ij 个有限单元中的 DO 浓度，mg/L；

O_{s}——饱和 DO 浓度，mg/L；

$K_{\mathrm{a}ij}$——第 ij 单元中的复氧速率常数，d^{-1}；

其余符号含义同前。

如果将每一个单元的 DO 浓度写成一个 $m\times n$ 维向量，即

$$\boldsymbol{O}=(O_{11}O_{12}\cdots,O_{1m}O_{21}\cdots,O_{2m}\cdots,O_{n1}\cdots,O_{nm})^{\mathrm{T}}$$

将系统外输入各单元的 DO 也写成一个 $m\times n$ 维向量，即

$$\boldsymbol{W}^{O}=(W_{11}^{O}W_{12}^{O}\cdots,W_{1m}^{O}W_{21}^{O}\cdots,W_{2m}^{O}\cdots,W_{n1}^{O}\cdots,W_{nm}^{O})^{\mathrm{T}}$$

对于二维河流的 DO 也可以写出一个矩阵方程，即

$$V_{ij}\frac{\mathrm{d}O_{ij}}{\mathrm{d}t}=-\boldsymbol{HO}+\boldsymbol{BL}+\boldsymbol{W}^{O} \tag{4-68}$$

对于稳态问题

$$\boldsymbol{HO}=\boldsymbol{BL}+\boldsymbol{W}^{O} \tag{4-69}$$

将式(4-66)代入式(4-68)，得

$$\boldsymbol{HO}=\boldsymbol{BG}^{-1}\boldsymbol{W}^{L}+\boldsymbol{W}^{O} \tag{4-70}$$

由式(4-67)可以归纳出矩阵 $\boldsymbol{H}$ 和 $\boldsymbol{B}$ 的元素的计算方法。

对于矩阵 $\boldsymbol{B}$ 的第 k 行、第 l 列：

若 $l=k$，$b_{kl}=V_{ij}k_{\mathrm{d},ij}$；对于其余元素，$b_{kl}=0$。

对于矩阵 $\boldsymbol{H}$ 的第 k 行、第 l 列：

若 $l=k$，$h_{kl}=q_j+D'_{i(j-1),ij}+D'_{ij,i(j+1)}+D'_{(i-1)j,ij}+D'_{ij,(i+1)j}+V_{ij}K_{\mathrm{a}ij}$；

若 $l=k+1$，$h_{kl}=D'_{ij,i(j+1)}$；

若 $l=k-1$，$h_{kl}=-D'_{i(j-1),ij}$；

若 $l=k+m$，$h_{kl}=D'_{ij,(i+1)j}$；

若 $l=k-m$，$h_{kl}=-D'_{(i-1)j,ij}$；

对于其余元素，$h_{kl}=0$。

由式(4-70)可以求出二维河流的 DO 分布，即

$$\boldsymbol{O}=\boldsymbol{H}^{-1}\boldsymbol{BG}^{-1}\boldsymbol{W}^{L}+\boldsymbol{H}^{-1}\boldsymbol{W}^{O} \tag{4-71}$$

式(4-71)中的矩阵 $\boldsymbol{H}^{-1}\boldsymbol{BG}^{-1}$ 表示河流的 DO 分布与系统外输入的 BOD 浓度($\boldsymbol{W}^{L}$)之间的关系，$\boldsymbol{H}^{-1}$ 表示河流 DO 分布与系统外输入的 DO 浓度($\boldsymbol{W}^{O}$)的关系。$\boldsymbol{H}^{-1}\boldsymbol{BG}^{-1}$ 称为二维河流的 DO 对 BOD 的响应矩阵，$\boldsymbol{H}^{-1}$ 称为二维河流的 DO 对输入 DO 的响应矩阵。

式(4-71)中 $\boldsymbol{W}^{O}$ 包含两个内容：一是由系统外输入的 DO 量；二是包含饱和溶解氧的常数项，即

$$W_{ij}^{O}=O_{ij}^{O}q_{ij}+K_{\mathrm{a}ij}O_{\mathrm{s}} \tag{4-72}$$

式中　O_{ij}^{O}——排入第 ij 单元的污水中的 DO 浓度，mg/L；

q_{ij}——排入第 ij 单元的污水流量，m^3。

其余符号含义同前。

在第一个子河段要考虑上游河段，即初始条件的影响，即

$$W_{1j}^{O}=O_{1j}^{O}q_{1j}+O_{0j}q_{j} \tag{4-73}$$

式中　q_{1j}——排入第 $1j$ 单元的污水流量，m^3；

O_{1j}^{O}——排入第 $1j$ 单元的污水中的 DO 浓度，mg/L；

q_j——第 j 条流带的流量，m^3；

O_{0j}^{O}——第 j 条流带的上游的 DO 浓度，mg/L。

对于下游边界，可以有两种处理办法。如果下游的水质状况受河流自身的影响较小，可以通过其他方法确定 BOD 和 DO 的浓度，作为已知边界处理；如果下游边界距污水排放口较远，水质相对稳定，则可以假定 $L_{n+1,j}=L_{n,j}$ 和 $O_{n+1,j}=O_{n,j}$ 进行处理。

四、QUAL-Ⅱ综合水质模型

BOD和DO只反映了河流中最简单的水质关系。为了较详尽地描述河流的水质状态，需引进更多的变量。QUAL-Ⅱ综合水质模型就是在BOD-DO耦合模型的基础上发展起来的多组分水质模型。

QUAL-Ⅱ是美国环保局在1973年开发的，它包括了以下水质变化过程：① 大气复氧；② 底泥耗氧；③ CBOD耗氧；④ 光合作用产氧；⑤ NH_3-N氧化耗氧；⑥ NO_2-N氧化耗氧；⑦ CBOD的沉淀；⑧ 浮游植物对NO_3-N的吸收；⑨ 浮游植物对磷酸盐磷的吸收；⑩ 浮游植物呼吸作用释放磷酸盐磷；⑪ 浮游植物的死亡和沉淀；⑫ 浮游植物呼吸产生NH_3-N；⑬ 底泥释放NH_3-N；⑭ NH_3-N转化为NO_2-N；⑮ NO_2-N转化为NO_3-N；⑯ 底泥释放磷。

QUAL-Ⅱ模型的基本形式是一维推流-弥散基本方程，即

$$A_x \frac{\partial C}{\partial t}\mathrm{d}x = \frac{\partial\left(A_x D_x \frac{\partial C}{\partial x}\right)}{\partial x}\mathrm{d}x - \frac{\partial(A_x u_x C)}{\partial x}\mathrm{d}x \pm S \tag{4-74}$$

式中 C——水质组分的浓度，mg/L；

A_x——河流断面的面积，m^2；

D_x——纵向弥散系数；

u_x——纵向平均流速，m/s；

S——水质组分的来源或消减项。

从式(4-27)这一基本形式出发，可以写出各种水质组分的表达式。

对于含碳有机物的生物氧化，有

$$\frac{\mathrm{d}L_C}{\mathrm{d}t} = -(k_d + K_s)L_C \tag{4-75}$$

式(4-75)就是托马斯模型中描述BOD变化的公式。

对底泥耗氧，有

$$\frac{\mathrm{d}L_b}{\mathrm{d}t} = K_b/A_x \tag{4-76}$$

式中 L_b——底泥耗氧量，mg/L；

K_b——单位河段长度上的底泥悬浮上升速度，mg/(m·d)。

对于氮循环，有

$$\frac{\mathrm{d}N_1}{\mathrm{d}t} = \alpha_1 \rho_r A_b - K_{N1} N_1 + \frac{S_N}{A} \tag{4-77}$$

$$\frac{\mathrm{d}N_2}{\mathrm{d}t} = K_{N1} - K_{N2} N_2 \tag{4-78}$$

$$\frac{\mathrm{d}N_3}{\mathrm{d}t} = K_{N2} N_2 - \alpha_1 \mu_r A_b \tag{4-79}$$

式中 N_1——氨氮的浓度，mg/L；

N_2——亚硝酸盐的浓度，mg/L；

N_3——硝酸盐的浓度，mg/L；

α_1——藻类生物中氨氮的质量分数；

S_N——单位河段长度底泥中释放的氨氮速度，mg/(m·d)；

K_{N1}——氨氮的衰减速率常数，d^{-1}；

K_{N2}——亚硝酸盐氮的衰减速率常数，d^{-1}；

A_b——藻类的生物量，mg/L；

ρ_r——藻类的呼吸速率常数，d^{-1}；

μ_r——藻类的比生长速率。

对于藻类生物量的增长，有

$$\frac{dA_b}{dt}=\left(\mu_r-\rho_r-\frac{S_r}{H}\right)A_b \tag{4-80}$$

式中　S_r——藻类的沉降速率，d^{-1}；

H——河流的平均水深，m。

藻类的生物量用叶绿素 a 的浓度代表。藻类的比生长速率 μ_r 用下式计算。

$$\mu_r=\mu_{max}\frac{N_3}{N_3+K_N}\cdot\frac{P}{P+K_P}\cdot\frac{1}{\lambda H}\ln\frac{K_L+LI}{K_L+Le^{-\lambda H}} \tag{4-81}$$

式中　μ_{max}——最大的藻类比生长速率；

P——正磷酸盐的浓度，mg/L；

LI——光照密度；

λ——河流的消光系数；

K_N——氮的半饱和浓度，mg/L；

K_P——磷的半饱和浓度，mg/L；

K_L——光线的半饱和系数。

对于磷的循环，模型中只考虑了可溶性磷和藻类的关系，以及底泥释放磷的影响。

$$\frac{dP}{dt}=\alpha_2\rho_r A_b-\alpha_2\mu_r A_b+\frac{S_P}{A_x} \tag{4-82}$$

式中　P——正磷酸盐的浓度，mg/L；

α_2——藻类生物中磷的质量分数；

S_P——单位长度河底的磷的悬浮速率，mg/(m·d)。

对于溶解氧，有

$$\frac{dO}{dt}=K_a(O_s-O)+(\alpha_3\mu_r-\alpha_4\rho_r)C_A-k_dL_C-\frac{K_b}{A_x}-\alpha_5K_{N1}N_1-\alpha_6K_{N2}N_2 \tag{4-83}$$

式中　α_3——单位藻类光合作用产氧速率常数；

α_4——单位藻类呼吸作用产氧速率常数；

α_5——单位氨氮氧化的耗氧系数；

α_6——单位亚硝酸盐氮的耗氧系数。

对于大肠杆菌的衰减，有

$$\frac{dF}{dt}=-K_fF \tag{4-84}$$

式中　F——河流中的大肠杆菌浓度，个/L；

K_f——大肠杆菌的死亡速率常数，d^{-1}。

对于其他可降解物质，有

$$\frac{\mathrm{d}C}{\mathrm{d}t}=-KC \tag{4-85}$$

式中　C——任意可降解物质的浓度，mg/L；

K——降解速率常数，d^{-1}。

QUAL-Ⅱ的概念模型如图 4-9 所示。

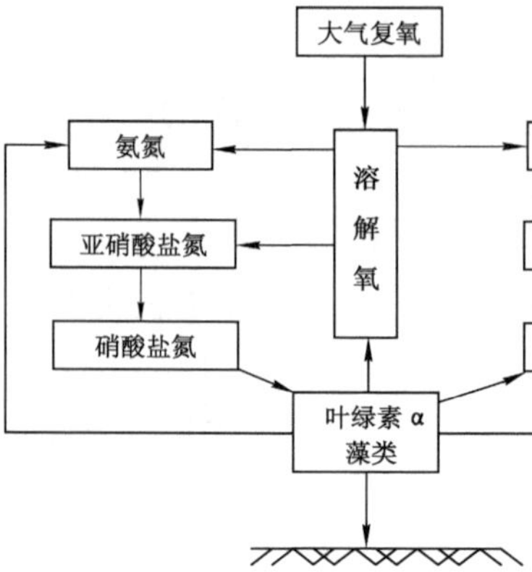

图 4-9　QUAL-Ⅱ的总体结构设计

在 QUAL-Ⅱ中，河流被分割成大量的河段，在每个河段内的水流是均匀稳定的，每一河段又被分割为等长度的计算单元。QUAL-Ⅱ采用有限差分法求解。

表 4-2 给出了 QUAL-Ⅱ模型中参数的常用值。

表 4-2　QUAL-Ⅱ模型中的参数

参数符号	取值范围	单 位	是否需要温度修正	可靠性
α_0	50～100	μg(叶绿素)/mg(藻类)	不需要	好
α_1	0.08～0.09	mg(氮)/ mg(藻类)	不需要	较好
α_2	0.012～0.015	mg(磷)/ mg(藻类)	不需要	较好
α_3	1.4～1.8	mg(氧)/ mg(藻类)	不需要	较好
α_4	1.6～2.3	mg(氧)/ mg(藻类)	不需要	好
α_5	3.0～4.0	mg(氧)/ mg(氮)	不需要	较好
α_6	1.0～1.14	mg(氧)/ mg(氮)	不需要	较好
$\mu_{\max}$	1.0～3.0	d^{-1}	要	较好
ρ_r	0.05～0.5	d^{-1}	要	好
K_{N1}	0.01～0.5	d^{-1}	要	好
K_{N2}	0.5～2.0	d^{-1}	要	好
S_r	0.153～1.830	d^{-1}	不需要	好
S_P	*	mg(磷)/(m・d)	不需要	差
S_N	*	mg(氮)/(m・d)	不需要	差

表 4-2(续)

参数符号	取值范围	单 位	是否需要温度修正	可靠性
k_d	0.1～0.2	d^{-1}	要	差
K_a	0.0～100	d^{-1}	要	较好
K_b	*	mg/(m·d)	不需要	差
K_s	−3.6～0.36	d^{-1}	不需要	差
K_f	0.5～4.0	d^{-1}	要	好
K	*	d^{-1}	要	*
K_N	0.2～0.4	mg/L	不需要	好—较好
K_P	0.03～0.05	mg/L	不需要	好—较好
K_L	20.934	$g \cdot W/m^2$	不需要	较好

注：* 表示变动范围较大。

五、重金属水质模型简介

（一）重金属的形态

重金属在环境中有多种形态和价态，而且环境中的同一金属也存在多种形态，其环境行为和环境影响与存在形态和价态有关，因此，用总浓度指标不能正确反映重金属对环境的影响大小。重金属存在形态及其生物可给性变化规律如图 4-10 所示。

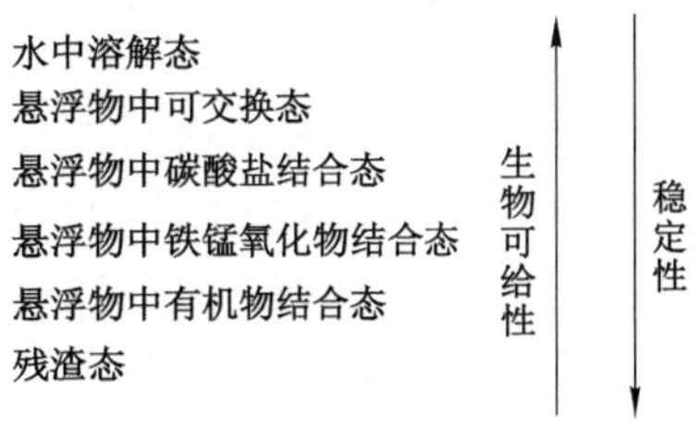

图 4-10　重金属存在形态及其生物可给性变化规律

从底泥释放重金属主要是由四类化学变化引起的：① 水中盐浓度增加，在固体表面发生竞争吸附，使一部分重金属进入水相，例如河口地区海水带进大量盐类，会出现这类情况；② 水中氧化还原条件变化，一般发生在河流有机污染严重、溶解氧浓度降低的河段，由于厌氧分解产酸而使铁锰氧化物部分甚至全部溶解，吸附在其上的重金属进入水相，在滨海地区有类似现象；③ 水的酸化导致碳酸盐和金属（铁锰）氢氧化物溶解，也增加残态重金属的溶解，导致重金属进入水相；④ 天然或人工合成的络合剂浓度增加，这些络合剂可以和重金属形成可溶解的络合物，导致重金属进入水相。一般来说，重金属的释放速度远小于吸附，而且影响因素复杂，因此对重金属释放速度的确定，目前还只能够靠实验技术。

（二）重金属在水体中的迁移扩散

重金属在水体中的迁移方式有：① 机械迁移，如随水中悬浮物或河流中推移质迁移；② 物理化学迁移，如吸附作用（从液体到固体表面）、解吸作用（从固体表面到液体）、水解作用、氧化还原作用、络合或螯合作用等；③ 生物迁移，通过食物链迁移。重金属具体采取哪一种方式为主进行迁移，不仅和重金属的性质和形态有关，还和环境性质有关。

目前重金属环境数学模型只能描述比较简单的迁移方式。

重金属在水环境中的迁移能力首先和金属种类有关，可以用水迁移系数 K_x 表示。在天然水环境中，元素迁移能力顺序如表 4-3 所示。

表 4-3　元素迁移能力顺序

元素迁移能力顺序	元　　素	K_x
最容易迁移的元素	Cl,Br,I,S	~100
易迁移元素	Ca,Mg,Na,F,Sr,Zh	1~10
活动元素	Cu,Ni,Co,Mo,V,Mn,Si,P	<1
不活动元素	Fe,Al,Ti,Sc,Si,Zr,Hf,Nb,Ta,Rn,Rd,Re	

重金属在环境中的迁移能力还和水体的 pH 值及氧化还原条件有关。例如，在酸性条件下，Ca、Sr、Cu、Zn、Cd^{3+}、Mn、Fe^{2+}、Co、Ni 容易迁移。在碱性条件下，V、As、Cr^{6+}、Se、Mo 很容易迁移，而 Fe^{2+}、Mn^{2+}、Ni 却很少迁移。Fe、Mn 被还原后，Cr、V、S 被氧化后，其迁移能力都大大增加。另外，水环境中存在胶体，重金属容易被吸附在其表面上，胶体的迁移能力就成为重金属的迁移能力。

重金属在水体中迁移和扩散，总的趋势是从溶解态向颗粒态转化。大量测量和试验证明，大多数水体中重金属被吸附在悬浮物或沉淀物一类固体颗粒物表面，而在水中溶解态重金属的含量往往是很低的，甚至在污染带中溶解态重金属的浓度也很低。固体颗粒物是重金属的蓄积库，而且重金属被吸附后的存在形态也逐渐改变，稳定性增加，毒性减少。所以，水中存在的天然络合物和固体颗粒物对增加重金属的稳定性、减少毒性有不可低估的作用。由于颗粒物沉降和被泥沙掩埋，被吸附在其上的重金属也相对地和人类生存环境相隔离。

（三）重金属在河流中迁移和扩散的两相模型

分析一个微元体积中的物料平衡，假定河水的 pH 值保持不变，考虑水流输送、扩散，悬浮物和底泥吸附及解吸作用，则可以得到重金属在水中浓度变化的关系式。

$$\frac{\partial C}{\partial t}=D_x\frac{\partial^2 C}{\partial x^2}+D_y\frac{\partial^2 C}{\partial y^2}+D_z\frac{\partial^2 C}{\partial z^2}-u_x\frac{\partial C}{\partial x}-u_y\frac{\partial C}{\partial y}-u_z\frac{\partial C}{\partial z}+K_s\theta(C_s-k_dC) \tag{4-86}$$

$$\frac{\partial \theta}{\partial t}=D_x\frac{\partial^2 \theta}{\partial x^2}+D_y\frac{\partial^2 \theta}{\partial y^2}+D_z\frac{\partial^2 \theta}{\partial z^2}-u_x\frac{\partial \theta}{\partial x}-u_y\frac{\partial \theta}{\partial y}-u_z\frac{\partial \theta}{\partial z}+B \tag{4-87}$$

$$\frac{\partial C_p}{\partial t}=D_x\frac{\partial^2 C_p}{\partial x^2}+D_y\frac{\partial^2 C_p}{\partial y^2}+D_z\frac{\partial^2 C_p}{\partial z^2}-u_x\frac{\partial C_p}{\partial x}-u_y\frac{\partial C_p}{\partial y}-u_z\frac{\partial C_p}{\partial z}+K_s\theta(C_s-k_dC) \tag{4-88}$$

式中　C——河流中溶解态重金属浓度，mg/L；

θ——水流中的悬浮物浓度，mg/L；

C_p——悬浮态的重金属浓度，mg/L；

C_s——悬浮物中的重金属含量，mg/L；

K_s——悬浮物吸附重金属的速率常数，d^{-1}；

k_d——重金属在悬浮物和水中的分配系数；

B——底泥悬浮物的悬浮速度。

其余符号含义同前。

根据定义，得

$$C_p=\theta C_s \tag{4-89}$$

式(4-86)至式(4-89)表达了重金属在河流中的各种存在形态之间的关系。在这个系统中，只考虑悬浮物与河床底泥的交换，而忽略与侧向边界的交换，所以称之为两相模型。

在严格的边界条件和简化条件下，上述式子可以解析求解；在通常条件下，只能求得数值解。

第三节　河口水环境模型

一、河口的水环境特征

所谓河口，就是指入海河流受到潮汐作用的一段水体，它和一般河流最大的差别就是在潮汐作用下显示出来的时变特性。

潮汐对河口水环境的影响具有两面性：一方面，由海潮带来大量的溶解氧，与上游下泄的水流相汇，形成强烈的混合作用使污染物的分布更趋均匀；另一方面，潮流的顶托作用，延长了污染物在河口的停留时间，有机物的降解会进一步降低水中的溶解氧浓度，使水质下降。此外，潮汐也使河口的含盐量增加。

一般污染比较严重的河口都是工业集中的城市或水陆交通枢纽。在无组织排放的条件下，可能有很多排放口伸入河口；在通航的河口，其宽度一般都较大，也比较深，污染物要完成横向混合需要经过很长的距离。

二、一维解析模型

潮汐作用使得水流在涨潮时向上游运动，尽管在整个周期里净水流是向下游流动的。如果在潮汐的高平潮时(高憩)，在某处投放某种示踪剂，然后在以后的每一个高平潮时测量示踪剂的浓度，就得到如图 4-11 所示的示踪剂浓度分布。从图 4-11 可知在一维河口中，纵向弥散是主要作用。

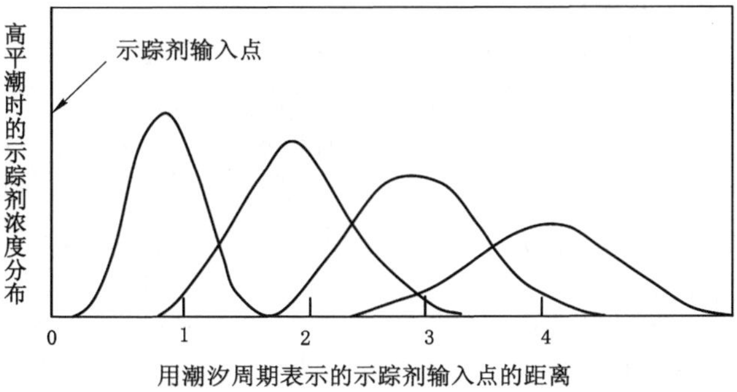

图 4-11　潮汐河流中的示踪剂弥散

研究河口流场整个潮汐周期内污染物的平均浓度，或者多个潮汐周期的高潮、低潮平均浓度时，可以把不断随时间变化的河口区域流场看作稳态，取潮汐周期平均流速或高潮、低潮平均流速为常数，可以写出一维河口水质模型。

$$D_x \frac{\mathrm{d}}{\mathrm{d}x}\left(\frac{\mathrm{d}C}{\mathrm{d}x}\right)-\frac{\mathrm{d}}{\mathrm{d}x}(u_x C)+r+s=0 \tag{4-90}$$

式中　r——污染物的衰减速度；

s——系统外输入污染物的速度。

其余符号含义同前。

欧康奈尔对于定常的断面积和淡水流量，假定 $s=0$ 和 $r=-KC$，提出了计算峰值浓度的解。

对排放点上游($x<0$)， $$\frac{C}{C_0}=\exp(j_1 x) \tag{4-91}$$

对排放点下游($x>0$)， $$\frac{C}{C_0}=\exp(j_2 x) \tag{4-92}$$

其中

$$j_1=\frac{u_x}{2D_x}\left(1+\sqrt{1+\frac{4KD_x}{u_x^2}}\right) \tag{4-93}$$

$$j_2=\frac{u_x}{2D_x}\left(1-\sqrt{1+\frac{4KD_x}{u_x^2}}\right) \tag{4-94}$$

C_0 是在 $x=0$ 处的污染物浓度，可以用下式计算。

$$C_0=\frac{W}{Q\sqrt{1+\frac{4KD_x}{u_x^2}}} \tag{4-95}$$

式中 W——单位时间内投放的示踪剂质量，g/d；

Q——淡水平均流量，m^3/d。

河口的纵向弥散系数可以用下述经验公式计算。

$$D_x=63nu_m R^{5/6} \tag{4-96}$$

式中 n——曼宁粗糙系数；

u_m——最大潮汐速度，m/s；

R——河口的水力半径，m。

通过瞬时投放示踪剂和在下游测量示踪剂浓度的时间分布曲线(见图 4-12)，可以求得河口的纵向弥散系数。在发生海水入侵的地方，可以用海水中的盐作为示踪剂。

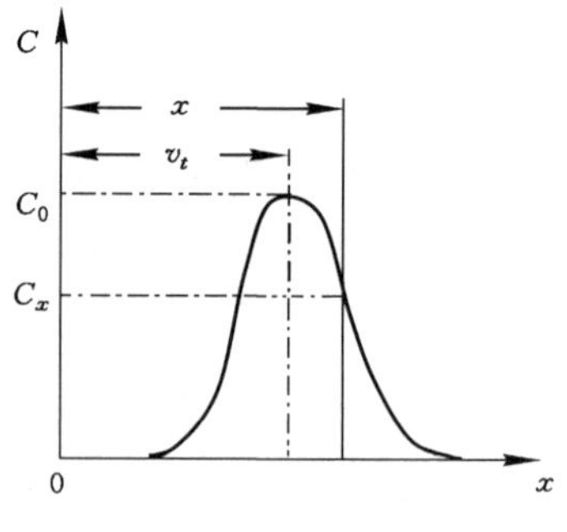

图 4-12 示踪剂浓度的时间分布曲线

对于盐这样的守恒物质，可以认为 $r=0$ 和 $s=0$。式(4-90)的解析解为

$$\ln\frac{C}{C_0}=\frac{u_x}{D_x}x \tag{4-97}$$

式中 $x<0$，为海洋上溯的距离。由式(4-97)可以得到根据盐度的变化求解 D_x 的公式，即

$$D_x=\frac{xu_x}{\ln C-\ln C_0} \tag{4-98}$$

D_x 的数值在很大范围内变化，其数量级为 $10\sim10^2\ m^2/s$。

三、BOD-DO 耦合模型

对于一维稳态问题，描述氧亏的微分方程为

$$D_x \frac{\partial^2 D}{\partial x^2} - u_x \frac{\partial D}{\partial x} - K_a D + k_d L = 0 \tag{4-99}$$

若给定边界条件：当 $x=\pm\infty$ 时，$D=0$，上式的解为：

对排放口上游　　$x<0, D=\dfrac{k_d W(A_1-B_1)}{(K_a-k_d)Q}$　　(4-100)

对排放口下游　　$x>0, D=\dfrac{k_d W(A_2-B_2)}{(K_a-k_d)Q}$　　(4-101)

其中

$$A_1 = \frac{1}{J_3}\exp\left[\frac{u_x}{2D_x}(1+J_3)x\right] \qquad A_2 = \frac{1}{J_4}\exp\left[\frac{u_x}{2D_x}(1+J_4)x\right]$$

$$B_1 = \frac{1}{J_3}\exp\left[\frac{u_x}{2D_x}(1-J_3)x\right] \qquad B_2 = \frac{1}{J_4}\exp\left[\frac{u_x}{2D_x}(1-J_4)x\right]$$

$$J_3 = \sqrt{1+\frac{4k_d D_x}{u_x^2}} \qquad J_4 = \sqrt{1+\frac{4k_d D_x}{u_x^2}}$$

式中　D——氧亏量；

Q——河口淡水的净流量；

W——单位时间内排入河口的 BOD 量。

其余符号含义同前。

四、一维有限段模型

有限段模型用若干个有限长度的体积单元代替连续的纵向空间。在每一个有限段内是一个假定的完全混合零维模型，而整个河口则是离散了的一维模型。有限段模型以潮周平均值（包括状态和参数）作为计算依据，以河流净流量作为计算流量。

对于任一河段，它的质量平衡包括推流迁移、弥散迁移和物质衰减三部分内容。

第 i 河段的推流迁移量为 $Q_{i-1}L_{i-1}-Q_iL_i$，其中 Q_{i-1}，Q_i 为流入和流出第 i 河段的净流量；L_{i-1}，L_i 为流入和流出第 i 河段的 BOD 浓度。

由弥散作用引起的第 i 河段的质量变化 m 为

$$m = D_{(i-1)i}A_{(i-1)i}\frac{L_{i-1}-L_i}{\Delta x_{(i-1)i}} - D_{i(i+1)}A_{i(i+1)}\frac{L_i-L_{i+1}}{\Delta x_{i(i+1)}}$$

$$\Delta x_{ij} = \frac{1}{2}(\Delta x_i + \Delta x_j)$$

式中　D_{ij}——第 i 与第 j 河段间的弥散系数；

A_{ij}——第 i 与第 j 河段间的界面面积，m^2；

Δx_{ij}——第 i 与第 j 河段间的中心距，m。

河段内的 BOD 衰减量为 $V_i k_{di} L_i$，其中 V_i 为第 i 河段的容积（m^3），k_{di} 为 BOD 衰减速率常数（d^{-1}）。

对每一个河段可以写出质量平衡关系，有

$$V_i\frac{dL_i}{dt} = Q_{i-1}L_{i-1} - Q_iL_i + D_{(i-1)i}A_{(i-1)i}\frac{L_{i-1}-L_i}{\Delta x_{(i-1)i}} - D_{i(i+1)}A_{i(i+1)}\frac{L_i-L_{i+1}}{\Delta x_{i(i+1)}} - V_ik_{di}L_i + W_i^L \tag{4-102}$$

令 $D'_{ij}=D_{ij}A_{ij}/\Delta x_{ij}$，则式(4-102)可以写为

$$V_i\frac{\mathrm{d}L_i}{\mathrm{d}t}=Q_{i-1}L_{i-1}-Q_iL_i+D_{(i-1)i}A_{(i-1)i}\frac{L_{i-1}-L_i}{\Delta x_{(i-1)i}}-D'_{ij}(L_i-L_{i+1})-V_ik_{di}L_i+W_i^L \tag{4-103}$$

式中　W_i^L——由系统外输入第 i 河段的 BOD 量。

如果以 D_i 表示第 i 河段的氧亏量，可以写出氧亏量的平衡关系。

$$V_i\frac{\mathrm{d}D_i}{\mathrm{d}t}=Q_{i-1}D_{i-1}-Q_iD_i+D'_{(i-1)i}(D_{i-1}-D_i)-D'_{i(i+1)}(D_i-D_{i+1})+V_ik_{di}L_i-V_iK_{ai}L_i+W_i^D \tag{4-104}$$

式中　K_{ai}——河段的复氧速率常数，d^{-1}；

W_i^D——由系统外输入第 i 河段的氧亏量。

对于潮周平均状态，可以作为稳态处理，即

$$\frac{\mathrm{d}L_i}{\mathrm{d}t}=0;\quad \frac{\mathrm{d}D_i}{\mathrm{d}t}=0$$

对于河口的 BOD 分布，可以根据式(4-102)写出矩阵方程：

$$\boldsymbol{GL}=\boldsymbol{W}^L \tag{4-105}$$

式中　$\boldsymbol{L}$——由河段 BOD 值组成的 n 维向量；

$\boldsymbol{W}^L$——由输入河段 BOD 值组成的 n 维向量。

$\boldsymbol{G}$ 是 n 阶矩阵，对于第 i 行，第 j 列的元素 g 可以按下式计算。

当 $j=i$ 时，　$g_{ij}=Q_i+D'_{(i-1)i}+D'_{i(i+1)}+V_ik_{di}$

当 $j=i-1$ 时，　$g_{ij}=-Q_i-D'_{(i-1)j}$

当 $j=i+1$ 时，　$g_{ij}=-D'_{i(i+1)}$

对其余元素　$g_{ij}=0$

如果知道污染源 W_i^L，就可以计算河口的 BOD 分布。

$$\boldsymbol{L}=\boldsymbol{G}^{-1}\boldsymbol{W}^L \tag{4-106}$$

对河口的氧亏，也可以写出矩阵方程

$$\boldsymbol{HD}=\boldsymbol{FL}+\boldsymbol{W}^D \tag{4-107}$$

式中　$\boldsymbol{D}$——由河段氧亏值组成的 n 维向量；

$\boldsymbol{W}^D$——由输入河段氧亏值组成的 n 维向量。

$\boldsymbol{H}$ 和 $\boldsymbol{F}$ 都是 n 阶矩阵，根据式(4-104)可以计算它们的元素：

当 $j=i$ 时，　$h_{ij}=Q_i+D'_{(i-1)i}+D'_{i(i+1)}+V_iK_{ai}$

当 $j=i-1$ 时，　$h_{ij}=-Q_i-D'_{(i-1)i}$

当 $j=i+1$ 时，　$h_{ij}=-D'_{i(i+1)}$

对其余元素　$h_{ij}=0$

对矩阵 $\boldsymbol{F}$

当 $j=i$ 时，　$f_{ij}=V_ik_{di}$

对其余元素　$f_{ij}=0$

将式(4-106)代入式(4-107)，并对 $\boldsymbol{H}$ 求逆，可以计算河口的氧亏分布。

$$\boldsymbol{D}=\boldsymbol{H}^{-1}\boldsymbol{FG}^{-1}\boldsymbol{W}^L+\boldsymbol{H}^{-1}\boldsymbol{W}^D \tag{4-108}$$

式(4-107)和式(4-108)比较广泛地应用在河口的水质模拟和水质预测中,矩阵 $\boldsymbol{G}^{-1}$ 称为一维河口响应矩阵,$\boldsymbol{H}^{-1}\boldsymbol{F}\boldsymbol{G}^{-1}$ 称为河口氧亏对 BOD 的响应矩阵,$\boldsymbol{H}^{-1}$ 称为河口氧亏对输入氧亏的响应矩阵。

河口上、下游的边界条件可以计算如下。

对于上游第一河段,有

$$Q_1L_1 + D'_{0,1}L_1 + D'_{1,2}L_2 - D'_{1,2}L_2 + V_1k_{d1}L_1 = W_1^L + Q_0L_0 - D'_{0,1}L_0 \tag{4-109}$$

$$Q_1L_1 + D'_{0,1}D_1 + D'_{1,2}D_1 - D'_{1,2}D_2 - V_1k_{d1}L_1 + V_1K_{a1}D_1 = W_1^D + Q_0D_0 - D'_{0,1}D_0 \tag{4-110}$$

当河流上游的流量 Q_0、BOD 值、L_0、氧亏值 D_0 和弥散系数已知时,可以将等式右边各项都计入输入源中,即令

$$W_1^{L①} := W_1^L + Q_0L_0 - D'_{0,1}L_0 \tag{4-111}$$

$$W_1^D = W_1^D + Q_0D_0 - D'_{0,1}D_0 \tag{4-112}$$

其余各项计算同前。

对于下游最末一个河段,有

$$Q_{n-1}L_{n-1} - Q_nL_n + D'_{n-1,n}(L_{n-1} - L_n) - D'_{n,n+1}(L_n - L_{n+1}) - V_nk_{dn}L_n + W_n^L = 0 \tag{4-113}$$

和

$$Q_{n-1}D_{n-1} - Q_nD_n + D'_{n-1,n}(D_{n-1} - D_n) - D'_{n,n+1}(D_n - D_{n+1}) + V_nk_{dn}L_n - V_nK_{an}D_n + W_n^D = 0 \tag{4-114}$$

下游最末河段计算中,存在如下未知数:L_{n+1} 和 D_{n+1}。此处有两种处理方法:

第一种处理方法:当河口下游在入海口附近时,这里的水质比较稳定,L_{n+1} 和 D_{n+1} 可以作为已知条件处理,即可以将 L_{n+1} 和 D_{n+1} 的项计入源 W_n^L 和 W_n^D 中。

第二种处理方法:当河口最后一个河段远离污染源时,可以把下游的浓度梯度视为 0,令 $L_{n+1}=L_n$ 和 $D_{n+1}=D_n$ 即可。

河口二维有限单元水质模型的建立方法与相应的河流模型一致。

五、平面二维悬沙模型

河口的泥沙输运具有某些特殊性:较浅水域的挟沙能力受波浪影响;絮凝是黏性泥沙沉降的重要原因;泥沙输运随着潮流往复输运,并且经历多次再悬浮和沉降;悬沙浓度在纵向分布上往往会出现“上下低,中间泥沙富集”的现象,即存在最大浑浊带。基于水流与泥沙运动控制方程,结合补充方程与相关定解条件,可以对水沙规律进行模拟分析及预测。在笛卡尔坐标系下,平面二维潮流运动的连续方程和动量方程可用式(4-115)～式(4-117)表示。

$$\frac{\partial h}{\partial t} + \frac{\partial (hu)}{\partial x} + \frac{\partial (hv)}{\partial y} = 0 \tag{4-115}$$

$$\frac{\partial (hu)}{\partial t} + \frac{\partial (hu^2 + gh^2/2)}{\partial x} + \frac{\partial (huv)}{\partial y} = gh(s_{0x} - s_{fx}) \tag{4-116}$$

$$\frac{\partial (hv)}{\partial t} + \frac{\partial (huv)}{\partial x} + \frac{\partial (hv^2 + gh^2/2)}{\partial y} = gh(s_{0y} - s_{fy}) \tag{4-117}$$

① 符号“:=”代表定义。

式中 h——水深；

t——时间；

u,v——x、y 方向垂线平均水平流速分量；

g——重力加速度；

s_{0x}——x 向的河底底坡；

s_{0y}——y 向的河底底坡；

s_{fx}——x 向的摩阻底坡；

s_{fy}——y 向的摩阻底坡。

平面二维悬沙连续方程（悬沙对流扩散方程）可用式(4-118)表示

$$\frac{\partial(hS)}{\partial t}+\frac{\partial(huS)}{\partial x}+\frac{\partial(hvS)}{\partial y}=\frac{\partial}{\partial x}\left(D_x h\frac{\partial S}{\partial x}\right)+\frac{\partial}{\partial y}\left(D_y h\frac{\partial S}{\partial y}\right)+F_s \tag{4-118}$$

式中 S——泥沙浓度；

D_x, D_y——水流作用下泥沙颗粒纵向、横向扩散系数；

F_s——泥沙源汇项，即床沙上扬与悬沙沉降净通量，按式(4-119)确定。

$$F_s=\alpha\omega(S-S_*) \tag{4-119}$$

式中 S_*——水体的挟沙力，一般采用现场资料的经验公式法或半理论方法确定；

w——泥沙沉降速度；

α——泥沙沉降概率。

六、拉格朗日粒子追踪模型

拉格朗日观点下粒子追踪模型能够模拟单个颗粒物的运动轨迹，便于找到粒子的释放源和确定源的影响范围，并模拟研究复杂地形和极端天气条件下的漂浮物传输过程。微塑料与传统污染物有较大差别，以固体形态存在于水中而非溶解，因此在微塑料输运模拟中，粒子追踪模型将水体中的微塑料颗粒运动看成风和潮流作用下发生的拉格朗日漂移，通过求解拉格朗日方程得到微塑料的运动轨迹和源、汇区域。同时，粒子追踪模型不考虑颗粒物间的相互作用，并假设颗粒物的运动速度和流速一致。具体表达形式见(4-120)。

$$\frac{\mathrm{d}x_i}{\mathrm{d}t}=v_i(x_i(t),t)+D_i \tag{4-120}$$

式中 t——时间；

v_i——t 瞬间 x_i 处的速度场；

i——位置；

D_i——扩散系数。

扩散系数分为水平扩散系数与垂直扩散系数，在模型中假定扩散各向同性。扩散系数依据 Stokes-Einstein 方程确定，具体表达形式见式(4-121)。

$$D=\frac{kT}{6\pi\mu r} \tag{4-121}$$

式中 k——玻尔兹曼常数；

μ——溶剂黏度；

r——扩散粒子的半径；

T——温度。

第四节　近岸海域水环境模型

一、近岸海域的水环境特征

从自然地理的角度，近岸海域以水的流动进行陆海联系，陆上流域是淡水、泥沙、营养盐、污染物等物质产生的“源”区域，通过入海河流“廊道”的输运，进入近岸海域的“汇”区域，陆海关系呈现压力在陆上、响应在海上的区域特点。海岸带区域是人类社会由陆地向海洋发展的关键地带，受高强度人类活动和全球气候变化的双重影响，为了阐明污染物在近海水域或沿岸水域内的运输规律，以及污染物浓度的分布及变化，一般要运用流体力学过程来描述。近年来，环境流体动力学的研究已经普遍采用数值模型和计算机模拟显示的流场和浓度场。

在近海水域环境影响预测中，为了做到正确选用近海水域流场模型，首先要充分考虑海域的主要特征。例如，我国海洋沿岸海域所出现的海流有密度分布不均匀引起的密度流、风引起的风生流以及潮流等，其中经常起主导作用的则是潮流。潮流看起来是一种往复运动，但因海洋地形、海底摩擦等非线性效应影响，潮流又会引起一定方向的潮余流，潮流与潮余流结合才对污染物输送起作用。因此，在一般情况下，只要建立或选用适宜的潮流数值模型，不考虑波浪和风海流的作用，就可反映流场的基本状况。

二、二维流体动力学模型

对于沿岸浅海，特别是半封闭海湾，其基本运动是由外来潮波引起的潮汐运动，即协振潮。因此，我们主要研究潮波和潮余流。余流是指经过一个潮汐周期海水微团的净位移。

描述潮波运动的参考坐标系，被置于所谓的“f-平面”上，即不考虑地球曲率的影响。这种近似描述适用于水平范围远小于地球半径的海域，这对于沿岸海域和海湾是适用的。

通常，选用一个固着于“f-平面”上的直角坐标系（xOy 平面）和静止海面重合，组成右手坐标系，z 轴向上为正，于是描述垂向充分混合海域的平均运动可用式(4-122)～式(4-124)的方程组表示。

$$\frac{\partial z}{\partial t}+\frac{\partial}{\partial x}[(h+z)u]+\frac{\partial}{\partial y}[(h+z)v]=0 \tag{4-122}$$

$$\frac{\partial u}{\partial t}+u\frac{\partial u}{\partial x}+v\frac{\partial u}{\partial y}-fv+g\frac{\partial z}{\partial x}+g\frac{u(u^2+v^2)^{1/2}}{C_z^2(h+z)}=0 \tag{4-123}$$

$$\frac{\partial v}{\partial t}+u\frac{\partial v}{\partial x}+v\frac{\partial v}{\partial y}+fv+g\frac{u(u^2+v^2)^{1/2}}{C_z^2(h+z)}=0 \tag{4-124}$$

式中：u、v 为 x、y 方向上的速度分量；h 为海基准面高度；z 为水位；f 为科氏力系数；g 为重力加速度；C_z 为谢才系数。

在实际计算中，无论是二维问题还是三维问题，由于浅海较强的湍流耗散作用，总是取零值初始条件。因为任何初始能量，经过一定时间后总要消耗掉，故当计算达到一定时间以后初始效应总会消失，而只有协振潮在起作用。因此对计算可作如下处理。

(1) 初值

可以自零开始，也可以利用过去的计算结果或实测值直接输入计算。

(2) 边界条件

① 陆边界：边界的法线方向流速为零；

② 水边界:可以输入根据水边界上已知潮汐周和常数的水位表达式或边界点上的实测水位过程;

③ 有水量流入的水边界:当流量较大时,边界点上的连续方程应增加 $\Delta tQ_{hi}/(2\Delta x\Delta y)$ 项,当流量较小时可以忽略(Q_{hi} 为流入水量)。

三、潮流混合模型

海湾中污染物的输运模型是在潮流流场模型基础上建立的,用以预测新的污染负荷进入情况下海域污染物的浓度分布。常用的二维平流——扩散物质运输模型见式(4-125)。

$$\frac{\partial[(h+z)]C}{\partial t}+\frac{\partial[(h+z)u]C}{\partial x}+\frac{\partial[(h+z)u]C}{\partial y}=$$

$$\frac{\partial}{\partial x}\left[(h+z)M_x\frac{\partial C}{\partial t}\right]+\frac{\partial}{\partial y}\left[(h+z)M_y\frac{\partial C}{\partial t}\right]+S_p \tag{4-125}$$

式中 M_x, M_y——纵向和横向混合系数;

S_p——污染源的源强。

上式一般用于预测持久性污染物的分布,对于非持久性污染物在浓度 C_c 和进入的污染源源强项 S_p 中应考虑污染物的衰减,具体处理方法类似于河流或湖泊。

由于海域实际边界的复杂性,也由于运动方程包含了非线性项,求解十分困难,一般只能采用数值求解法。当然,在限定的边界条件和初始条件下,数值求解方程的方法很多,目前较为流行的是"有限差分方法"。国内常用 ADI 法,此法是美国兰德公司于 1970 年提出的一种差分近似解法(又称稳式方向交替法)。

四、湍流流动模型

在近岸环境和工程中绝大部分的流动是湍流流动,其瞬时运动规律仍可由 Navier-Stokes 方程来描述,由式(4-126)~式(4-129)方程组来表示。

$$\frac{\partial U}{\partial X}+\frac{\partial V}{\partial Y}+\frac{\partial W}{\partial Z}=0 \tag{4-126}$$

$$\frac{\partial u}{\partial t}+\frac{\partial(U^2)}{\partial X}+\frac{\partial(UV)}{\partial Y}+\frac{\partial(UW)}{\partial Z}+\frac{1}{\rho}\frac{\partial P}{\partial X}=$$

$$\frac{\partial}{\partial X}\left(\nu_e\frac{\partial U}{\partial X}\right)+\frac{\partial}{\partial Y}\left(\nu_e\frac{\partial U}{\partial Y}\right)+\frac{\partial}{\partial Z}\left(\nu_e\frac{\partial U}{\partial Z}\right)+\Omega V \tag{4-127}$$

$$\frac{\partial V}{\partial t}+\frac{\partial(U^2)}{\partial X}+\frac{\partial(VU)}{\partial Y}+\frac{\partial(VW)}{\partial Z}+\frac{1}{\rho}\frac{\partial P}{\partial Y}=$$

$$\frac{\partial}{\partial X}\left(\nu_e\frac{\partial V}{\partial X}\right)+\frac{\partial}{\partial Y}\left(\nu_e\frac{\partial V}{\partial Y}\right)+\frac{\partial}{\partial Z}\left(\nu_e\frac{\partial V}{\partial Z}\right)-\Omega U \tag{4-128}$$

$$\frac{\partial P}{\partial Z}+\rho_g=0 \tag{4-129}$$

式中 ν_e——有效黏性系数;

t——时间;

U,V,W——X,Y,Z 方向上的速度分量;

P——压力;

ρ——海水密度;

g——重力加速度;

Ω——柯氏系数($\Omega=2\omega\sin\phi$)。

湍流运动模型考虑了系统中水质动力过程的时空变化，考虑了自然界中多因素之间的相互作用，可用于水质规划、水污染控制、环境管理等方面。该模型对确定近岸海域环境容量，从而制定近岸海域环境保护策略，具有十分重要的理论价值和应用前景。

第五节 湖泊和水库的水质模型

一、湖泊和水库的水质特征

在很多情况下，湖泊和水库具有相同的水质特征，例如湖泊和水库中的水流速度很低、停留时间很长；它们都具有相对比较封闭的水生生态系统。同时，富营养化是湖泊和水库中最基本的水质问题。

水在湖泊和水库中的停留时间较长，一般可达数月至数年。湖泊和水库一般属于静水环境，其中的化学和生物学过程保持着一个比较稳定的状态。由湖泊或水库的边缘至中心，由于水深不同而产生明显的水生植物分层。同样由于静水环境，进入湖泊和水库中的营养物质在其中不断积累，致使湖库中的水质发生富营养化。

根据湖泊和水库中营养物含量的高低，可以把湖泊和水库分为富营养型和贫营养型。贫营养湖泊和水库中养分少，生物有机体的数量不多，因此生物产量低。一般来说，高山地区和水温较低的深水湖泊和水库大多是贫营养型的。大多数营养丰富、生物产量高的湖泊一般都有湖岸带。在这里，水深较浅，光照较强，为自养生物的生长提供了能源，扎根的水生植物可以大量繁殖。这种水深较浅、生物产量高的湖泊和水库，通常属于富营养型的。在水的中层和底部，由于浮游生物的大量繁殖以及它们死亡之后的分解耗氧，水中溶解氧浓度下降，甚至缺氧。

从湖泊的发展过程看，由贫营养型向富营养型的过渡是一个正常的过程，在自然状态下，这个过程进展非常缓慢。进入湖泊的河水，输入沉淀物质和溶解物质，沉淀物质沉积在湖泊底部，溶解物质中的营养物使水中的藻类大量繁殖，藻类的繁殖又造成营养物在湖泊中的积累，使得湖泊的生物产率越来越高，营养越来越丰富。富营养化的结果，使有机物生长繁茂，湖底堆积物越来越多，水深越来越浅，湖泊最后变成沼泽。湖泊的富营养化进程由于人类大规模的生产活动而大大加速，其发生、发展和消亡的周期大大缩短。

在水深较大的湖泊和水库中，水温和水质的竖向分层也是常见的水质特征。

湖泊、水库与外界的热交换主要是在水面与大气之间进行的。随着一年四季的气温变化，湖库的水温竖向分布也呈有规律的变化。夏季的气温高，湖库表层的水温也高，由于湖库的水流缓慢，上层的热量只能通过扩散向下传递，因而形成自上而下的温度梯度，由于下层水温低、密度高，整个湖库处于稳定状态。到了秋末冬初，由于气温的急剧下降，湖库表层的水温亦急剧下降，同时导致表层水密度的增加。当表层水密度比底层水密度大时，就出现了水质的上下循环，这种水质循环称为“翻池”。这种翻池现象可使水质在湖库中均匀分布。翻池现象在春末夏初时也会发生。

在大多数时间里，湖泊与水库的水质、水温情况随深度有较明显的变化，呈竖向分层状态，如图 4-13 和图 4-14 所示。与上述的湖泊、水库的水质特征相对应，目前用于描述湖泊水质变化的模型分为描述湖库营养状况的箱式模型、分层箱式模型，描述温度与水质竖向分布的分层模型。

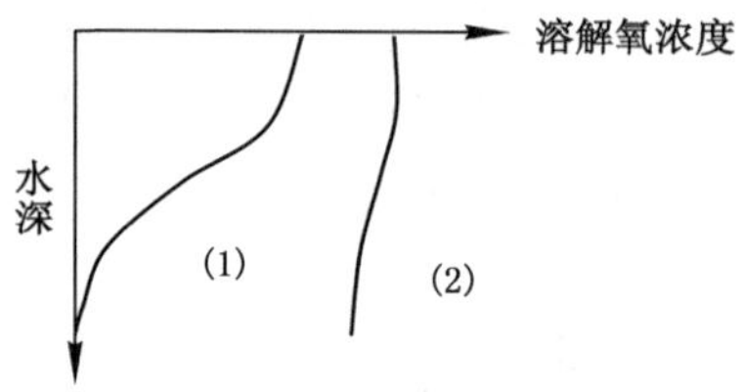

图 4-13　湖泊水质溶解氧浓度随水深变化情况
(1) 夏季；(2) 冬季

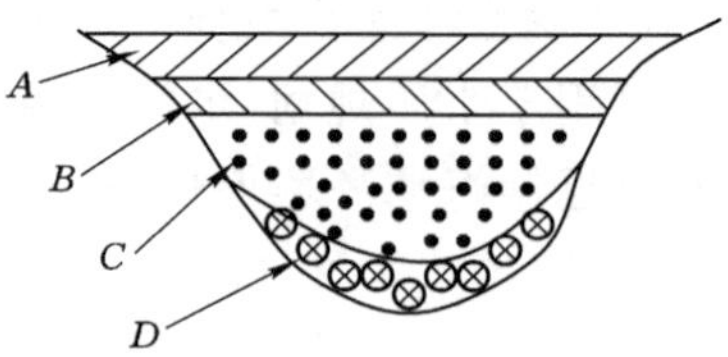

A—表层；B—斜温层；C—下层；D—底层。
图 4-14　水库水温分层示意

二、湖泊与水库的营养源与营养负荷

(一) 主要营养物

湖泊、水库的基本水质问题是富营养化，富营养化的一个重要标志是某些营养物质的刺激，使浮游生物，特别是某些蓝藻、绿藻和硅藻大量繁殖，在水面形成稠密的藻被层；同时，大量死亡的藻类沉积在底部，进行耗氧分解，使水中溶解氧浓度下降，引起鱼类和其他水生动物的死亡。湖泊、水库中的营养物主要是指能够促进藻类大量生长和繁殖，并导致湖泊富营养化的物质。

淡水中藻类的生长需要 16～20 种主要元素。表 4-4 给出了湿重下藻类所含的各种主要元素的相对含量。

表 4-4　湿重下淡水藻类中主要元素的相对含量

元 素	相对含量/%	元 素	相对含量/%	元 素	相对含量/%
氧	80.5	磷	0.08	锰	0.000 7
氢	9.7	镁	0.07	锌	0.000 3
碳	6.5	硫	0.06	铜	0.000 1
硅	1.3	氯	0.06	钼	0.000 05
氟	0.7	钠	0.04	钴	0.000 002
钙	0.4	铁	0.02		
钾	0.3	硼	0.001		

在自然条件下，由外界输入湖泊的各种主要营养物中，磷的相对含量大大低于藻类生长所需的量，往往成为湖泊、水库富营养化的制约因素。因此，早期的湖泊富营养化问题的研究主要集中在对磷的输入预测与控制上。

正如雷比格(Liebig)的最小值定理所指出的：任何一种有机物的产率都由该种有机物所必需的、在环境中丰度最低的物质所决定。最小值定理中的丰度是指环境中的各种营养物质满足藻类生长的程度。描述微生物的营养限制的莫诺得(Monod)模型反映了这一关系。

$$\mu = \mu_{\max} \frac{S}{K_S + S} \tag{4-130}$$

式中　μ——微生物的生长速率；

$\mu_{\max}$——微生物的最大生长速率；

S——营养物质的实际浓度；

K_S——营养物质的半饱和浓度。

在自然界所提供的养分中，磷的丰度一般偏低。但在工业化和城市化程度不断提高的今天，人类活动对于湖泊水库的影响越来越大，使得磷作为营养控制因素的情况正在发生变化。由于藻类正常生长所需的氮的数量大约为磷的 9 倍，而城市污水中氮的含量一般仅为磷的 3 倍，此外，在缺氧的湖泊水库中，溶解态的硝酸盐还可能通过反硝化而消失。所以，氮在湖泊水库中的积累量远小于磷，即对藻类的生长，氮的丰度远小于磷，但在人为影响严重的湖泊水库中，氮有可能成为富营养化的制约因素。例如，美国国家水体富营养化调查组在 1972—1973 年间调查了不同类型的湖泊 466 个，发现富营养化的湖泊中 65％的控制因素是磷，28％是氮；1974 年，米勒(Miller)对美国 49 个湖泊调查的结果是：控制因素是磷的湖泊占 35 个，氮占 8 个。

这种单营养成分的条件在实际中是很少见的。实际观察证明，藻类的生长可能受到一种以上因素的制约。在一种营养物消耗殆尽之前，藻类并不是以最大的速率增长直至一种营养物枯竭时停止增长，而是以一个较低的速率消耗着各种养分。假定碳、氮和磷都是藻类生长的主要成分，则藻类的增长速率可以用下式表示。

$$\mu = \mu_{\max} \frac{P_S}{K_P + P_S} \cdot \frac{N_S}{K_N + N_S} \cdot \frac{C_S}{K_C + C_S} \tag{4-131}$$

式中 P_S, N_S, C_S——分别为可以用于光合作用的溶解态的磷、氮和碳的含量；

K_P, K_N, K_C——分别为相应的磷、氮和碳的半饱和浓度。

如果假定 $P_S=0.5K_P$、$N_S=K_N$、$C_S=2K_C$，则

$$\mu = \frac{1}{9}\mu_{\max}$$

在多种营养成分条件下，藻类的增长速率要比单一成分时低得多。

（二）主要营养源与营养负荷计算

湖泊、水库的营养物的来源主要考虑三个方面：由地面径流输入的营养源；由降水、降尘输入的营养源；由城市或工业污水输入的营养源。

营养负荷是指湖泊、水库在单位时间（一般为年）里接受的营养物质的量，它可以按不同的来源计算。

1. 地面径流的营养负荷

由地面径流产生的营养负荷取决于土地类型、地形地貌、土壤特征、植被及土地利用分类等因素。各种营养负荷可以用下式计算。

$$I_{jl} = \sum_{i=1}^{m} A_i E_{ij} \tag{4-132}$$

式中 I_{jl}——第 j 种营养物的负荷，g/a；

A_i——第 i 种土地利用类型的面积，m^2；

E_{ij}——第 i 种土地利用类型的单位面积第 j 种营养物的流失量，g/m^2；

m——土地利用类型的总数。

表 4-5 是某地各种类型土地的氮、磷流失量的实际测量值。

表 4-5　不同类型土地的氮、磷的流失量（E_{iN}和 E_{iP}）

土地利用类型		E_{iN}/mg/[(m²·a)]		E_{iP}/[mg/(m²·a)]	
		火成岩	沉积岩	火成岩	沉积岩
森林	范围	130～300	150～500	0.7～9	7～18
	平均值	200	340	4.7	11.7
森林＋牧场	范围	200～600	300～800	6～16	11～37
	平均值	400	600	10.2	23.3
农业区	柑橘园	2 240		18	
	牧场	100～850		15～75	
	庄稼地	120～500		20～100	

2. 降水的营养负荷

降水的营养负荷可以通过对历次降水中的营养物质含量的监测和降水量监测来计算。

$$I_{jp} = PC_jA_s \tag{4-133}$$

式中　I_{jp}——由降水输入的第 j 种营养物的负荷，g/a；

P——年降水量，m/a；

C_j——第 j 种营养物在降水中的含量，g/m³；

A_s——湖、库的水面面积，m²。

表 4-6 为某地实测的降水中氮、磷的平均含量。

表 4-6　某地实测降水中的氮、磷含量（C_N 和 C_P）

	C_N/(g/m³)	C_P/(g/m³)
范　围	0.025～0.1	0.3～0.6
平均值	0.07	1

3. 人为因素的营养负荷

人为的营养负荷主要分两部分：生活污水中的营养负荷和工业废水中的营养负荷。

生活污水中的营养负荷可以按人口数量计算。

$$I_{js} = sE_{js} \tag{4-134}$$

式中　I_{js}——流入湖泊或水库中污水的第 j 种营养物的营养负荷，g/a；

s——产生污水的人数，人；

E_{js}——每人产生的第 j 种营养物的量，g/(人·a)。

E_{js}的数值与地区条件，人们的生活水平、生活习惯有关。根据统计数据，每人每年排放磷 800～1 800 g，氮 3 000～3 800 g。一般污水处理厂的脱磷、脱氮能力不高，通过机械处理可除去 10%～15%的磷和氮；通过生物处理可以再除去 10%～15%的磷和氮。

工业废水的情况比较复杂，可以根据不同的工业废水类型计算。

$$I_{jk} = \sum_{k=1}^{n} Q_k E_{jk} \tag{4-135}$$

式中　I_{jk}——由第 k 种废水输入的第 j 种营养物的负荷，g/a；

Q_k——第 k 种废水的排放量，m^3/a；

E_{jk}——第 k 种废水中第 j 种营养物的含量，g/m^3；

n——含第 j 种营养物的污水的污染源数。

表 4-7 是几种工业废水的氮、磷营养物质的含量。

表 4-7　几种工业废水的氮、磷含量　　单位：mg/L

废水名称	总氮	总磷
屠宰厂废水	100～300	
罐头厂废水	0～160	
甜菜制糖厂废水	20～100	
高梁酿酒厂废水	800～900	
对硫磷生产废水		250
黄硫生产废水		57～390

4. 湖泊、水库的总营养负荷

湖泊、水库的总营养负荷是上述各种营养负荷之和，即

$$I_j = I_{jl} + I_{jp} + I_{js} + I_{jk} \tag{4-136}$$

式中　I_j——湖泊、水库的第 j 种营养物的总负荷。

三、湖泊、水库的箱式水质模型

湖泊、水库的箱式水质模型最早是由沃伦威德尔（R. A. Vollenweider）在 20 世纪 70 年代初期研究北美大湖时提出的。箱式模型把输入湖泊的某一水质组分的总量、湖泊中该水质组分的浓度与湖泊的自然特征如平均水深、水力停留时间等建立关系。箱式水质模型并不描述发生在湖泊内的物理、化学和生物学过程，同时也不考虑湖泊和水库的热分层，是从宏观上研究湖泊、水库中营养平衡的输入-产出关系的模型。

沃伦威德尔提出的箱式水质模型是此后大多数湖泊、水库水质模型的先驱。

（一）完全混合箱式模型

1. 沃伦威德尔模型

对于停留时间很长、水质基本处于稳定状态的湖泊和水库，其可以被作为一个均匀混合的水体进行研究。沃伦威德尔假定，湖泊中某种营养物的浓度随时间的变化率，是输入、输出和在湖泊内沉积的该种营养物质的量的函数，可以用下述质量平衡方程表示。

$$V\frac{\mathrm{d}C}{\mathrm{d}t} = I_c - sCV - QC \tag{4-137}$$

式中　V——湖泊或水库的容积，m^3；

I_c——某种营养物质的总负荷，g/a；

s——营养物在湖泊或水库中的沉积速率常数，a^{-1}；

C——某种营养物质的浓度，g/m^3；

Q——湖泊出流的流量，m^3/a。

如果引入冲刷速率常数 r，同时改写式(4-137)，可得

$$\frac{\mathrm{d}C}{\mathrm{d}t} = \frac{I_c}{V} - sC - rC \tag{4-138}$$

在给定初始条件，当 $t=0, C=C_0$ 时，可以求得式(4-138)的解析解，即

$$C=\frac{I_c}{V(s+r)}+\frac{V(s+r)C_0-I_c}{V(s+r)}\exp[-(s+r)t] \tag{4-139}$$

在湖泊、水库的出流、入流流量及营养物质输入稳定的情况下，当 $t\to\infty$ 时，可以达到营养物质的平衡浓度 C_p。

$$C_p=\frac{I_c}{V(s+r)} \tag{4-140}$$

如果进一步令

$$t_w=\frac{1}{r}=\frac{V}{Q} \tag{4-141}$$

和

$$V=A_s h \tag{4-142}$$

代入式(4-140)，可得

$$C_p=\frac{L_c}{sh+h/t_w} \tag{4-143}$$

式中 t_w——湖泊、水库的水力停留时间，a；

A_s——湖泊、水库的水面面积，m^2；

h——湖泊、水库的平均水深，m；

L_c——湖泊或水库的单位面积营养负荷，$g/(m^2\cdot a)$，与 I_c 关系为

$$L_c=\frac{I_c}{A_s} \tag{4-144}$$

例 4-2 已知湖泊的容积 $V=1.0\times10^7\ m^3$，支流输入水量 $Q_m=0.5\times10^8\ m^3/a$，湖泊内 COD_{Cr} 的本底浓度 $C_0=1.5$ mg/L，河流中 COD 浓度为 $C_1=3.0$ mg/L，COD 在湖泊中的沉积速率常数 $s=0.08\ a^{-1}$。试求湖泊中的 COD 平衡浓度及达到平衡浓度的 99% 所需的时间。

解 根据式(4-139)和式(4-140)可以计算 C/C_p：

$$\frac{C}{C_p}=1+\left[\frac{V(s+r)C_0}{I_c}-1\right]e^{-(s+r)t}$$

$$t=-\frac{1}{s+r}\ln\frac{\frac{C}{C_p}-1}{\frac{V(s+r)C_0}{I_c}-1}=-\frac{1}{s+r}\ln\frac{(\frac{C}{C_p}-1)I_c}{V(s+r)C_0-I_c}$$

根据题意已知：$V=1.0\times10^7\ m^3$，$s=0.08\ a^{-1}$，$r=\frac{Q}{V}=5\ a^{-1}$，$C_0=1.5$ mg/L，

$$I_c=0.5\times10^8\times3=1.5\times10^8(g/a)$$

当 $C/C_p=0.99$ 时

$$t=-\frac{1}{0.08+5}\ln\frac{(0.99-1)\times1.5\times10^8}{1.0\times10^7(0.08+5)\times1.5-1.5\times10^8}=-\frac{1}{5.08}\ln 0.020\,33=0.77(a)$$

又根据式(4-140)

$$C_p=\frac{1.5\times10^8}{(0.08+5)\times10^7}=2.95\ (g/m^3)$$

本例的计算结果为：为达到 COD 平衡浓度的 99% 约需要 0.77 a，COD 平衡浓度值为 2.95

g/m^3。

2. 吉柯奈尔-迪龙(Kirchner-Dillon)模型

式(4-143)是沃伦威德尔提出的湖泊营养物浓度的预测模型。该模型应用的困难在于确定营养物在水库中的沉积速率常数 s。为此，吉柯奈尔和迪龙在 1975 年引入了滞留系数 R_c。滞留系数 R_c 的定义是营养物在湖泊或水库中的滞留分数。根据滞留系数的定义，吉柯奈尔-迪龙模型可写为

$$\frac{\mathrm{d}C}{\mathrm{d}t}=\frac{I_c(1-R_c)}{V}-rC \tag{4-145}$$

式中 R_c——某种营养物在湖泊、水库中的滞留系数。

其余符号含义同前。

给定初始条件，当 $t=t_0$，$C=C_0$ 时，可以求得式(4-145)的解析解，即

$$C=\frac{I_c(1-R_c)}{rV}+\left[C_0-\frac{I_c(1-R_c)}{rV}\right]\mathrm{e}^{-rt} \tag{4-146}$$

若湖泊、水库的入流、出流与污染物的输入处于稳定状态时，当 $t\to\infty$，由式(4-146)可得平衡浓度 C_p，即

$$C_p=\frac{I_c(1-R_c)}{rV}=\frac{L_c(1-R_c)}{rh}$$

滞留系数 R_c 可以根据流入、流出的支流的流量和营养物浓度近似计算。

$$R_c=1-\frac{\sum_{j=1}^{m}q_{0j}C_{0j}}{\sum_{k=1}^{n}q_{ik}C_{ik}} \tag{4-147}$$

式中 q_{0j}——第 j 条支流的出流量；

C_{0j}——第 j 条支流的营养物浓度；

q_{ik}——由第 k 条支流输入湖库的流量；

C_{ik}——第 k 条支流的营养物浓度；

m——流入湖库的支流数；

n——流出湖库的支流数。

3. 湖泊水库的富营养化判别

因为影响湖库中藻类生长的物理、化学和生物因素(如阳光、营养盐类、季节变化、水温、水的 pH 值，以及生物本身的相互关系等)是极为复杂的，所以，很难预测藻类生长的趋势，也难以定出表示富营养化的指标。目前一般采用的指标是：水体中氮含量超过 0.2～0.3 mg/L，磷含量大于 0.01～0.02 mg/L，BOD_5 大于 10 mg/L，在 pH 值为 7～9 的淡水中细菌总数每毫升超过 10 万个，表征藻类数量的叶绿素-a 含量大于 0.01 mg/L。

在其他营养成分供应充分时，湖泊水库中叶绿素-a 的浓度是氮和磷的函数，迪龙和瑞格勒(F. H. Rigler)研究了夏季湖泊、水库中的平均叶绿素-a 的浓度和氮、磷浓度之间的关系。

在氮、磷浓度比小于 4 时，迪龙和瑞格勒根据 8 组试验数据确定叶绿素-a 是水中氮的浓度的函数，即

$$\lg[C_{\text{Chl-a}}]=1.4\lg(C_N\times 1\,000)-1.9 \tag{4-148}$$

在氮、磷比例大于 12 时，叶绿素-a 是水中磷的浓度的函数。

$$\lg[C_{\text{Chl-a}}] = 1.4\lg(C_P \times 1\ 000) - 1.14 \tag{4-149}$$

式中 $[C_{\text{Chl-a}}]$——叶绿素-a 的浓度，μg/L；

C_N, C_P——分别是氮和磷的浓度，mg/L。

在氮、磷比例介于 4 和 12 之间时，采用上述两个式子中计算出的小者。

沃伦威德尔根据实际的调查资料，建立了湖泊、水库的营养负荷与富营养化之间的关系，它们是湖泊、水库的平均水深的函数。

对于可接受的磷负荷(即保证贫营养水质的上限)L_{PA}，有

$$\lg L_{PA} = 0.6\lg h + 1.40 \tag{4-150}$$

对于富营养化的磷的危险界限负荷(即发生富营养化的下限)L_{PD}，有

$$\lg L_{PD} = 0.6\lg h + 1.70 \tag{4-151}$$

对于可接受的氮负荷 L_{NA}，有

$$\lg L_{NA} = 0.6\lg h + 2.57 \tag{4-152}$$

对于氮的危险界限负荷 L_{ND}，有

$$\lg L_{ND} = 0.6\lg h + 2.87 \tag{4-153}$$

式中 L_{PA}, L_{PD}, L_{NA} 和 L_{ND} 的单位是 mg/(a · m^2)；h 的单位是 m。

式(4-150)至式(4-153)只考虑水深一个变量，因此它们是比较粗糙的。

沃伦威德尔和迪龙根据式(4-148)及大量的富营养化调查数据绘制了湖泊和水库由营养物质磷所可能引起的富营养化判别图(见图 4-15)，该图以平均水深 h(m)为横坐标，以 $L_P(1-R_P)/r$(g/m^2)为纵坐标。该图以两条直线(对数坐标)将图划分为三个区：贫营养区、过渡区和富营养区。根据磷的单位面积负荷 L_P、滞留系数 R_P、冲刷速率常数 r 和平均水深 h，不难确定湖泊、水库的营养状态点，由状态点在图中的位置不难确定湖泊、水库的营养状态。

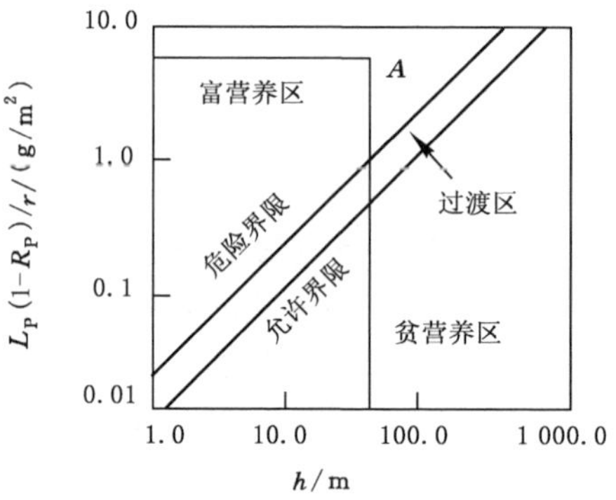

图 4-15 湖泊营养状态的判别

例 4-3 某湖泊平均容积 $V=2.0\times10^9\ m^3$，水面面积 $A_s=3.6\times10^7\ m^2$，支流入流量 $q_i=3.1\times10^9\ m^2/a$，入流水中磷的平均浓度 $C_{iP}=0.52$ mg/L，支流出流量 $q_o=5.8\times10^8\ m^3/a$，测得磷的平均浓度 $C_{oP}=0.15$ mg/L，试判断该湖泊的营养状况。

解 计算湖泊的平均水深

$$h = \frac{V}{A_s} = \frac{2.0\times10^9}{3.6\times10^7} = 55.56\ (m)$$

计算冲刷速率常数

$$r = \frac{Q}{V} = \frac{5.8\times10^8}{2.0\times10^9} = 0.29\ (1/a)$$

计算滞留系数

$$R_P = 1 - \frac{q_o C_{oP}}{q_i C_{iP}} = 1 - \frac{5.8\times10^8\times0.15}{3.1\times10^9\times0.52} = 0.95$$

计算单位面积磷负荷

$$L_P = \frac{q_i C_{iP}}{A_s} = \frac{3.1 \times 10^9 \times 0.52}{3.6 \times 10^7} = 44.78\ [g/(m^2 \cdot a)]$$

计算纵坐标值

$$\frac{L_P(1-R_P)}{r} = \frac{44.78(1-0.95)}{0.29} = 7.72\ (g/m^2)$$

在图 4-15 上以 55.56 m 为横坐标，以 7.72 g/m^2 为纵坐标，交汇得到湖泊的营养状况点 A，A 点处在富营养区内，所以上述湖泊将可能发生富营养化。

此外，由式(4-147)可以计算湖泊中磷的浓度，得

$$C_P = \frac{L_P(1-R_P)}{rh} = \frac{44.78(1-0.95)}{0.29 \times 55.56} = 0.14\ (mg/L)$$

由于 $C_P > 0.02$ mg/L，所以将有可能导致该湖泊富营养化。

（二）分层箱式模型

沃伦威德尔模型把一个湖泊作为一个统一的整体，其相当于一个均匀混合搅拌器，这在只需知道湖泊或水库的输入、输出的水质状态，而不要求描述其内部的水质分布时，是可以满足要求的。

在夏季，水温造成的密度差致使水质强烈分层，在表层和底层存在着两种不同的水质状态。表层和底层之间是具有很大温度梯度的斜温层。

1975 年，斯诺得格拉斯(Snodgrass)等提出了一个分层的箱式模型，用以近似描述水质分层状况。分层箱式模型把上层和下层各视为完全混合模型，在上、下层之间存在着紊流扩散的传递作用。分层箱式模型分为夏季模型和冬季模型，夏季模型考虑上、下分层现象，冬季模型则考虑上、下层之间的循环作用。

这个模型所包含的水质组分为正磷酸盐(P_o)和偏磷酸盐(P_p)。分层箱式模型的概化图见图 4-16。

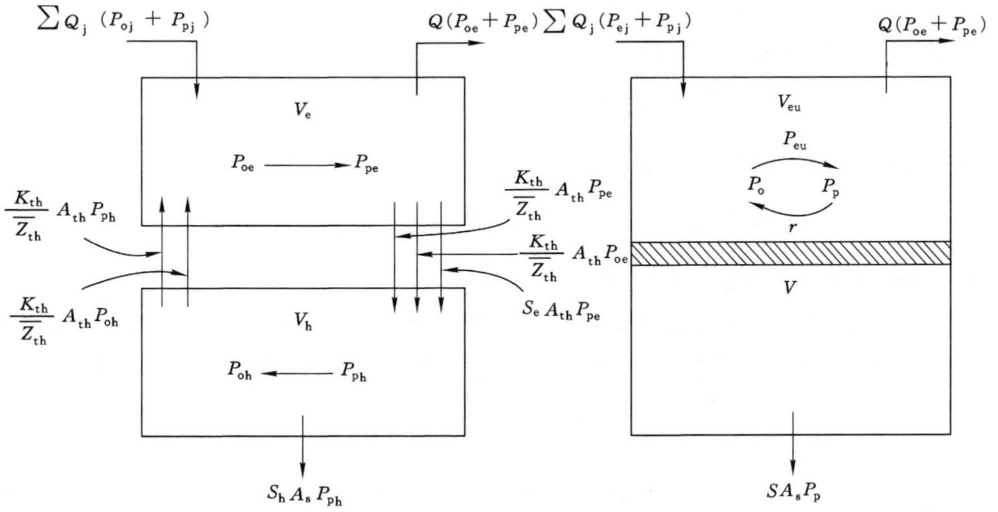

图 4-16　分层箱式湖泊、水库模型

对于夏季分层模型，可以写出四个独立的微分方程，它们是：

对表层正磷酸盐 P_{oe}

$$V_e \frac{dP_{oe}}{dt} = \sum Q_j P_{oj} - QP_{oe} - P_e V_e P_{oe} + \frac{K_{th}}{\overline{Z}_{th}} A_{th}(P_{oh} - P_{oe}) \tag{4-154}$$

对表层偏磷酸盐 P_{pe}

$$V_e \frac{dP_{pe}}{dt} = \sum Q_j P_{pj} - QP_{pe} - S_e A_{th} P_{pe} + P_e V_e P_{oe} - \frac{K_{th}}{\overline{Z}_{th}} A_{th}(P_{ph} - P_{pe}) \tag{4-155}$$

对下层正磷酸盐 P_{oh}

$$V_h \frac{dP_{oh}}{dt} = r_h V_h P_{ph} + \frac{K_{th}}{\overline{Z}_{th}} A_{th}(P_{oe} - P_{oh}) \tag{4-156}$$

对下层偏磷酸盐 P_{ph}

$$V_h \frac{dP_{ph}}{dt} = S_e A_{th} P_{pe} - S_h A_s P_{ph} - r_h V_h P_{ph} - \frac{K_{th}}{\overline{Z}_{th}} A_{th}(P_{pe} - P_{ph}) \tag{4-157}$$

式中　下标 e,h——分别代表上层和下层；

下标 th,s——分别表示斜温区和底部沉淀区的界面；

P,r——表示净产生和衰减的速率常数；

K——表示竖向扩散系数,包括湍流扩散和分子扩散,也包含内波、表层风波以及其他过程对热传递或物质穿越斜温层的影响；

$\overline{Z}$——平均水深；

V——箱的体积；

A——界面面积；

Q_j——由河流流入湖泊的流量；

Q——流出湖泊的流量；

S——磷的沉淀速率常数。

在冬季,由于上部水温下降,密度增加,上、下层之间产生水量循环,由富营养区(上部)和贫营养区(下部)之间磷的平衡,可以得到两个微分方程。

对于全湖内的正磷酸盐 P_o,有

$$V \frac{dP_o}{dt} = Q_j P_{oj} - OP_o - P_{eu} V_{eu} P_o + rVP_p \tag{4-158}$$

对于全湖内的偏磷酸盐 P_p,有

$$V \frac{dP_p}{dt} = Q_j P_{pj} - OP_p + P_{eu} V_{eu} P_o - rVP_p - SA_s P_p \tag{4-159}$$

式中,下标 eu 代表富营养区;其余符号含义同前。

夏季的分层模型和冬季的循环模型,可以用秋季和春季的“翻池”过程形成的完全混合状态的边界条件将其联系起来,在完全混合时,整个湖泊的浓度是均匀分布的,即

$$P_o = \frac{P_{oc} V_c + P_{oh} r_h}{V} \tag{4-160}$$

$$P_p = \frac{P_{pc} V_c + P_{ph} r_h}{V} \tag{4-161}$$

式(4-160)和式(4-161)可以作为夏季分层模型和冬季循环模型的初始条件。

四、深湖与水库的温度模型

（一）深湖、水库的温度分布

大部分较深的湖泊和水库都发生温度分层现象。湖泊和水库接收的热量大部分是以辐射的形式通过水面进入水体的。由于水的热传导性差，辐射热和光线在水中的穿透能力低，辐射热的绝大部分被表层几米深的水所吸收。在一年中大多数时间里，表层水要比深层水接受较多的热量。由于表层水温较高，密度较低，这一部分总是趋向于停留在表面上吸收更多的热量，形成一个比较稳定的湖面温水层。而在湖库的底部，由于水温低、密度大，较少受到干扰，形成一个比较稳定的低温层。湖面温水层和低温层之间，是一个存在较大的温度梯度的斜温层。

在热分层的条件下，湖底部的水层与大气隔离，没有复氧作用；死亡的水生动植物体沉淀到底部产生厌氧分解，水质恶化。在春末夏初或秋末冬初发生翻池时，整个湖泊或水库的水质都将受到污染。

研究湖泊、水库的温度分层，对于湖泊的水质保护和合理利用具有重要意义。

（二）竖向一维的温度模型

为了使问题简化，假定湖泊与水库的固体边界是绝热的，湖泊或水库与外界的热交换包括：太阳热辐射通过水气界面输入水体；流入和流出湖泊、水库的水流输入或输出热量。如果假定太阳热辐射进入表层水体之后，沿垂直方向向下传播，可以用一个竖向的一维模型来描述水温的垂直分布：

$$\frac{\partial T}{\partial t}+\frac{1}{A}\frac{\partial}{\partial Z}(Q_{\mathrm{V}}T)=\frac{1}{A}\frac{\partial}{\partial Z}\left(AE_{\mathrm{m}}\frac{\partial T}{\partial Z}\right)+\frac{q_{\mathrm{in}}T_{\mathrm{in}}}{A}-\frac{q_{\mathrm{out}}T}{A}-\frac{4.18}{pC_{\mathrm{p}}A}\frac{\partial}{\partial t}(A\varphi_{\mathrm{V}}) \quad (4\text{-}162)$$

式中　Z——竖向坐标（直角坐标系），m；

Q_{V}——垂直方向的水流流量，$\mathrm{m^3/s}$；

q_{in}，q_{out}——流入、流出湖泊或水库的流量分布，$\mathrm{m^3/(s\cdot m)}$；

T_{in}——流入湖库的水流的温度；

A——湖泊或水库的水平截面积，$\mathrm{m^2}$；

φ_{V}——垂直方向的辐射热量，$\mathrm{J/m^2}$；

E_{m}——分子扩散系数，$\mathrm{m^2/s}$。

图 4-17 表示湖泊或水库的某一深度 Z 处的一层水的输入输出关系。对于单位水深上的水量的输入 q_{in} 和输出 q_{out} 可用以下式子表示。

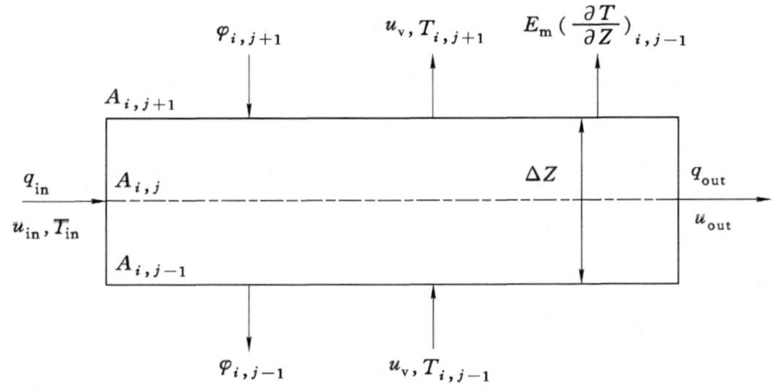

图 4-17　湖库的竖向输入输出关系

$$q_{\text{in}} = Bu_{\text{in}}$$

$$q_{\text{out}} = Bu_{\text{out}}$$

式中 B——水深 Z 处的水层的横截面宽度；

u_{in}——由系统外输入水深 Z 处的水层的流速；

u_{out}——向系统外输出的水层的流速。

同时，由于式(4-162)等号左侧第二项可以展开为

$$\frac{1}{A}\frac{\partial}{\partial Z}(Q_{\text{V}}T) = \frac{1}{A}\left(T\frac{\partial Q_{\text{V}}}{\partial Z} + Q_{\text{V}}\frac{\partial T}{\partial Z}\right)$$

若假定垂直方向的流量梯度为零，即$\frac{\partial Q_{\text{V}}}{\partial Z}=0$，则式(4-162)可以写为

$$\frac{\partial T}{\partial t} + u_{\text{V}}\frac{\partial T}{\partial Z} = \frac{1}{A}\frac{\partial}{\partial Z}\left(AE_{\text{m}}\frac{\partial T}{\partial Z}\right) + \frac{1}{A}Bu_{\text{in}}T_{\text{in}} - \frac{1}{A}Bu_{\text{out}}T - \frac{4.18}{\rho C_{\text{p}}A}\frac{\partial}{\partial Z}(A\varphi_{\text{V}}) \tag{4-163}$$

（三）水面的热交换

在水面和大气之间存在着三种形式的热交换：辐射热流量 φ_{r}、蒸发热流量 φ_{e} 和对流热流量 φ_{c}。热交换量的大小取决于太阳辐射的强弱，水面上方风速的大小、水温、气温，以及大气的蒸气压等。

1. 辐射热流量

水表面的辐射热流量受到五个方面的影响。

$$\varphi_{\text{r}} = I - R_1 + G - R_2 - S \tag{4-164}$$

式中 I——入射的太阳短波辐射热，$\text{J}/(\text{m}^2 \cdot \text{h})$，$I$ 值的大小与所在地球上的位置、季节有关，在日地平均距离时，在太阳光垂直的大气上界处，$I=8.19\ \text{J}/(\text{cm}^2 \cdot \text{min})=4\ 916\ \text{kJ}/(\text{m}^2 \cdot \text{h})$；

R_1——由水面反射的太阳辐射热，通常 $R_1=0.15I$；

R_2——被水面反射的大气长波辐射的热流量，一般取 $R_2=0.03G$；

S——由水面发射的长波辐射的热流量：

$$S = 0.97\sigma(T+273)^4 \tag{4-165}$$

G——大气的长波辐射热，可按下式计算：

$$G = \sigma(0.848 - 0.249 \times 10^{-0.069E_{\text{L}}})(T_{\text{L}}+273)^4(1+0.17\omega^2) \tag{4-166}$$

其中 E_{L}——空气中的水蒸气分压，mmHg；

T_{L}——水面上的大气温度，℃；

ω——表示天空云量的云度系数，$0 \leqslant \omega \leqslant 1$；

σ——玻尔兹曼系数，取 $\sigma=2.046\times10^{-4}\ \text{J}/(\text{m}^2 \cdot \text{h} \cdot \text{K})$。

2. 蒸发热流量

水面蒸发的热流量是风速、饱和蒸气压和空气的水蒸气分压的函数，可以按下式计算：

$$\varphi_{\text{e}} = (c_1 + c_2V^{c_3})(E_{\text{L}} - E_T) \tag{4-167}$$

式中 V——水面上 2 m 处的风速，m/s。

E_T——水温为 T 时的饱和蒸汽压(mmHg)，可以按下式估计：

$$E_T = 0.75\exp\left[54.721 - \frac{6\ 788.6}{T+273} - 5.001\ 6\ln(T+273)\right] \tag{4-168}$$

其中 T 为水温(℃)；c_1、c_2 和 c_3 为经验系数，可以采用如下数值：

$$c_1 = 0;\ c_2 = 4.18 \times 10^4\ \mathrm{J/(m^2 \cdot h \cdot mmHg)};\ c_3 = 0.5$$

3. 对流热流量

对流热流量与蒸发量有关，计算对流热流量的经验公式为

$$\varphi_c = \varphi_e \frac{1}{c_b} \frac{T - T_L}{E_T - E_L} \tag{4-169}$$

其中 $c_b = 2.03\ \mathrm{K/mmHg}$。其余符号含义同前。

将式(4-167)代入式(4-169)，得

$$\varphi_c = -\frac{1}{c_b}(c_1 + c_2 V^{c_3})(T - T_L) \tag{4-170}$$

4. 水面总的热流量

水面总的热流量可表示如下

$$\varphi_0 = \varphi_r + \varphi_e + \varphi_c \tag{4-171}$$

φ_0 是湖泊或水库的表层温水层温度 T 的函数，而表层水温至整个竖向的水温都是需要计算的数值，所以湖泊和水库的水温分布要用迭代法计算；同时，对于竖向的水温分布的一维模型可以用有限差分法或其他数值方法计算。水面的热流量是模型的边界条件，湖泊或水库底部的边界条件是热流量为零。

五、湖泊、水库的生物学模型

（一）湖泊、水库生物学模型的一般形式

湖泊和水库是一个比较封闭的水生生态系统，以藻类为核心的湖泊和水库的生物学模型包括下述水质项目：藻类、浮游动物、有机磷、无机磷（以 PO_4-P 代表）、有机氮、氨氮、亚硝酸盐氮、硝酸盐氮、含碳有机物的生化需氧量、溶解氧、总溶解固体以及悬浮物。

上述 12 个水质项目之间存在着错综复杂的关系（见图 4-18）。对每一个水质项目都可

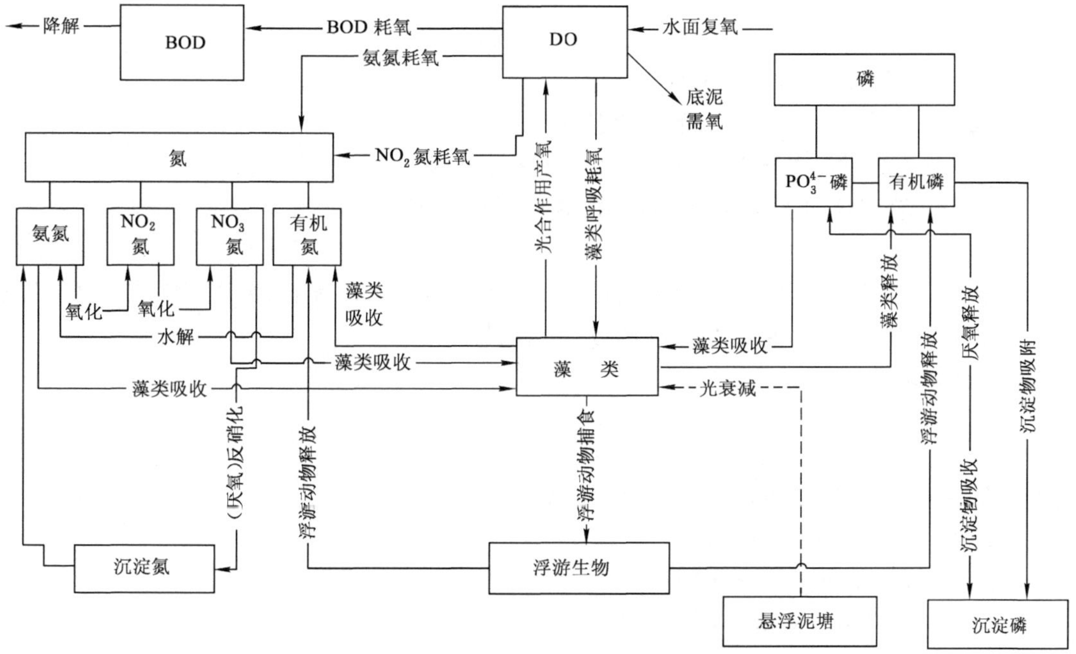

图 4-18　湖泊、水库中各种组分之间的关系

以用下述方程来描述。

$$\frac{\partial C}{\partial t}+(V-V_{\mathrm{s}})\frac{\partial C}{\partial Z}=\frac{1}{A}\cdot\frac{1}{\partial Z}(AD_{\mathrm{Z}}\frac{\partial C}{\partial t})+\frac{S_{\mathrm{int}}}{A}+\frac{1}{A}(q_{\mathrm{in}}C_{\mathrm{in}}-q_{\mathrm{out}}C_{\mathrm{out}})\qquad(4\text{-}172)$$

式(4-172)中的 S_{int} 表示发生在湖泊或水库内部的各种过程。每一个项目的变化都可以看成是对时间的全微分，即

$$\frac{S_{\mathrm{int}}}{A}=\frac{\mathrm{d}C}{\mathrm{d}t}$$

式中，C 代表各个不同的水质项目。

（二）湖泊、水库中的水质变化

1. 藻类(浮游植物)生物量

以藻类的含碳量来表示藻类的生物量 C_{A}，单位是 mg 碳/L。

$$\frac{\mathrm{d}C_{\mathrm{A}}}{\mathrm{d}t}=\mu C_{\mathrm{A}}-(\rho+c_{\mathrm{g}}Z)C_{\mathrm{A}}\qquad(4\text{-}173)$$

式中 μ——藻类的比生长速率；

ρ——藻类的比死亡速率；

c_{g}——浮游动物食藻率；

Z——浮游动物的浓度。

2. 浮游动物

浮游动物的浓度 Z 用单位水体中的物质量(用含碳量表示)表示，单位是 mg 碳/L。

$$\frac{\mathrm{d}Z}{\mathrm{d}t}=\mu_{\mathrm{Z}}Z-(\rho_{\mathrm{Z}}+C_{\mathrm{Z}})Z\qquad(4\text{-}174)$$

其中 μ_{Z} 表示浮游动物的比生长速率。

$$\mu_{\mathrm{Z}}=\mu_{\mathrm{Zmax}}\cdot\frac{C_{\mathrm{A}}}{K_{\mathrm{Z}}+C_{\mathrm{A}}}$$

式中 K_{Z}——Michaelis-Menten 常数；

μ_{Zmax}——浮游动物的最大的比生长速率；

ρ_{Z}——浮游动物的比死亡速率(包括氧化与分解)；

C_{Z}——较高级的水生生物对浮游动物的吞食速率。

3. 磷

湖泊、水库生物学模型可以考虑三种形态的磷：溶解态的无机磷 P_1，游离态的有机磷 P_2 以及沉淀态磷 P_3。各种磷的浓度都以 mg 磷/L 计。

(1) 无机磷 P_1

$$\frac{\mathrm{d}P_1}{\mathrm{d}t}=-\mu C_{\mathrm{A}}\cdot A_{\mathrm{PP}}+(I_3P_3-I_1P_1)+I_2P_2\qquad(4\text{-}175)$$

式中 A_{PP}——藻类中磷的含量，mg 磷/mg 碳；

I_1——底泥对无机磷的吸收速率；

I_2——有机磷的降解速率；

I_3——底泥中有机磷的释放速率。

式(4-175)中的 I_3P_3 一项只发生在湖泊与水库底部的厌氧水层中。

(2) 有机磷 P_2

$$\frac{dP_2}{dt} = \rho C_A \cdot A_{PP} + \rho_Z Z A_{PZ} - (I_4 P_2 + I_2 P_2) \tag{4-176}$$

式中　A_{PZ}——浮游动物中磷的含量，mg 磷/mg 碳；

I_4——有机磷在底泥中的富集速率。

(3) 沉淀态磷 P_3

$$\frac{dP_3}{dt} = I_4 P_2 - I_3 P_3 \tag{4-177}$$

4. 氮

氮的存在形式比较复杂，湖泊水质、水库水质模型共考虑了 5 种形态的氮：有机氮 N_1、氨氮 N_2、亚硝酸盐氮 N_3、硝酸盐氮 N_4 以及沉淀态氮 N_5。各种形态的氮的浓度均按 mg 氮/L 计。

(1) 有机氮 N_1

$$\frac{dN_1}{dt} = -J_4 N_1 + \rho_A C_A A_{NP} + \rho_Z Z A_{NE} - J_6 N_1 \tag{4-178}$$

式中　J_4——有机氮的降解速率；

ρ_A——藻类的比死亡率；

A_{NP}——藻类中氮的含量，g 氮/mg 碳；

J_6——底泥对有机氮的吸收速率；

A_{NE}——浮游动物中氮的含量，g 氮/mg 碳。

(2) 氨氮 N_2

$$\frac{dN_2}{dt} = J_1 N_2 - \mu C_A A_{NP} \frac{N_2}{N_2 + N_4} + J_4 N_1 + J_5 N_5 \tag{4-179}$$

式中　J_1——氨氮的硝化速率；

J_5——底部有机氮的分解速率。

式(4-179)中等式右边的第二项，表示藻类吸收的氮中氨氮所占的比例，因为藻类可以从氨氮和硝酸盐氮中同时吸收氮。

(3) 亚硝酸盐氮 N_3

$$\frac{dN_3}{dt} = J_1 N_2 - J_2 N_3 \tag{4-180}$$

式中　J_2——亚硝酸盐氮的硝化速率。

(4) 硝酸盐氮 N_4

$$\frac{dN_4}{dt} = J_2 N_3 - \mu C_A A_{NP} \frac{N_2}{N_2 + N_4} - J_3 N_4 \tag{4-181}$$

式中 $J_3 N_4$ 只发生在厌氧条件下，J_3 是硝酸盐氮的反硝化速率。

(5) 沉淀态氮 N_5

$$\frac{dN_5}{dt} = -J_4 N_5 + J_6 N_1 \tag{4-182}$$

式中　J_4——沉淀态氮的释放速率。

5. 含碳有机物的生化需氧量 L

$$\frac{dL}{dt} = -k_d L \tag{4-183}$$

式中 k_d——BOD 的降解速率。

6. 溶解氧 O

$$\frac{dO}{dt} = -k_d L - \alpha_1 J_1 N_2 - \alpha_2 J_2 N_3 - \frac{L_b}{\Delta Z} + K_a (O_s - O) + \alpha_3 C_A (\mu - \rho) \quad (4\text{-}184)$$

式中 α_1——氨氮的耗氧常数，mg 氧/mg 氨氮，$\alpha_1 = 3.43$；

α_2——亚硝酸盐氮的耗氧常数，mg 氧/mg 亚硝酸盐氮，$\alpha_2 = 1.14$；

α_3——藻类的耗氧常数，mg 氧/mg 碳，$\alpha_3 \approx 1.6$；

K_a——大气复氧速率；

L_b——底泥的耗氧常数，g 氧/(m·d)；

ΔZ——底泥层的厚度，m；

O_s——饱和溶解氧浓度。

式(4-184)中等号右边第四项$\frac{L_b}{\Delta Z}$只发生在湖泊、水库的底层，第五项 $K_a(O_s - O)$只发生在表层。

7. 悬浮物 S_{sp}

湖泊、水库中的悬浮物已考虑在式(4-172)等号左边第二项中，V_s 就表示悬浮物的沉淀速率，不必另外计算。

8. 总溶解固体 S_d

在湖泊、水库模型中，总溶解固体用来描述盐度。如将盐类作为守恒物质，则$\frac{dS_d}{dt} = 0$。求解方程(4-172)的边界条件是

$$\left.\frac{\partial C_j}{\partial Z}\right|_{\text{表层}} = \left.\frac{\partial C_j}{\partial Z}\right|_{\text{底层}} = 0$$

前述各种水质组分的求解仍然可以用有限差分法，但由于各组分之间的耦合关系，它们的求解是困难的。

第六节　流域水环境模型

一、流域的水环境特征

流域是指由分水线所包围的河流集水区，分地面集水区和地下集水区两类。如果地面集水区和地下集水区相重合，称为闭合流域；如果不重合，则称为非闭合流域。平时所称的流域，一般都指地面集水区。流域特征包括：流域面积、河网密度、流域形状、流域高度、流域方向或干流方向。

每条河流都有自己的流域，一个大流域可以按照水系等级分成数个小流域，小流域又可以分成更小的流域等。另外，也可以截取河道的一段，单独划分为一个流域。流域之间的分水地带称为分水岭，分水岭上最高点的连线为分水线，即集水区的边界线。处于分水岭最高处的大气降水，以分水线为界分别流向相邻的河系或水系。

流域水环境模型是在计算机技术和系统理论的发展中产生的。本节主要利用 SWAT 模型模拟预测各种管理措施及气候变化对水资源供给的影响，并评价流域非点源污染现象。

二、SWAT 模型

SWAT 模型是一个基于物理机制的连续、分布式流域水文模型。它可以模拟流域内的水量平衡、水文过程、土壤侵蚀、沉积物输移和营养物运移等。此外，SWAT 模型还可以预测气候变化和土地利用变化对水文和水质的影响。

SWAT 模型中主要含有水文过程子模型、土壤侵蚀子模型和污染负荷子模型，以下分别介绍三个子模型的原理。

（一）水文过程模型

1. 水文循环的陆地阶段

SWAT 模拟的水文循环基于水量平衡方程：

$$SW_t = SW_0 + \sum_{i=1}^{t}(R_{\text{day}} - Q_{\text{surf}} - E_{\text{a}} - W_{\text{seep}} - Q_{\text{gw}}) \tag{4-185}$$

式中 SW_t——土壤最终含水量，mm；

SW_0——土壤前期含水量，mm；

t——时间步长，d；

R_{day}——第 i 天降水量，mm；

Q_{surf}——第 i 天的地表径流，mm；

E_{a}——第 i 天的蒸发量，mm；

W_{seep}——第 i 天存在于土壤剖面地层的渗透量和侧流量，mm；

Q_{gw}——第 i 天地下水含量，mm。

以上数据主要由天气和气候、水文、土地、土壤温度等因素决定。

2. 地表径流

降水径流计算是土壤侵蚀计算的基础，当无降水过程资料而只有降水总量资料时，可以采用 SCS 曲线数法来进行降水径流模拟。SCS 曲线方程自 20 世纪 50 年代逐渐得到广泛使用，属于经验模型，可用于计算不同土壤类型和土地利用条件下连续下垫面的径流量。

SCS 模型的降雨-径流基本关系表达式如下：

$$\frac{F}{S} = \frac{Q}{P - I_{\text{a}}} \tag{4-186}$$

式中 P——一次性降水总量，mm；

Q——径流量，mm；

I_{a}——初损，即产生地表径流之前的降雨损失，mm；

F——后损，即产生地表径流之后的降雨损失，mm；

S——流域当时的可能最大滞留量，是后损 F 的上限，mm。

流域当时可能最大滞留量 S 在空间上与土地利用方式、土壤类型和坡度等下垫面因素密切相关，模型引入的 CN 值可较好地确定 S，公式如下：

$$S = \frac{25\ 400}{\text{CN}} - 254 \tag{4-187}$$

CN 是一个无量纲参数，CN 值是反映降雨前期流域特征的一个综合参数，它是前期土壤湿度、坡度、土地利用方式和土壤类型状况等因素的综合。

为了表达流域空间的差异性，SWAT 模型引入了 SCS 模型 CN 值的土壤水分校正和坡度校正。为反映流域土壤水分对 CN 值的影响，SCS 模型根据前期降水量的大小将前期水分条件划分为干旱、正常和湿润三个等级，不同的前期土壤水分取不同的 CN 值，干旱和湿润的 CN 值由下式计算：

$$CN_1 = CN_2 - \frac{20 \times (100 - CN_2)}{100 - CN_2 + \exp[2.533 - 0.0636 \times (100 - CN_2)]} \quad (4\text{-}188)$$

$$CN_3 = CN_2 \exp[0.0636 \times (100 - CN_2)] \quad (4\text{-}189)$$

式中 CN_1, CN_2, CN_3——干旱、正常和湿润等级的 CN 值。

SCS 模型中提供了坡度大约为 5% 的 CN 值，可用下式对 CN 进行坡度订正：

$$CN_{2s} = \frac{(CN_3 - CN_2)}{3} - [1 - 2 \times \exp(-13.86SLP)] + CN_2 \quad (4\text{-}190)$$

式中 CN_{2s}——经过坡度订正后的正常土壤水分条件下的 CN_2 值；

SLP——子流域平均坡度，m/m。

土壤可能最大水分滞留量 S 随土壤水分变化可由下式计算：

$$S = S_{max}\left[1 - \frac{SW}{SW + \exp(w_1 - w_2 \cdot SW)}\right] \quad (4\text{-}191)$$

式中 S_{max}——土壤干旱时最大可能滞留量，mm，即与 CN_1 相对应的 S 值；

SW——土壤有效水分，mm；

w_1, w_2——第一和第二形状系数。

假定 CN_1 下的 S 值对应凋萎点时的土壤水分，CN_3 下的 S 值对应于田间持水量，当土壤充分饱和时 CN_2 为 99（$S=2.54$），形状系数可由下式求得：

$$w_1 = \ln\left(\frac{FC}{1 - S_3 S_{max}^{-1}} - FC\right) + w_2 FC \quad (4\text{-}192)$$

$$w_2 = \frac{\ln\left(\frac{FC}{1 - S_3 S_{max}^{-1}} - FC\right) - \ln\left(\frac{SAT}{1 - 2.54 S_{max}^{-1}} - SAT\right)}{SAT - FC} \quad (4\text{-}193)$$

式中 FC——田间持水量，mm；

SAT——土壤饱和含水量，mm；

S_3——CN_3 相对应的 S 值。

3. 蒸散发量

模型考虑的蒸散发是指所有地表水转化为水蒸气的过程，包括树冠截留的水分蒸发、蒸腾和升华及土壤水的蒸发。蒸散发是水分转移出流域的主要途径，在许多江河流域及除南极洲以外的大陆，蒸发量都大于径流量。

准确地评价蒸散发量是估算水资源量的关键，也是研究气候和土地覆被变化对河川径流影响的关键。

(1) 潜在蒸散发

本节介绍利用 Penman-Monteith 公式计算潜在蒸散发能力的方法，其计算过程为：

$$ET_0 = \frac{0.408\Delta(R_n - G) + r\dfrac{900}{T + 273}u_2(e_s - e_a)}{\Delta + r(1 + 0.34u_2)} \quad (4\text{-}194)$$

式中 ET_0——参考蒸散发量，mm/day；

R_n——作物表面上的净辐射，$MJ/(m^2/day)$；

G——土壤热通量，MJ/(m^2/day)；

T——2 m 高处日平均气温，℃；

u_2——2 m 高处的风速，m/s；

e_s——饱和水汽压，kPa；

e_a——实际水汽压，kPa；

e_s-e_a——饱和水汽压差，kPa；

Δ——饱和水汽压曲线的斜率；

r——湿度计常数，kPa/℃。

(2) 实际蒸散发

在潜在蒸散发的基础上计算实际蒸散发。SWAT 模型中，首先从植被冠层截留的蒸发开始计算，然后计算最大蒸腾量、最大升华量和最大土壤水分蒸发量，最后计算实际的升华量和土壤水分蒸发量。

(3) 层截留蒸发量

模型在计算实际蒸发时假定尽可能蒸发冠层截留的水分，如果潜在蒸发量 E_0 小于冠层截留的自由水量 E_{INT}，则：

$$E_a = E_{can} = E_0 \tag{4-195}$$

$$E_{INT(f)} = E_{INT(i)} - E_{can} \tag{4-196}$$

式中　E_a——某日流域的实际蒸发量，mm；

E_{can}——某日冠层自由水蒸发量，mm；

E_0——某日的潜在蒸发量，mm；

$E_{INT(i)}$——某日植被冠层自由水初始含量，mm；

$E_{INT(f)}$——某日植被冠层自由水终止含量，mm。

(4) 植物蒸腾

假设植被生长在一个理想的条件下，植物蒸腾可用以下表达式计算：

$$E_t = \frac{E'_0 \cdot \text{LAI}}{3.0} \quad 0 \leqslant \text{LAI} \leqslant 3.0 \tag{4-197}$$

$$E_t = E'_0 \quad \text{LAI} \geqslant 3.0 \tag{4-198}$$

式中　E_t——某日最大蒸腾量，mm；

E'_0——植被冠层自由水蒸发调整后的潜在蒸发，mm；

LAI——叶面积指数，由此计算出的蒸腾量可能比实际蒸腾量要大些。

(5) 土壤水分蒸发

在计算土壤水分蒸发时，首先区分出不同深度土壤层所需要的蒸发量，土壤深度层次的划分决定土壤允许的最大蒸发量，可由下式计算：

$$E_{soil,z} = E_s \frac{z}{z + \exp(2.347 - 0.00713z)} \tag{4-199}$$

式中　$E_{soil,z}$——z 深度处蒸发需要的水量，mm；

E_s——土壤某日的潜在蒸发量，mm；

z——地表以下土壤的深度，mm。

4. 土壤水

下渗到土壤中的水以不同的方式运动着。土壤水可以被植物吸收或蒸腾而损耗，可以渗漏到土壤底层最终补给地下水，也可以在地表形成径流，即壤中流。由于主要考虑径流量的多少，因此对壤中流的计算简要概括。模型采用动力贮水方法计算壤中流。相对饱和区厚度H_0计算公式为：

$$H_0 = \frac{2 \times SW_{ly,excess}}{1\ 000 \times \phi_d L_{hill}} \tag{4-200}$$

式中 $SW_{ly,excess}$——土壤饱和区内可流出的水量，mm；

L_{hill}——山坡坡长，m；

ϕ_d——土壤可出流的孔隙率，也表示土壤层总孔隙率，即土壤孔隙率ϕ_{soil}与土壤层水分含量达到田间持水量的孔隙率ϕ_{fc}之差，其计算过程如下：

$$\phi_d = \phi_{soil} - \phi_{fc} \tag{4-201}$$

山坡出口断面的净水量Q_{lat}为：

$$Q_{lat} = 24 \times H_0 v_{lat} \tag{4-202}$$

式中 v_{lat}——出口断面处的流速，mm/h。

其表达式为：

$$v_{lat} = K_{sat} s \tag{4-203}$$

式中 K_{sat}——土壤饱和导水率，mm/h；

s——坡度。

总结上面表达式，模型中壤中流最终计算公式为：

$$Q_{lat} = 0.024 \times \frac{2 \times SW_{ly,excess} K_{sat} s}{\phi_d L_{hill}} \tag{4-204}$$

5. 地下水

模型采用下列表达式来计算流域地下水：

$$Q_{gw,i} = Q_{gw,i-1} \exp(-\alpha_{gw} \Delta t) + w_{rchrg} [1 - \exp(-\alpha_{gw} \Delta t)] \tag{4-205}$$

式中 $Q_{gw,i}$——第i天进入河道的地下水补给量，mm；

$Q_{gw,i-1}$——第$(i-1)$天进入河道的地下水补给量，mm；

Δt——时间步长，d；

w_{rchrg}——第i天蓄水层的补给流量，mm；

α_{gw}——基流的退水系数。

其中补给流量由下式计算：

$$w_{rchrg} = \left[1 - \exp\left(\frac{-1}{\delta_{gw}}\right)\right] W_{seep} + \exp\left(\frac{-1}{\delta_{gw}}\right) w_{rchrg,i-1} \tag{4-206}$$

式中 w_{rchrg}——第1天蓄水层补给量，mm；

δ_{gw}——补给滞后时间，d；

W_{seep}——第1天通过土壤剖面底部进入地下含水层的水分通量，mm/d；

$w_{rchrg,i-1}$——第$(i-1)$天蓄水层补给量，mm。

（二）土壤侵蚀模型

MUSLE方程可以用来预测泥沙生成量。计算渠道泥沙输移的公式为：

$$T = a V^b \tag{4-207}$$

式中 T——输移能力，t/m^3；

V——流速，m/s；

a,b——常数。

根据天气条件，泥沙输移量可以高于输移能力导致过量的泥沙沉积或低于输移能力渠道侵蚀再悬浮输移泥沙。流速方程为：

$$V = \frac{F}{wd} \tag{4-208}$$

式中　F——流量，m^3/s；

w——渠道宽度，m；

d——径流深，m。

对于低于齐岸深度的径流，径流深使用曼宁方程来计算，假定渠道宽度远大于深度：

$$d = (\frac{Fn}{wcs^{0.5}})^{0.6} \tag{4-209}$$

式中　n——渠道曼宁粗糙系数；

cs——渠道坡度，m/m。

对于高于齐岸深度的径流，径流深等于渠道深度。

由于降水和径流产生的土壤侵蚀是用 MUSLE 方程来计算的，MUSLE 方程是修正的通用土壤流失方程(USLE)。通用土壤流失方程(USLE)通过降水动能函数预测年均侵蚀量，而在 MUSLE 方程中，用径流因子代替降水动能，改善了泥沙产量的预测，这样就不需要泥沙输移系数，并且可以将方程用于单次暴雨事件，因为径流因子是先行湿度和降水动能的函数。USLE 中需要输移系数(河道上每一点的产沙量/该点以上的总侵蚀量)是因为降水动能因子表示的能量只在作用流域内起作用。修正的通用土壤流失方程：

$$m_{sed} = 11.8(Q_{surf}q_{peak}A_{hru})^{0.56}K_{USLE}C_{USLE}P_{USLE}LS_{USLE}CFRG \tag{4-210}$$

式中　m_{sed}——土壤侵蚀量，t；

Q_{surf}——地表径流，mm/h；

q_{peak}——洪峰径流，m^3/s；

A_{hru}——水文响应单元(HRU)的面积，hm^2；

K_{USLE}——土壤侵蚀因子；

C_{USLE}——植被覆盖和管理因子；

P_{USLE}——保持措施因子：

LS_{USLE}——地形因子；

CFRG——粗碎屑因子。

(三) 污染负荷模型

1. 溶解态氮(硝态氮)污染负荷模型

硝态氮主要随地表径流、侧向流或渗流在水体中迁移，要计算随水体迁移的硝态氮量必须先计算自由水中的硝态氮浓度，用这个浓度乘以各个水路流动水的总量，即可得到从土壤中流失的硝态氮总量。

自由水部分的硝态氮浓度可用下面公式计算：

$$\rho_{NO_3,mobile} = \frac{\rho_{NO_{3ly}} \exp\left[\frac{-w_{mobile}}{(1-\theta_e)SAT_{ly}}\right]}{w_{mobile}} \tag{4-211}$$

式中　$\rho_{NO_3,mobile}$——自由水中硝态氮浓度(以 N 计)，kg/mm；

$\rho_{NO_{3ly}}$——土壤中硝态氮的量(以 N 计),kg/hm²;

w_{mobile}——土壤中自由水的量,mm;

θ_e——孔隙率;

SAT_{ly}——土壤饱和含水量。

(1) 通过地表径流流失的溶解态氮计算公式:

$$\rho_{NO_{3surf}} = \beta_{NO_3}\rho_{NO_3,mobile}Q_{surf} \tag{4-212}$$

式中 $\rho_{NO_{3surf}}$——通过地表径流流失的硝态氮(以 N 计),kg/hm²;

β_{NO_3}——硝态氮渗流系数;

$\rho_{NO_3,mobile}$——自由水的硝态氮浓度(以 N 计),kg/mm;

Q_{surf}——地表径流,mm。

(2) 通过侧向流流失的溶解态氮计算公式:

对于地表 10 mm 的土层:

$$\rho_{NO_{3lat.ly}} = \beta_{NO_3}\ \rho_{NO_3,mobile}\ Q_{lat,ly} \tag{4-213}$$

对于 10 mm 以下的土层:

$$\rho_{NO_{3lat.ly}} = \rho_{NO_3,mobile}\ Q_{lat,ly} \tag{4-214}$$

式中 $\rho_{NO_{3lat.ly}}$——通过侧向流流失的硝态氮(以 N 计),kg/hm²;

β_{NO_3}——硝态氮渗流系数;

$\rho_{NO_3,mobile}$——自由水的硝态氮浓度(以 N 计),kg/mm;

$Q_{lat,ly}$——侧向流,mm。

(3) 通过渗流流失的溶解态氮计算公式:

$$\rho_{NO_{3lat,ly}} = \rho_{NO_3,mobile}\ w_{perc,ly} \tag{4-215}$$

式中 $\rho_{NO_{3lat,ly}}$——通过渗流流失的硝态氮(以 N 计),kg/hm²;

$\rho_{NO_3,mobile}$——自由水的硝态氮浓度(以 N 计),kg/mm;

$w_{perc,ly}$——渗流,mm。

2. 吸附态氮(有机氮)污染负荷模型

有机氮通常是吸附在土壤颗粒上随径流迁移的,这种形式的氮负荷与土壤流失量密切相关,土壤流失量直接反映了有机氮负荷,1976 年 McElroy 等发展了有机氮随土壤流失的输移负荷函数,1978 年 Williams 和 Hann 进行了修正。

$$\rho_{orgN_{surf}} = 0.001\ \rho_{orgN}\frac{m}{A_{hru}}\varepsilon_N \tag{4-216}$$

式中 $\rho_{orgN_{surf}}$——有机氮流失量(以 N 计),kg/hm²;

ρ_{orgN}——有机氮在表层(10 mm)土壤中的浓度(以 N 计),kg/t;

m——土壤流失量,t;

A_{hru}——水文响应单元的面积,hm²;

ε_N——氮富集系数,是随土壤流失的有机氮浓度和土壤表层有机氮浓度的比值。

计算富集系数的公式如下:

$$\varepsilon_N = 0.78(\rho_{surq})^{-0.2468} \tag{4-217}$$

式中 ρ_{surq}——地表径流中泥沙含量。

ρ_{surq}的计算公式如下:

$$\rho_{surq}=\frac{m}{10A_{hru}Q_{surf}} \tag{4-218}$$

式中　m——土壤流失量，t；

A_{hru}——水文响应单元的面积，hm^2；

Q_{surf}——地表径流，mm。

3. 溶解态磷污染负荷模型

溶解态磷在土壤中的迁移主要是通过扩散作用实现的，扩散是指离子在微小尺度下(1～2 mm)由于浓度梯度而引起的溶质迁移，由于溶解态磷不很活跃，所以由地表径流以溶解态形式带走的土壤表层(10 mm)的磷很少，地表径流输移的溶解态磷可由下面公式计算：

$$P_{surf}=\frac{p_{solution,surf}Q_{surf}}{\rho_b h_{surf} k_{d,surf}} \tag{4-219}$$

式中　P_{surf}——通过地表径流流失的溶解态磷(以 P 计)，kg/hm^2；

$p_{solution,surf}$——土壤中(表层 10 mm)溶解态磷(以 P 计)，kg/hm^2；

ρ_b——土壤溶质密度，mg/m^3；

h_{surf}——表层土壤深度，mm；

$k_{d,surf}$——土壤磷分配系数，表层土壤(10 mm)中溶解态磷的浓度和地表径流中溶解态磷浓度的比值。

4. 吸附态磷(有机磷和矿物质磷)污染负荷模型

有机磷和矿物质磷通常是吸附在土壤颗粒上通过径流迁移的，这种形式的磷负荷与土壤流失量密切相关，土壤流失量直接反映了有机磷和矿物质磷负荷，1976 年 McElroy 等发展了有机磷和矿物质磷随土壤流失输移的负荷函数，1978 年 Williams 和 Hann 进行了修正。

$$m_{p_{surf}}=0.001\rho_p\frac{m}{A_{hru}}\varepsilon_p \tag{4-220}$$

式中　$m_{p_{surf}}$——有机磷流失量(以 P 计)，kg/hm^2；

ρ_p——有机磷在表层(10 mm)土壤中的浓度(以 P 计)，kg/t；

m——土壤流失量，t；

A_{hru}——水文响应单元的面积，hm^2，

ε_p——磷富集系数。

第七节　地下水水环境模型

一、地下水污染概论

(一) 地下水的储存

地下水存在于岩石空隙之中。按照维尔纳茨基形象的说法，“地壳表层就好像是包含着水的海绵”。地下水在岩石中以不同的形式存在，可以划分为气态水、液态水和固态水三类，液态水又可以根据水分子是否被岩石固体颗粒吸引住而分为结合水和重力水两类。

气态水即以水蒸气状态存在于未饱和岩石空隙中的水，它可以是来自地表大气中的水汽，也可以由岩石中其他形式的水蒸发形成。气态水可以随空气的流动而运动，但即使空气不流动，它本身也可以发生迁移。以固态形式存在于岩石空隙中的水称为固态水。被岩石颗粒表面吸引的水称为强结合水。强结合水的外层称为弱结合水。重力水是指水分子受到

重力影响向下运动形成的水。另外还存在部分矿物结合水，它是指存在于矿物结晶内部或其间的水。

为了阐明地下水的埋藏条件，可以把地面以下岩层分为包气带和饱水带。地下水面以上称为包气带，以下称为饱水带。

按照埋藏条件，地下水可划分为上层滞水、潜水和承压水三种类型。前者属于包气带，后二者则属于饱水带。

上层滞水是指赋存于包气带中局部隔水层或弱透水层上面的重力水。它是大气降水和地表水等下渗过程中局部受阻聚积而成。上层滞水的水面构成其顶界面。该水面仅承受大气压力而不承受静水压，是一个可以自由涨落的自由表面。上层滞水水面的位置和水量的变化与气候变化息息相关，季节性变化大，并且由于距地表近，补给水入渗途径短，上层滞水容易受污染。

潜水是指赋存于地表下第一稳定隔水层之上，具有自由表面的含水层的重力水。潜水面直接与包气带相连构成潜水含水层的顶界面。该面一般不承受静水压力，是一个仅承受大气压力的自由表面。潜水的水位、埋藏深度、水量水质等受多种因素控制，随时间不断变化，呈现显著的季节性变化。潜水面的形成及埋深受地形起伏的控制和影响。潜水的水质除受含水层的岩性影响外，还受到气候、水文和地质等因素的显著影响。此外，潜水因其埋藏浅并且与包气带直接相连而容易受到污染。

承压水是指充满于两个稳定的不透水层（或弱透水层）之间的含水层中的重力水。由于埋藏条件不同，承压水具有与潜水和上层滞水显著不同的特点。承压水层的顶面承受静水压力。承压水不如潜水资源那样容易得到补充和恢复，但承压水含水层一般分布范围大，往往具有良好的多年调节能力。承压水不容易被污染，但一旦被污染，净化十分困难。

（二）地下水的运动特征

地下水在多孔介质（赋存地下水的孔隙岩石）或裂隙介质（赋存地下水的裂隙岩石）中的运动称为渗透。地下水的基本运动符合两大渗透基本定律。在层流状态下，并且雷诺系数不大时，地下水渗透基本符合达西（Darcy）定律；在紊流运动条件下，地下水的渗透服从非线性渗透定律（A. Chezy 公式）。

根据 Darcy 定律，地下水通量 q，即在水压梯度向上单位时间通过单位断面积的水容积和水压梯度（$\mathrm{d}H/\mathrm{d}x$）成比例。水压梯度（$\mathrm{d}H/\mathrm{d}x$）是地下水流动的推动力。通量 q 与水压梯度（$\mathrm{d}H/\mathrm{d}x$）之间的比例常数 K 称为导水率（或渗透系数），也就是单位水压梯度下的地下水通量。

在一维系统中，有

$$q = -K\frac{\mathrm{d}H}{\mathrm{d}x}$$

式中 x——水的流程，m，式右端的负号表明水流的方向，由水压或土壤水势高处向低处流动；

H——承压水静水压力或潜水水位差，m；

K——渗透系数或导水率，取决于由多孔介质性质和水的温度、化学组成等决定的水的黏度性质。

（三）地下水污染途径

地下水的污染是指由于人类活动使地下水的物理、化学和生物性质发生改变，因而限制和妨碍它在各方面的正常应用。地下水的污染途径与低吸水的补给来源有密切关系，可分为以下几种形式：通过包气带渗入，由集中通道直接注入，由地表水侧向渗入和含水层之间的垂直越流。

通过包气带渗入有连续渗入和间断渗入。包气带连续渗入是指污染液从各种具体的污染源地不断地通过包气带向地下水面渗漏。包气带间断渗入是指堆放在地表的工业废物及城市垃圾，被江水淋滤，一部分污染物通过包气带渗入污染地下水。

由集中通道注入是指利用井、孔、坑道或岩溶通道将废水直接排入地下岩石孔隙中，是废水废液地下处理的一种方法。

大量的污染物进入河流，使地表水污染。污染后的地表水成为地下水的污染源，以及地下水降落漏斗扩展到海岸线时，使地下水受到海水的污染称为地表水侧向渗入。

由于开采承压水位下降而形成较大的水头差，使被污染了的潜水通过弱透水层的隔水顶板直接越流污染承压水，就是含水层之间的垂直越流污染途径。

（四）污染物在地下水含水层中的迁移与转化

污染物渗入含水层中时，同天然洁净地下水和岩石相互发生作用，使地下水中的污染物迁移过程不断发生变化。污染物进入地下水后的迁移、转化过程是污染物与地下水之间相互产生复杂的物理、化学、物理化学、生物以及生物化学作用的过程。这一过程一方面取决于污染物质的性质，另一方面取决于受污染地下水及其环境的背景条件。

1. 物理作用

物理作用包括污染物在地下水中的混合、稀释、凝聚、物理吸附、沉淀、机械过滤和弥散等作用。弥散作用是污染物在地下水中迁移转化的最主要物理过程。

地下水污染物迁移过程中的弥散现象和河流等地表水体污染物扩散中的弥散现象有一定差别。地下水在多孔介质中运移，污染物含量不同的两股水相遇，污染物从含量较高的水流向含量较低的水流迁移，使得两种水流分界面处形成一个过渡混合带的现象称为弥散，形成弥散现象的作用称为弥散作用，其主要包括分子扩散和渗透分散两种作用。

分子扩散在以一定速度运动的地下水中对弥散不起主要作用。渗透分散是指渗透水流在多孔介质中运移速度（包括方向和速度数值）不均匀造成的污染物质从高浓度水流向低浓度水流迁移的作用，是弥散的主要原因。渗透分散又分为微观分散和宏观分散两类。微观分散主要是指在均匀的多孔介质中发生的分散作用，存在以下三种机制：① 多孔介质中的单流通管道断面上流速分布不均匀引起的分散作用；② 多孔介质中各类流通管道直径不同和流速不同引起的分散作用；③ 多孔介质中流通管道弯曲而造成不同管道路线长度不同引起的分散作用。宏观分散则是指不均匀的多孔介质，不同介质渗透性不同因而流速不同引起的分散作用。

2. 化学及物理化学作用

化学及物理化学作用包括酸化、碱化及中和，氧化和还原，沉淀与溶解，化学吸附与解吸，络合与螯合等作用过程。

3. 生物作用

生物作用包括微生物的降解和转化、生物积累和植物摄取。

二、地下水污染系统的模拟

(一) 地下水污染系统的组成

地下水污染系统由污染源、表土层(耕作层)、犁地层、下包气带、含水层及农作物等各单元组成。

污染物进入地下水后会发生以下三种变化。

1. 稀释

在通常情况下含水层中地下水水体要远比含污染物质的下渗水大得多,因为含水层厚度可由几米到几十米,所以污染物质进入地下含水层之后由于稀释作用其浓度大大降低。

2. 转化

含水层的颗粒一般比较粗大,比表面积小,只有较小的吸附能力,还可发生一些厌氧条件下的转化。

3. 运移

污染物进入地下水后,会产生沿地下水流向的纵向(x 方向)弥散和垂直于流向平行于地下水面的横向(y 方向)弥散以及沿含水层和厚度的竖向(z 方向)弥散。此外,随着水体的流动还会产生对流扩散。

(二) 地下水污染的物理模拟

物理模拟的目的是以物理装置为手段真实地再现污染物在地下水污染系统各单元中的迁移转化过程。通过物理模拟不仅可以为数学模型提供更准确的参数值,为求解复杂的数学模型、定量地阐述各单元污染物的迁移、转化过程创造条件,而且还可以深入地揭示污染物在各单元中迁移、转化的机理。

物理模拟按其模拟范围可分为单元模拟和整体模拟。

1. 单元模拟

地下水污染系统本来就是一个完整的系统,但由于各单元的影响因素有明显的不同,加之系统的空间范围较大,整体试验的安装操作不便,因此常常按单元分别模拟试验,建立各自相应的数学模式,最后将各单元的数学模式连接起来进行整体系统的计算。

2. 整体模拟

地下水污染系统往往由于条件限制不得不将各单元分开来模拟,如果有可能进行整体模拟将更加合理;特别是对可降解的有机物在地下水污染系统中运移的模拟,若分段进行将会得出不合理的结论。

三、地下水污染物迁移数学模型

地下水污染物迁移数学模型是描述地下水中污染物随时间和空间迁移转化规律的数学方程。水质模型的建立可以给出排入地下水中污染物的数量与地下水水质之间的定量关系,从而为地下水水质数值模拟和预测及影响分析提供理论依据。

地下水污染数学模型按时间特性可划分为动态模型和静态模型;按水质模型的空间维数可划分为一维、二维和三维模型;按描述水质组分的多少可划分为单一组分和多组分水质模型;按水质组分类型可划分为单一组分的水质模型、难降解有机物水质模型和重金属迁移转化水质模型;按所建模型的数学方法可划分为确定性数学模型、随机数学模型、灰色系统模型和黑箱模型等。

（一）地下水污染物迁移的确定性数学模型

地下水运动过程中，所含某物质的浓度 C 是时间和空间的函数，可表示成 $C(x,y,z,t)$。在含水层中取一个微元体来研究，如图 4-19 所示。微元体内物质的浓度变化是由三个方面引起的：一是弥散作用，包括分子扩散和渗透分散；二是由于液体平均整体运动引起的物质通量，称为对流；三是总的吸收作用，即所谓源汇项，源是由于溶解和解吸使物质从固相转入水中，汇是指物质在水中被沉淀和被吸附等减少的作用。

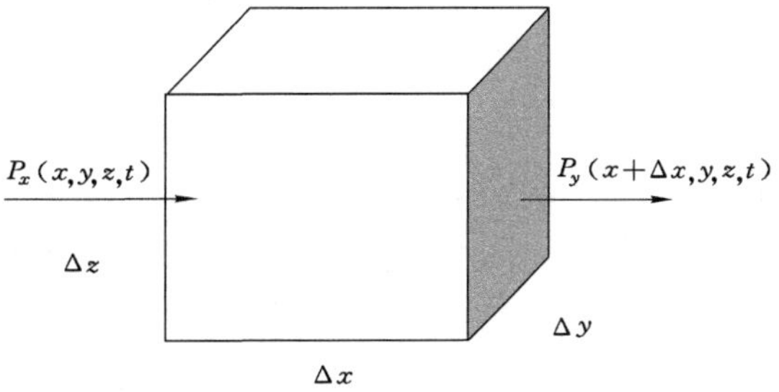

图 4-19　微元体

1. 弥散项

设 p 为单位弥散率，即单位时间在单位面积（指渗透介质面积）上由于弥散而通过的物质含量。弥散的基本定律有

$$p=-D\cdot \operatorname{grad} C \tag{4-221}$$

式中　D——弥散系数，量纲为 $L^2\cdot T^{-1}$；

$\operatorname{grad} C$——浓度梯度，无量纲量；

负号表示物质向浓度低的方向迁移。

在 $Oxyz$ 坐标系中

$$p_x=-D\frac{\partial C}{\partial x};p_y=-D\frac{\partial C}{\partial y};p_z=-D\frac{\partial C}{\partial z}$$

在 x 方向上由于弥散作用而引起微元体内浓度的变化，即 x 断面与 $x+\Delta x$ 断面上某物质含量之差 M'_x，则

$$M'_x=-\frac{\partial p}{\partial x}\Delta x\Delta y\Delta z\Delta t \tag{4-222}$$

在 y,z 方向上有

$$M'_y=-\frac{\partial p}{\partial y}\Delta x\Delta y\Delta z\Delta t \tag{4-223}$$

$$M'_z=-\frac{\partial p}{\partial z}\Delta x\Delta y\Delta z\Delta t \tag{4-224}$$

在 t 时间内，由于弥散使整个微元体中物质浓度的改变量为

$$M'=-\left(\frac{\partial p}{\partial x}+\frac{\partial p}{\partial y}+\frac{\partial p}{\partial z}\right)\Delta x\Delta y\Delta z\Delta t \tag{4-225}$$

2. 对流项

令 q 为单位渗流量，按 Darcy 定律有

$$q=-k\operatorname{grad} h \tag{4-226}$$

式中　k——渗透系数，量纲为 $L^2\cdot T^{-1}$；

h——水位，m。

由水的平均整体运动而引起微元体内物质浓度的改变量为

$$M''=-[C\cdot q_{x(x,y,z,t)}-C\cdot q_{x(x+\Delta x,y,z,t)}]\Delta x\Delta y\Delta z\Delta t \tag{4-227}$$

或写成

$$M''_x = -\frac{\partial(Cq_x)}{\partial x}\Delta x\Delta y\Delta z\Delta t$$

$$M''_y = -\frac{\partial(Cq_x)}{\partial y}\Delta x\Delta y\Delta z\Delta t$$

$$M''_z = -\frac{\partial(Cq_x)}{\partial z}\Delta x\Delta y\Delta z\Delta t$$

则

$$M'' = -\left[\frac{\partial(Cq_x)}{\partial x} + \frac{\partial(Cq_y)}{\partial y} + \frac{\partial(Cq_z)}{\partial z}\right]\Delta x\Delta y\Delta z\Delta t \tag{4-228}$$

3. 源汇项

微元体内由于岩石吸收或从岩石中释放出来的物质而引起物质浓度的改变量记为 W。

假设微元体内浓度随时间的变化速率为$\frac{\partial C}{\partial t}$,则在 Δt 时间内,微元体内总的浓度改变量 M 为

$$M = n\frac{\partial C}{\partial t}\Delta x\Delta y\Delta z\Delta t$$

式中 n——有效孔隙率。

根据质量守恒定律,其均衡式为

$$M + W = M' + M''$$

将以上各式代入得

$$\frac{\partial p_x}{\partial x} + \frac{\partial p_y}{\partial y} + \frac{\partial p_z}{\partial z} + \frac{\partial(Cq_x)}{\partial x} + \frac{\partial(Cq_y)}{\partial y} + \frac{\partial(Cq_z)}{\partial z} + W = -n\frac{\partial C}{\partial t} \tag{4-229}$$

对式(4-229)作下列简化:

① 若弥散方向与坐标轴一致,则

$$\begin{pmatrix} p_x \\ p_y \\ p_z \end{pmatrix} = \begin{pmatrix} D_{xx} & 0 & 0 \\ 0 & D_{yy} & 0 \\ 0 & 0 & D_{zz} \end{pmatrix} \begin{pmatrix} -\frac{\partial C}{\partial x} \\ -\frac{\partial C}{\partial y} \\ -\frac{\partial C}{\partial z} \end{pmatrix} = \begin{pmatrix} -D_{xx}\frac{\partial C}{\partial x} \\ -D_{yy}\frac{\partial C}{\partial y} \\ -D_{zz}\frac{\partial C}{\partial z} \end{pmatrix}$$

② 若地下水的主渗方向与坐标轴一致,则

$$\begin{pmatrix} q_x \\ q_y \\ q_z \end{pmatrix} = \begin{pmatrix} k_{xx} & 0 & 0 \\ 0 & k_{yy} & 0 \\ 0 & 0 & k_{zz} \end{pmatrix} \begin{pmatrix} -\frac{\partial h}{\partial x} \\ -\frac{\partial h}{\partial y} \\ -\frac{\partial h}{\partial z} \end{pmatrix} = \begin{pmatrix} -k_{xx}\frac{\partial h}{\partial x} \\ -k_{yy}\frac{\partial h}{\partial y} \\ -k_{zz}\frac{\partial h}{\partial z} \end{pmatrix}$$

③ 假定在坐标轴的方向上 D_{xx}、D_{yy}、D_{zz} 和 k_{xx}、k_{yy}、k_{zz} 分别为常量。

按照以上三个假定,则式(4-229)可简化为

$$D_{xx}\frac{\partial^2 C}{\partial x^2} + D_{yy}\frac{\partial^2 C}{\partial y^2} + D_{zz}\frac{\partial^2 C}{\partial z^2} + k_{xx}\frac{\partial}{\partial x}\left(C\frac{\partial h}{\partial x}\right) + k_{yy}\frac{\partial}{\partial y}\left(C\frac{\partial h}{\partial y}\right) + k_{zz}\frac{\partial}{\partial z}\left(C\frac{\partial h}{\partial z}\right) = W + n\frac{\partial C}{\partial t} \tag{4-230}$$

因为渗透流速 v 与单位流量 q 是相等的，所以上式也可以写为

$$D_{xx}\frac{\partial^2 C}{\partial x^2}+D_{yy}\frac{\partial^2 C}{\partial y^2}+D_{zz}\frac{\partial^2 C}{\partial z^2}+v_{xx}\frac{\partial C}{\partial x}+v_{yy}\frac{\partial C}{\partial y}+v_{zz}\frac{\partial C}{\partial z}=W+n\frac{\partial C}{\partial t} \quad (4\text{-}231)$$

考虑密度变化，中性物质（即无源汇项 $W=0$）的基本弥散方程可以表示为

$$\mathrm{div}\left[D\rho(\mathrm{grad}\frac{C}{P})\right]-\mathrm{div}(uC)=\frac{\partial C}{\partial t} \quad (4\text{-}232)$$

式中　div——散度符号；

D——弥散系数，量纲为 $L^2\cdot T^{-1}$；

ρ——液体密度，kg/m^3；

u——液体的实际流速，m/s。

其余符号含义同前。

（二）地下水污染物迁移的随机模型

质点从多孔介质中某一点进入，大体上沿流向的轨迹运动，但由于各种随机的因素可能偏离轨迹（相当于横向弥散）。

若流入物质的浓度为 C_0，A 点的浓度为 $C_{(n,k)}$，则 A 点的概率为

$$P_{(n,k)}=\frac{C_{(n,k)}}{C_0} \quad (4\text{-}233)$$

相对浓度在横向上分布可以用二项式的系数来描述，用 Bernoulli 二项分布方程来描述，有

$$P_k=P_{(x=k)}=C_k^n p^k q^{n-k} \qquad (\sum P_k=1;k=0,1,2,3,\cdots,n) \quad (4\text{-}234)$$

式中　x——随机值的分布，取已知值($k=0,1,2,3,\cdots,n$)时，具有概率 P_k。

P——分布的参数，是该研究事件的概率，这里 $P=1/2$；

q——相反事件的概率，$q=1-P=1/2$；

C——二项式系数。

当 n 较大时，二项分布近似于正态分布。这里当 $n=15$ 时，据实验证明便可用正态分布来描述，有

$$C_{(n,k)}=\frac{0.8C_0}{\sqrt{n}}\exp\left(-\frac{k^2}{2n}\right) \quad (4\text{-}235)$$

在轴上的浓度 $C_{(n,k)}$（即当 $k=n/2$ 时）为

$$C_{(n,k)}=\frac{0.8C_0}{\sqrt{n}} \quad (n>5) \quad (4\text{-}236)$$

正态分布的主要参数之一是离差 σ，它在这里反映物质弥散浓度的程度，由式(4-211)可知 $\sigma^2=n$，表明弥散程度随着远离物质投放点而有规律地增加。式(4-212)表示轴线上的浓度（即横断面上的最大浓度），随 n 增大而减少，即横向弥散程度越大，轴上的浓度越小。

式(4-234)所表示的分布函数是一个不连续的函数，因为 n 和 k 都只能是整数，可以通过下列简单的修正变为连续函数。

令 $x=\gamma_1 kd$，$y=\gamma_2 nd$，其中 γ_1 为 x 轴的介质材料系数；γ_2 为 y 轴的介质材料系数，对均质介质，$\gamma_1=\gamma_2$；d 为空隙介质的颗粒直径，m。

经变换便可以得到连续分布的公式，即

$$C_{(n,k)}=\frac{0.8C_0\sqrt{\gamma_2 d}}{\sqrt{y}}\exp\left(-\frac{x^2}{2\gamma_1 yd}\right) \tag{4-237}$$

（三）地下水污染物迁移的黑箱模型

黑箱模型的基本原理是把污染物的进入作为输入信息 $e(t)$（时间的函数）。在含水层中，由于各种物理化学作用和弥散作用使污染物发生变化，这些变化规律是可以用各种数学方程来描述的，而这里把这些复杂的作用综合为一个算符 A 来表示。变化后的污染情况可以作为输出信息 $s(t)$（也是时间的函数），则可表示为

$$s=Ae \tag{4-238}$$

通常作如下假设：

① s 存在，即这里有一个算符 A，则 $s=Ae$；

② s 是 e 的线性函数，就是说 A 是线性系统，所以如果有 $e\rightarrow s$，则有 $\lambda e\rightarrow\lambda s$（$\lambda$ 是常数），而且如果有 $e_1\rightarrow s_1$ 和 $e_2\rightarrow s_2$，则 $e_1+e_2\rightarrow s_1+s_2$；

③ 输入 e 在时间上的任一变化使输出 s 也在时间上发生相应的变化（即 $e\rightarrow s$ 的变化形式转变为时间的转换）；

④ 变换 A 是连续的，即如果当 n 趋近于无限时，序列 $e_n(t)$ 趋近于 0，则序列 $s_n(t)=Ae_n(t)$ 也趋近于 0；在数学上可以证明，这种线性系统变换是一个卷积，记为 $s=Ae$。

思考题

1. 污染物与河水的混合分为哪几个阶段？先后顺序是什么？反映了什么规律？

2. 污染物排入河流以后，发生哪些水质作用？哪些作用是独立的？哪些作用是互相关联的？

3. 用 S-P 模型（微分方程或解析解）证明：当 $K_a=k_d$ 时，$D=(k_d tL_0+D_0)^{-k_d t}$ 和 $t_c=(1-D_0/L_0)/k_d$，式中 t_c 为发生临界氧亏的时间。

4. 河沿岸有一城市，现准备在城市上游某处建一食品工业基地，见图 4-20。城市和食品基地的污水都排入河中（经过处理或不处理）。食品基地的下游不远处有一城镇，要求河流流入该城镇前达到某一水质标准。为了预测食品基地建成后的水质影响，问：

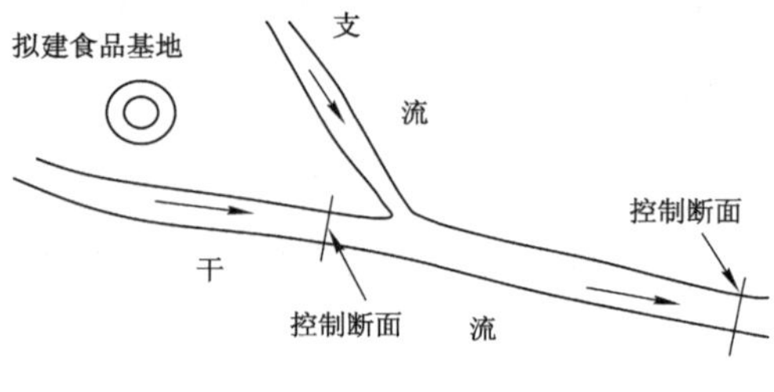

图 4-20　题 4 图

(1) 如何对河流进行概化？

(2) 需要收集哪些自然条件信息？

(3) 需要进行哪些现场试验？

(4) 有哪些内业整理工作？

(5) 如何预测控制断面的水质？

(6) 如何估计全部工作量？

(7) 水质预测工作所需的费用如何估计?

5. 已知河流平均流速 $u_x=0.5$ m/s,水温 $T=20$ ℃,起点 BOD:$L_0=10$ mg/L,$DO_0=8$ mg/L,$k_d=0.15\ d^{-1}$,$K_a=0.24\ d^{-1}$,计算:

(1) 临界氧亏点的距离,临界点的 BOD 值和 DO 值;

(2) 将 u_x、T、L_0、DO_0、k_d、K_a 依次单独递增 10%,计算临界氧亏点的距离,临界点的 BOD 值和 DO 值;

(3) 临界氧亏点的距离 x_c,临界氧亏值 D_c 对参数 k_d、K_a 的灵敏度。

6. 有一河段长 16 km,枯水流量 $Q=60\ m^3/s$,平均流速 $u_x=0.3$ m/s,$k_d=0.25\ d^{-1}$,$K_a=0.40\ d^{-1}$,$K_s=0.10\ d^{-1}$。水流稳定,光合作用与呼吸作用不发达。如果在河段中保持 DO≥5 mg/L,问:在河段始端每天排放的 BOD 量不应超过多少?

7. 叙述 QUAL-Ⅱ模型中各种水质组分之间的关系。

8. 利用一维有限段模型求解图 4-21 中河口的 BOD 和 DO 分布,其中所需数据见表 4-8。

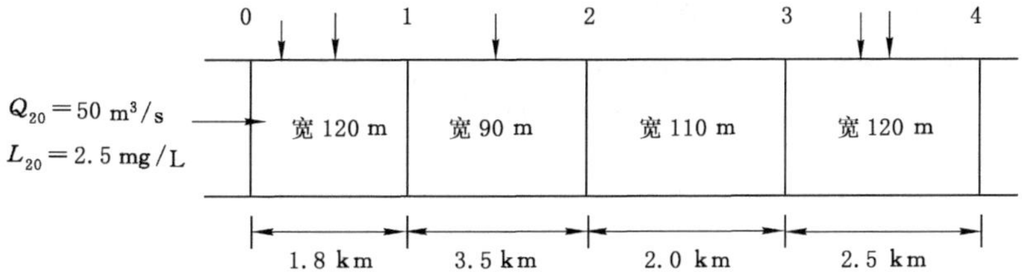

图 4-21　题 8 图

表 4-8　河口的 BOD 和 DO 分布

测量项目	测量点				
	0	1	2	3	4
污水流量/(m^3/s)	0.5	0.3	0.8	0.2	0.4
污水 BOD_5/(mg/L)	120	80	140	80	80
污水 DO/(mg/L)	0	0	0	0	0

测量项目	测量段			
	0—1	1—2	2—3	3—4
河水深度/m	1.8	2.2	2.5	2.8
弥散系数/(m^3/s)	80	120	140	160
k_d/d^{-1}	0.1	0.1	0.1	0.1
K_a/d^{-1}	0.8	1.5	2.0	2.5

9. 一维水质模拟中的响应矩阵 **U** 和 **V** 都是什么形式的矩阵? **U** 和 **V** 在形式上有何不同? 其物理意义是什么?

10. 已知污水排放量为 0.5 m^3/s,污水 BOD=400 mg/L,河流 95%保证率的流量为 20 m^3/s,流速 $u_x=0.2$ m/s,起始断面 BOD=2 mg/L,氧亏率<10%,水温 20 ℃,$k_d=0.10\ d^{-1}$,$K_a=0.20\ d^{-1}$,为了保证排放口下游 8 km 处的溶解氧不低于 4 mg/L,BOD 不大于 4 mg/L,试确定必需的污水处理程度。

11. 湖泊与水库有哪些相同的水质特征?

12. 湖泊与水库的水质分层是由什么引起的？它对水库的水质分布有什么影响？

13. 如何判断湖泊富营养化的控制因素？处于自然状态的湖泊与受人类活动影响的湖泊有什么不同？

14. 湖泊的营养物质主要来自哪几个方面？如何估计湖泊的营养负荷？

15. 建立了湖泊水库的水质模型，应如何布置水质监测点？

16. 沃伦威德尔模型的基本假设是什么？如何推导？

17. 斯诺得格拉斯模型与沃伦威德尔模型的区别在哪里？斯诺得格拉斯模型描述哪些水质项目？

18. 湖泊容积 $V=2.0\times10^3\ m^3$，表面积 $A_s=3.6\times10^7\ m^2$，支流入流量 $Q=3.1\times10^9\ m^3/a$，经多年测量知磷的输入量为 $1.5\times10^8\ g/a$，已知蒸发量等于降水量，试判断该湖泊的营养状况，是否会发生富营养化。

19. 已知某湖泊的停留时间 $T=1.5\ a$，沉降速率 $s=0.001\ d^{-1}$，一种污染物排入湖泊中达到最终平衡浓度的 90%需多长时间（设湖内初始浓度为 0）？

20. 给出有限差分法计算水库分层的框图，编制计算机源程序。

21. 试述污染物在地下水中的迁移转化机理。

第五章　大气环境系统模型

导　读

大气环境系统模型是用于评估各类人为活动或自然过程释放的大气污染物对环境空气质量影响的数学模型。污染物对环境质量的影响既取决于排放源强，又受到大气扩散、输送、沉降和转化等复杂过程的影响，因此这些过程都是大气环境系统模型需要加以考虑的问题。本章首先介绍了大气污染扩散特征分析和排放源强估算基本内容，并在此基础上对常见的大气扩散和空气质量模型的原理和应用进行了分类阐述和说明。

第一节　大气污染扩散特征分析

污染物从污染源排到大气中的扩散过程，与污染物本身的特性、气象条件、地形特征等因素有关。在多数情况下，污染源排放进入大气层的污染物总是被不断地输送、稀释、清除，正是由于大气的输送和稀释作用，污染物浓度逐渐降低，直至完全被清除。但大气稀释扩散与输送率随时空变化很大，受多种因素支配，这是一个很复杂的问题。即使污染源排放的量相同，可能由于大气自然通风与输送有限，环境空气质量会受到很大损害，甚至有时会使相当大的范围受到污染并造成危害，也可能由于大气的扩散及自净能力强，并没有造成严重的污染。污染物排放到大气当中是否会造成严重污染，不仅取决于污染源排放量，也取决于气象条件，也就是说污染物的输送、扩散能力强烈地依赖于气象条件。可以说随着污染源位置、高度、源密度、排放方法等排放条件的不同，以及与扩散有关的气象条件及大气结构的不同，这种扩散过程也会有很大变化。对污染物广义的扩散过程的分析是进行大气污染预测和模拟的基础。

一、大气污染物扩散过程

（一）边界层大气的运动特征

在地球对流层下层（地面至地面上 1～2 km）的大气直接受到地面摩擦力的影响，称之为摩擦层。其厚度比整个大气层小得多，气流具有边界层的性质，故又称大气边界层。边界层内风向、风速和气温随高度而变化，空气的运动总是表现为湍流的形式。

直接影响大气污染物输送扩散的大气运动主要是风和湍流。

气象上将空气质点的水平运动称为风，它有方向和大小。排入大气中的污染物在风的作用下被输送到其他地区，风速愈大，单位时间内污染物被输送的距离愈远，混入的空气量愈多，污染物浓度愈低，所以风不但对污染物有整体输送作用，而且有稀释冲淡的作用。在大气边界，随着高度的不断增加，地面摩擦力的影响逐渐减小，所以风速逐渐增大，同时地转偏向力也随高度的增加而逐渐明显，风向逐渐向右偏转（北半球）。到了边界层顶，风的大小、方向与地转风完全一致，这时地面摩擦力的影响消失。在近地面层中，地转偏向力与地面摩擦力对风的影响相比可以忽略，故风向随高度的变化可以忽略不计。

大气的湍流是一种不规则的运动，由若干大大小小的涡旋或湍涡构成。大气的湍流与一般工程上遇到的湍流明显不同：流体在管道内流动时，湍涡的大小是被限制着的，而大气的流动湍涡基本不受约束，不存在上界。因此，大气流动的特征尺度很大，只要很小的平均风速就可达到湍流状态。大气湍流的形成与发展取决于两个因素，一个是机械或动力因素形成的机械湍流，一个是热力因素形成的热力湍流。如近地面空气与静止地面的相对运动或大气流经地表障碍物时引起风向和风速的突然改变则形成机械湍流，而地表受热不均匀或大气层结不稳定使大气的垂直运动发生或发展则会造成热力湍流。一般情况下，大气湍流的强弱是热力和动力因子综合作用的结果。在温度层结强递减的情况下热力因子是主要的，而在中性层结时动力因子是主要的。

大气湍流是由若干个大大小小的涡旋或湍涡构成的，一个烟团的扩散或消失过程正是由这些湍涡来完成的。图 5-1 表示烟团在 3 种不同大小的湍流作用下的扩散过程。图 5-1(a)表示烟团在尺度远比它小的湍涡中，烟团一方面被吹向下风方向，同时由于小型涡旋对其边缘的搅拌作用，不断与四周空气混合，缓慢地膨胀，浓度不断降低，烟流沿下风向几乎呈直线运动。图 5-1(b)表示小烟团在大湍流中，烟团只是被湍涡所夹带，本身增长不大，烟流做曲线运动，呈长蛇形。图 5-1(c)表示烟团和湍涡的尺度相近时烟团被湍涡拉开撕裂而变形的情况，此时烟团的扩散较快，烟流呈曲线，截面积不断扩大。实际上大气中存在着各种不同尺度的湍流，因此这三种作用是同时存在的，污染物的扩散过程也是由这三种作用共同完成的。

（二）大气的扩散过程

大气污染是指由于人类活动和自然过程引起一些物质进入大气中，呈现出足够高的浓度，并保持足够长的时间，因而危及人体的舒适、健康及其他福利，对生态系统产生了不利影响的现象。

显然，要产生空气污染需要有污染源，并且污染源要向大气中排放污染物。影响大气污染物输送和扩散的主要因素有污染源条件和气象要素。

直接影响大气污染物输送、扩散的气象要素是空气的流动特征——风和湍流，而大气层垂直气温分布又在很大程度上制约着风场和湍流结构，因此，诸多气象要素中与大气中污染物扩散最密切的是风向、风速、湍流强度、垂直温度梯度、混合层高度以及降水和雾等。风向决定了大气污染的方位，风速则表征大气污染物的输送速率，风速梯度又与湍流脉动密切相关，垂直温度梯度和风速梯度均可影响湍流强度，湍流强度显示了大气对污染物的扩散能力，混合层高度决定了污染物扩散的空间大小。

污染物在大气边界层中扩散，除了受大尺度天气系统控制外，也受当地地形条件的影

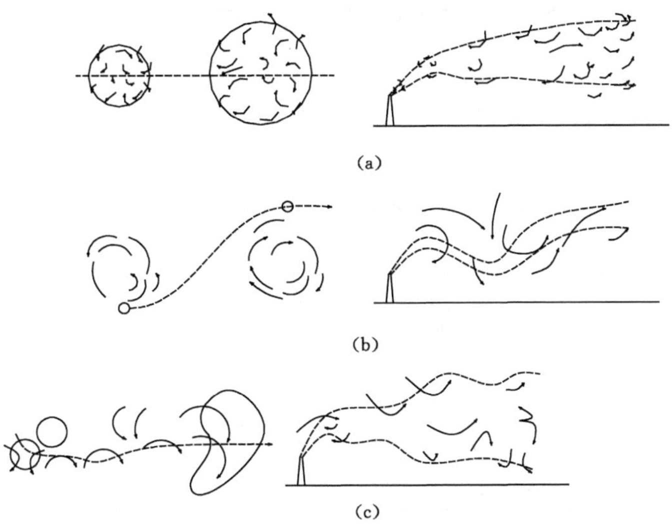

图 5-1　3 种不同大小的湍流对烟团扩散的影响

(a) 湍涡小于烟团尺度；(b) 湍涡远大于烟团尺度；(c) 湍涡与烟团尺度相当

响。在特殊的地形条件和污染气象条件下，污染物排放就有可能造成比较严重的污染事件，一些著名的公害事件往往是污染物过量排放和特殊地形造成的污染气象条件综合作用的结果。

二、影响扩散的主要气象要素及其估算

（一）平均风速

边界层中任一高度处的平均风速与高度的关系经常用以下两种方法表示。

1. 对数律

$$u = u_1 \frac{\ln z}{\ln z_1} \tag{5-1}$$

式中　u——所求高度 z 处的风速，m/s；

u_1——参考高度 z_1 处的风速，m/s。

对数分布模型适合于中性层结，比较适用于高度大于 100 m 的空间。当所求高度 $z \leqslant z_1$ 时，通常取 $u = u_1$。

2. 幂次律

$$u = u_1 \left(\frac{z}{z_1}\right)^m \tag{5-2}$$

式中　u_1——已知高度 z_1 处的风速，常常取 10 m 高度上近 5 年平均风速 $\overline{u}_{10}$，m/s；

u——所求高度 z 处的风速，m/s；

m——常数，m 最好用实测值，当无实测值时，可按表 5-1 规定选取。

幂律分布模型比较适用于高度小于 100 m 的范围，而且高度到了 200 m 以上就不能用公式(5-2)(对 $z > 200$ m 时，假定 $\overline{u} = \overline{u}_{200}$)。其计算精度比对数律差，但是，幂次律计算时简单易行，故实际应用较广。

表 5-1 各种稳定度条件下的风廓线幂指数 m 值

地区	稳定度类别				
	A	B	C	D	E、F
城市	0.10	0.15	0.20	0.25	0.30
乡村	0.07	0.07	0.10	0.15	0.25

若计算由高度 z_1 至 z_2 竖向平均风速的范围，可以按下式计算：

$$\bar{u} = \frac{1}{z_2 - z_1}\int_{z_1}^{z_2} u_z \mathrm{d}z \tag{5-3}$$

将上式代入式(5-2)并积分，得

$$\bar{u} = \frac{u_{z0}}{m+1}\frac{z_2^{m+1} - z_1^{m+1}}{z_0^m(z_2 - z_1)} \tag{5-4}$$

若计算范围是从地面到某一高度，即对于 $z_1=0$，$z_2=z$，则有

$$\bar{u} = \frac{u_{z0}}{m+1}\left(\frac{z}{z_0}\right)^m \tag{5-5}$$

对于高架点源以及城市尺度污染物扩散，需要了解边界层内风速和风向的垂直廓线，这些资料需要从附近高空气象站获取，或者通过设立的气象观察站实际测试得到。一般要求规定时间 1 500 m 以下的风速和风向资料，通过对这些资料整理可以得到不同稳定度条件下风速的高度分布规律。根据目前污染源排放高度情况，通常需要掌握以下三层大气层的风速：0～10 m 大气层风速，主要针对汽车污染源和一般家庭污染源，其平均代表高度为 2 m；10～30 m 大气层风速，主要针对中小型固定点源和高层建筑排放源，一般直接采用气象部门测试的 10 m 处风速；30 m 以上气层风速，针对高架点源，根据气象测试数据和风速随高度的变化规律估计风速。

（二）气温的垂直分布与大气扩散

1. 气温的垂直分布与气温递减率

气温随高度变化快慢这一特征可以用温度垂直递减速率 $\gamma=-\partial T/\partial z$ 来表示，它是指单位(通常取 100 m)高差的气温变化速率的负值。γ 通常是分层分布的，即在不同高度范围的 γ 有不同的数值。

气温随高度的分布曲线称为温度层结曲线，简称温度层结。大气中的温度层结有四种类型：① 气温随高度的增加而降低的，称为正常分布层结或递减层结；② 气温梯度接近于 1 ℃/100 m，称为中性层结；③ 气温随高度的增加而不变的，称为等温层结；④ 气温随高度的增加而增加的，称为气温逆转层结，简称逆温层结。

2. 绝热递减率

一个气团上升时，会因压力降低而膨胀，而膨胀的结果则引起温度的降低。如果气团周围的空气温度以同样的速率下降，那么整个气团与周围的空气之间就不存在热交换，气团的上升是绝热过程，这时每升高单位距离引起气温变化的速率负值称为干空气温度垂直绝热递减速率，简称绝热递减率，通常用 γ_d 表示：

$$\gamma_d = \frac{-\mathrm{d}T}{\mathrm{d}z} \tag{5-6}$$

式中 T——气团温度，℃；

z——地面上的高度,m;

γ_d——大约为 1 ℃/100 m。

3. 气温层结与大气的稳定性

如果气团的温度垂直递减速率大于绝热递减速率,如图 5-2(a)所示,上升的气团就会被加热,且其密度要比周围的空气小一些,就会受到周围空气向上的推力(浮力)继续上升,形成不稳定的大气状态。当气团的温度垂直递减速率小于绝热递减速率时,如图 5-2(b)所示,一个上升的气团处在比其周围的大气较低的温度和较高的密度之下,该气团受到一个向下的作用力,而一个向下运动的气团则受到一个向上的作用力,即这个气团受到一个恢复力的作用,它总处于稳定状态。

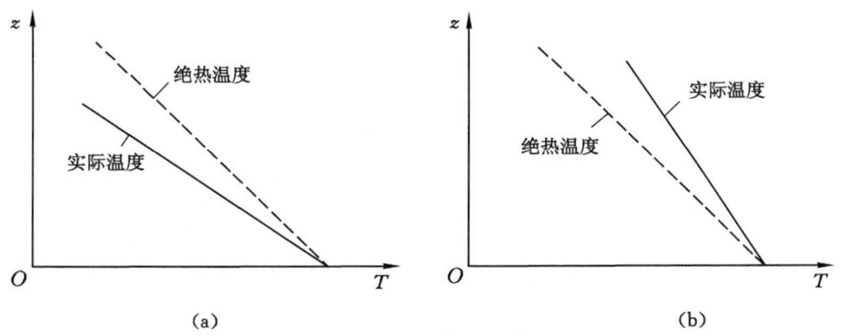

图 5-2　温度分布与大气的稳定性

(a) 不稳定;(b) 稳定

实际的空气温度垂直递减速率与污染物的扩散有着密切关系,大气温度的垂直分布情况确定了大气的稳定程度。烟流排入大气,如果大气的稳定度不同,烟流在大气中的形状就不同。典型的烟流情况有以下 6 种,如图 5-3 和表 5-2 所示。

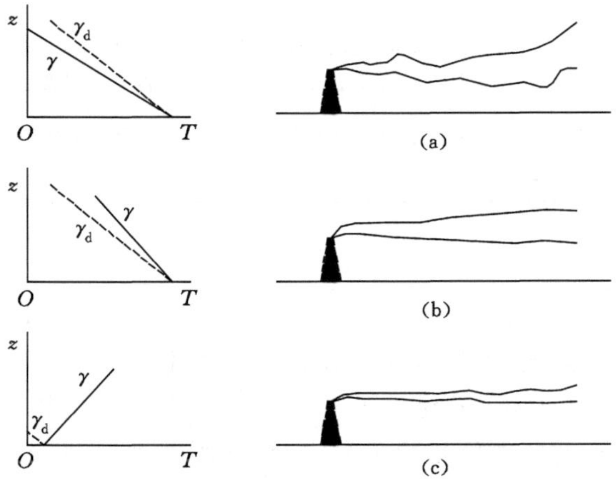

图 5-3　气温层结与大气扩散

(a) 波浪型;(b) 圆锥型;(c) 平展型或扇型;(d) 屋脊型;(e) 熏烟型;(f) 受限型

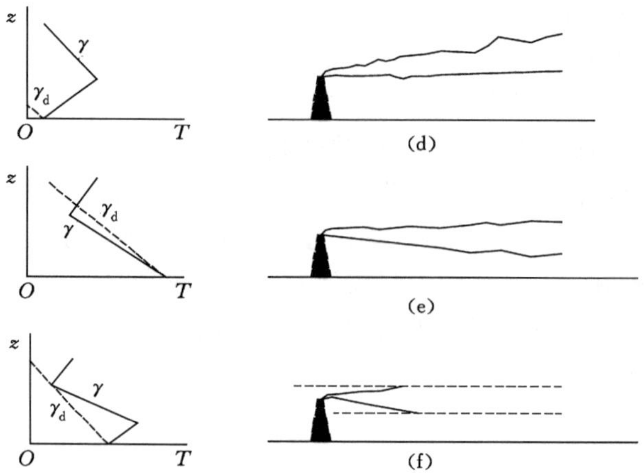

图 5-3 （续）

表 5-2 烟流扩散和气温层结、大气稳定度的关系

类　型	大气稳定度	特　　点
波浪型	全层不稳定 $\gamma-\gamma_d>0$	烟流上下飞舞，在烟源附近可能出现高浓度。晴朗白天中午易出现。污染物扩散良好
圆锥型	全层中或弱稳定 $\gamma-\gamma_d\approx0$	烟流的扩散在水平、垂直方向大致相同，烟流扩展成圆锥型。烟羽呈锥状，发生在中性大气中，污染物扩散比波浪型差。最大浓度出现地点比波浪型远。阴天常见
扇　型	全层强稳定 $\gamma-\gamma_d<-1$	烟流的扩散在垂直方向受抑制，像一条带子飘向远方，在水平方向扩展成扇型。发生在烟囱出口处，处于逆温层中。晴天从夜间到早上常见
屋脊型	上层不稳定， 下层稳定	烟流在逆温层上扩散为屋脊型，向上的扩散受抑制。日落前常见。烟羽的下部是稳定的，而上部是不稳定的
熏烟型	上层稳定， 下层不稳定	烟流向上的扩散受抑制，只能在近地面附近扩散，这是最不利的扩散情况。早上逆温层开始消失，到主要污染源高度时常见
受限型	上层稳定， 烟囱区不稳定，下层稳定	发生在烟囱出口上方和下方的一定距离内为大气不稳定区域，而这一范围以上或以下为稳定的

（三）大气稳定度

大气稳定度是指大气在垂直方向稳定的程度，即大气是否易发生对流。大气就整体而言，是经常处于静力平衡状态的，如果气团在外力的作用下偏离这种状态，产生上升或下降的垂直运动，当外力去除后，气团有逐渐减速并返回原来高度的趋势，即大气处于不利这种垂直运动发展的状态，则这时的大气是稳定的；如果气团继续运动，即大气处于有利于这种垂直运动发展的状态时，则大气是不稳定的；如果气团处于随遇平衡状态，既不加速也不减速，则称大气处于中性稳定度。

在空气质量模型中，受到大气稳定度直接影响的参数是标准差 σ_y、σ_z 和混合高度 h。大气稳定度对于污染物的扩散有极大的影响，用于模拟和预测大气环境质量的大气稳定度的分类方法主要有以下几种。

1. 帕斯奎尔分类法

目前应用比较方便的是帕斯奎尔提出来的方法，它根据太阳辐射状况（日照、云量）和地面风速，将大气的稀释扩散能力划分成 6 个稳定度级别，表 5-3 列出了帕斯奎尔 6 个稳定度级别的标准，它是根据 5 类地面风速、3 类日间辐射和 2 类夜间云量来划分的。

表 5-3　稳定度级别划分表

地面风速（距地面 10 m 处）/(m/s)	日间太阳辐射			阴天的日间或夜间	有云的夜间	
	强	中	弱		薄云遮天或低云$\geqslant\frac{5}{10}$	云量$\leqslant\frac{4}{10}$
<1.9	A	A～B	B	D		
2～2.9	A～B	B	C	D	E	F
3～4.9	B	B～C	C	D	D	E
5～5.9	C	C～D	D	D	D	D
>6	C	D	D	D	D	D

注：1. A—极不稳定，B—不稳定，C—弱不稳定，D—中性，E—弱稳定，F—稳定类。

2. 夜间指日落前 1 h 至日出后 1 h。

3. 无论何种天气状况，夜间时段的前后 1 小时为中性。

4. 盛夏晴天阳光充足的中午为强太阳辐射，隆冬时的晴天中午为弱太阳辐射。

这种方法对于开阔乡村地区还能给出比较可靠的稳定度，但对城市地区是不大可靠的，这是由于城市有较大的粗糙度及城市热岛效应。特别是在静风的晴夜，乡村地区的大气状态是稳定的，但在城市，在高度相当于城市建筑物平均高度数倍之内是稍不稳定或中性的，而在它的上部则有一个稳定层。

2. 特纳尔分类法

帕斯奎尔划分稳定度的方法对太阳辐射的强、中、弱概念的表达不够确切，对云量的观测不太准确，影响了结果的准确性，许多大气扩散专家对此提出了改进方法。这里仅对在我国有关标准中采用的特纳尔（Turner）的大气稳定度分类方法和步骤做介绍。

首先，由云量与太阳高度角按表 5-4 查出太阳辐射等级数。

表 5-4　太阳辐射等级

云量 总云量/低云量	夜　间	太阳高度角			
		$h_0\leqslant15^\circ$	$15^\circ<h_0\leqslant35^\circ$	$35^\circ<h_0\leqslant65^\circ$	$h_0>65^\circ$
≤4/≤4	−2	−1	1	2	3
5～7/≤4	−1	0	1	2	3
≥8/≤4	−1	0	0	1	1
≥7/5～7	0	0	0	0	1
≥8/≥8	0	0	0	0	0

太阳高度角用下式计算：

$$h_0=\arcsin[\sin\varphi\sin\delta+\cos\varphi\cos\delta\cos(15t+\lambda-300)]\tag{5-7}$$

式中　h_0——太阳高度角；

φ——当地地理纬度；

λ——当地地理经度；

δ——太阳倾角；

t——观测进行时的北京时间，h。

再根据辐射等级数与地面风速，按表 5-5 查出稳定度等级。

表 5-5 大气稳定度等级

地面风速$\bar{u}_{10}$/(m/s)①	太阳辐射等级					
	+3	+2	+1	0	−1	−2
≤1.9	A	A～B	B	D	E	F
2～2.9	A～B	B	C	D	E	F
3～4.9	B	B～C	C	D	D	E
5～5.9	C	C～D	D	D	D	D
≥6	C	D	D	D	D	D

注：$\bar{u}_{10}$系指离地面 10 m 高处 10 min 平均风速。

稳定度等级确定后就可由后面介绍的 P-G 曲线及函数式估算扩散参数。目前应用比较方便的是帕斯奎尔提出来的根据常规气象资料划分稳定度的方法，由于这些资料可以方便地从地方气象台或气象站获得，因此该法在国内外都得到了广泛应用。

（四）混合层高度

大气边界层的高度和结构与大气边界层内的温度分布或大气稳定度密切相关。中性和不稳定时，由于热力和动力湍流作用，大气边界层上会出现上、下湍流强度不同的现象。若下层空气湍流强，上层空气湍流弱，中间存在一个湍流强度不连续的面，此时湍流不连续面上、下两侧的污染物浓度差别很大，该不连续面犹如一个盖子，抑制下层空气向上输送，污染物在下层空气强烈混合。通常称不连续面以下能发生强烈湍流混合的层为混合层，其高度称混合层高度。

在混合层内气温随高度呈中性或不稳定分布，在混合层以上则是稳定分布。混合层高度是地面热空气对流所能达到的高度，因此它是影响污染物垂直扩散的重要因素，它表示污染物在垂直方向上能被热力湍流影响的范围。混合层高度主要取决于逆温条件。混合层向上发展时，常受到位于边界层边缘的逆温层底部的限制，与此同时也限制了混合层内污染物的再向上扩散。有研究表明：这一逆温层底（即混合层顶层）上、下两侧的污染物浓度可相差 5～10 倍，混合层厚度越小，这一差值就越大。

混合层高度的确定方法有图解法和计算法两种。

1. 图解法

由于温度层结的昼夜变化，混合层高度也随时间改变。受太阳辐射的影响，下午混合层高度最大。混合层高度可用气象部门观测的探空曲线及地面温度得到，也可以用低探空曲线求得。从探空温度廓线上可以找出逆温层及其参数（包括从地面算起第一层和其他各层的位置、出现频率、平均高度范围和强度），同时确定规定时间各级稳定度混合层的高度、日混合层最大高度及其对应的稳定度。任何时间混合层高度用北京时间 7 时的探空曲线和该时间地面温度为起点的干绝热递减率直线交点确定。

日混合层最大高度是用日最高地面温度与北京时间7时探空曲线作图得到的。如用高空探空曲线求日最高混合层高度，其方法如下：从日最高地面气温沿干绝热线上升，与当日7时的探空曲线相交或相切，其交点或切点对应的高度即为最高混合层高度，如图5-4(a)所示；同理，将最低温度沿干绝热线上升，与当日7时的探空曲线相交或相切的高度即为最低混合层高度。

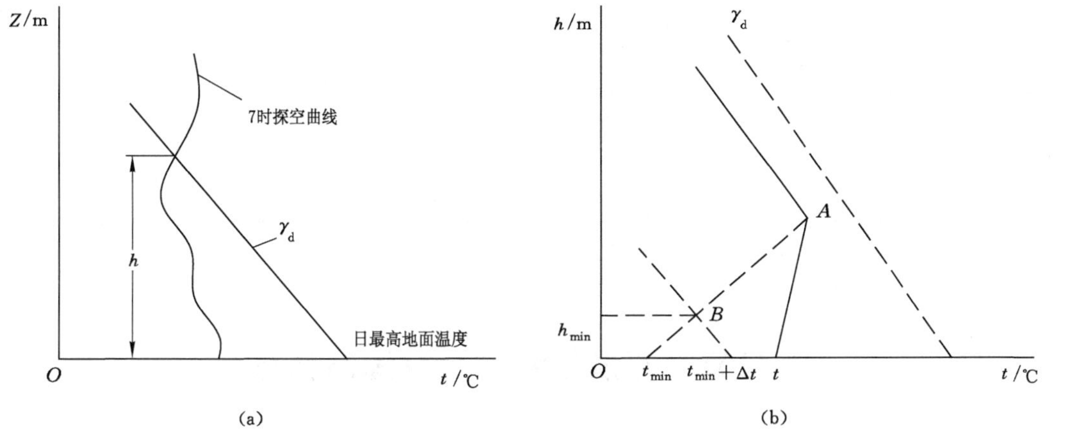

图5-4　混合层高度图解法

(a) 最大混合层高度的求法；(b) 最低混合层高度的求法

计算城市某日最低混合层高度，可利用城市热岛效应值Δt，如图5-4(b)所示。该混合层高度的求法是：先在探空图上将该日的最低温度t_{min}点与逆温层顶A相连接，表示该时逆温层内的层结曲线，然后将热导效应值Δt加上t_{min}，若$\Delta t+t_{min}=t_1$，再从t_1沿干绝热线上升，与层结曲线$t_{min}A$相交于B点，该点所对应的高度即最低混合层高度h_{min}。

欲求最高混合层高度或某小时的混合层高度只需将t_{min}换成t_{max}或某小时的混合层高度，其他步骤同前。这种方法的优点是逆温层顶以下的层结曲线是变化的，较符合实际情况。

2. 计算法

通常认为：中性和不稳定时的混合层高度和大气边界层高度是一致的，如无实测值，可应用以下方法计算确定。

当大气稳定度为A、B、C和D时，混合层高度按下式计算：

$$h=a_sU_{10}/f \tag{5-8}$$

当大气稳定度为E和F时，混合层高度按下式计算：

$$h=b_s\sqrt{U_{10}}/f \tag{5-9}$$

$$f=2\Omega\sin\varphi \tag{5-10}$$

式中　h——混合层厚度(E、F是指近地层高度的大气稳定度)，m；

U_{10}——10 m高度处平均风速，m/s，大于6 m/s时取6 m/s；

a_s，b_s——混合层系数，可按表5-6选取；

f——地转参数；

Ω——地转角速度，可取7.29×10^{-5} rad/s；

φ——地理纬度。

表 5-6 我国各地区的 a_s、b_s 值

地　　区	a_s				b_s	
	A	B	C	D	E	F
新疆、西藏、青海	0.090	0.067	0.041	0.031	1.66	0.70
黑龙江、吉林、辽宁、内蒙古、北京、天津、河北、河南、山东、陕西(秦岭北)、山西、宁夏、甘肃(渭河北)	0.073	0.060	0.041	0.019	1.66	0.70
上海、广东、广西、湖南、湖北、江苏、浙江、安徽、海南、台湾、福建、江西	0.056	0.029	0.020	0.012	1.66	0.70
云南、贵州、四川、甘肃(渭河以南)、陕西(秦岭以南)	0.073	0.048	0.031	0.022	1.66	0.70

注:静风时各类稳定度的 a_s、b_s 值取表中的最大值。

第二节　源强预测与有效源高估算

一、空气污染源源强预测模型

空气污染源条件是影响大气污染物质输送和扩散的主要因素，源强是研究大气污染的基础数据。

(一) 污染源分类

按空气污染物的主要来源，空气污染源可分为工业污染源和生活污染源。工业污染源包括燃料燃烧排放的污染物，生产过程中的排气等；生活污染源主要为家庭炉灶排气。按污染源的运动特性，其可分为固定源和流动源。固定源是指污染物固定地排出，如工厂企业的污染源及家庭炉灶等；流动源是指存在位置移动且移动过程中排放污染物的污染源，如汽车、轮船。按污染物排放的时间，污染源可分为连续源、间断源和瞬时源。连续源是指污染物连续排放的污染源，如工厂企业的排气筒等；间断源是指污染物时断时续的污染源，如工厂间歇性生产的排气、采暖锅炉；瞬时源是指排放时间短的污染源，如爆炸事故中有害气体的排放。

按照污染源的几何形状，其可分为点源、线源、面源和体源。点源是指几何形状可以近似处理为一个点的污染源，实际污染源都不是几何点，但只要集中排放的污染源，例如大型工厂、机关、学校集中排放的烟囱，一般均可以作为点源。线源则是空间上连续线形分布组成的污染源，交通频繁的公路、铁路及街道可以视为线源。面源通常是指那些低矮、密集的污染源，我国城市中的面源可分成以下几类：30～50 m 高烟囱的中小工业炉窑和取暖锅炉面源；10～30 m 高烟囱的中小工业炉窑和取暖锅炉面源；居民生活面源；其他面源(集中停车场、码头、火车站、固体废物焚烧场)。体源则指污染源被作为一个空间体看待，如一个高大车间在近距离可以作为体源。

在环境规划和污染物总量计算中往往按污染源的几何高度，将其分为高架源、中架源和低架源 3 类。通常将几何高度大于 100 m 的污染源作为高架源，将 30～100 m 的污染源作为中架源，将低于 30 m 高度的污染源或无组织排放的污染源作为低架源。实际研究中，高架点源排放高度阈值也可以根据研究范围和模拟或预测尺度而定。

（二）源强预测模型

源强是研究大气污染的基础数据，其意义为污染物的排放速率。对于瞬时排放点源，源强是指点源一次排放的总量；对于连续稳定的排放点源，源强是指点源在单位时间里的排放总量；对于线源，源强是指单位时间单位长度线源的排放量；对于面源，源强就是单位时间单位面积面源的排放量；对于体源，源强就是单位时间单位体积体源的排放量。

1. 预测源强的一般模型

预测源强的一般模型为

$$Q_i = K_i W_i (1 - \eta_i) \tag{5-11}$$

式中　Q_i——源强，对瞬时排放源，以 kg 或 t 计；对连续稳定的排放源，以 kg/h 或 t/d 计。

W_i——燃料的消耗量，对固体燃料，以 kg 或 t 计；对液体燃料，以 L、m^3 或 100 m^3 计；时间单位以 d 或 h 计。

η_i——净化设备对污染物的去除率，%。

K_i——某种污染物的排放因子。

i——污染物的编号。

2. 燃煤排放源源强预测模型

SO_2 和颗粒物是重点关注的燃煤排放的空气污染物。燃煤 SO_2 排放的一般预测模型为

$$Q_{SO_2} = 2BS(1 - S_r)(1 - \eta) \tag{5-12}$$

式中　Q_{SO_2}——SO_2 排放源强，对连续稳定排放点源以 kg/h 或 t/h 计；

B——燃煤消耗量，kg/h 或 t/h；

S——煤中全硫分含量，%；

S_r——燃煤过程中硫的残留率，%；

η——脱硫效率，%。

燃煤产生的不同粒径段的颗粒物排放的一般预测模型为

$$Q_{PM,y} = BA(1 - A_r) f_y (1 - \eta_y) \tag{5-13}$$

式中　$Q_{PM,y}$——粒径段 y 的颗粒物排放量，kg/h 或 t/h；

B——燃煤消耗量，kg/h 或 t/h；

A——燃料中应用基灰分含量，%；

A_r——燃煤过程中灰分的残留率，%；

f_y——粒径段 y 的颗粒物质量比例，%；

η_y——除尘器对粒径段 y 的颗粒物的去除效率，%。

3. 流动源源强模型

对于街道或公路上的机动车，其一般作为线源处理。对于线源，要调查车流量、汽车尾气主要污染物的排放量等。在调查车流量时，要分不同类别的车型，如轿车、重型汽车、柴油机车等，上述信息可通过城市交通管理信息系统获取。我们先把研究区域内道路划分成区段，区段内车流量相等，两旁建筑物和路面情况相似，通过人工或航空测量确定各区段的车流量，要分成小汽车、公共汽车、小型货车、卡车和特种汽车统计，各类车的燃料消耗定额 L（辆・km/kg 油）可以通过实际测量或统计得到，则该区间段单位时间总油耗按下式计算：

$$w = \frac{S \cdot N}{L} \tag{5-14}$$

式中 w——单位时间总油耗,kg/h;

S——道路区间距离,km;

N——某类车车流量,辆/h。

L——各类车的燃料消耗定额,辆·km/kg 油。

根据燃油污染物排放系数很容易计算出线源源强,其他交通污染源可用类似的方法计算。

(三)污染物排放因子

在污染源源强计算中,污染物排放因子的确定是十分重要的,燃烧方式和燃烧条件也对各种污染物的发生量有很大影响。1968 年,美国国家环境保护署(美国环保署)发布了全球首个排放因子数据库,即《大气污染物排放因子汇编》(*Compilation of Air Pollutant Emissions Factors*,AP-42)。目前,AP-42 已经发展到第五版,包含 200 多种大气污染源的排放因子信息,其示例见表 5-7(以燃用无烟煤的干底煤粉炉的颗粒物排放因子为例)。近年来,国内研究者针对中国排放源的实际特点开展了大量排放因子现场测试和汇编工作。例如,清华大学于 2015 年主编了《城市大气污染物排放清单编制技术手册》,并于 2018 年进行了更新,为我国主要行业大气污染物排放因子提供了较为全面的信息,其示例见表 5-8(以电力生产部门的燃气锅炉大气污染物排放因子为例)。

表 5-7 燃用无烟煤的干底煤粉炉的颗粒物排放因子(数据取自美国环保署 AP-42 第五版)

粒径大小/μm	小于等于给定粒径的颗粒物质量比例/%			排放因子[a]/(lb/ton)		
	无控制措施	有控制措施		无控制措施	有控制措施	
		多级旋风除尘器	布袋除尘器		多级旋风除尘器	布袋除尘器
15	32	63	79	3.2A[b]	1.26A	0.016A
10	23	55	67	2.3A	1.10A	0.013A
6	17	46	51	1.7A	0.92A	0.010A
2.5	6	24	32	0.6A	0.48A	0.006A
1.25	2	13	21	0.2A	0.26A	0.004A
1.00	2	10	18	0.2A	0.20A	0.004A
0.625	1	7	—	0.1A	0.14A	—
总计	100	100	100	10A	2A	0.02A

注:[a] AP-42 中排放因子的单位为 lb/ton,从 lb/ton 转换为 kg/Mg 需要乘以 0.5;[b] A 是灰分含量(%),如果灰分含量为 5%,则 A 为 5。

表 5-8 电力生产部门的燃气锅炉的大气污染物排放因子 单位:g/kg 燃料

燃料	CO	NO_x	SO_2	VOCs	$PM_{2.5}$	PM_{10}	BC	OC
焦炉煤气	1.30	1.35	0	0.02	0.03	0.03	0	0
高炉煤气	1.30	1.35	0	0.05	0.03	0.03	0	0
其他煤气	1.30	1.35	0	0.05	0.03	0.03	0	0

表 5-8(续)

燃料	CO	NO_x	SO_2	VOCs	$PM_{2.5}$	PM_{10}	BC	OC
天然气	1.30	4.10	0	0.02	0.03	0.03	0	0
液化天然气	0.36	3.74	0	33	0.17	0.17	0.02	0.05
液化石油气	0.36	3.74	0	33	0.17	0.17	0.02	0.05
炼厂干气	0	0.75	0	0	0	0	0	0
转炉煤气	1.30	1.35	0	0.05	0.03	0.03	0	0
其他气体燃料	1.30	1.35	0	0.02	0.03	0.03	0	0

二、高架连续点源的有效源高

连续点源的排放大部分是以工业烟囱排放为对象的，热烟流自烟囱排出后可以上升至很高的高度，特别是强热源的情况下，抬升高度可达烟囱高度的 2～10 倍。烟囱的有效高度 H_e 也称等效高度和有效源高。烟囱的有效高度为

$$H_e = H_1 + \Delta H \tag{5-15}$$

由于地面浓度与烟囱高度的平方成反比，烟流抬升有时可使地面浓度减少至百分之一。大多数工业污染物以高速或高温排出，因而必须计算烟流的抬升高度。

烟流抬升高度 ΔH 受烟气本身的热力、动力性质以及周围大气状况、下垫面情况等因素的影响，通常的烟气提升公式均是根据有限的观察资料归纳出来的经验与半经验公式，有一定的适用条件和局限性。我国在《制定地方大气污染物排放标准的技术方法》(GB/T 3840—1991)中对烟流抬升高度的计算公式作了规定，对于有风、中性和不稳定条件分 3 种情况进行计算。

(1) 当烟气热释放率 $Q_H \geqslant 2\ 100$ kJ/s，且烟气温度与环境温度的差值 $T_s - T_a \geqslant 35$ K 时，有

$$\Delta H = n_0 Q_H^{n_1} H_s^{n_2} u^{-1} \tag{5-16}$$

式中　n_0, n_1, n_2——系数，按表 5-9 选取；

H_s——烟囱几何高度，m；

Q_H——烟气热释放率，J/s；

u——烟囱出口处平均风速，m/s。

表 5-9　系数 n_0、n_1、n_2 的值

Q_H/(kJ/s)	地表状况(平原)	n_0	n_1	n_2
$Q_H > 21\ 000$	农村或城市远郊区	1.427	1/3	2/3
	城区或近郊区	1.303	1/3	2/3
$2\ 100 < Q_H \leqslant 21\ 000$ 且 $\Delta T \geqslant 35$ K	农村或城市远郊区	0.332	3/5	2/5
	城区或近郊区	0.292	3/5	2/5

如果上述两项中有一项不满足，则

$$\Delta H = \Delta H_1 = 2(1.5 v_s D + 0.01 Q_H) u^{-1} \tag{5-17}$$

如果仅第一项不满足但烟气热释放率大于 1 700 kJ/s，则采用内插方法进行计算。

$$\Delta H=\Delta H_2+(\Delta H_1-\Delta H_2)(Q_{\mathrm{H}}-1\,700)/(2\,100-1\,700) \tag{5-18}$$

$$\Delta H_2=2(1.5v_{\mathrm{s}}D+0.01Q_{\mathrm{H}})u^{-1}-0.048(Q_{\mathrm{H}}-1\,700)u^{-1} \tag{5-19}$$

式中 D——烟囱直径；

v_{s}——烟囱出口烟气气速；

u——烟囱出口风速；

其他符号为经验常数。

(2) 有风、稳定条件，则烟气有效源高按下式计算：

$$\Delta H=Q_{\mathrm{H}}^{1/3}\left(\frac{\mathrm{d}T_{\mathrm{a}}}{\mathrm{d}z}+0.009\,8\right)^{-1/3}u^{-1/3} \tag{5-20}$$

(3) 对于静风或小风天气，所有稳定度都采用以下公式：

$$\Delta H=5.50Q_{\mathrm{H}}^{1/4}\left(\frac{\mathrm{d}T_{\mathrm{a}}}{\mathrm{d}z}+0.009\,8\right)^{-3/8} \tag{5-21}$$

我们也可以运用其他烟气抬升高度计算公式。

第三节 大气扩散模型概述

一、大气污染物扩散模型分类与构成

(一) 大气污染物扩散模型分类

大气污染物在空气中的运动方式极为复杂，影响其浓度变化的因素非常多，因而针对不同的地理条件、气象条件、污染源状况、预测的时间尺度与空间范围，需采用不同的预测模型。

大气扩散模式具有多种类型，造成这种情况的原因是多方面的。一是建立模型时依据的理论体系和研究方法不同，如大气湍流扩散研究的理论分为三个独立的体系：湍流扩散统计理论、梯度输送理论(K 理论)和相似理论，从不同的理论出发可以导出不同的模式。除了从理论推导外，还有经验模型、简单箱模型等。二是模型描述的烟气扩散过程不同，有的模型主要描述烟气短距离迁移过程，只考虑物理过程而忽略化学转化过程。

最常用的正态烟流模式采用烟流表示扩散，它适用于处理均匀排放、地形平坦、扩散时间不大于 1 h、空间尺度不大于 10 km 的定常流场。正态烟流模式的计算工作量小，要求输入的气象参数较少，有很好的空间分辨率，然而其时间分辨率差，不能处理具有非线性化学反应行为的污染物。

正态高斯烟团模式采用烟团表示扩散，它适用于处理非均匀、非定常流场，应用于中尺度和长时间扩散过程。与正态烟流模式相比，烟团模式要求输入的气象参数多，计算量大，但它对地形、气象条件、模式的时间分辨率和空间分辨率好。

箱型模式是一个高度简化的模型，主要用于一个区域大气环境污染基本特征和稀释能力的定性判定。平流扩散模式从理论上完整地考虑了污染物、气象要素的时空变化及污染物的化学反应，它的最大特点是能够模拟具有非线性化学反应行为的污染物散布规律。这种模式对地形和气象条件的适应性好，时间分辨率高，但空间分辨率差，计算工作量大。

(二) 大气环境质量模型基本构成

大气环境质量模型，即用数学方法定量描述污染物从源地到接受地所经历的全过程，它

包括了一组以大气扩散模式为主体的描述各种过程的数学表达式、一套输入参数和确定模式参数的方法及完成模式计算需要的计算方法与程序。大多数大气环境质量模型的基本结构如图 5-5 所示。

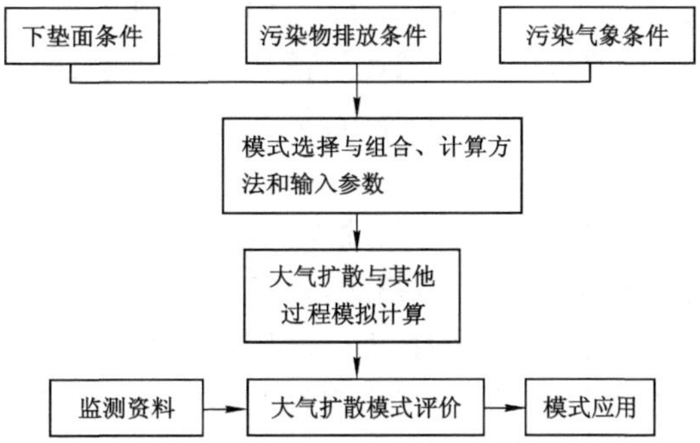

图 5-5　大气环境质量模型的构成

从模型的应用需要出发，美国等国家把大气环境质量模型划分为法规应用级和研究应用级两类：前一类是指被环境部门推荐为空气污染物浓度预测计算的模式；后一类是正在探索和研究的模式，主要是数值模式。这些国家制定了空气质量模式技术导则，指导模型的选用。

二、大气预测模型的筛选

选择大气预测模型主要考虑以下几个因素，特别要注意模拟预测空间范围对模型的要求。

（一）大气污染物及污染源类型

在选择模式时首先要明确大气污染物和污染源类型。对于以燃烧煤炭为主的区域，一般关注 SO_2 和烟尘等颗粒物，化工区则关注烃类等有机污染物，食品工业和某些化学工厂则关注恶臭物质等。模拟不同类型污染物从污染源到接受地的过程，除了要考虑排放物的人为污染源及其在环境中的迁移和扩散外，还需要考虑排放物在大气环境中的清除机制，如化学转化、干湿沉降等。对于 SO_2、NO_x 等污染物短距离扩散时，可将其视为不活泼物质，得到的污染源附近的长期平均浓度精度较高。如果污染物在输送过程中发生光化学反应或具有放射性衰变时，则要选用数值模式中的网格法。

不同污染源采取的扩散模式都不相同，预测精度也不相同。

（二）模拟预测空间范围和地形

1. 空间尺度

在小尺度（10 km 以内）污染预测中，对于高架连续点源，如某一新扩建工程的烟囱排放，估算其在某一局部范围内造成的污染时，主要使用正态分布假设下的烟流模型和烟团模型。该模型在平坦、开阔的小尺度范围内使用效果较好，且有计算简捷等优点，故在许多国家的大气环境影响预测中广泛被采用。然而，当受地形和建筑物的强烈影响时，如烟囱高度和建筑物高度相当，烟的扩散很难满足正态分布的假设，需要使用风洞试验或水槽试验的方法模拟源的扩散情况。在山谷地区，也可使用箱式模型。

在中尺度（10～100 km）污染预测中，如模拟一个工业区或一个城市范围内的地区性污染，一般是将烟流模型、烟团模型、面源模型等几种模型配合使用。在中尺度污染中，大烟囱造成的下风向污染距离与预测地区的空间规模几乎相当，需将它们孤立起来，按点源处理，并用烟流模型和烟团模型正确地推算每个污染物的扩散状态，而其余低矮的小烟源群和线源则按面源处理，并用面源模型推算其浓度。预测点的浓度为点源浓度和面源浓度的叠加。当地形影响特别大时，要使用风洞试验方法或利用电子计算机预测气流状态，并与扩散模型配合进行模拟预测。

在大尺度（100 km 以上）污染预测中，由于受到若干个污染源群的影响，通常不去严格地推算某个污染源的污染，而是常把几平方千米看成一个单位，再将其中的污染源处理为面源，因此可以用广域污染模式。如果考虑扩散，并假定以逆温层为上盖，在此盖之下的整个气层内污染物均匀分布，那么预测模型可采用箱型模式。

2. 地形条件

下垫面是影响局地大气污染气象条件最重要的因素之一。不同的下垫面条件，需要采用不同的大气扩散模式，而且计算精度相差也很大。目前多数模型是根据平原大气扩散试验归纳整理得到的，推广应用到复杂地形时需要进行修正，且精度也明显降低。城市、海岸带、丘陵地区和山区是四种典型的复杂地形条件，特别是山区气流复杂，污染物浓度分布更加不均匀，大部分实际使用的模式计算结果的空间分辨率都不高，这是至今还没有解决的一个问题。

山区和丘陵地区地形对大气扩散的影响最复杂，存在许多可能引起高污染的因素。在山区，同一地形的不同部位甚至同一部位的不同时刻都可能出现污染物浓度差别，给大气质量预测造成困难。山区的背景风场比较强，因地形影响十分复杂，有时存在强逆温和静风条件。当背景风场比较弱时，山区往往广泛发育山谷风，地方性环流启动的能量远小于海陆风，风的分布很难预测且变化频繁。在山区，污染源形成高浓度污染的可能原因有：烟流直接撞山、地形波引起的山体背风侧高浓度、冷泄流引起的谷地高浓度、沟谷漫烟和逆温引起的谷地高浓度等。

（三）模拟预测时间尺度和精度

预测的时间尺度不同，所选用的预测模型也不相同，如果预测几小时前或一天前的污染，除了可用烟流模型、烟团模型等物理模式或箱模式以外，还可以使用以污染物浓度的时间系列数据为基础的统计预测模式，其中包括因子分析法和回归分析法。预测模型的选取也随计算平均污染物浓度所取的时间长短而不同。当以一次浓度或小时平均浓度等短期浓度为对象时，一般选用烟流和烟团扩散模式；当以年、季或月为对象时，就不能直接采用短期扩散模式，可以考虑使用排放总量与污染物浓度之间简单的比例关系模式，但更常用的是以烟流、烟团为基础，按各类污染气象条件出现频率加权平均的模式。

模式计算要求达到的空间分辨率是一项重要和敏感的指标。在一个高架点源下风向，相距几百米的两个点，污染物浓度可能相差几个数量级，即使在污染源分布比较均匀的城市，1 km 的距离可以使两个点污染物浓度相差数倍。模式计算精度低，空间分辨率差，可能丢失个别极端高浓度值。一般要求小尺度扩散模式空间分辨率高，而远距离输送模式空间分辨率可以低一些。

模型化所需的大气扩散模式，多数是直接选用，只有极少数复杂地形和特殊评价项目需要通过大气扩散试验来研制扩散模式。通常，进行污染源和污染气象调查等系统模型化的基础工作后，即可选用大气环境质量模式。

三、大气环境质量基本模型

大气环境质量基本模型是由湍流扩散的梯度理论导出的，以质量平衡原理为理论基础，通过演绎法，建立描述污染物在环境介质中的运动变化规律的微分方程。其中，污染物在大气中的扩散为三维扩散模型，基本方程如式(5-22)所列的三维模型。

$$\frac{\partial C}{\partial t}=E_{t,x}\frac{\partial^2 C}{\partial x^2}+E_{t,y}\frac{\partial^2 C}{\partial y^2}+E_{t,z}\frac{\partial^2 C}{\partial z^2}-u_x\frac{\partial C}{\partial x}-u_y\frac{\partial C}{\partial y}-u_z\frac{\partial C}{\partial z}-KC \tag{5-22}$$

该方程坐标系的 x 轴与平均风向一致，z 轴铅直向上，在均匀流场中，同时忽略 y 方向和 z 方向的流动，即 $u_y=0$，$u_z=0$。湍流扩散系数 $E_{t,x}$、$E_{t,y}$、$E_{t,z}$ 可视为常数。在污染物随大气扩散的这个尺度内，污染物自身的衰减可以忽略，即 $K=0$。所以，上式可简化为

$$\frac{\partial C}{\partial t}+u_x\frac{\partial C}{\partial x}=E_{t,x}\frac{\partial^2 C}{\partial x^2}+E_{t,y}\frac{\partial^2 C}{\partial y^2}+E_{t,z}\frac{\partial^2 C}{\partial z^2} \tag{5-23}$$

在不同的初始条件和边界条件下解上述方程即可得到不同气象条件下、不同形式的源所造成的污染物浓度的时空分布。

（一）瞬时单烟团正态扩散模型

瞬时释放的单烟团正态扩散模型是一切正态扩散模型的基础。假设点源位于坐标原点(0,0,0)，释放时间为 $t=0$，在无边界的大气环境中，瞬间排出的一个烟团将沿三维方向扩散，根据以上基本运动方程，忽略污染物扩散过程中自身的衰减，即 $K=0$，假定大气流场是均匀的，湍流扩散参数 E_x、E_y、E_z 都是常数，则可得到在空间任一点、任一时刻的污染物浓度计算式

$$C(x,y,z,t)=\frac{Q}{8(\pi t)^{3/2}\sqrt{E_xE_yE_z}}\exp\left\{-\frac{1}{4t}\left[\frac{(x-u_xt)^2}{E_x}+\frac{(y-u_yt)^2}{E_y}+\frac{(z-u_zt)^2}{E_z}\right]\right\} \tag{5-24}$$

式中，Q 为在 $t=0$ 时刻，原点(0,0,0)的瞬时排放量，即污染物的源强。

若令三个坐标方向上的污染物分布的标准差为

$$\sigma_x^2=2E_xt;\quad \sigma_y^2=2E_yt;\quad \sigma_z^2=2E_zt$$

则式(5-24)可以写成

$$C(x,y,z,t)=\frac{Q}{\sqrt{8\pi^3}\,\sigma_x\sigma_y\sigma_z}\exp\left\{-\left[\frac{(x-u_xt)^2}{2\sigma_x^2}+\frac{(y-u_yt)^2}{2\sigma_y^2}+\frac{(z-u_zt)^2}{2\sigma_z^2}\right]\right\} \tag{5-25}$$

（二）无边界有风的点源模型

在有风的情况下，不妨设风向平行于 x 轴，忽略 y 方向和 z 方向的流动，即 $u_y=0$，$u_z=0$，则在空间任一点、任一时刻的污染物浓度计算式为

$$C(x,y,z,t)=\frac{Q}{\sqrt{8\pi^3}\,\sigma_x\sigma_y\sigma_z}\exp\left\{-\left[\frac{(x-u_xt)^2}{2\sigma_x^2}+\frac{y^2}{2\sigma_y^2}+\frac{z^2}{2\sigma_z^2}\right]\right\} \tag{5-26}$$

（三）无边界无风的瞬时点源模型

在无风条件下，$u_x=0$，由式(5-26)可以求得无边界无风的瞬时点源模型

$$C(x,y,z,t)=\frac{Q}{\sqrt{8\pi^3}\,\sigma_x\sigma_y\sigma_z}\exp\left\{-\left(\frac{x^2}{2\sigma_x^2}+\frac{y^2}{2\sigma_y^2}+\frac{z^2}{2\sigma_z^2}\right)\right\} \tag{5-27}$$

（四）无边界连续点源模型

实际上大多数点源都是连续排放的，对于一个连续稳定点源，$\frac{\partial C}{\partial t}=0$，在有风（$u\geqslant 1.5$ m/s）时，可以忽略纵向扩散作用，则从式(5-23)可推得

$$C(x,y,z)=\frac{Q}{2\pi u_x\sigma_y\sigma_z}\exp\left\{-\frac{1}{2}\left(\frac{y^2}{\sigma_y^2}+\frac{z^2}{\sigma_z^2}\right)\right\} \tag{5-28}$$

式中，Q 为在原点(0,0,0)连续稳定的污染源强，即单位时间排放的污染物量。

在求解上述方程时，都是在假定湍流扩散系数 $E_{t,x}$、$E_{t,y}$、$E_{t,z}$ 为常数，u_x 与高度无关，湍

流场均匀、定常等基本假设基础上进行的，实际大气很难满足这些条件。而实用中的大多数大气扩散模式都是由湍流扩散的梯度理论导出的解进一步推导出来的，因此需要根据实际情况明确边界条件和使用条件，准确选择应用模式。

第四节　高架连续点源扩散模型

一、高架连续点源的扩散基本公式

对于平原地区的简单地形，研究范围在 10～50 km 内，一般采用高斯烟流模式及其变形公式。

所谓高架源是指距地面一定高度的排放源，其扩散在下方受到地面限制，地面对污染物扩散的影响是很复杂的。烟气离开排出口之后，向下风向扩散，作为扩散边界，地面起到了反射作用，可以通过引入虚源模拟地面反射作用，如图 5-6 所示。

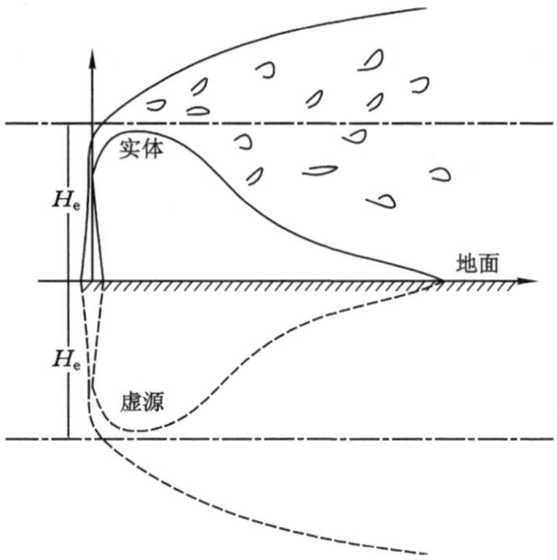

图 5-6　地面对烟羽的反射

下风向空间一点的浓度可以认为是两部分贡献之和：一部分是不存在地面时，P 点所具有的浓度；另一部分是由于地面反射而增加的浓度。这相当于位置在$(0,0,H_e)$的实源和在$(0,0,-H_e)$的虚源（像源）在不存在地面时，在 P 点的浓度之和。如果假定大气流场均匀稳定，横向、竖向流速和纵向扩散作用可以忽略，即 $u_y=u_z=0$，$E_x=0$，对于一个排放筒底部中心在坐标原点、有效源高为 H_e 的连续点源，在有风（>1.5 m/s）条件下，x 取顺风方向，其下风向的污染物空间分布可按下式计算：

$$C(x,y,z;H_e)=\frac{Q}{2\pi u_x\sigma_y\sigma_z}\exp\left(-\frac{y^2}{2\sigma_y^2}\right)\left\{\exp\left[-\frac{(z-H_e)^2}{2\sigma_z^2}\right]+\exp\left[-\frac{(z+H_e)^2}{2\sigma_z^2}\right]\right\} \tag{5-29}$$

式中　$C(x,y,z)$——坐标为(x,y,z)处的污染物浓度，mg/m^3；

H_e——烟囱的有效高度，m；

Q——烟囱排放的源强，即单位时间排放的污染物量，mg/s。

式(5-29)是高架连续点源在正态分布假设下的扩散基本公式，又叫烟流模式（plume model），由此模式可求出下风向任一位置的污染物浓度。

二、高架连续点源的地面浓度模式

（一）高架连续点源的地面浓度模式

由式(5-29)，令 $z=0$，即可求得地面污染物浓度模型：

$$C(x,y,0;H_e)=\frac{Q}{\pi u_x\sigma_y\sigma_z}\exp\left(-\frac{y^2}{2\sigma_y^2}\right)\exp\left(-\frac{H_e^2}{2\sigma_z^2}\right) \tag{5-30}$$

（二）高架连续点源的地面轴线浓度模式

地面浓度是以 x 轴为对称的，轴线 x 上具有最大值，向两侧沿 y 方向逐渐减小，由式(5-30)可得在 $y=0$ 时得到污染物地面轴线浓度：

$$C(x,0,0;H_e)=\frac{Q}{\pi u_x\sigma_y\sigma_z}\exp\left(-\frac{H_e^2}{2\sigma_z^2}\right) \tag{5-31}$$

（三）高架连续点源的地面最大浓度模式

我们知道，正态分布标准差 $\sigma_y\sigma_z$ 是时间的函数，因此也可说是距离 x 的函数，而且随 x 的增大而增大，在式(5-30)中 $\frac{Q}{\pi u_x\sigma_y\sigma_z}$ 项随 x 的增大而减小，而 $\exp\left(-\frac{H_e^2}{2\sigma_z^2}\right)$ 项随 x 的增大而增大，两项共同作用的结果，必然在某一个距离上出现地面浓度 C 的最大值。

在最简单的情况下，如设 $\sigma_y/\sigma_z=a$，而 a 为一常数时，令式(5-31)对 σ_z 求导，并令其等于零，即

$$\frac{\mathrm{d}}{\mathrm{d}\sigma_z}\left[-\frac{Q}{\pi u_x a\sigma_z^2}\exp\left(-\frac{H_e^2}{2\sigma_z^2}\right)\right]=0 \tag{5-32}$$

再经过一些简单的运算，即可求得计算地面最大浓度及其出现距离的公式，即

$$C_{\max}=\frac{2Q}{\mathrm{e}\pi u_x H_e^2}\cdot\frac{\sigma_z}{\sigma_y} \tag{5-33}$$

$$\sigma_z\bigg|_{x=x_{\max}}=\frac{H_e}{\sqrt{2}} \tag{5-34}$$

如果大气扩散系数可以用下式表示：

$$\sigma_y=\gamma_1 x^{a_1};\sigma_z=\gamma_2 x^{a_2}$$

则孤立点源下风向地面最大浓度可以按下式计算：

$$C_{\max}=\frac{2Q}{\mathrm{e}\pi u_x H_e^2 P_{11}} \tag{5-35}$$

式中，P_{11} 为横向稀释系数。

$$P_{11}=\frac{2\gamma_1\gamma_2^{-\frac{a_1}{a_2}}}{\left(1+\frac{a_1}{a_2}\right)^{0.5(1+a_1/a_2)}H_e^{(1-a_1/a_2)}\mathrm{e}^{0.5(1-a_1/a_2)}} \tag{5-36}$$

地面最大浓度发生地点距烟囱距离：

$$x_{\max}=\left(\frac{H_e}{\gamma_2}\right)^{1/a_2}\left(1+\frac{a_1}{a_2}\right)^{-1/2a_2} \tag{5-37}$$

三、地面连续点源扩散的高斯模式

由高架连续点源扩散模式(5-29)，令有效源高 $H_e=0$ 即可得到地面连续点源扩散模式：

$$C(x,y,z;0)=\frac{Q}{\pi u_x\sigma_y\sigma_z}\exp\left(-\frac{y^2}{2\sigma_y^2}\right)\exp\left(-\frac{z^2}{2\sigma_z^2}\right) \tag{5-38}$$

比较式(5-38)和式(5-28)可发现，地面连续点源造成的浓度恰好是无界连续点源所造成的 2 倍。

四、逆温条件下的高架连续点源模式

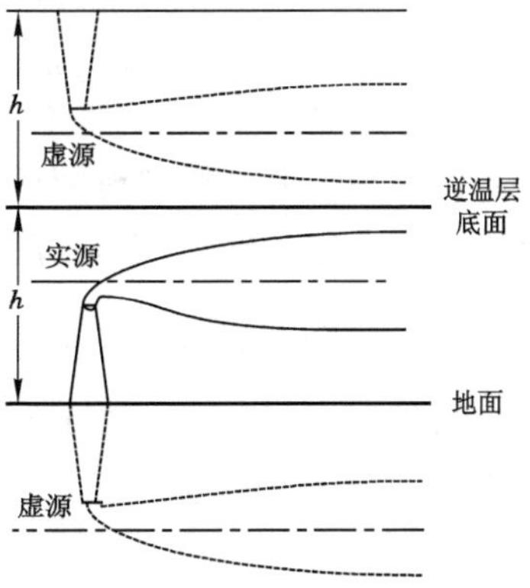

图 5-7　逆温层烟羽的反射图

如果在烟囱排出口上方存在逆温层，如图 5-7 所示，从地面到逆温层底部的高度为 h，烟囱出口的烟羽不仅要

受到地面的反射,还要受到逆温层的反射。在逆温条件下,当将地面和逆温层对烟羽的反射看成和地面一样全反射时,同样可以用虚源模拟它们的反射作用,因此,逆温条件下高架连续点源扩散模式为

$$C(x,y,z)=\frac{Q\exp(-kx/u_x)}{2\pi u_x\sigma_y\sigma_z}\left\{\exp\left[-\frac{1}{2}\left(\frac{y^2}{\sigma_y^2}+\frac{(z-H)^2}{\sigma_z^2}\right)\right]+\exp\left[-\frac{1}{2}\left(\frac{y^2}{\sigma_y^2}+\frac{(z+H)^2}{\sigma_z^2}\right)\right]+\right.$$
$$\left.\sum_{n=2}^{\infty}\left[-\frac{1}{2}\left(\frac{y^2}{\sigma_y^2}+\frac{(nh-z-H)^2}{\sigma_z^2}\right)\right]+\sum_{n=2}^{\infty}\left[\frac{1}{2}\left(\frac{y^2}{\sigma_y^2}+\frac{(nh+z-H)^2}{\sigma_z^2}\right)\right]\right. \tag{5-39}$$

式中 h——地面到逆温层底部的高度,m;

n——计算的反射次数。

随着 n 的增大,反射对浓度的贡献(等号右边第 3、4 项)衰减很快,一般经过一、二次反射后,虚源的影响已经很小,故在实际计算中,只需取 $n=1$ 或 2。

将 $y=0$ 和 $z=0$ 代入式(5-39),可以得到逆温条件下高架连续点源的地面轴线浓度,即

$$C(x,0,0)=\frac{Q\exp(-kx/u_x)}{\pi u_x\sigma_y\sigma_z}\left\{\exp\left[-\frac{H^2}{2\sigma_z^2}\right]+\sum_{n=2}^{\infty}\exp\left[\frac{(nh-H)^2}{2\sigma_z^2}\right]\right\} \tag{5-40}$$

式(5-39)和式(5-40)的适用条件是烟囱的有效高度 H_e 要不大于 h,当烟囱的有效高度超过逆温层底部时,不能应用。

五、TSP 扩散-沉积模式

目前我国大气环境管理关心的主要污染物是 TSP、飘尘、二氧化硫和氮氧化物,其中 TSP 的干沉积尤为突出,需要一些特殊的模式。

(一) 不考虑地面反射的可沉降颗粒物模式

当颗粒物的粒径小于 10 μm 时,其运动过程基本上受湍流和大气运动所支配,可以忽略颗粒物的沉降。当颗粒物的粒径大于 10 μm 时,其除受到湍流与大气运动的影响外,还在重力的作用下,使羽流的中心线向下倾斜。在不考虑地面反射的条件下,可沉降颗粒物模型即高斯倾斜烟流模式为

$$C(x,y,0)=\frac{Q}{2\pi u_x\sigma_y\sigma_z}\exp\left(-\frac{y^2}{2\sigma_y^2}\right)\exp\left[-\frac{(H_e-v_g x/u)^2}{2\sigma_z^2}\right) \tag{5-41}$$

式中 v_g——颗粒物的重力沉降速度,用斯托克斯公式计算。

该模式在处理地面和逆温层的阻挡作用时,仍采用高斯烟流模式。如果颗粒物的粒径分布范围较宽,不能用一个沉降速度代表,则需要分成数个颗粒级别使用该模式分别计算。

(二) 部分反射模式

无论是颗粒物,还是气态污染物,都存在地面吸收和吸附现象,这种现象对颗粒物来说更严重一些。烟流遇到地面后发生的污染物反射是不完全的,因此需要对地面全反射的高斯烟流模式进行修正,得到部分反射模式,这是对高斯倾斜烟流模式的合理修正。

$$C(x,y,z=0)=\frac{Q[1+\alpha(x)]}{2\pi u_x\sigma_y\sigma_z}\exp\left(-\frac{y^2}{2\sigma_y^2}\right)\exp\left[-\frac{(H_e-v_g x/u)^2}{2\sigma_z^2}\right] \tag{5-42}$$

部分反射系数是 0 到 1 的数,1 表示全反射,0 表示全部颗粒物被地面吸收。该系数用下式估算:

$$\alpha(x)=1-\frac{2v_d}{v_g+v_d+(uH-v_g x)\sigma_z^{-1}(\mathrm{d}\sigma_z/\mathrm{d}z)} \tag{5-43}$$

式中 v_g,v_d——颗粒物的重力沉降速度和干沉降速度,m/s。

六、高架多点源连续排放模式

通常，地面上任意一处的污染物都来源于上风向的所有污染源。如果在上风向存在 m 个相互独立的污染源，任一空间点(x,y,z)处的污染物浓度就是这 m 个污染源对该空间点的贡献之和，即

$$C(x,y,z)=\sum_{i=1}^{m}C_i(x,y,z) \tag{5-44}$$

式中

$$C_i(x,y,z)=\frac{Q_i\exp(-kx_i/u_x)}{\pi u_x\sigma_{yi}\sigma_{zi}}\left\{\exp\left[-\frac{1}{2}\left(\frac{(y-y_i)^2}{\sigma_{yi}^2}+\frac{(z-H_i)^2}{\sigma_{zi}^2}\right)\right]\right\} \tag{5-45}$$

式中　Q_i——第 i 个污染源的源强；

$C_i(x,y,z)$——第 i 个污染源对点(x,y,z)处的污染物浓度的贡献值；

σ_{yi}，σ_{zi}——第 i 个污染源至计算点的纵向距离(x_i)的横向与竖向标准差。

令 $z=0$，代入式(5-45)，可以计算多点源作用下的地面浓度。

七、标准差的估算

σ_y 和 σ_z 是描述污染物扩散特征的重要参数，它们取决于污染源至下风向计算点的纵向距离、大气稳定度、烟羽的排放高度以及地面粗糙度。目前，用于标准差计算的方法主要有帕斯奎尔模型和布里吉斯模型。

（一）P-G 曲线近似式

帕斯奎尔和吉福德根据美国“草原计划”地面源的试验结果和其他扩散试验结果给出的不同稳定度时 σ_y 和 σ_z 随下风距离变化的经验曲线，简称之 P-G 曲线图。P-G 曲线对应的取样时间为 10 min，浓度测量距离为 1 km，图中 1 km 以外的曲线是外推的结果。为便于利用计算机计算，几位研究人员将扩散参数进行拟合，根据 P-G 曲线图所拟合的近似表达式中的系数和指数如表 5-10 所示。

表 5-10　P-G 曲线近似式 $\sigma(x)=\gamma x^{\alpha}$（取样时间 0.5 h）

σ_y，σ_z	稳定度	α	γ	x/m
σ_y	A	0.901 074	0.425 809	0～1 000
		0.850 934	0.602 052	1 000～∞
	B	0.914 370	0.281 846	0～1 000
		0.865 014	0.396 353	1 000～∞
	C	0.924 279	0.177 154	0～1 000
		0.885 157	0.232 123	1 000～∞
	D	0.929 418	0.110 726	0～1 000
		0.888 723	0.146 669	1 000～∞
	E	0.920 818	0.086 400 1	0～1 000
		0.896 864	0.101 947	1 000～∞
	F	0.929 418	0.055 363 4	0～1 000
		0.888 723	0.073 334 8	1 000～∞

表 5-10(续)

σ_y,σ_z	稳定度	α	γ	x/m
σ_z	A	1.121 54	0.079 990 4	0～300
		1.513 60	0.008 547 71	300～500
		2.108 81	0.000 211 545	500～∞
	B	0.964 485	0.127 190	0～500
		1.093 56	0.057 025 1	500～∞
	C	0.917 595	0.106 803	0～∞
	C～D	0.838 628	0.120 152	0～2 000
		0.756 410	0.235 667	2 000～10 000
		0.815 575	0.136 659	10 000～∞
	D	0.826 212	0.104 634	0～1 000
		0.632 023	0.400 167	1 000～10 000
		0.555 360	0.810 763	10 000～∞
	D～E	0.776 864	0.111 771	0～2 000
		0.572 347	0.528 992	2 000～10 000
		0.499 149	1.038 10	10 000～∞
	E	0.788 370	0.092 752 9	0～1 000
		0.565 188	0.433 384	1 000～10 000
		0.414 743	1.732 41	10 000～∞
	F	0.784 400	0.062 076 5	0～1 000
		0.525 969	0.370 015	1 000～10 000
		0.322 659	2.406 91	10 000～∞

P-G 法仅需常规气象资料划分大气稳定度等级，就可以确定扩散参数 σ_y、σ_z 的数值，该法简单易行，因此得到了广泛的应用。由于扩散参数数值对浓度计算结果的影响很大，在选用时必须注意以下两点：① 要合理确定大气稳定度等级；② 模式计算时的环境条件与 P-G 曲线的试验条件相符，当与试验条件相符时，计算误差较小，否则，计算误差大。

由于 P-G 曲线及其拟合公式的原始数据来自平坦开阔条件下近地面源的小尺度扩散试验，而草原计划试验是在粗糙度 Z 为 3 cm 的地域上进行的。这种方法没有考虑地面粗糙度的影响，因而不适用城市和山区。在下垫面粗糙时，按照实测的稳定度等级向不稳定方向提级，然后再查 P-G 曲线或 P-G 曲线幂函数式计算。这种对扩散参数修正的方法也称为 P-T 法，具体修正方法如表 5-11 所示。

表 5-11　不同地区扩散参数修正法

P-T	A	B	C	D	E	F
平原地区、农村及城市远郊	A	B	C	C～D	D～E	E
丘陵、山区城区及工业集中区	A	B	B	C	D	E

（二）布里吉斯公式

1973 年布里吉斯根据帕斯奎尔、布鲁克海文国家实验室和田纳西河流域管理局（该局观测距离为 10 km 以外）等几种扩散曲线，应用关于公式渐近限的理论概念进行拟合，给出一套适用于高架源的公式，如表 5-12 所示。

表 5-12　布里吉斯提出的 σ_y 和 σ_z 的公式（10^2 m＜x＜10^4 m）

帕斯奎尔类别	σ_y/m	σ_z/m
开阔乡间条件		
A	$0.22\times(1+0.0001x)^{-1/2}$	$0.20x$
B	$0.16\times(1+0.0001x)^{-1/2}$	$0.12x$
C	$0.11\times(1+0.0001x)^{-1/2}$	$0.08\times(1+0.0002x)^{-1/2}$
D	$0.08\times(1+0.0001x)^{-1/2}$	$0.06\times(1+0.0015x)^{1/2}$
E	$0.06\times(1+0.0001x)^{-1/2}$	$0.03\times(1+0.0003x)^{-1}$
F	$0.04\times(1+0.0001x)^{-1/2}$	$0.016\times(1+0.0003x)^{-1}$
城市条件		
A～B	$0.32\times(1+0.0004x)^{-1/2}$	$0.14\times(1+0.001x)^{1/2}$
C	$0.22\times(1+0.0004x)^{-1/2}$	$0.20x$
D	$0.16\times(1+0.0004x)^{-1/2}$	$0.14\times(1+0.0003x)^{-1/2}$
E～F	$0.11\times(1+0.0004x)^{-1/2}$	$0.08\times(1+0.0015x)^{-1/2}$

第五节　线源和面源排放模型

本章前面所介绍的大气扩散模型是建立在点源排放的前提条件下的，当实际排放源不能满足这一条件时，需要对点源排放模型进行处理，如建立线源、面源扩散模型和引入箱式模型，以解决具体的实际问题。城市大气污染远比乡村要严重，城市的污染气象条件也要比乡村复杂。对城市大气污染状况的研究主要集中在两个尺度：一种是城市微尺度，主要是针对街道和建筑物动力效应引起的扩散现象；另一种是城市中尺度，几千米到几十千米，多个污染源在比较广的范围内引起的污染物的分布。城市微尺度污染物的扩散模拟较为简单，城市中尺度污染物的扩散模拟较为复杂，目前流行的大气质量模型是箱式模型。

一、线源扩散模型

污染源在空间上的连续线性分布就构成线性污染源，一般可以将交通干线的汽车尾气排放或类似的污染源看成线源，采用线源模型进行污染物浓度预测。

设线源的长度为 L，源强为 Q_L（单位长度线源在单位时间内排放的污染物质量），可以将线源的长度元 dL 看作一个点源，其源强为 $Q_L \mathrm{d}L$。线源对空间某点造成的浓度是所有点源对该点浓度的加和，因此，可以用点源模式在线源长度 L 上的积分进行计算。

$$C_L = \int_0^L \frac{Q_L f}{u_x} \mathrm{d}L \tag{5-46}$$

式中

$$f = \frac{1}{2\pi\sigma_y\sigma_z}\exp\left(-\frac{y^2}{2\sigma_y^2}\right)\left\{\exp\left[-\frac{(z+H_e)^2}{2\sigma_z^2}\right]+\exp\left[-\frac{(z-H_e)^2}{2\sigma_z^2}\right]\right\} \tag{5-47}$$

对于有限长线源，根据风向不同选择不同线源扩散模型。在实际应用中，可采用数值积分法，将 L 划分为长度为 ΔL 的 n 段，用求和的方法计算得到。

$$C_L = \frac{Q_L \Delta L}{u_x}\left[\frac{1}{2}(f_0+f_n)+\sum_{i=1}^{n-1} f_i\right] \tag{5-48}$$

如果线源垂直于风向，长度为 $2y_0$，坐标原点放在线源中点，则式中误差函数为

$$\mathrm{erf}(x) = \frac{2}{\sqrt{\pi}}\int_0^x \exp(-t^2)\mathrm{d}t \tag{5-49}$$

如果线源和风向平行，线源有限长为 $2x_0$，中点与坐标原点重合，并假设 $\sigma_y = ax$，$\sigma_z = b\sigma_y$，则有

$$C(x,y,0) = \frac{Q_L}{\sqrt{2\pi}u_x\sigma_z(r)} \cdot P \tag{5-50}$$

$$P = \mathrm{erf}\left[\frac{r}{\sqrt{2}\sigma_y(x-x_0)}\right]-\mathrm{erf}\left[\frac{r}{\sqrt{2}\sigma_y(x+x_0)}\right] \tag{5-51}$$

$$r = \sqrt{y^2+\frac{H_e^2}{b^2}}$$

无限长线源顺风方向浓度公式则为

$$C(y,z) = \frac{Q_L}{\sqrt{2}\pi u\sigma_z(r)} \tag{5-52}$$

对于直线线源和风向成任意角度，可以用顺风向和垂直风向两个公式加权相加得到预测浓度

$$C(\varphi) = C_{垂直}\sin^2\varphi + C_{平行}\cos^2\varphi$$

城市微尺度主要是针对街道和建筑物动力效应引起的扩散现象。街道中的空气污染一般是由于行驶的车辆引起的，不同风向的风从街道两侧刮过，会在一些地方形成旋涡，在另一些街道形成渠道风。街道中污染物浓度一般采用以下半经验公式进行分析：

当风向和街道基本垂直时，街道背风侧浓度为

$$\Delta C = \frac{K_2 Q_L}{u[\sqrt{(x^2+z^2)}+L_0]} \tag{5-53}$$

街道向风侧浓度为

$$\Delta C = \frac{K_1 Q_L}{uW} \tag{5-54}$$

式中 u——屋顶处平均风速，m/s；

W——街面宽度，m；

L_0——汽车运行形成的初始混合长度，m；

K_1, K_2——最佳拟合系数。

当风向和街道平行时，计算浓度取背风侧浓度和向风侧浓度的平均值。拟合系数需要通过测试确定。

二、面源扩散模型

对于一个城市或工业区，面源预测计算十分重要，计算前须划分好面源网格，对各类有效源高的面源分别进行计算，再把不同面源在同一预测点的浓度相加，得到预测点最终形成的面源污染物浓度。

对于少数或孤立面源，计算距离源点数倍面源边长时常采用简化的虚拟点源模式，该模式的计算公式和点源相同。等效点源位置放在网格中心，源强为单位面积污染物排放量乘面源面积，得到虚拟点源源强 Q，源高仍为面源源高 H，但扩散参数要进行修正，即

$$\sigma_y = \gamma_1(x + x_{oy})^{\alpha_1};\sigma_z = \gamma_2(x + x_{oz})^{\alpha_2};$$

$$x_{oy} = 2.5L;x_{oz} = \left(\frac{h}{\gamma_2}\right)^{1/\alpha_2}$$

式中　h——面源网格内建筑物的平均高度。

面源的虚拟点源公式还有其他形式，如果虚拟点源移到面源源心的上风向 x_0 处，则下风向预测点的顺风向坐标要在距源心 x 基础上再加上 x_0，而扩散系数不用变化。该虚拟点源模式还假定浓度在长为 $\pi(x+x_0)/8$ 的弧上是均匀分布的，则计算公式为

$$C(x + x_0) = \left(\frac{2}{\pi}\right)^{0.5}\frac{Q}{\pi u_x \sigma_z (x + x_0)/8}\exp\left(-\frac{H_e^2}{2\sigma_z^2}\right) \tag{5-55}$$

横向扩散系数

$$\sigma_y(x_0) = \frac{w}{4.3} = \gamma_1(x_0)^{\alpha_1}$$

式中　w——面源横向宽度，m。

该式可以求出虚拟点源的位置。为了使不同面源形成的污染物浓度在交界处不出现不连续现象，可以采用插值方法修正面源风向轴之间形成的浓度。

我们在计算城市或工业区小污染源污染情况时，往往把一个区域划分成许多网格面源，计算这类面源用虚拟点源公式就不方便了，为此，我国环境工作者研究出使用比较方便的成片面源公式。

由于预测点污染物浓度主要受上风向面源的影响，实际进行区域系统建模时虽事先划好网格，但并不是按照当时风向确定网格边的方向。确定不同上下风向网格的相关规定详见《环境影响评价技术导则》。

面源污染物浓度的计算公式为

$$C(x,y,0) = \frac{1}{\sqrt{2\pi}}\sum_j Q_j \beta_j \tag{5-56}$$

式中

$$\beta_j = \frac{2^\eta}{u_j h_j^{2\eta}\gamma^{1/\alpha}\alpha}\left\{\Gamma_j(\eta,\tau_j) - \Gamma_{j-1}(\eta,\tau_{j-1})\right\}$$

其中

$$\eta = (\alpha - 1)/(2\alpha);\tau_j = h_j^2/(2\gamma^2 x_j^{2a});\tau_{j-1} = h_j^2/(2\gamma^2 x_{j-1}^{2a})$$

Γ 函数近似计算式

$$\Gamma(\eta,\tau)=\frac{a}{\tau+(b+1/\tau)^{c}}$$

式中

$$a=2.32\alpha+0.28;\quad b=10.00-5.00\eta;\quad c=0.88+0.82\eta$$

计算时,风速不足 1 m/s 的一律取 1 m/s。

三、箱式大气质量模型

箱式大气质量模型的基本假设是:在模拟城市大气污染物浓度时,可将研究的空间范围看作一个“箱子”,这个箱子的高度就是从地面至计算的混合层高度,而污染物浓度在箱子内处处相等。箱式模型可分成单箱模型和多箱模型,多箱模型的精度明显较高。

(一) 单箱模型

单箱模型是计算区域空气质量的最简单的模型,其基本假设是:在研究区域的上空笼罩着一个向下开口的箱子,箱子的平面尺寸就是研究区域的范围,箱子的高度就是由地面至计算的混合层高度。

单箱模型把研究的城市看作一个箱子,水平范围就是城市范围,而垂直范围是从地面至混合层顶,箱子内各处具有相同的大气污染物浓度,我们分析箱子的输入和输出,写出箱子的质量平衡方程:

$$V\frac{\mathrm{d}C}{\mathrm{d}t}=Lbh\frac{\mathrm{d}C}{\mathrm{d}t}=ubh(C_0-C)+LbQ-KCLbh \tag{5-57}$$

式中 Q——污染源的源强,即城市单位时间单位面积平均排放的污染物数量,g/(s·m^2)或 kg/(s·m^2);

C_0——初始条件,即污染物的本底浓度或城市边界上风向浓度;

C——箱内的污染物浓度,即城市边界下风向浓度;

V——单箱的空间体积,m^3;

u——平均环境风速;

L,b,h——分别为箱的长度、宽度和高度;

K——污染物自然衰减速率系数。

假定污染源稳定排放,且污染物的衰减速率可以忽略不计,即 $K=0$,则得到以下常微分方程

$$\frac{\mathrm{d}C}{\mathrm{d}t}=-\frac{u}{L}C+\frac{u}{L}\left(C_0+\frac{QL}{uh}\right) \tag{5-58}$$

解微分方程,得到

$$C=C_0+\frac{QL}{uh}\left[1-\exp\left(-\frac{u}{L}t\right)\right] \tag{5-59}$$

当时间无限长时,箱内达到平衡浓度 $C=C_0+\dfrac{QL}{uh}$。

如果污染物在箱内的衰减速率常数 K 不为 0,则微分方程(5-58)的解是

$$C=C_0+\frac{Q/h-C_0K}{u/L+K}\left\{1-\exp\left[-\left(\frac{u}{L}+K\right)t\right]\right\} \tag{5-60}$$

对应的平衡浓度为

$$C = C_0 + \frac{Q/h - C_0 K}{u/L + K} \tag{5-61}$$

单箱模型将整个箱内的污染物浓度视为均匀分布，不考虑空间位置的影响，也不考虑地面污染源分布的不均匀性问题，如箱内污染源排放高度不同对污染物在空间分布不均匀性的影响，因而其计算结果是概略的。单箱模型较多应用在高层次的决策分析中。

（二）多箱模型

实际上，城市面源源强是多箱模型，其是对单箱模型的改进，可以是三维或二维的。如果考虑城市风速和污染物浓度在高度方向上不能够看作是均匀的，空气在进入城市后污染物浓度在风向方向不断变化，也不能够看作是均匀的，则需要用到二维模型。

具体做法是，在风向纵向和垂直方向把城市大气原单箱进一步分成多个大小相同的箱子（离散化），构成二维多箱模型，如图 5-8 所示。它在高度方向上将混合高度 h 分成 m 个相等的子高度 Δh，在长度方向上将 l 离散成 n 个相等的子长度 Δl，共组成 $m\times n$ 个子箱。通常把城市分成 16 个小箱子，根据城市的大小也可以分成更多一些。

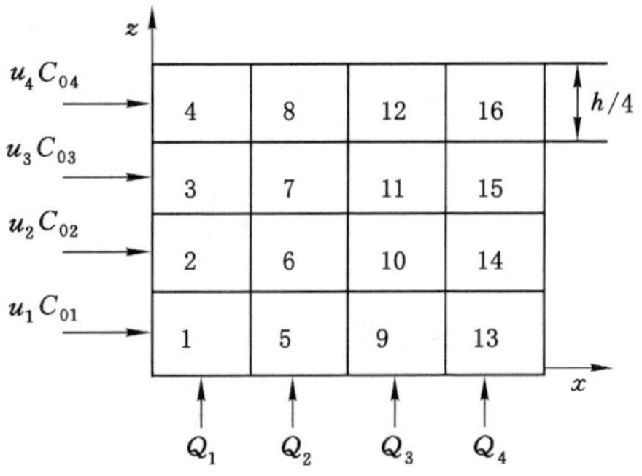

图 5-8　多箱模型

在高度方向上，风速可以作为高度的函数分段计算，污染源的源强则可以根据坐标关系输入相应的贴地子箱中。

为了计算方便，可以忽略纵向的弥散和横向的推流作用。如果将每一个子箱视为一个均匀混合体系，就可以对每一个子箱写出质量平衡方程。对于第一个箱子，可以写出质量平衡方程式

$$u_1 \Delta h C_{01} - u_1 \Delta h C_1 + Q_1 \Delta L - E_{1,2} \Delta L (C_1 - C_2)/\Delta h = 0 \tag{5-62}$$

在上式中，我们忽略了高度方向可能存在的垂直气流，即忽略垂直输送作用。同时，考虑到纵向输送作用远比扩散作用要大，纵向扩散作用也可以忽略。式中，E 为湍流扩散系数。

令 $a_i = u_i \Delta h$，$e_i = E_{i,i+1}\dfrac{\Delta L}{\Delta h}$，则式(5-62)可以写成

$$(a_1 + e_1) C_1 - e_1 C_2 = Q_1 \Delta L + a_1 C_{01} \tag{5-63}$$

对于子箱 2～4 可以写出类似的方程，它们组成线性方程组。我们知道，方程组的简练表达形式是矩阵，所以也选择矩阵形式表达。

$$\begin{bmatrix} a_1+e_1 & -e_1 & 0 & 0 \\ -e_1 & a_2+e_1+e_2 & -e_2 & 0 \\ 0 & -e_2 & a_3+e_2+e_3 & -e_3 \\ 0 & 0 & -e_3 & a_4+e_3 \end{bmatrix} \begin{bmatrix} C_1 \\ C_2 \\ C_3 \\ C_4 \end{bmatrix} = \begin{bmatrix} Q_1\Delta L + a_1 C_{01} \\ a_2 C_{02} \\ a_3 C_{03} \\ a_4 C_{04} \end{bmatrix}$$

简单写成矢量形式：$\boldsymbol{AC}=\boldsymbol{D}$。解上述矢量方程，得到：$\boldsymbol{C}=\boldsymbol{A}^{-1}\boldsymbol{D}$。

由于第一列 4 个子箱的输出浓度就是第二列子箱的输入，矢量方程系数 $\boldsymbol{A}$ 不发生变化，只是该子系统外输入组成的 $\boldsymbol{D}$ 矢量发生变化。

$$\boldsymbol{D}=\begin{pmatrix} Q_5\Delta L+a_1C_1 \\ a_2C_2 \\ a_3C_3 \\ a_4C_4 \end{pmatrix}$$

其他子箱的矢量方程可以类推得到。

城市多源模型的建立，首先要把现场调查和资料统计计算得到的城市和邻近地区的污染源进行分类，将高烟囱排放的污染源看作高架点源，其他都看作面源和线源。为了减少计算工作量，高架点源数量不宜过多，大部分污染源归入城市面源。例如，在对北京市东城区进行大气污染模拟计算时，仅有 8 个污染源归入高架点源；对北戴河进行模拟计算时，也仅有 13 个烟源归入高架点源。在城市多源模式计算时，也对气象条件进行简化，选择城市污染严重时的几种气象条件（如风向、风速和大气稳定度），计算各污染源下预测点的浓度，把这些浓度进行叠加就得到该气象条件下多源在该点形成的浓度。

第六节　复杂条件下的大气质量模型

一、逆温层破坏时的熏烟模型

夜间由于地面的冷却而形成贴地逆温层，辐射逆温一般从日落前开始形成，日出后地面受太阳辐射温度升高，逆温层将逐渐自下而上地消失，形成一个不断增厚的混合层的同时，就成为不接地逆温。原来在逆温层中处于稳定状态的烟羽进入混合层后，上部的逆温使得扩散只能向下发展，此时容易产生熏烟形的污染。

早晨逆温层破坏时发生的熏烟现象是短时间高浓度污染，需要特别注意。夜晚逆温条件下，高架点源排放污染物在烟云有效高度范围内积累，形成一条污染烟流飘带。发生熏烟形污染时，这条飘带中的污染物迅速进入正在上升过程的混合层中，混合层内快速上升和下降的气流使污染物浓度在垂直方向上趋于均匀分布，造成地面高浓度污染，但水平方向上污染物浓度仍为正态分布。

假定逆温消退到烟囱有效高度，即 $h_i=H_e$ 时，可以认为烟流一半向上扩散，一半向下扩散，浓度在垂直方向上均匀分布，水平方向仍为正态分布，地面熏烟浓度可以用下式计算，即

$$C_F(x,y,0;H_e)=\frac{Q}{2\sqrt{2}\,\pi u_x H_e\sigma_{yF}}\exp\left(-\frac{y^2}{2\sigma_{yF}^2}\right) \tag{5-64}$$

地面轴线浓度可用下式计算：

$$C_F(x,0,0;H_e)=\frac{Q}{2\sqrt{2}\,\pi u_x H_e\sigma_{yF}} \tag{5-65}$$

式中　H_e——逆温层消失高度，m；

σ_{yF}——考虑到熏烟过程对稳定条件下扩散参数影响的水平扩散参数。

当逆温消退到烟流的上边缘处（烟流顶），即 $h_i=H_e+2\sigma_z$ 时，可以认为烟流全部向下混合，使地面熏烟浓度达到极大值，即

$$C_F(x,y,0;H_e)=\frac{Q}{\sqrt{2\pi}\,u_x h_i\sigma_{yF}}\exp\left(-\frac{y^2}{2\sigma_{yF}^2}\right) \tag{5-66}$$

地面轴线浓度公式为

$$C_F(x,0,0;H_e)=\frac{Q}{\sqrt{2\pi}u_x h_i \sigma_{yF}} \tag{5-67}$$

混合层和其上方的残余逆温层具有不同的扩散参数，以脚标 f 表示混合层中的扩散参数。地面熏烟浓度计算公式为

$$C(x,y,0)=\frac{Q}{\sqrt{2\pi}\cdot u_x L_f \sigma_{yf}}\exp\left(-\frac{y^2}{2\sigma_{yf}^2}\right)\int_{-\infty}^{p}\frac{1}{\sqrt{2\pi}}\exp\left(-\frac{p^2}{2}\right)\mathrm{d}p \tag{5-68}$$

式中

$$p=\frac{L_f-H_e}{\sigma_z}$$

混合层中的扩散参数和原逆温层的扩散参数有一定关系，而且和烟囱的有效高度也有一定关系，特纳尔提出用下式进行计算，即

$$\sigma_{yf}=\sigma_y+H_e/8$$

美国 TVA 实测的结果和特纳尔计算公式不同：

$$\sigma_{yf}=\sigma_y+0.47H_e$$

二者有比较大的差别，在应用时最好用实际数据进行修正。

最大熏烟浓度发生时刻为下式成立的时间

$$L_f=H_e+2.15\sigma_z$$

此时地面熏烟最大浓度为

$$C_{\max}(x_f,0,0)=\frac{Q}{\sqrt{2\pi}\cdot u_x L_f \sigma_{yf}} \tag{5-69}$$

式中，最大熏烟浓度发生地点坐标：$x_f=u\tau$。

二、静风条件下大气扩散模型

准静风条件也是源附近发生高浓度污染的不利气象条件。一般准静风条件是指风速小于 1.5(1.7) m/s，此时高斯烟流模式已经不适用。静风条件下大气的输送能力很低，但由于此时风向不定，污染物将在较大的下风向角范围内扩散，计算时一般分成两种情况。

当风速仪测定风速在 0.3～1.5(1.7) m/s 范围内时，仍采用有风的高斯烟流计算公式，但认为在下风向 22.5°扇形区范围内浓度均匀分布，用下式计算

$$C(x,y,z=0)=\sqrt{\frac{2}{\pi}}\frac{8Q}{\pi u_x\sigma_z}\exp\left(-\frac{H_e^2}{2\sigma_z^2}\right) \tag{5-70}$$

考虑到风速仪测定风速比实际风速低（由于风速仪要求有一定启动风速），计算时要对测定风速进行修正

观察值(m/s)：	0.3	1.0	1.3	1.7
采用值(m/s)：	1.1	1.3	1.4	1.7

当风速仪记录为零时，即静风条件，则认为污染物在 360°范围内均匀分布，而垂直方向的扩散仍按有风时的规律进行，则计算公式为

$$C(x,0,0)=\sqrt{\frac{2}{\pi}}\frac{Q}{2\pi u_x\sigma_z}\exp\left(-\frac{H_e^2}{2\sigma_z^2}\right) \tag{5-71}$$

公式中的风速取 0.4 m/s。比较精确的计算要用到高斯烟团模式。

三、复杂地形上的扩散模式

所谓复杂地形，主要指山区和丘陵区、海岸带和城市地区。在这些地区存在一些特殊的

污染气象现象，如局地风场、背景风场在这些地区的变形，特殊的大气温度层结以及特殊的大气扩散特性。例如，在海岸带存在海陆风，在山区存在山风和谷风，在城市存在热岛环流，在城市和山区湍流发育程度要明显高于平原地区。在这些复杂地形条件下建立大气污染物迁移或扩散的系统模型，需要首先掌握这些地区的污染气象特征，其次才考虑选择合适的扩散模式。目前比较成熟的复杂地形扩散计算公式有以下几种类型。

（一）海岸带熏烟污染计算公式

由于水陆热学特性不同，即使是平原海岸带也存在特殊污染气象现象。如在背景风场比较弱，而白天太阳辐射比较强的条件下，往往有 24 h 周期变化的海风和陆风，污染物排入大气中后，被海风和陆风来回吹送，较长时间停留在原地。

此外，海风温度较低，白天吹向陆地时底层受太阳辐射而变形，形成混合层，上层为逆温层覆盖，这种混合层称为热内边界层。如果岸边高架点源排放口在稳定层结中，向陆地方向运行时遇到该混合层而形成与逆温破坏类似的熏烟现象。逆温破坏时发生的熏烟仅仅持续半个小时左右，而海岸带热内边界层引起的熏烟现象可以存在几个小时，高浓度污染更为严重，需要认真对待。

海岸带熏烟计算公式和逆温熏烟计算公式相同

$$C(x,y,z=0)=\frac{Q}{\sqrt{2\pi}\cdot u_x L_f \sigma_{yf}}\exp\left(-\frac{y^2}{2\sigma_{yf}^2}\right)\int_{-\infty}^{p}\frac{1}{\sqrt{2\pi}}\exp\left(-\frac{p^2}{2}\right)\mathrm{d}p \qquad (5\text{-}72)$$

公式中的一些参数由下列各式确定

$$L_f=2\frac{U^*}{u_{10}}[\Delta T_L(x_f+L_C)/\gamma]^{0.5}$$

$$\frac{U^*}{u_{10}}=\left(2.5\ln\frac{1}{Z_0}+1.3\right)^{-1}$$

$$\sigma_{yf}=\gamma_{1a}\left\{x_f-x_{f0}+\left(\frac{\gamma_{1s}}{\gamma_{1a}}x_{f0}^{\alpha_{1s}}\right)^{1/\alpha_{1a}}\right\}^{\alpha_{1a}}$$

$$h_e+P\sigma_z=2\frac{U^*}{u_{10}}\left[\frac{\Delta T_L(x_f+L_C)}{\gamma}\right]^{0.5}$$

式中 U^*——摩擦速度；

ΔT_L——水陆温差；

Z_0——地表面粗糙度；

L_C——排气筒距海岸线上风向距离；

x_f——计算点距烟源的下风向距离；

x_{f0}——进入热内边界层的部分或全部烟流的水平重心线与热内边界层上边缘的交点处的下风距离。详细内容见《环境影响评价技术导则》。

（二）丘陵地区和山区大气扩散计算公式

目前丘陵地区大气扩散计算，最常用的方法仍然是平原地区的高斯烟流模式，只是要求进行地形修正。例如，在《环境影响评价技术导则》中规定，中性或不稳定天气条件，丘陵地区下风向凸出地形，如果该处和烟囱所在地相对高度 H_r 小于有效源高 H_e，认为该处烟流轴高度在$(H_e-H_r/2)$。如果 H_r 大于 H_e，则认为该处烟流轴高度为 $H_e/2$。而在稳定天气，下风向凸出高地与烟囱处相对高差 H_r 如果高于临界高度，则烟流分成左右两股绕过山体，否则烟流将翻过山脊。

目前对复杂地形大气污染源排放后对周围大气质量影响的估计仍十分粗略，误差比较大。如果需要比较准确的预测和分析，往往还需要借助环境风洞进行实物模型模拟试验。

四、远距离输送转化模式

（一）远距离输送模式

在空气污染研究的早期阶段，污染物及其化学反应产物的扩散输送距离仅局限在区域尺度。后来，人们发现，污染问题的空间尺度远远超过了特定的城市范围。例如，尽管产生硫化物和氮氧化物的主要工业区处在美国中部，然而由这些污染物形成的酸雨的影响范围却是整个美国和加拿大。类似的情况也发生在欧洲和亚洲，在那里，一些国家的酸雨显然是由另外一些国家的工业排放造成的。这些都是由于污染物的远距离输送造成的。

污染物的远距离输送是指污染物输送距离超过 100 km 的现象，主要应用于研究酸雨和酸性物质沉降作用对环境和生态的影响及特定地区酸雨和酸性物质的来源，考察重要点源和面源排放的污染物在大范围内的分布和变化情况，考察不同地区或国家之间大气污染互相影响等。

污染物的远距离输送研究具有和大气污染源局地污染研究不同的特点：

(1) 时空分辨率要求低。远距离输送涉及范围达百千米数量级，污染物在环境中存在时间以天计算，因此污染物的浓度分布已经比较平滑，对时间和空间的分辨率要求不高。对大气扩散模拟计算，时间和空间分辨率要求很重要，降低这方面要求对模拟中各项的相对重要性及对模拟计算需要收集的资料和参数都有很大影响。

(2) 水平输送作用成为第一位因素。远距离输送过程，扩散作用已经退居次要位置，不需要像小尺度扩散那样对扩散过程进行详细描述，但要求切实掌握水平输送作用。所以，掌握规划研究区内水平风场分布和随时间变化规律成为关键。

(3) 化学转化和环境清除机制成为重要研究内容。由于研究时间超过 1 d，许多污染物在大气环境中发生变化，环境中许多清除机制也起作用，污染物年度分布是空气输送和环境清除（自净）综合作用的结果。

(4) 混合层上下交换作用。在小尺度大气扩散计算中，认为混合层顶基本上不让污染物（烟流）通过。但对污染物远距离输送问题，污染物常常达到很高的高度，混合发生在云中和云下，尤其是污染气团经过大气辐散或辐合区，这类现象更加普遍。

远距离输送模式有很多种，我们这里仅介绍比较简单的烟团轨迹模式。该模式认为污染源排放的是一个一个离散的烟团，每一个烟团以烟源中心为中心呈高斯分布，每一个烟团在计算点形成的浓度用下式计算

$$C_i = \frac{Q_i(s)}{\sqrt[3]{2\pi}\sigma_y(s)\sigma_z(s)}\exp\left[-\frac{r^2}{2\sigma_y^2(s)}\right]\exp\left[-\frac{z^2}{2\sigma_z^2(s)}\right] \tag{5-73}$$

式中　s——烟团自源点出发运行的距离，它作为污染源源强、扩散参数都是运行距离的函数，不能够再看作常数；

r——计算点到烟团中心水平的距离，当垂直扩散参数大于混合层高度的 1.6 倍时，认为垂向污染物已经混合均匀，设混合层高度为 H，则将上式对垂向积分并将浓度平均分摊到 z 向，则：

$$C_i = \frac{Q_i(s)}{2\pi H\sigma_y^2(s)}\exp\left[-\frac{r^2}{2\sigma_y^2(s)}\right] \tag{5-74}$$

对于连续排放的污染源，要对烟流进行分割和离散化，设定某一时间间隔，如 1 h，该时段排放的烟气都算一个烟团。一般认为，烟团边界(半径)为 $3\sigma_y(s)$，超过该边界就不考虑该烟源影响。对时间间隔的选择，一般要保证烟团之间距离小于一个扩散参数 $\sigma_y(s)$，离源越远，扩散参数越大，风速越小，则时间间隔取得越大。

烟团轨迹对烟团模式计算结果影响很大，需要有观测得到的风场数据，并进行内插计算各烟团位置。设 t 时刻烟团位置用 $R(t)$ 表示，则

$$R(t+\Delta t)=R(t)+\frac{u[R(t),t]+u[R(t+\Delta t),t+\Delta t]}{2}\Delta t \tag{5-75}$$

(二) 大气中污染物的干湿沉降和化学转化

湿沉降是指降水对大气污染物的清洗过程，干沉降是无降水条件下大气污染物迁移至地面的过程，而化学转化则是污染物通过自己的衰减或和其他物质反应而消耗的过程。这三种过程虽然发生机制不同，但不容易区分，比较方便的做法是考虑一个综合过程，下式常用来表示综合衰减因子的作用。

$$C=C_0\exp(-\lambda\cdot t) \tag{5-76}$$

综合衰减指数可以用污染物的半衰期估计，或者用实际检测数据。

$$\lambda=0.693/T_{0.5} \tag{5-77}$$

实际检测分析表明，SO_2 的化学转化过程十分复杂，不同地区测得的转化速率有比较大的区别，在近地面一般小于 5%/h，在高空则为 6%/h～18%/h。有关降水对粒子污染物和 SO_2 等气态污染物的清除作用定量描述方法，请查阅有关专著。

五、长期平均浓度的估算

在环境评价、厂址选择和规划设计中，常常需要了解某一地区污染物随时空变化的长期规律，因此更关心的是长期平均浓度的分布。

前面讨论过的基于高斯烟流模式的扩散公式都是假定风向、风速和大气稳定度不变的条件下得到的。高斯烟流模式计算结果是 30 min 平均浓度，通过取样时间修正，可以推算出 24 h 以内风向和风速不变情况下的平均浓度。计算某点的长期(年、季或月)平均浓度时，由于在该时段内，风向、风速、稳定度和混合层高度都发生了多次变化，就不能不加修改地利用前面的公式计算，必须掌握风向和风速变化的统计规律才有可能进行预测。对于日平均浓度，我们只能估计各时段风向和风速确定的典型日的值；对于长期平均浓度，则需要用到该时期风向、风速和稳定度联合频率表。下面讨论长期平均浓度的计算方法。

1. 利用叠加方法计算的长期平均浓度

预测空间点 (x,y,z) 长期平均浓度 $\overline{C}(x,y,z)$ 用下式计算，即

$$\overline{C}(x,y,z)=\sum_i\sum_j\sum_k C(D_i,v_j,A_k)f(D_i,v_j,A_k) \tag{5-78}$$

式中 $C(D_i,v_j,A_k)$ ——风向为 D_i、风速为 v_j、稳定度为 A_k 时，这一气象条件下 1 h 的浓度；

$f(D_i,v_j,A_k)$ ——这一气象条件出现的频率。

计算时，i,j,k 取多少视具体情况而定，如风向分为 16 个方位，则 $i=1\sim16$；风速分为 4 个级别，则 $j=1\sim4$；稳定度分为 6 个等级，则 $k=1\sim6$。

2. 按风向方位计算的长期平均浓度

气象部门提供的风向资料是按 16 个方位给出的，每一个方位相当于一个 22.5°的扇形，

因此可以按每一个扇形来计算长期平均浓度，如图 5-9 所示。

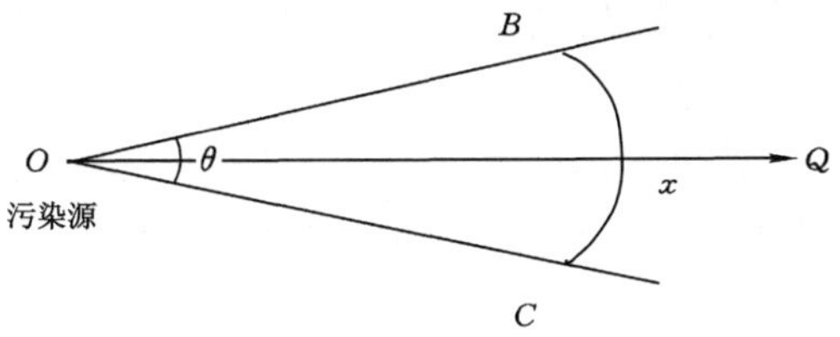

图 5-9　按扇形计算长期平均浓度示意图

推导时作了如下假定：

① 在同一个扇形内，各个角度的风向具有相同的频率，即在同一个扇形内，同一距离 x 上，污染物在 y 向的浓度是相同的。

② 当吹某一扇形的风时，假设全部污染物都集中落在这个扇形内。

如图 5-9 所示，当风向为 $O\theta$ 时，由假设②知弧 $\overset{\frown}{BC}$ 上的总浓度 $C_{总}$ 为

$$C_{总} = \int_{-\infty}^{\infty} C(x, y, 0; H_e) \mathrm{d}y \tag{5-79}$$

由假设①可知此时弧 $\overset{\frown}{BC}$ 的平均浓度 $\overline{C}$ 为

$$\begin{aligned} \overline{C} &= \frac{1}{\frac{2\pi x}{16}} \int_{-\infty}^{\infty} C(x, y, 0; H_e) \mathrm{d}y \\ &= \frac{1}{\frac{2\pi x}{16}} \int_{-\infty}^{\infty} \frac{Q}{\pi \overline{u} \sigma_y \sigma_z} \exp\left[-\left(\frac{y^2}{2\sigma_y^2} + \frac{H_e^2}{2\sigma_z^2}\right)\right] \mathrm{d}y \\ &= \left(\frac{2}{\pi}\right)^{\frac{1}{2}} \frac{Q}{\frac{2\pi x}{16} \overline{u} \sigma_z} \exp\left(-\frac{H_e^2}{2\sigma_z^2}\right) \end{aligned} \tag{5-80}$$

在此扇形以外，浓度为零。

如果某个方位的风向频率在考虑时段内为 $f(\%)$，则在整个时段内该风向的平均浓度为

$$\overline{C} = \left(\frac{2}{\pi}\right)^{\frac{1}{2}} \frac{0.01 f_\theta Q}{\frac{2\pi x}{16} \overline{u} \sigma_z} \exp\left(-\frac{H_e^2}{2\sigma_z^2}\right) \tag{5-81}$$

由于人为地假定同一扇形中同一弧线上的地面浓度相等，而不同方位的扇形内风向频率又不相等，这就导致扇形边界上浓度的不连续，显然这是不合理的。消除这种不连续的一个简单办法，是以相邻两扇形中心线的浓度为基准作线性内插，这样可以得到较为合理的浓度分布。这相当于对假设①作了修正。

这样，某处的地面浓度是相邻两扇形按比例贡献之和，线性比例项可用 $\frac{A-y}{A}$ 表示，y 表示该点与扇形点中心线的横向距离；A 表示该点所在扇形的宽度。此时浓度公式用下式计算：

$$\overline{C} = \left(\frac{2}{\pi}\right)^{\frac{1}{2}} \frac{0.01 f_\theta Q}{\frac{2\pi x}{16} \overline{u}_\theta \sigma_{z\theta}} \exp\left(-\frac{H_\theta^2}{2\sigma_{z\theta}^2}\right) \cdot \frac{A - y_\theta}{A} + \left(\frac{2}{\pi}\right)^{\frac{1}{2}} \frac{0.01 f_{\theta+1} Q}{\frac{2\pi x}{16} \overline{u}_{\theta+1} \sigma_{z\theta+1}} \exp\left(-\frac{H_{\theta+1}^2}{2\sigma_{z\theta+1}^2}\right) \cdot \frac{A - y_{\theta+1}}{A}$$

(5-82)

应当注意的是，上式计算的是平均浓度，因此公式中的$\bar{u}$及σ_z也应该是相应风向下的长期平均值；更准确些，可分别求出该风向不同稳定度、不同风速时的浓度，再按频率加权平均，则可得出该风向的长期平均浓度。

利用上述两个方法之一，即可算出一个污染源周围的污染物浓度分布情况，进而可以作出长期平均污染浓度的等值线图，由此可以评价这个污染源对周围大气环境的污染贡献，进一步决定在该地是否建这样的工厂。

上述长期平均浓度模式来源于正态烟流扩散模式，所以也只适用于比较平坦开阔的地区。需要指出的是长期平均浓度的大气扩散模式应用最广，计算值和实际值最接近，所以在大气污染控制管理和规划工作中应用最多。

六、全球及区域尺度空气质量模型简介

空气质量数值模拟研究始于20世纪60年代，从线性机制的简单模型到能够同时考虑多种因素的复杂模型，空气质量模型的发展共经历了三个阶段。第一代空气质量模型主要关注大气中的化学平衡和反应动力学，采用简单、高度参数化的线性机制描述大气物理化学过程。第一代空气质量模型包括前面介绍过的箱式模型和高斯扩散模型，以及以CALPUFF模式为典型的拉格朗日轨迹模型。CALPUFF模型是一个非稳态拉格朗日烟团模型系统，可模拟三维流场随时间和空间发生变化时污染物在大气环境中的输送、转化和清除过程，适用于几十至几百千米范围内的环境影响评价。

第二代空气质量模型则引入了较为复杂的气象模型和详细的非线性化学反应机制，并将模拟区域分成多个三维网格单元，逐步形成了包括光化学污染模型（如UAM、ROM）和酸沉降模型（如RADM）的欧拉网格模型。第二代模型相比第一代针对每个三维网格单元考虑了复杂的大气化学、大气物理过程，实现了更精细化的空气质量预测，但其只考虑大气环境中单一的大气化学、大气物理过程，没有考虑对于不同大气污染物本身之间的相互作用机制，仍有一定局限性。

第三代空气质量模型提出“一个大气”的概念，不再单独考虑单一大气污染问题，而是将整个大气作为研究对象，同时考虑所有污染物之间复杂的大气物理化学反应过程。因此，20世纪90年代末美国环保局设计研发了第三代空气质量模式系统Models-3/CMAQ，CMAQ是一个多模块集成、多尺度网格嵌套的三维欧拉模型，突破了第二代空气质量模型针对单一物种或单相物种模拟的局限性，考虑了实际大气中不同物种之间的相互转换和互相影响，开创了模式发展的新理念，被国内外学者广泛应用于区域大气污染相关问题的研究中。目前主流的第三代空气质量模型主要包括CMAQ、CAMx、WRF-Chem、GEOS-Chem等。特别是哈佛大学于20世纪90年代自主研发的GEOS-Chem模式，内置了对流层和平流层详细的氧化剂-气溶胶化学机制，主要用于模拟全球尺度大气污染物的长距离传输及化学反应过程。

思考题

1. 对比分析大气污染扩散过程与河流污染扩散过程的异同。

2. 某企业颗粒物的排放量为 850 g/s，烟囱高度是 100 m，烟羽抬升高度是 100 m，风速为 7 m/s，大气稳定度为 C。请确定地面污染物最大浓度及其出现位置。

3. 一条公路上车流量是 8 000 辆/h，平均时速是 80 km/h。CO 的排放为 2.1 g/km。风垂直公路吹来，风速为 2 m/s。假设所有车辆排放的污染物可看作地面源沿公路中心的排放，大气稳定度为 C。请计算公路中心线下风 150 m 处的 CO 浓度。（假定 CO 本底浓度为 0）

4. 已知某工业基地位于一山谷地区，计算的混合高度 $h=120$ m，该地区长 45 km，宽 5 km，上风向的风速为 2 m/s，SO_2 的本地本底浓度为 0。该基地建成后的计划燃煤量为 8 000 t/d，煤的含硫量为 1.3%，SO_2 转化率为 85%，试用单箱模型估计该地区的 SO_2 浓度。

5. 数据同上题，若将混合高度等分为 4 个子高度，将长度 45 km 等分为 5 个子长度，各层间的弥散系数 $D_Z=0.25\ m^2/s$。试写出用多箱模型计算 SO_2 浓度的矩阵方程，并计算各子箱的 SO_2 浓度。

6. 华北平原某电厂，其烟囱高度 120 m，上出口内径为 6 m，排气量（标态下）为 60 m^3/s，排气口出口温度为 145 ℃，当地气象台统计最近 5 年平均气温为 11 ℃，平均风速为 3.5 m/s，大气压按 1 atm(101.325 kPa)计。假定气象台址与工厂地面海拔高度相同，试计算烟囱排气在 B 类大气稳定时的抬升高度。

7. 根据雾霾的形成机理，阐释雾霾污染的防控策略。

第六章　多介质环境数学模型

导　读

多介质环境数学模型是可用于描述水/气界面、土壤/大气界面以及水沉积物界面的物质传输模型，预测污染物在多介质环境中的迁移与归趋，是环境风险评价的有效工具。本章主要介绍了多介质环境数学模型的基本概念和原理、各种物质传输模型的建立和计算方法、污染物在多介质环境中的迁移与归趋机制，使读者根据实际情况选择合适的数学模型，掌握其应用。

第一节　多介质环境数学模型概述

在自然界中，污染物进入环境后，多是通过不同的环境介质单元进行跨边界的迁移，进行着动态的分配，最后以一定的比例存在于不同的环境介质单元中，并在其中发生复杂的物理、化学和生物转化。因此，要对污染物在环境中的迁移转化规律进行较为完整的描述，就必须考虑环境中所有介质单元之间的相互联系，即污染物的多介质环境问题。

一、多介质环境的特征及其系统稳定性

（一）多介质环境特征

环境一般是指围绕人群的空间及其中可以直接或间接影响人类生存和发展的各种因素的总体，是一个非常复杂的系统。对某一具体的环境单元世界，应将其看作是由物质、能量和信息三部分组成的，我们将其中的物质部分称为环境介质，将能量和信息部分称为环境因素。

严格地讲，地球表面不存在完全的单介质。通常，在水中会含有一定量的空气和固体悬浮物，在大气中有一定量的水和固体颗粒物，即使在土壤和密实的岩石中也会存在一定量的水分和气体物质。但从宏观上，我们把大气、水体、土壤、岩石和生物分别作为单介质来处理，而把其中具有两个以上的体系称为多介质环境。

由多个环境介质组成的多介质环境，除了具有一般环境的性质外，还有其特殊的性质，主要表现如下。

1. 跨介质迁移

由于多介质环境具有不同的环境界面，诸如气/水界面、气/土界面、气/植物界面、气/动物界面、水/土界面和水/生物界面等，因此污染物跨介质迁移是在多介质环境中运动的重要形式。

污染物从发生源排出后，通常以三种不同的跨介质迁移途径进入周围环境：

① 单一污染物从污染源同时排入不同的环境介质单元，然后在这些不同的环境介质单元之间进行迁移并发生转化。

② 单一污染物首先排入某一环境介质单元，然后再从该介质单元转移到其他的介质单元。

③ 多种污染物从污染源同时排入不同的环境介质单元，然后在各介质间进行迁移并发生转化。

2. 界面效应

多介质环境中存在着一类非常重要的微环境，即界面，其是两个或多个环境介质单元间的重叠部分，具有一定的厚度。多介质环境的界面不仅是污染物跨介质迁移的通道，而且也是污染物或微小生物的高富集区。

由于界面是介质与介质之间的物理转换区，污染物或微小生物在界面中会表现出特殊的性质，即界面效应。界面效应除表现在污染物的跨介质迁移中外，还表现在环境界面附近污染物的转化(化学的和生物的)过程中。

3. 非线性作用

由于界面两侧的环境介质表现出状态、结构以及物理性质与化学性质的不同，污染物通过界面的传输相对于它原来所在介质中的传输将会加快或减慢，表现出明显的非线性特征。因此，非线性作用是多介质环境的重要特征之一。

4. 协同效应

多介质环境是一个由大量子系统构成的复杂系统。子系统之间存在非线性的相互作用，在宏观上能够产生时间结构、空间结构或时-空结构，形成一定功能的自组织结构，表现出新的有序状态。

(二) 多介质环境系统稳定性

污染物在多介质环境中的迁移转化主要有以下几个方面：

① 水/气界面的物质传输；

② 土壤/大气界面的物质传输；

③ 水/沉积物界面的物质传输；

④ 污染物在水生食物链中的迁移与归趋；

⑤ 污染物在多介质环境中的生物、化学转化过程。

多介质环境系统的稳定性受两种变量的影响，或者说界面的状态总是受到两类变量的影响。其中一类变量起到了一种类似阻尼的作用，因衰减得快，所以叫作快弛豫参量；另外一类变量，在系统受到干扰产生不稳定时，总是使界面离开稳定状态走向非稳定状态，在界面处于稳定与非稳定的临界区时，表现出一种无阻尼现象，并且衰减得很慢，称为临界无阻尼慢弛豫参量。快弛豫参量衰减得快，对环境界面从稳定到非稳定过渡的影响不大；慢弛豫参量衰减得慢，并且表现为临界无阻尼，在环境界面从稳定态向非稳定态转化的过程中起到决定性作用。伴随着界面有序结构的产生和发展，这两类变量相互联系、相互制约，表现出一种协同运动，这种协同运动在宏观上则表现为系统的自组织现象。

二、多介质环境数学模型

多介质环境数学模型是研究多介质环境中介质内及介质单元间污染物迁移转化和环境归趋定量关系的数学表达式。

(一) 多介质环境数学模型建立的意义

建立多介质环境数学模型可以将各种不同的环境介质单元同导致污染物跨介质单元边界的各种过程相连，并在不同模型结构的水平上对这些过程实现公式化和定量化。污染物的暴露过程是典型的多介质环境过程，建立污染物暴露过程的多介质环境数学模型，可对化学物品作出准确的环境风险评价。目前的污染控制技术使地球的局部地区环境质量得到了明显的改善，但污染控制设施本身及其产物也可能成为环境污染物的重要来源，这种现象尤为突出。如果从多介质环境的整体效应出发，建立污染物在多介质环境中的转移数学模型，利用该模型对污染控制技术从整体上进行优化设计，则完全有可能解决一直困扰我们多年的环境污染控制技术难题。

(二) 多介质环境数学模型的发展

在过去一段时间，解决环境问题只局限在单一的环境介质单元内。20 世纪 80 年代，人们提出了多介质环境数学模型。

1985 年，Cohen 和 Ryan 提出了多介质环境数学模型，他们发展的模型主要功能是给出污染物在多介质环境的均匀单元内的动态分布，后来的研究证明该模型的预测结果对污染物危险性评价的筛选分析是十分有用的。

1984 年，Thomann 等建立了密歇根湖鳟鱼食物链模型，确立了多氯联苯在鱼体内的浓缩因子与辛醇/水分配系数的相关式；后来又用生物体内单位质量数脂物所含化学物质量代替传统的单位质量生物体内所含化学物质量的浓度表示方法，改进后的表示方法更具科学性，与后来的计算结果和观察具有令人满意的一致性。

20 世纪 80 年代初，Machay 等将逸度模型概念引入多介质环境数学模型，用逸度来替代浓度将模型表达式写成具有迁移转化参数的逸度方程式，大大地简化了计算，从而扩大了模型的应用范围。

目前多介质环境数学模型的研究主要集中在污染物在多介质环境中的跨介质迁移、转化和归趋及有害有毒化合物的危险性评价。因模型的参数是模型计算的基本要素，很大程度上决定了模型的可靠性，因此迁移过程参数的测定和计算、模型的敏感度和不确定性分析成为模型研究的重要内容。

此外，面对环境问题全球化趋势，多介质环境数学模型的发展主要集中在专门化模型、综合性模型、多介质环境数学模型在地区、城市以及全球变化研究中的应用等方面。

第二节　水/气界面的物质传输模型

一、污染物水体的挥发过程

环境科学中对于水/气界面的研究目前主要集中在污染物从水体的挥发、大气的复氧两个方面，大气的复氧过程在第四章中已有介绍，本章只介绍污染物从水体的挥发过程。

挥发是指物质从液相向气相转移的过程,这里主要是指从水相散发到空气中的过程。

挥发作用对污染物在多介质环境中的迁移和归趋会产生重要的影响。如果污染物是高挥发性的化合物,那么挥发就会成为影响污染物归趋的重要过程。对于那些具有低挥发性的化学物,如果污染物在水/气界面的挥发过程连续进行的话,即使速率是慢的,挥发过程也会影响到污染物在环境中的归趋,因此在研究污染物的多介质环境行为时不应该忽略挥发作用。

不同的物质在不同的环境条件下其挥发速率是不同的,一个化学物的挥发程度不仅取决于它的热力学状态和物理性质,如水溶度、蒸气压、亨利定律常数和扩散系数等,而且还取决于诸如吸附剂、生物膜、电解质和乳状液等许多改性物质的存在,同时还与它必须通过的水/气界面的性质有关。

二、挥发过程的双膜理论模型

水体中污染物的挥发过程一般用双膜理论来定量描述。

双膜理论是 Lewis 和 Whitman 在 20 世纪 20 年代提出的,后经过很多人的发展,成为传质过程的经典理论之一。该理论认为:在水/气界面处存在着液膜和气膜两层薄膜,污染物从水体挥发,先经过液膜,后穿过气膜,最后由于空气扩散而进入大气当中(见图 6-1)。

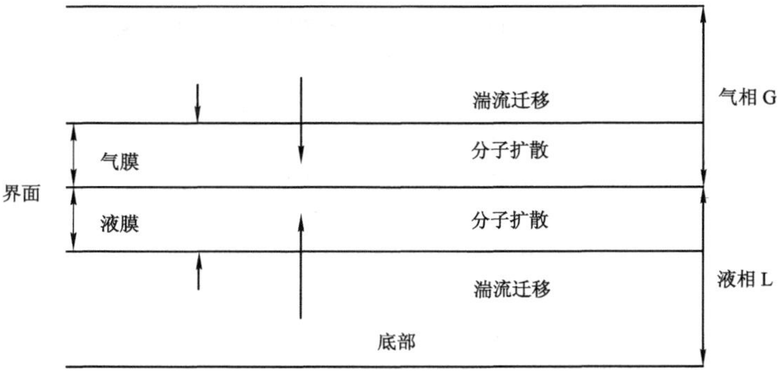

图 6-1　挥发过程的双膜理论模型示意图

双膜理论的基础是假定污染物通过液相和气相边界层的物质通量和通过水/气界面的质量相等,挥发速率与污染物在液相中的浓度成反比,与水相和气相中的紊动性质直接成正比。

根据双膜理论和菲克(Fick)定律,污染物从水中挥发出来的质量通量可表达为

$$N = k\Delta C = \frac{D}{z} \cdot \Delta C \tag{6-1}$$

式中　N——污染物通过水/气界面的质量通量,g/(cm² · s);

k——一级交换常数,$k=D/z$,cm/s;

D——化学物在膜中的分子扩散系数,cm²/s;

z——膜的厚度,cm;

ΔC——膜两侧化学物的浓度差,g/cm³。

在稳态过程中,上式变成

$$N = k_L(C_{SL} - C_L) = k_G(C_G - C_{SG}) \tag{6-2}$$

式中　k_L, k_G——化学物质在液膜、气膜中的交换系数，cm/s；

　　C_{SL}, C_{SG}——液膜、气膜相内化学物质的浓度，g/cm³；

　　C_L, C_G——液膜、气膜外边界液相、气相中化学物质的浓度，g/cm³。

在实际应用中，式(6-2)中的 C_{SL}、C_{SG} 不易得到，可做如下转换：

根据无量纲亨利定律常数

$$H' = \frac{C_{SG}}{C_{SL}} \tag{6-3}$$

所以式(6-2)可写成

$$N = \frac{C_G - H'C_L}{1/k_G + H'/k_L} = \frac{C_G/H' - C_L}{1/k_L + 1/(H'k_G)} \tag{6-4}$$

如果令污染物在气相中的整个质量迁移系数为 K_G，在液相中的整个质量迁移系数为 K_L，那么我们可以写出如下两式

$$1/K_G = 1/k_G + H'/k_L \tag{6-5}$$

$$1/K_L = 1/k_L + 1/(H'k_G) \tag{6-6}$$

将上两式代入式(6-4)，可得质量通量为

$$N = K_G(C_G - H'C_L) = K_L(C_G/H' - C_L) \tag{6-7}$$

Mackay 和 Leinonen(1975)由有量纲亨利定律常数 $H=P_{VP}/S$、$H'=H/RT$ 的关系式，给出了如下表达式

$$1/K_L = 1/k_L + 1/(Hk_G/RT) \tag{6-8}$$

$$N = K_L(C_L - \frac{P}{H}) \tag{6-9}$$

式中　P_{VP}——化学物的蒸气压，atm；

　　S——溶解度，mol/m³；

　　R——气体常数，$R=8.2\times10^{-5}$；

　　T——绝对温度，K；

　　H——亨利常数，atm · m³/mol。

挥发速率常数也可写成

$$k_V = \frac{1}{L}\left[\frac{1}{k_L} + \frac{RT}{Hk_G}\right]^{-1} \tag{6-10}$$

式中　k_V——挥发速率常数，m/h；

　　L——水的深度，cm。

将 $H'=H/RT$ 代入式(6-10)，则有

$$k_V = \frac{1}{L}\left[\frac{1}{k_L} + \frac{1}{H'k_G}\right]^{-1} \tag{6-11}$$

令 $r_L=1/k_L$，$r_G=1/(H'k_G)$，r_L 和 r_G 分别为液膜和气膜对物质通量的阻力，而总的阻力是两者的加和。

从上式不难看出，污染物从水中的挥发速率取决于在液相及气相中所受的阻力，而这种阻力又取决于 k_L 及 k_G 的相对大小。由于化合物的挥发性不同，决定挥发速率的主要阻力来源也不同。如果有机物的 H 很大，则气膜阻力可以忽略不计，有机物挥发主要由液相阻力决定，即受液相控制；如果 H 很小，则液膜阻力可以忽略不计，挥发速率常数 k_V 主要由气

膜阻力控制；如果 H 的数值介于两者之间，则两项都是重要的。

k_G、k_L 与化学物质的挥发性、分子量 M、水体流速 u_L、水面风速 u_G 以及水深 L 有关。化学物质的挥发性可以用物质的量浓度表示的亨利常数 H 来表征。对于中等挥发性化学物，$10^{-5}<H<10^{-3}$。Southworth(1979)发展了估计多环芳烃的挥发速率的方法，他从实验室的数据推导出计算 k_L 和 k_G 的方程，进而计算整个液相的质量迁移系数，即

$$K_L = \frac{H'k_G k_L}{H'k_G + k_L} \tag{6-12}$$

k_G 可用如下公式计算：

$$k_G = 1\ 137.5(v_1 + v)\sqrt{18/M} \tag{6-13}$$

式中，v_1 是风速；v 是河水流速。

当 $v_1<1.9$ m/s 时，k_L 可用如下公式计算：

$$k_L = 23.51\left(\frac{v^{0.969}}{L^{0.673}}\right)\sqrt{32/M} \tag{6-14}$$

当 $1.9<v_1<5$ m/s 时，有下式：

$$k_L = 23.51\left(\frac{v^{0.969}}{L^{0.673}}\right)\sqrt{32/M}\exp[0.526(v_1 - 1.9)] \tag{6-15}$$

对于高挥发性的化学物，即 $H>10^{-3}$ atm·m^3/mol，挥发速率主要取决于 k_L 的值，并且主要受液相边界层（液膜）扩散的限制，这时同样可用式(6-12)～式(6-15)来分别计算 K_L、k_G 和 k_L。

对于难挥发性的化学物，即 $H<3\times10^{-7}$ atm·m^3/mol，挥发速率主要受气相边界层（气膜）的质量迁移的限制，k_G 的计算同上，这时有

$$K_L = \frac{Hk_G}{LRT} \tag{6-16}$$

如果化合物的分子量在 $15<M<65$ 范围内，则有

$$k_G = 20\sqrt{44/M} \tag{6-17}$$

$$k_L = 3\ 000\sqrt{18/M} \tag{6-18}$$

如果假定污染物从水中向大气的挥发是一级动力学过程，那么有如下的方程：

$$R_V = -\frac{d[C_W]}{dt} = k_V\left[C_W - \frac{P}{H}\right] \tag{6-19}$$

式中　C_W——污染物在水中的浓度，mol/L；

t——时间，h。

如果污染物在大气中的浓度很低，则上式可写成

$$R_V = -\frac{d[C_W]}{dt} = k_V[C_W] \tag{6-20}$$

解上述微分方程，有

$$C_W = C_{W0}\exp[-k_V t] \tag{6-21}$$

式中，C_{W0}是污染物在水中的初始浓度，其半衰期是 $0.69(L/k_V)$h。

三、挥发过程的双膜理论模型的局限性

双膜理论在实际应用中存在一定的局限性。这是因为双膜理论假设溶剂（水）相表面是静止的，并且没有蒸发，这样溶质要通过蒸气的扩散才能向溶剂表面移动。这一假设仅适用

于溶质的蒸发速度大于溶剂的蒸发速度的情况，当溶剂的蒸发速度接近或大于溶质的蒸发速度时，双膜理论就不适用了。另外，双膜理论过分地强调了溶质的扩散作用，而没有考虑溶剂也会发生扩散这一事实。实际上溶剂是溶液混合物的主要成分，它的扩散运动可以引起其他一些运动，从而使溶质迁移到溶液表面。因此，不考虑溶剂的扩散是不合理的。

第三节　土壤/大气界面的物质传输模型

一、污染物从土壤的挥发及其影响因素

（一）污染物从土壤的挥发过程

物质从土壤的挥发是污染物从土壤直接转移到大气中的一种常见过程，是污染物在多介质环境中跨介质循环的重要环节之一。比如在农田中，喷洒的农药首先会附着在农作物和土壤的表面，然后由于挥发或蒸腾作用，附着在作物和土壤表面的农药进入大气及雨水之中，进而散布到其他所有环境介质单元之中。因此，研究污染物从土壤的挥发过程，对于了解污染物在土壤中的残留量和停留时间，判断该污染物在大气中的含量和生态毒理效应，掌握污染物的环境归趋等方面都具有重要的理论意义和实际意义。

一般而言，由于土壤含有一定的水分和空气，化学物质在土壤中存在着复杂的平衡过程，它从土壤的挥发过程机理要比从水体的挥发复杂得多。

污染物从土壤中挥发进入大气的过程相当复杂，但一般可分为如下三个步骤：

① 从土壤颗粒表面到土壤的挥发面；

② 从土壤的挥发面到土壤附近的大气中；

③ 在大气中扩散分布。

（二）污染物从土壤挥发的影响因素

在以上三个步骤中，影响挥发速率的因素是复杂多变的，其中主要因素有以下几方面。

1. 吸附过程

吸附是指化学污染物质通过化学、物理和氢键的作用而被束缚在土壤固体物上的过程，它会降低化学物在土壤中的活性，是控制污染物从土壤内部到挥发面迁移速率的主要因素。土壤对污染物吸附的强弱与土壤固体物的比表面积和污染物的含量直接相关，所以土壤的吸附会减少土壤水和土壤空气之间化学物分配的数量，进而影响污染物从土壤挥发的速率。

2. 土壤的湿度

土壤实际上是土壤水、土壤空气和土壤固体物的综合体，化学污染物在这三者之间的分配与平衡是污染物从土壤中挥发出来的关键过程。极性不同的污染物受土壤水含量大小的影响是不同的，极性大的污染物，土壤水会抵制污染物的挥发；非极性或极性小的污染物，土壤水会将其从土壤颗粒表面置换下来，污染物进而挥发到空气中。

3. 土壤中有机质的含量

因为大多数易挥发的污染物都是非离子型或弱极性的有机化学物，它们在土壤颗粒上的吸附实际上就是溶解到土壤有机相的过程，因此其吸附性能会受到土壤中有机质含量的影响。当土壤有机质含量较低时，土壤水与土壤矿物成分表面发生强烈的偶极性作用，有机污染物是很难被土壤吸附的。

4. 污染物的物化性质

与挥发直接相关的污染物的物化性质包括该污染物的蒸气压、水溶度和污染物的辛醇/水分配系数等，这些性质决定着污染物在土壤固相与土壤水相、土壤水相与土壤空气相之间的转移趋势和速率。一般来说，分子量小的非极性有机物最容易挥发，分子量越大极性越大，则有机物越难挥发。在土壤微生物等外界因素的作用下，有些难挥发的大分子有机物可以降解或分解成易挥发的小分子有机物。

5. 温度

温度对污染物挥发的影响是多方面的。首先，温度升高会直接增大有机污染物的蒸气压，加速其挥发速率；其次，温度升高有利于提高土壤微生物的生物活性，加速有机污染物的生物降解。

6. 土壤表面上部的空气流动

土壤表面上部的空气流动在污染物从土壤的挥发中起着非常重要的作用。当土壤表面空气的运动很小时，化学物的迁移仅仅是通过空气的分子扩散来实现的，污染物从土壤中挥发的速率将会很小。由此可见，土壤表面上部空气的湍流是化学物从土壤表面上部传播到大气中的主要动力。一般来说，土壤表面上部空气流动速度越大，湍流越强，地表越平坦，越有利于污染物从土壤中挥发。然而，有时过大的空气流动速度会减少土壤中的水分含量，当土壤水分减少到一定程度时，又会减小污染物从土壤中挥发的速率。

二、污染物从土壤中挥发速率的计算模式

根据污染物从土壤中挥发的机制和各种影响的分析，我们有可能建立一个综合性的精确的计算模型，但是由于其复杂性，目前还缺乏实用价值。因此，从实用的角度出发，这里只介绍几种简单的计算方法。

（一）哈特莱法

哈特莱(Hartley，1969)法是建立在对挥发的化学物(或水)与空气之间热平衡分析的基础之上的。因此，化学物从土壤挥发到空气中的通量可用如下的式子表示：

$$f=\frac{\rho_{\max}(1-h)}{\delta}\Big/\left[\frac{1}{D_{\mathrm{V}}}+\frac{\lambda_{\mathrm{V}}^{2}\rho_{\max}M}{kRT^{2}}\right] \tag{6-22}$$

式中　f——土壤中化学物的挥发通量；

$\rho_{\max}$——给定气温下化学物的饱和蒸汽浓度；

h——空气的湿度，$0\leqslant h\leqslant 1$；

δ——化学物必须通过的停滞层厚度；

D_{V}——化学物蒸气在空气中的扩散系数；

λ_{V}——化学物的蒸发潜热；

M——化学物的分子量；

k——空气的热导率；

R——气体常数；

T——绝对温度。

式(6-22)中的第二项表示了热组分对挥发造成的阻力。对于水和挥发性较高的化学物，该项是重要的；而对于挥发性较小的化学物，该项则可以忽略，这时上式可简化为

$$f=\frac{D_{\mathrm{V}}\rho_{\max}(1-h)}{\delta} \tag{6-23}$$

从上式不难看出,化学物从土壤的挥发通量与它在空气中的扩散系数以及饱和蒸汽浓度成正比,与停滞层厚度成反比,并随着空气湿度的增加而减小。

（二）哈迈克法

哈迈克(Hamaker,1972)法的基本假设是:被水饱和的土壤层是半无限大的,即是说土壤的总深度要比扩散和挥发现象表现明显的土壤层厚度大得多。在这种情况下,化学物从土壤的挥发流失可用下式表示:

$$Q_t = 2C_0\sqrt{Dt/\pi} \tag{6-24}$$

式中 Q_t——在时间 t 时,单位土壤表面积上化学物的总流失量;

C_0——土壤中化学物的初始浓度;

D——化学物的蒸气通过土壤的扩散系数;

π——圆周率。

在式(6-24)中,由于忽略了灯芯效应引起的质量迁移,所给出的计算结果将会偏低。

根据土壤中水的流失,即由于土壤中蒸气扩散和溶液的质量迁移引起的流失,哈迈克又提出了第二种计算公式,将可溶解的挥发性化学物从土壤的流失量近似地表示为

$$Q_t = \frac{P_{\mathrm{VP}}}{P_{\mathrm{H_2O}}}\frac{D_{\mathrm{V}}}{D_{\mathrm{H_2O}}}(f_{\mathrm{W}})_{\mathrm{V}} + C(f_{\mathrm{W}})_{\mathrm{L}} \tag{6-25}$$

式中 f_{W}——单位土壤表面积上水的流失量;

P_{VP}——化学物的蒸气压,Pa;

$P_{\mathrm{H_2O}}$——水的蒸气压,Pa;

D_{V}——化学物在空气中的扩散系数;

$D_{\mathrm{H_2O}}$——水蒸气在空气中的扩散系数;

C——化学物在土壤溶液中的浓度;

下标 V 和 L——分别表示蒸气和液体(的损失)。

应用上式需要掌握土壤中的水流以及水蒸气和化学物在空气中的扩散系数等有关信息。

（三）迈耶法

迈耶(Mayer 等,1974)提出的方法是将扩散定律应用于一定浓度的化学物在土壤中运动规律的数学表达式。该式中,假定扩散仅发生在土壤的表面,所以对挥发速率计算的结果可能会偏低。该公式是具有恒定扩散系数情况下的一维扩散方程,即

$$\frac{\partial^2 C}{\partial Z^2} - \frac{1}{D}\frac{\partial C}{\partial t} = 0 \tag{6-26}$$

式中 C——化学物在土壤中的浓度;

Z——土壤中测定点离土壤表面的距离;

D——化学物在土壤中的扩散系数;

t——时间。

由于所设边界条件不同,方程(6-26)会有如下不同的解。

第一种解:边界条件是

$$\left.\begin{aligned} &C = C_0 \quad 当\ t = 0\ 和\ 0 \leqslant Z \leqslant L\ 时 \\ &C = 0 \quad 当\ Z = 0\ 和\ t > 0\ 时 \\ &\frac{C}{Z} = 0 \quad 当\ Z = L\ 时 \end{aligned}\right\} \tag{6-27}$$

根据上述边界条件，方程(6-26)有如下解

$$C(Z,t)=\frac{4C_0}{\pi}\sum_{n=1}^{\infty}\frac{(-1)n}{(2n+1)}\mathrm{e}^{-D(2n+1)^2\pi^2 t}\cos\frac{(2n+1)\pi(L-Z)}{2L} \tag{6-28}$$

这时的挥发通量为

$$f=\frac{DC_0}{\sqrt{\pi Dt}}\left[1+2\sum_{n=1}^{\infty}(-1)n\mathrm{e}^{-n^2L^2/(Dt)}\right] \tag{6-29}$$

上两式中 L 表示土壤层的厚度，m，其他符号含义同前。

第二种解：如果在式(6-29)中，加和项的值与 1 相比是可以忽略的，即指数项 $n^2L^2/(Dt)$ 大到 10 以上，就可以达到加和项能够忽略的程度，这时该式可以进行简化。

因为现场情况的边界条件不明显，所以和第一种解一样，第二种解的模型同样不能精确地预测现场条件下的挥发速率。随着 L 的增加以及 D 或 t 的减小，上式可以简化为

$$f=\frac{DC_0}{\sqrt{\pi Dt}}=C_0\sqrt{D/(\pi t)} \tag{6-30}$$

由于化学物挥发的总量等于挥发通量和时间的乘积，所以单位面积上由挥发引起的总流失量可表达为 $Q=C_0\sqrt{Dt/\pi}$。

如果土壤的边界条件与第一种解的土壤边界条件相同，那么在存在挥发过程的土壤中，化学物的浓度为

$$C(Z,t)=C_0\,\mathrm{erf}\left(\frac{Z}{2\sqrt{Dt}}\right) \tag{6-31}$$

式中，erf 是误差函数，该方程在 $t=L^2/(14.4D)$ 之前都是有效的。

第三种解：边界条件是

$$\left.\begin{array}{ll} C=C_0 & \text{当 } t=0 \text{ 和 } 0\leqslant Z\leqslant L \text{ 时} \\ C=0 & \text{当 } t=0 \text{ 和 } Z>L \text{ 时} \\ C=0 & \text{当 } t>0, Z=0 \text{ 时} \end{array}\right\} \tag{6-32}$$

在这种情况下，土壤中化学物的浓度是

$$C(Z,t)=\frac{C_0}{2}\left[2\mathrm{erf}\left(\frac{Z}{2\sqrt{Dt}}\right)-\mathrm{erf}\left(\frac{Z-L}{2\sqrt{Dt}}\right)-\mathrm{erf}\left(\frac{Z+L}{2\sqrt{Dt}}\right)\right] \tag{6-33}$$

化学物的土壤挥发通量是

$$f=\frac{DC_0}{\sqrt{\pi Dt}}\left[1-\mathrm{e}^{-L^2/(4Dt)}\right] \tag{6-34}$$

当 $L^2/(4Dt)$ 很大时，上式可简化为

$$f=\frac{DC_0}{\sqrt{\pi Dt}} \tag{6-35}$$

第四种解：该解需要假定被空气除去化学物的速率是该化学物土壤挥发速率的限制因素，化学物在土壤深度 L 之内是均匀分布的，在下部边界没有化学物的流失通量存在，新鲜空气的连续流是以速度 v 通过土壤表面的上空，化学物在空气中的背景浓度是很低的。这说明，由于对流或大的扩散系数存在，从土壤进入空气的化学物能够得到迅速的混合。相对于对流而言，扩散的影响要小得多，所以该模型的迁移项中不包括扩散，而仅包括对流质量迁移。在这种情况下，如果空气停止流动，化学物从土壤进入空气的通量将会变为零。

该解的边界条件是

$$\left.\begin{aligned} &C = C_0 \quad 当\ t = 0\ 和\ 0 \leqslant Z \leqslant L\ 时 \\ &\frac{C}{Z} = 0 \quad 当\ Z = L\ 时 \\ &f = vC_0 \quad 当\ t > 0, Z = 0\ 时 \end{aligned}\right\} \tag{6-36}$$

根据上述边界条件解方程，得到描述化学物在土壤中的浓度分布表达式

$$C(Z,t) = 2C_0 \sum_{n=1}^{\infty} \left\{ \frac{e^{D\alpha_n^2 t}(h - R_0\alpha_n^2)\cos[\alpha_n(L-Z)]}{[L(h-R_0\alpha_n^2)^2 + \alpha_n^2(L+R_0) + h]\cos\alpha_n L} \right\} \tag{6-37}$$

式中　h——$h=R_0 v/D$；

v——空气流动速度，$v=L/T$，T 为时间；

C_0——化学物在空气中的浓度；

R_0——吸附等温系数，是化学物在空气中和土壤中的浓度之比；

α_n——下式的根，即

$$\alpha_n \tan(\alpha_n L) = \frac{R_0 v}{D} - R_0\alpha_n^2 \tag{6-38}$$

在大多数情况下，有 $R_0\alpha_n^2 \ll R_0 v/D$，所以式(6-37)可以简化为

$$C(Z,t) = 2C_0 \sum_{n=1}^{\infty} \left\{ \frac{e^{D\alpha_n^2 t}(R_0 v/D)\cos[\alpha_n(L-Z)]}{[L(R_0 v/D)^2 + \alpha_n^2 L + (R_0 v/D)]\cos\alpha_n L} \right\} \tag{6-39}$$

上式中，α_n 是下式的根，即

$$\alpha_n \tan(\alpha_n L) = \frac{R_0 v}{D} \tag{6-40}$$

化学物通过土壤表面的通量为

$$f = 2DC_0 \sum_{n=1}^{\infty} \left\{ \frac{(R_0 v/D)^2 e^{D\alpha_n^2 t}}{L(R_0 v/D)^2 + \alpha_n^2 L + (R_0 v/D)} \right\} \tag{6-41}$$

对于 R_0 有效的浓度范围之内，在土壤表面空气中化学物的浓度 C_0 应该等于 R_0 乘以土壤中计算的浓度 C_s。

第五种解：在该解中，假定土壤表面的化学物可以扩散到稳定的空气层，化学物在空气中的扩散系数为 D_v，空气层的厚度是 d，土壤表面空气中的浓度是 $R_0 C$(这里 C 是化学物在土壤表面的浓度 C_s)。化学物从土壤挥发的通量是

$$f = D_v R_0 C/d \tag{6-42}$$

初始和边界条件是

$$\left.\begin{aligned} &C = C_0 \quad 当\ t = 0\ 和\ 0 \leqslant Z \leqslant L\ 时 \\ &\frac{C}{Z} = 0 \quad 当\ Z = L\ 时 \\ &f = (D_v R_0 C_s)/d \quad 当\ t > 0, X = 0\ 时 \\ &C = C_0 \quad 当\ t > 0, Z = 0\ 时 \end{aligned}\right\} \tag{6-43}$$

对方程(6-26)求解，得到描述土壤中化学物浓度的表达式为

$$C(Z,t) = \frac{2D_v R_0 C_0}{Dd} \sum_{n=1}^{\infty} \left\{ \frac{e^{D\alpha_n^2 t}\cos[\alpha_n(L-Z)]}{[L(R_0 D_v/(Dd))^2 + \alpha_n^2 L + (R_0 D_v/(Dd))]\cos\alpha_n L} \right\} \tag{6-44}$$

这里，α_n 是下式的根，即

$$\alpha_n \tan(\alpha_n L) = \frac{R_0 D_v}{Dd} \tag{6-45}$$

化学物穿过土壤表面的通量是

$$f = 2DC_0 \sum_{n=1}^{\infty} \left\{ \frac{[R_0 D_v/(Dd)]^2 e^{-D\alpha_n^2 t}}{L[R_0 D_v/(Dd)]^2 + \alpha_n^2 L + [R_0 D_v/(Dd)]} \right\} \tag{6-46}$$

（四）德澳法

该方法是德澳化学公司(Dow Chemical Company)的科学家们(Swann 等,1979)提出的。他们在实验的基础上,建立了化学物的蒸气压、水溶度和土壤吸附系数之间的关系,并将之与该化学物从土壤表面的挥发性相联系。研究发现,挥发速率与 $P_{VP}/(SK_{DC})$ 成比例,这里 P_{VP} 是化学物的蒸气压;S 是化学物的水溶度,mg/L 或 10^{-6};K_{DC} 是土壤对该化学物的吸附系数。化学物从土壤挥发出的半衰期为

$$t_{1/2} = 1.58 \times 10^{-8} \left(\frac{K_{DC} S}{P_{VP}} \right) \mathrm{d} \tag{6-47}$$

化学物从土壤的挥发速率常数是

$$K_v = \frac{0.693}{t_{1/2}} = 4.4 \times 10^7 \left(\frac{P_{VP}}{K_{DC} S} \right) \mathrm{d}^{-1} \tag{6-48}$$

该式未考虑土壤湿度、温度和风速等环境因素的影响,因此是一个较为粗糙的方法。

三、干、湿沉降污染物由大气向土壤的传输

干、湿沉降是污染物由大气向土壤转移的主要途径,同时也是气/土界面物质传输的重要过程之一。由于气候条件不同,各地区干、湿沉降所占的比例不同。一般来说,干旱地区以干沉降为主,潮湿地区的少雨季节以干沉降为主,多雨季节以湿沉降为主。

（一）湿沉降向土壤传输污染物的计算

湿沉降是指大气中的物质通过降水落到地面的过程。对于大气污染物向地面土壤的湿沉降过程,可分雨水对气态污染物和吸附在颗粒物上的污染物的淋洗两部分讨论。

1. 大气中气态污染物的雨水淋洗

雨水淋洗是大气中的气态污染物向地面土壤归趋的主要途径,污染物通过该渠道进入土壤的通量用如下公式表示：

$$N = A^* \left(\frac{C_a}{H'} \right) R \tag{6-49}$$

式中　C_a——大气中气体污染物的浓度；

H'——污染物的气/水分配系数；

A^*——淋洗比,对大多数情况下的保守物质,$A^* \approx 0$ 或 $A^* = C_W(C_a/H')$,C_W 为降水中污染物的浓度；

R——降雨速率。

A^* 的理论表达式为(Cohen,1984)：

$$A^* = \frac{1}{V_x} \int_0^{\infty} \left[1 - \left(1 - \frac{C_{W0} H'}{C_a} \right) \exp\left(\frac{-6K_{OL} L_C}{v_t D} \right) \right] \frac{\pi D^3}{6} N_d \mathrm{d}D \tag{6-50}$$

式中　C_{W0}——污染物在降水中的初始浓度；

V_x——单位体积空气中的雨水体积；

v_t——雨滴的极限下落速度；

K_{OL}——整个气体的迁移系数；

D——雨滴的直径；

N_d——雨滴大小的分布概率；

L_C——云基高度。

从上式不难看出，大气中气体污染物的雨水淋洗比是云基高度、降水速率以及与气水平衡浓度相关的雨水中污染物的初始浓度的函数。

2. 大气中束缚在颗粒物上污染物的雨水淋洗

由于颗粒物对污染物的吸附作用，污染物很容易被束缚到大气颗粒物上，所以大气颗粒物便成为大气中污染物的重要载体，随着降雨污染物会因大气颗粒物被淋洗而落到地面。在这种情况下，污染物从大气降到地面的通量为

$$N = A'RC_a \tag{6-51}$$

式中，A'是雨水对颗粒物上污染物的淋洗比，其物理意义是在降雨中污染物的平均浓度与气相中污染物浓度之比。

在建立单个雨滴中污染物平衡表达式的基础上，对所有雨滴和颗粒物在不同大小范围内进行积分，得到A'的理论表达式：

$$A' = \frac{\overline{C}_W}{C_a} = \frac{\overline{C}_{W0}}{C_a} + \frac{1}{v_t}\int_0^\infty \frac{3L_C}{2D}\left[\int_0^\infty E(a,D)f(a)\mathrm{d}a\right]\frac{\pi D^3}{6}N_d\mathrm{d}D \tag{6-52}$$

式中 $\overline{C}_W$——地面雨水中污染物的浓度；

C_a——单位空气体积中颗粒物相上污染物的浓度；

$\overline{C}_{W0}$——云基雨水中污染物的浓度；

a——颗粒物直径；

$E(a,D)$——直径为D的雨滴对直径为a的颗粒物的集聚函数；

$f(a)$——污染物在直径为a的颗粒物上的分布函数；

N_d——大气中雨滴大小的分布函数。

下面我们分别讨论函数N_d、$f(a)$和$E(a,D)$的表达式。

N_d的近似表达式为：

$$N_d = N_0 e^{CD} \tag{6-53}$$

式中，$N_0=0.084\times10^{-4}$ cm，$C=41R^{-0.21}$。

如果假定雨滴的大小对淋洗比的影响可以忽略，那么上式可以简化为

$$A' = \frac{\overline{C}_{W0}}{C_a} + L_C(5.69\times10^{-4}R^{-0.21})\int_0^\infty E(a)f(a)\mathrm{d}a \tag{6-54}$$

式中

$$\left.\begin{aligned} &E(a) = (S-1/12)/(S+7/12)，当\ a > 1.35\ \mu\text{m} \\ &E(a) = 0.005，当\ 0.9\ \mu\text{m} < a < 1.35\ \mu\text{m} \\ &E(a) = 0.125/(0.5+a^2)，当\ a < 0.9\ \mu\text{m} \end{aligned}\right\} \tag{6-55}$$

因为$f(a)$不仅与颗粒物的大小、性质有关，而且还与污染物的性质有关，所以可以通过实验来测定。

（二）干沉降大气污染物到地面的迁移

干沉降又称重力沉降，主要是直径大于10 μm的颗粒物由于地球引力作用而被地面土

壤吸附或吸收。尤其在我国北方的冬季，干沉降是大气向土壤输送污染物的主要途径。

在干沉降中，束缚在颗粒物上的污染物从大气进入土壤的通量由下式给出

$$N_a = v_d C_a \tag{6-56}$$

式中，C_a 是单位空气体积中颗粒物相上污染物的质量；v_d 是沉降速度，定义为

$$v_d = \int_0^{\infty} v_d(a) f(a) \mathrm{d}a \tag{6-57}$$

式中 $v_d(a)$——直径为 a 的颗粒物的沉降速度；

$f(a)$——颗粒物相归一化的污染物的质量分布，由 $C(a)/C_a$ 给出，$C(a)$ 为单位体积空气中颗粒物相污染物的质量分布。

$v_d(a)$的理论表达式为：

$$v_d = (A/B)\left[(1-\alpha)(K_{ss}+v_{gw}) + \frac{K_m \alpha (K_{bs}+v_{gw})}{K_m + \alpha(K_{ab}+K_{bs}+v_{gw})} + \frac{\alpha(K_{bs}+v_{gw})\alpha(K_{ab}+v_{gd})}{K_m+\alpha(K_{ab}+K_{bs}+v_{gw})}\right.$$

$$A = K_m[(1-\alpha)K_{as} + \alpha K_{ab} + v_{gd}] + \alpha(1-\alpha)(K_{ss}+v_{gd})(K_{ab}+K_{bs}+v_{gw})$$

$$B = K_m[(1-\alpha)(K_{as}+K_{ss}) + \alpha(K_{ab}+K_{bs}) + v_{gw}] + \alpha(1-\alpha)(K_{as}+K_{ss}+v_{gw})(K_{ab}+K_{bs}+v_{gw}) \tag{6-58}$$

式中 v_d——沉降速率，cm/s；

α——破碎表面所占比例；

K_{ss}——光滑表面转移系数；

K_{bs}——破碎表面转移系数；

K_{ab}——破碎表面湍流转移系数；

K_{as}——光滑表面湍流转移系数；

K_m——横向转移系数；

v_{gw}——潮湿粒子的重力沉降速率；

v_{gd}——干燥粒子的重力沉降速率。

v_{gw} 和 v_{gd} 由 Stoke 定律给出，即 $v_{gx} = \rho_p g D_x^2/(18V_a)$，这里下标 x 表示 d(干颗粒物)或 w(湿颗粒物)，ρ_p 是大气颗粒物密度，V_a 是空气的黏滞系数，g 是重力加速度，D_x 是干(或湿)颗粒物的直径。

$$K_{ss} = \frac{(U_{10}^*)^2}{0.4U_{10}}[10^{-3/S_t} + S_c^{-1/2}] \tag{6-59}$$

式中 S_t——Stokes 系数，$S_t = (U_{10}^*)^2 v_{gw}/g \cdot u_a$；

U_{10}——地面上方 10 m 处的风速；

U_{10}^*——地面上方 10 m 处风的剪切力；

S_c——大气颗粒物的 Schmidt 数，$S_c = v_a/D_C$，D_C 是扩散度，可用如下公式计算：

$$D_C = \left[(2.38\times10^{-7}/D_x)\left(1+0.163/D_x + \frac{0.548}{D_x}\exp(-6.66D_x)\right)\right] \tag{6-60}$$

第四节 水/沉积物界面的物质传输模型

水/沉积物界面是在水环境中水相和沉积物相之间的转换区，是水环境的一个特殊而重要的区域，是底栖生物的栖息地带，是水生生态系统的重要组成部分。水/沉积物界面是比

水/气界面更为复杂的界面，它不仅涉及污染物的传输，而且还涉及水和沉积物本身的传输，污染物在该界面的传输既可以在水中的溶解态进行，也可以在颗粒物上的吸附态进行，还可以通过生物体进行。因此，水/沉积物界面的物质传输是一个复杂的过程。

一、污染物在水/沉积物界面的传输过程分析

污染物在水/沉积物界面的传输是通过沉降、扩散、弥散、吸附、解吸、化学反应和底栖生物的作用等过程完成的。

（一）沉降、扩散与弥散

1. 沉降

污染物从水相到沉积物相的迁移是通过颗粒物的沉降、沿着浓度梯度的扩散和直接吸附到沉积物表面等过程进行的。这种沉降过程可以用损失速率或下沉速率来描述。在大多数湖库模型中，假定水中悬浮颗粒物的含量与下沉速率之间存在线性关系，其下沉速率或损失速率是恒定的。但实际上，下沉速率或损失速率常常是变化的，这是因为水体中的湍流作用会引起物质的水平迁移，并改变颗粒物的下沉速率。另外，悬浮颗粒物的大小和作为温度函数的黏度的变化，都会影响下沉速率。

2. 扩散

在水/沉积物界面这一区域内，水和沉积物之间实际上是相互交叉的，并没有明显的分界线，所以说，所谓的水/沉积物界面应为具有一定厚度和复杂结构的区层，如图 6-2 所示。根据污染物的传输途径，可以将水/沉积物界面由下往上依次分为浸出区、亚扩散层和紊动区三个区层。在浸出区，被吸附在沉积固体颗粒物上的化学污染物解吸出来，进入底泥间隙水的溶液中，由于分子扩散作用，污染物的分子通过浸出区向上运动，进入亚扩散层。在亚扩散层，污染物在分子和紊动扩散联合作用下进一步向上运动，进入附着边界层的紊动区。在紊动区，污染物通过紊动扩散进入上部水体之中。

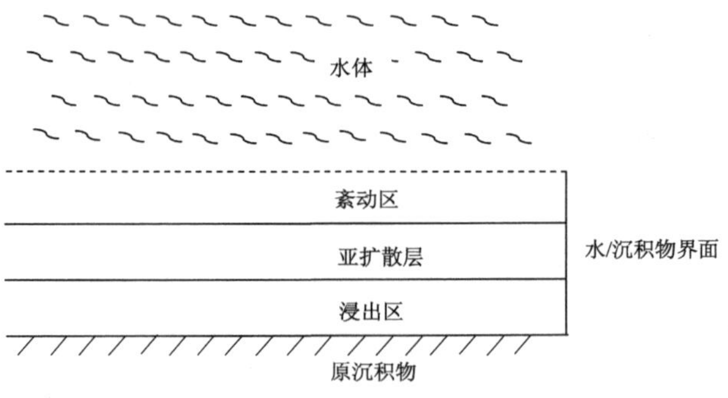

图 6-2　水/沉积物界面结构示意图

3. 弥散

对于河流底部沉积物的迁移，弥散起着不可忽略的作用，在第三章中已介绍过弥散作用，这里就不再重复了。

（二）吸附和解吸

化学污染物在沉积物上的吸附是一种固-液分配过程。在吸附过程中，固体沉积物表面作用于污染物的能量来自两个方面：一方面是其作用范围紧靠固体表面的化学力（如共价键、疏水键、氢桥、空间位阻或定向效应）；另一方面是作用距离较远的静电和范德瓦耳斯引力。由此可见，污染物在水和沉积物之间的分配程度是由化学物及沉积物的物理性质和化学性质决定的，如化学物的水溶度、固体沉积物颗粒的大小、沉积物的有机碳含量、水的盐度、pH值和温度等。

有些底栖生物在新陈代谢中会使底泥沉积物形成一粒粒的小弹丸，这种弹丸可将吸附在沉积物上的污染物夹裹在内部，从而大大减缓了污染物从沉积物向上部水柱的释放过程，在某种程度上减缓了底部沉积物对上部水体质量的二次污染。

（三）底栖生物的作用

水/沉积物界面是底栖生物的生存环境，主要分布在底泥表层的0～10 cm处。

底栖生物一般分为底栖动物和底栖植物两大类，是水生生态系统的重要组成部分。底栖动物是生活在水环境的底泥内或底部沉积物上的动物生态类群，如在海底匍匐爬行的棘皮类、附着生活的腔肠类、穿入底泥的软体类以及蠕虫类等。底栖植物是生长在水/沉积物界面的植物生态类群，如藻类及少数的种子植物。底栖生物既是水/沉积物界面的重要组成部分，又对水/沉积物界面的物质传输产生影响。底栖生物的作用表现在以下几个方面：

1. 扰动作用

底栖生物对底泥的扰动，对污染物在水/沉积物界面的传输起着非常重要的作用，这主要是由于底栖生物的扰动作用导致表层污染底泥的疏松，加速了沉积物的再悬浮，并改变了污染物在沉积物上的吸附和解吸之间的平衡状态，从而导致污染物从底部沉积物向水体的迁移；这种扰动作用同时也加速了底泥间隙水和上部水柱相之间的对流作用，从而引起污染物从间隙水向水柱的扩散。

2. 耗氧作用

底栖生物在新陈代谢过程中，要吸入O_2，呼出CO_2，从而消耗底部沉积物中的O_2，降低底泥中的氧化/还原电位，因而在有机物的矿化过程中，会产生一系列的还原产物，如H_2S，CH_4和N_2等。当这些气体的产生量和压力达到一定程度时就会形成鼓泡，鼓泡从沉积物的底部向上运动，并通过水柱冒出水面。此过程加速了沉积物中的污染物向水柱的迁移，这种现象在湖泊水体富营养化的研究中具有十分重要的意义。

3. 水/沉积物界面的生物膜

在水/沉积物界面，特别是对于河床为稳定表面的河流水/沉积物界面，常常被一薄层由细菌、藻类和其他物质组成的烂泥状的生物膜所覆盖。在生物膜里，微生物的、物理的和化学的活性可以将生物膜上方水体中的溶解化学物除去，这种作用对于浅而流动的河流中污染物的净化产生重要的贡献。

Boyle和Scott(1984)的研究表明，附着生物膜在河流水体的氧平衡过程中起着重要的作用，河底附着的生物膜与在浅而水流湍急的山地河流中的悬浮生物相比，对有机碳的去除要有效得多，这种生物膜基本上能够决定从水系统中除去痕量有机物的速率。

4. 生物富集作用

在底栖生物的食物链中，底泥中的碎屑是底栖生物摄食的重要来源。如前所述，水/沉积物界面的该层区又是污染物集聚的地方，因此，在这里底栖生物对污染物的富集作用要比在上部水柱中大得多。

二、水/沉积物界面的物质交换模型

（一）稳态模型

稳态模型是一种模拟跨水/沉积物界面的物质交换的简单的质量平衡模型。在该模型中，沉积物是作为污染物的简单的汇，假定污染物的沉降相对于污染物输入的分数是恒定不变的，或者关于水中污染物浓度的变化是一级动力学过程。简单的质量平衡模型由关于质量平衡的描述清单发展到预测模型，需要关于污染物停留时间的经验模型。一般的稳态模型表示如下：

$$\frac{\mathrm{d}C_S}{\mathrm{d}t} = K_2 C_S \theta^{T-20} - K_1 C_S \tag{6-61}$$

式中 C_S——在温度 T 时污染物在水体中的浓度；

K_2——扩散系数；

K_1——悬浮颗粒物的沉降速率常数；

T——绝对温度；

θ——温度系数；

t——时间。

（二）动态模型

有时从沉积物来的污染负荷会超过外部来的负荷，所以停止外部负荷之后所预期的恢复时间会延迟。在这种情况下，上述的稳态模型就不再适用了，因此，不仅应该把沉积物看作是污染物的汇，而且还应把它作为一种源。如果必须要预测变化负荷的时间响应的话，则应在模型中将沉积物作为一个状态变量来处理，即随时间变化的模型或动态模型。简单动态模型的数学表达式为

$$\frac{\mathrm{d}C_S}{\mathrm{d}t} = K_2 C_E V_S \theta^{T-20} - K_1 C_S \tag{6-62}$$

$$\frac{\mathrm{d}C_E}{\mathrm{d}t} = K_1 C_A - K_3 C_A V_S \theta^{T-20} \tag{6-63}$$

$$\frac{\mathrm{d}C_1}{\mathrm{d}t} = K_3 C_A V_S \theta^{T-20} - K_2 (C_S - C_1) - K_N (C_B, C_1) \tag{6-64}$$

式中 C_E——沉积物中可交换污染物的浓度；

V_S——沉积物活性层的体积；

C_A——活性层中可交换污染物的浓度；

C_1——沉积物间隙水中污染物的浓度；

C_B——吸附在沉积物上的污染物浓度；

K_3——污染物的矿化速率常数；

K_N——污染物在间隙水和固体沉积物之间吸附或解吸常数；

其他符号含义同前。

（三）非线性模型

在水/沉积物界面的物质交换所涉及的许多过程实际上是非线性的，因此需要建立非线性模型来描述这种界面的物质交换过程。对于污染物在水/沉积物界面的交换模型的总体表征应该包括如下过程：① 从水到沉积物的迁移；② 在沉积物中所发生的垂直的和水平的迁移过程、矿化过程、吸附过程、沉降过程以及其他的生物和化学反应；③ 从沉积物到水的迁移。

为了更有效地描述污染物在水/沉积物界面的非线性传输，需要将沉积物看作是一个多层的结构，如图 6-3 所示。

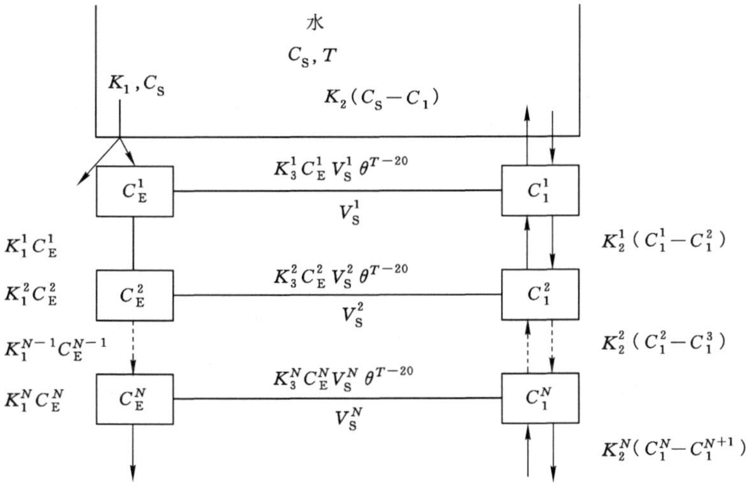

图 6-3　水/沉积物界面的多层结构模型(Larsen,1983)

根据图 6-3 可将水/沉积物界面的非线性模型数学表达式写为

对于第一层的方程

$$\frac{dC_E^1}{dt}=K_1^1C_S-K_1^1C_E^1-K_3^1C_E^1V_S^1\theta^{T-20} \tag{6-65}$$

$$\frac{dC_1^1}{dt}=K_3^1C_E^1V_S^1\theta^{T-20}-K_2(C_S-C_1^1)-K_2^1(C_1^1-C_1^2) \tag{6-66}$$

对于第 N 层的方程

$$\frac{dC_E^N}{dt}=K_1^{N-1}C_E^{N-1}-K_1^NC_E^N-K_3^NC_E^NV_S^N\theta^{T-20} \tag{6-67}$$

$$\frac{dC_1^N}{dt}=K_3^NC_E^NV_S^N\theta^{T-20}-K_2^{N-1}(C_1^{N-1}-C_1^N)-K_2^N(C_1^N-C_1^{N+1}) \tag{6-68}$$

式中,上角标 1,2,3,…,N,$N+1$,…表示界面结构的层数;其他符号含义同前。

（四）二室模型

有人根据污染物在水/沉积物界面的迁移与药物在血液和组织静脉注射过程中传输相似的现象,将静脉注射后药物在血液和组织间传输的动力学模拟过程应用于水/沉积物界面的物质传输动力学的模拟(赵元慧等,1993),这就是二室模型,即

$$\frac{dC_W}{dt}=-\left(K_V+K_a\frac{A}{V}\right)C_W+K_d\frac{A}{V}C_S \tag{6-69}$$

$$\frac{dC_S}{dt}=K_aC_W-K_dC_S \tag{6-70}$$

式中　K_V——挥发速率常数;

K_a——吸附常数;

K_d——解吸常数;

A——界面积;

V——水的体积;

t——时间。

其他符号含义同前。

上述方程的解析解是

$$C_W = \frac{C_{W0}}{(\alpha-\beta)}[(K_d-\beta)e^{-\beta t}-(\alpha-K_d)e^{-\alpha t}] \tag{6-71}$$

$$C_S = \frac{K_d C_{W0}}{(\alpha-\beta)}(e^{-\beta t}-e^{-\alpha t}) \tag{6-72}$$

$$\alpha = \frac{1}{2}\left[\left(K_a\frac{A}{V}+K_d+K_V\right)+\sqrt{(K_aA/V+K_d+K_V)^2-4K_dK_V}\right] \tag{6-73}$$

$$\beta = \frac{1}{2}\left[\left(K_a\frac{A}{V}+K_d+K_V\right)-\sqrt{(K_aA/V+K_d+K_V)^2-4K_dK_V}\right] \tag{6-74}$$

对于非挥发性的有机物，$K_V=0$，$\beta=0$，将 α 值代入式(6-71)和式(6-72)，有

$$C_W = \frac{C_{W0}}{K_aA/V+K_d}\left[K_d+K_a\frac{A}{V}e^{-(K_aA/V+K_d)t}\right] \tag{6-75}$$

$$C_S = \frac{K_aC_{W0}}{K_aA/V+K_d}[1-e^{-(K_aA/V+K_d)t}] \tag{6-76}$$

三、污染物在沉积物上的吸附

吸附是污染物在水/沉积物界面物质传输的重要过程之一。不论是水和悬浮沉积物之间，还是底部沉积物和间隙水之间，都涉及污染物在沉积颗粒物相和水相之间的分配平衡过程。

（一）传统吸附理论

传统的吸附理论认为，吸附行为可以用如下三种经验公式描述：

Henry 吸附等温式 $C_S=KC_w$ (6-77)

Freundlich 吸附等温式 $C_S=KC_w^{1/n}$ (6-78)

Langmuir 吸附等温式 $C_S=KC_w/(K_m+C_m)$ (6-79)

式中 C_S——每克沉积物所吸附污染物的质量；

C_w——吸附系统达到平衡时水中污染物的浓度。

n，K，K_m 均为经验常数，当污染物浓度很低时，式中 n 接近于 1，K 就变成分配系数，吸附成为 Henry 型吸附。

对于水环境中痕量污染物在沉积物上的吸附，可以近似地认为是 Henry 型吸附，即线性吸附。

对于非离子型或酸性有机污染物在沉积物上的吸附，实际上是污染物在水相和沉积物中有机相之间的分配过程，所以这种吸附还可以用与沉积物性质无多大关系的参数 K_{OC} 来表征。这里 K_{OC} 是当吸附系统达到平衡时，沉积物中单位质量有机碳所吸附的污染物质量与水中化学物浓度之比，即

$$K_{OC} = \frac{C_S}{f_{OC}C_w} \tag{6-80}$$

式中，f_{OC} 是沉积物中有机碳的含量。将式(6-77)吸附等温式代入，则有

$$K_{OC} = K/f_{OC} \tag{6-81}$$

化学污染物的这种特定参数 K_{OC} 对不同的沉积物比较稳定，可以消除不同沉积物之间吸附系数的差异。即使存在一些小的差异，也是由于污染物和沉积物的特殊性质引起的，如

沉积物的黏土含量和表面积、离子交换容量、pH 值以及有机物的化学结构。在大多数情况下，这种差异是可以预测或忽略的，比如沉积物吸附有机物的能力随着同系列有机物分子量的增大而增强这一规律是可以预测的。

在某些条件下，污染物在沉积物上的吸附是很容易发生的。这些条件是：① 在具有非常大的表面积的黏土中；② 存在阳离子交换的系统；③ 引起黏土-胶体聚集的系统；④ 化学吸附存在的系统。一般情况下，这种吸附是一种快速过程，在几小时甚至几分钟之内就可达到平衡。

以上讨论主要是针对平衡过程的吸附，对于非平衡过程的吸附，情形要复杂得多。非平衡吸附主要是指当污染物很快地通过环境单元，以致吸附过程还来不及达到平衡之前的过程，或者是沉积物对污染物的吸附能力非常强的吸附系统。在这种吸附系统中，水中污染物的迁移来不及供应沉积物的吸附，从而使系统处于一种非平衡状态。非平衡吸附是影响有机污染物在沉积物中迁移的主要过程，往往也是非线性的。因此，有必要研究吸附的非线性和非平衡过程。

Freundlich 型吸附和 Langmuir 型吸附实际上都是非线性吸附。为了描述吸附迁移过程的非线性行为，需要引入一个阻尼因子 R。

$$R = 1 + \left(\frac{\rho K}{n\theta}\right) C_{\mathrm{w}}^{\frac{1}{n}-1} \tag{6-82}$$

式中　ρ——沉积物的体积密度；

　　　θ——沉积物中水的体积含量。

其他符号含义同前。

对于非平衡吸附，污染物吸附在沉积物上的速率不仅与沉积物上已吸附的污染物量有关，而且还与水中污染物的含量有关，可以用如下的方程表示这种关系：

$$\frac{\mathrm{d}C_{\mathrm{S}}}{\mathrm{d}t} = \alpha_1 (K C_{\mathrm{w}}^{1/n} - C_{\mathrm{S}}) \tag{6-83}$$

式中，α_1 是一级动力学常数。

（二）吸附动力学

吸附动力学的研究，是将吸附理论用于定量描述污染物在水和沉积物之间的分布随时间变化的重要途径。目前常见的沉积物吸附动力学模型一般分为单箱模型、双箱模型和扩散模型。

单箱模型是最简单的吸附动力学模型，其吸附速率是沉积物和水相之间污染物浓度差的一级函数，通过单一的速率常数 K_{f} 进行描述，其表达式为

$$\frac{\mathrm{d}C}{\mathrm{d}t} = - K_{\mathrm{f}} C \tag{6-84}$$

$$\frac{\mathrm{d}S'}{\mathrm{d}t} = - K_{\mathrm{b}} S' = (K_{\mathrm{f}}/K_{\mathrm{p}}) S' \tag{6-85}$$

式中　C——污染物在水相的浓度；

　　　S'——污染物在沉积相的浓度；

　　　K_{f}——污染物从水相到沉积相的交换速率；

　　　K_{p}——污染物从沉积相到水相的交换速率。

以上两式意味着吸附交换只受单一过程的限制，所以难以用来精确地解释实验数据。

吸附动力学数据表明，吸附的初始阶段是快速的，但要真正达到吸附平衡却是缓慢的，双箱模型能较好地解释这种现象。在双箱模型中，把沉积物分为两个箱单元，即沉积颗粒物的外部（容易接近的部分）和内部（交换缓慢的部分）两部分，其数学表达式为

$$\frac{dC}{dt}=-K_1C+K_{-1}S_1 \tag{6-86}$$

$$\frac{dS_1}{dt}=K_1C-(K_{-1}+K_2)S_1+K_2S_2 \tag{6-87}$$

$$\frac{dS_2}{dt}=K_2S_1-K_{-2}S_2 \tag{6-88}$$

式中 K_1——污染物从水相到沉积物的第一箱的交换速率；

K_{-1}——污染物从沉积物的第一箱到水相的交换速率；

K_2——污染物从沉积物的第一箱到第二箱的交换速率；

K_{-2}——污染物从沉积物的第二箱到第一箱的交换速率；

S_1——第一箱中污染物的浓度；

S_2——第二箱中污染物的浓度。

这种概化完全符合具有两种吸附位置、两个串联化学反应的体系，但该模型中的参数很难估算。

扩散方程是较为实用的模型，只需要已知的物理和化学过程（如分子扩散和相平衡）。扩散方程首先假定：对疏水性有机污染物，沉积颗粒物是一种细的矿物微粒和天然有机物的聚集体。当这些颗粒物存在于水环境时，沉积物和水相间污染物交换的动力学应当描述为有机污染物向多孔颗粒物的径向扩散过程，它们的穿透受到一种所谓微观分配的阻碍，这种微观分配是在有机物的移动态和束缚态之间进行的。

这种模型的概化指出，单位体积吸附污染物的交换速率是

$$\frac{\partial S(r)}{\partial t}=D_m n\left[\frac{\partial^2 C'(r)}{\partial r^2}+\frac{2}{r}\frac{\partial^2 C'(r)}{\partial r}\right] \tag{6-89}$$

式中 $C'(r)$——污染物在间隙水中的自由浓度；

n——沉积物的孔隙率；

r——沉积颗粒物的半径；

D_m——孔隙水的扩散率；

$S(r)$——污染物在多孔沉积物中的局部体积浓度，并定义

$$S(r)=(1-n)\rho_s S'(r)+nC'(r) \tag{6-90}$$

式中 $S'(r)$——污染物固定吸附态的浓度；

ρ_s——沉积物的相对密度。

如果污染物在间隙水和沉积颗粒物之间达到局部平衡，那么与这些状态相关的吸附等温线表达式为

$$S'(r)=K_pC'(r) \tag{6-91}$$

可将该关系式用于重新陈述沉积颗粒物内的扩散，即

$$S(r)=[(1-n)\rho_s K_p+n]C'(r) \tag{6-92}$$

$$\frac{\partial S(r)}{\partial t}=\frac{D_m n}{[(1-n)\rho_s K_p+n]}\left[\frac{\partial^2 S(r)}{\partial r^2}+\frac{2}{r}\frac{\partial S(r)}{\partial r}\right]=D'_{\text{eff}}\left[\frac{\partial^2 S(r)}{\partial r^2}+\frac{\partial S(r)}{\partial r}\right] \tag{6-93}$$

式中，D'_{eff}是颗粒物内的有效扩散度。

当 K_p 很大时，则有

$$D'_{\mathrm{eff}} = \frac{D_m n}{(1-n)\rho_s K_p} \tag{6-94}$$

最后需要考虑的是径向扩散穿透模型的两点假设，即：① 质量通量和全部表面积是可以得到的；② 扩散迁移路径的长度是颗粒物直径的一半。对于 D_{eff}，必须包括一个校正因子 $f(n,t)$，该因子是内部聚集孔隙率和曲率的函数，即

$$\frac{\partial S(r)}{\partial t} = D_{\mathrm{eff}}\left[\frac{2}{r}\frac{\partial S(r)}{\partial r}\right] \tag{6-95}$$

式中

$$D_{\mathrm{eff}} = D'_{\mathrm{eff}} f(n,t) \tag{6-96}$$

第五节　污染物在多介质环境中的迁移与归趋模型

污染物在水生食物链中的迁移与归趋是多介质环境物质迁移的重要途径之一，不仅涉及污染物在水与每级营养水平生物之间的直接传输，而且还涉及污染物从较低级营养水平生物向较高级营养水平生物的迁移。因此，污染物在水生食物链中的迁移与归趋是多介质环境中更为复杂的过程。

一、污染物在水生食物链中的迁移过程及影响因素

（一）污染物在水生食物链中的迁移过程

水生生物对污染物的吸收主要通过两个途径：① 从水中直接吸收；② 从食物中吸收。一般来说，水生生物对污染物的吸收量要大于排出量，这就造成了污染物在生物体内的积累，这种积累随暴露时间的延长及食物链的升级而越来越多。生物对污染物的这种放大作用使进入环境中的毒物（即使是非常微量的）对生物尤其是处于高营养级的生物产生危害，直至威胁人体健康。因此，深入研究生物放大作用，对于探讨污染物在多介质环境中的迁移，确定污染物在环境中的安全浓度具有重要的理论和现实意义。

食物链的生物放大作用是指在生态系统的同一食物链上，由于高级营养生物以低级营养生物为食物，某种元素或难分解化合物在生物机体中的浓度随着营养级的提高而逐级增高的现象。在研究生物放大时，应首先弄清它与生物积累和生物浓缩的关系。

生物积累是指同一生物个体在整个代谢活跃期的不同阶段，机体内来自环境的元素或难分解化合物的浓缩系数不断增加的现象，其积累程度可用浓缩系数表示。任何机体在任何时刻，机体内某种元素或难分解化合物的浓度水平取决于摄取和消除两个相反的过程速率，当摄取量大于消除量时，就会发生生物积累。当积累到了一定程度，污染物的吸收量等于排出量，生物积累达到平衡，此时，生物体内污染物的实际含量与水中污染物含量的比值，称为生物积累因子 BAF（bioaccumulation factor）。

生物浓缩是指生物机体通过对环境中元素或难分解化合物的直接浓缩，使这些物质在生物体内的浓度超过在环境中的浓度的现象，其浓缩程度也可用浓缩系数表示。当生物体内的化学物质仅来自水中时，其体内化学物质达到平衡时的浓度与水中该化学物质的浓度比值称为生物浓缩因子 BCF（bioconcentration factor）。

BAF 和 BCF 是表征化学物质生物积累特性的重要指标，其值与化学物质的性质、暴露浓度以及生物的营养等级等因素有关。

（二）污染物在水生食物链迁移过程中的影响因素

1. 化合物性质

不同的化合物，其生物积累性质差别很大。一般来说，具有显著生物积累效应的化学污染物都是那些化学性质稳定、不易降解的守恒物质，如汞、镉、锌、铜、铅等重金属，DDT（双对氯苯基三氯乙烷）、六六六等有机氯农药，以及多环芳烃等。此外，另一个影响化合物生物积累性质的重要因素是其脂溶性，在一定范围内，化合物水溶性越小或脂溶性越大，其生物积累量越高，二者之间存在一定的相关关系。

化合物的脂溶性一般用其辛醇/水分配系数 $\lg P_{\mathrm{OW}}$（octanol/water partition coefficient）来表征。

对于 $\lg P_{\mathrm{OW}} < 6$ 的化合物，$\lg P_{\mathrm{OW}}$ 与 lg BCF 之间呈线性相关，即

$$\lg \mathrm{BCF} = a + b\lg P_{\mathrm{OW}} \tag{6-97}$$

式中，a、b 为系数。

对于 $\lg P_{\mathrm{OW}} > 6$ 的高脂溶性化合物，lg BCF 的值并不随 $\lg P_{\mathrm{OW}}$ 的增加而增加；相反，$\lg P_{\mathrm{OW}} > 7$ 以后，lg BCF 值反而有所下降，二者呈非线性关系。1991 年，Nendza 根据已发表的 100 多种化合物的 $\lg P_{\mathrm{OW}}$ 与鱼的 lg BCF，总结出以下关系式，即

$$\lg \mathrm{BCF} = 0.99\lg P_{\mathrm{OW}} - 1.47\lg(4.97 \times 10^{-8} P_{\mathrm{OW}} + 1) + 0.013\,5 \tag{6-98}$$

2. 个体性质

同种生物对同一污染物积累量的多少与生物个体大小有一定的相关性。一般情况下，对于生物积累能力强的污染物，个体大的生物单位质量的积累量高于个体小的生物，这与个体大的生物积累时间长有关。而对于生物积累能力较弱的污染物，这种相关性则不明显，如重金属中汞的生物积累能力较强，单位体重汞的含量一般随体重的增加而增加；其他重金属，尽管积累总量随体重增加而增加，但单位含量并无显著增加。

此外，生物个体的不同部位和组织器官对污染物的积累也有所不同，对于鱼类等水生动物，脂肪含量高的部位积累量较高；而对于香蒲、凤尾莲等水生植物根部积累的污染物要比茎部、叶片等部位的积累量高许多，因为它们对污染物的吸收主要是通过根部来完成的。

3. 环境变化

（1）季节变化

有研究发现，水生动物体内的有机氯化合物和重金属含量存在明显的季节性波动。鱼类及哺乳动物的这种规律性变化与动物的性别和繁殖活动密切相关，如鳕鱼、鳗鱼体内的 DDT、狄氏剂在产卵期间迅速下降，产卵后又有所增加；雄海豹和未怀孕的雌海豹体内 DDT 和 PCB（多氯化联二苯）含量明显高于怀孕雌海豹；分娩和哺乳期间，雌海豹体内的有机氯化合物排泄较多。贝类体内重金属含量的季节性变化与生物体重、河水流量和重金属浓度的季节性变化等因素有关，不同区域的不同贝类有着不同的变化规律。

（2）环境 pH 值

环境水体的酸碱度对底质中重金属的释放有显著影响，酸性水体更有利于底质中重金属的释放，水体中重金属浓度也较中性水体中的高。这种差别也反映在不同酸碱度水体中的生物对重金属的积累量上，酸性水体中生物对重金属的积累量要明显高于中性水体中生

物的积累量。

有研究表明，鱼体内汞含量与沉积物表层汞含量、湖水 pH 值、污染源距离、水的硬度、电导率、水力停留时间、流域面积和湖泊表面积之间高度相关（相关系数 $r^2=0.78$），有如下关系式：

$$C_{\mathrm{Hg(Fish)}}=-0.25+\frac{(C_{\mathrm{Hg(Sed)}}+600)\times 10^{-3}}{\ln(k-0.2)}+\frac{2.8\times[6-\ln(A+1)]}{(\mathrm{pH}-3.2)^3} \tag{6-99}$$

式中　$C_{\mathrm{Hg(Fish)}}$——鱼体内汞含量（湿重），mg/kg；

$C_{\mathrm{Hg(Sed)}}$——沉积物表面汞含量（干重），mg/kg；

k——湖水电导率，mS/m；

A——湖泊表面积，km^2；

pH——湖水的 pH 值。

（3）环境温度

环境温度升高会增加鱼类的代谢活动，同时由于水温升高或污染原因引起的溶解氧浓度下降会增加鱼类的呼吸频率，这两方面的作用均可提高污染物在鱼体内的积累。有研究发现，水温升高 15 ℃，食蚊鱼对 DDT 的吸收量增加约 3 倍；食蚊鱼对汞的浓缩因子也随温度的上升而提高，10 ℃时提高 2 500 倍，26 ℃时达到 4 300 倍。

温度上升也会促进鱼体中汞的排除，如上述食蚊鱼在 10 ℃水体中排除汞 30 d 后，其鱼肉中汞残留 83%；18 ℃水体中，其鱼肉中汞残留 40%；26 ℃水体中，其鱼肉中汞残留 11%。

二、生物积累的数学模型

（一）从水中吸收和浓缩的数学模型

化学物质在生物体内的积累速率与其在水中的浓度、生物对其吸收和排除的速率等因素有关，可用下式表示：

$$\frac{\mathrm{d}C}{\mathrm{d}t}=k_1C_{\mathrm{w}}-k_2C \tag{6-100}$$

式中　C——生物体内化合物含量，μg/g；

C_{w}——水中化合物浓度，μg/mL；

t——暴露时间，h；

k_1——吸收速率常数，1/h；

k_2——排除速率常数，1/h。

当暴露时间达到一定程度后，生物体对化合物的吸收与排除达到平衡，生物体内的化合物浓度不再随时间而变化，即

$$\frac{\mathrm{d}C}{\mathrm{d}t}=0=k_1C_{\mathrm{w}}-k_2C_{\mathrm{ss}} \tag{6-101}$$

则有

$$C_{\mathrm{ss}}=\frac{k_1}{k_2}\cdot C_{\mathrm{w}} \tag{6-102}$$

式中，C_{ss}为积累达到平衡时生物体内污染物的浓度。

前已述及，生物浓缩因子（N）为积累达到平衡时生物体内污染物的浓度 C_{ss}与水中污染的浓度 C_{w}之比，则由上式可得

$$N=C_{\mathrm{ss}}/C_{\mathrm{w}}=k_1/k_2 \tag{6-103}$$

上式的意义在于可以通过求得吸收速率常数 k_1 和排除速率常数 k_2 计算出生物浓缩因子 N。因为 N 大的化合物(如 DDT 等)积累达到平衡所需时间很长,用实测法求 N 很费时间,而通过作图法可先求出排除速率常数(k_2)后再计算出 N 则比较方便,即将积累一定时间的生物移入清水任其排除,定期测定,算出其体内残留量,将结果在半对数纸上作图,如呈直线回归,则可根据两个测点的体内化合物含量,按下式计算 k_2,即

$$\ln C_{f1} = \ln C - k_2 \cdot t_1 \tag{6-104}$$

$$\ln C_{f2} = \ln C - k_2 \cdot t_2 \tag{6-105}$$

由以上两式得

$$k_2 = -\frac{\ln C_{f1} - \ln C_{f2}}{t_1 - t_2} \tag{6-106}$$

如果 $\ln C_f$ 的时间过程线为非线性,则需要用非线性回归计算。

由上式可求得该化合物在生物体内的半衰期为

$$t_{1/2} = \frac{\ln 2}{k_2} \tag{6-107}$$

式(6-100)是描述生物体从水中吸收和浓缩化学物质的最简单的数学模型,没有考虑生物生长等影响因素。而对于 DDT、PCB 等分配系数大的化合物,它们达到积累稳定很慢,长期积累实验需考虑生长因素的影响,因为生长本身稀释了积累量。考虑生长因素在内的积累模型为

$$\frac{dC}{dt} = k_1 C_w - k_2 C - gC \tag{6-108}$$

式中,g 为生长率,1/d,一般由如下关系式确定:

$$\frac{dW}{dt} = W_0 \cdot \exp(gt) \tag{6-109}$$

式中,W_0 为实验开始时的体重,g。

令 $K' = k_2 + g$,则包含生长因素在内的生物积累模型为

$$C = \frac{k_1}{K'} C_w [1 - \exp(-K't)] \tag{6-110}$$

不难看出,生长快的生物,其体内残留的化学物质的半衰期较短。

对于挥发性较强的化学物质,做生物积累实验时,应对其挥发损失加以校正。有机化合物在鱼和水之间的迁移可看作一级动力学过程,有如下关系式:

$$\frac{dC_w}{dt} = -(k_v + k_1 F) C_w + k_2 FC \tag{6-111}$$

初始条件,当 $t=0$ 时,$C_w = C_0$,$C=0$。上述方程的解为

$$C_w = \frac{C_0}{\alpha - \beta}[(k_2 - \beta)\exp(-\beta t) + (\alpha - k_2)\exp(-\alpha t)] \tag{6-112}$$

其中

$$\alpha = \frac{1}{2}\left[(k_v + k_1 F + k_2) + \sqrt{(k_v + k_1 F + k_2)^2 - 4k_v k_2}\right] \tag{6-113}$$

$$\beta = \frac{1}{2}\left[(k_v + k_1 F + k_2) - \sqrt{(k_v + k_1 F + k_2)^2 - 4k_v k_2}\right] \tag{6-114}$$

式中　C_0——实验开始时水中化合物的浓度,M/L;

C_w——t 时水中化合物的浓度，M/L；

C——鱼体内化合物含量，M/L；

k_v——挥发速率常数，T^{-1}；

k_1——吸收速率常数，T^{-1}；

k_2——排除速率常数，T^{-1}；

F——平均单位水体内鱼的质量，M/L；

t——时间。

（二）从水中和食物中吸收和积累的数学模型

一般来说，从食物中摄取的污染物比从水中直接摄取的更难排除，尤其是那些辛醇/水分配系数大的化学物质，因此食物体内污染物对生物积累的影响是不容忽视的。Thomann(1981)提出了水生食物链的积累模型，即

$$\frac{\mathrm{d}C}{\mathrm{d}t}=k_1C_w+\alpha RC_f-K'C \tag{6-115}$$

式中　α——食物中污染物的同化效率，即吸收污染物的微克数除以消化污染物的微克数；

R——摄食饵料率，即每克体重进食食物克数；

C_f——食物中污染物的含量。

鱼体内污染物的负荷量随鱼的生长而不断增加，直到生长停止为止。但当暴露时间足够长时，即使生长未停，单位体重污染物含量仍可达到稳定状态，$\frac{\mathrm{d}C}{\mathrm{d}t}=0$，有

$$C_{ss}=\frac{k_1C_w+\alpha RC_f}{K'} \tag{6-116}$$

基于水生食物链的生物浓缩因子(N)为

$$N=\frac{C_{ss}}{C_w}=\frac{k_1}{K'}+\frac{\alpha R}{K'}\cdot\frac{C_f}{C_w} \tag{6-117}$$

或

$$N=N_w+\frac{\alpha R}{K'}\cdot\frac{C_f}{C_w} \tag{6-118}$$

式中　N_w——生物只通过水的途径暴露于某一化学物的浓缩因子。

显然，当存在食物污染的影响因素(αRC_f)时，生物积累量大于生物单纯从水中浓缩污染物的量。

（三）水生食物链转移模型

对于具有多个营养级的水生食物链系统，如浮游植物—浮游动物—小鱼—大鱼，污染化合物沿水生食物链的转移模型可通过对上述生物积累模型进行扩展得到。每一个营养级(i)的化合物浓度 C_i 取决于该营养级的生物浓缩因子(N_{iw})加上其下一营养级($i-1$)化合物的含量 C_{i-1}。通用表达式为

$$C_i=\frac{k_{1i}}{K'_i}C_w+\frac{\alpha_{i,i-1}\cdot R_{i,i-1}}{K'_i}C_{i-1} \tag{6-119}$$

第 i 营养级的生物浓缩因子 N_i 为

$$N_i=\frac{C_i}{C_w}=N_{iw}+\frac{\alpha_{i,i-1}\cdot R_{i,i-1}}{K'_i}\frac{C_{i-1}}{C_w} \tag{6-120}$$

即

$$N_i = N_{iw} + \frac{\alpha_{i,i-1} \cdot R_{i,i-1}}{K'_i} \cdot N_{i-1,w} \tag{6-121}$$

令

$$f_i = \frac{\alpha_{i,i-1} \cdot R_{i,i-1}}{K'_i} \tag{6-122}$$

则上式可写为

$$N_i = N_{iw} + f_i \cdot N_{i-1,w} \tag{6-123}$$

由此，各营养级的生物积累表达式可依次写为

$$N_{1w} = \frac{k_1}{K'} \tag{6-124}$$

$$N_2 = N_{2w} + f_2 N_{2w} \tag{6-125}$$

$$N_3 = N_{3w} + f_3 N_{2w} + f_3 f_2 N_{1w} \tag{6-126}$$

$$N_4 = N_{4w} + f_4 N_{3w} + f_4 f_3 N_{2w} + f_4 f_3 f_2 N_{1w} \tag{6-127}$$

由此可见，任何一级生物积累可从各营养级自身的生物浓缩因子（N_{iw}）和所消耗食物中含有的污染物的量（f_i）中算出：$f_i>1$，食物污染对该营养级的贡献率增加，引起食物放大作用，食物链越长，放大作用越明显；反之，如果 $f_i<1$，则食物污染对该营养级的贡献率小。

三、污染物在多介质环境中的生物、化学转化过程

污染物在环境介质中的转化是其在多介质环境中跨介质迁移的重要影响因素，其转化过程一般可分为生物转化过程和非生物转化过程（即化学转化过程）两大类，前者主要是微生物的好氧和厌氧反应以及其他生物对化学污染物的体内代谢反应；后者包括化学污染物的水解反应、光解反应和氧化还原反应等。

（一）污染物的生物转化过程

微生物在环境介质中普遍存在，它们可通过酶活性催化反应提供能量，加快一些原先很慢的化学反应过程。对于环境中的绝大多数化学污染物，在微生物的催化作用下可以发生降解或转化，其中将大分子有机物降解为无害的 H_2O 和 CO_2 等小分子物质是生物转化作用的主要特点。

微生物转化有机物的反应机制极其复杂，其动力学表达式也很复杂。Monod 对以化合物迁移扩散为唯一碳源的微生物转化速率进行了描述，即

$$\frac{dC}{dt} = -\frac{u_{max}}{Y}\frac{BC}{K_s + C} \tag{6-128}$$

式中 C——污染物的浓度；

B——细菌浓度；

Y——每单位碳消耗所产生的生物量；

u_{max}——最大的比生长速率；

K_s——半饱和常数，即在最大比生长速率 u_{max} 一半时的基质浓度。

Monod 方程为非线性的，但是，在典型的环境条件下，$C \gg K$，上式近似为

$$\frac{dC}{dt} = -K_b BC \tag{6-129}$$

式中，$K_b = \frac{u_{max}}{YK_s}$，为二级生物降解速率常数。

如果 B 在整个反应过程中保持恒定，则上式可进一步简化为

$$\frac{\mathrm{d}C}{\mathrm{d}t} = -KC \tag{6-130}$$

式中，K 为一级生物降解速率常数。

此外，微生物还可将重金属汞转化为毒性更高的烷基汞。

（二）污染物的化学转化过程

处于多介质环境中的污染物，在各种环境因素及物质的作用下时刻发生着各种各样的化学变化。这些化学变化可概括为以下三类反应：水解反应、光解反应和氧化还原反应。

1. 水解反应

水解反应是指在水分子的作用下，一些有机物的 C—X 键断裂而分解为相应的羟基化合物和含质子化合物。这类反应是有机化合物在水环境归趋的重要影响因素。许多研究结果表明，有机物在水中的水解反应符合一级反应动力学规律，与该有机物的浓度直接成正比：

$$\frac{\mathrm{d}C_{\mathrm{RX}}}{\mathrm{d}t} = -k_{\mathrm{T}}C_{\mathrm{RX}} \tag{6-131}$$

式中　C_{RX}——有机物 RX 的浓度；

k_{T}——总的水解反应速率常数。

2. 光解反应

光解反应是指化学物质在吸收了光能后所发生的分解反应。当反应体系中化学物质的浓度很低时，光解反应一般遵守一级动力学反应规律：

$$\frac{\mathrm{d}C}{\mathrm{d}t} = -\int_{\lambda} k_{\mathrm{p}\lambda} C \mathrm{d}\lambda \tag{6-132}$$

式中　λ——光的波长；

$k_{\mathrm{p}\lambda}$——光解速率常数。

3. 氧化还原反应

氧化还原反应是指反应过程中伴有电子得失现象发生的一类反应。在有 O_2 广泛存在的多介质环境中，氧化还原反应是化学污染物经常发生的一种化学转化过程，在环境微生物的参与下，这一转化进程往往被催化加快。

氧化还原反应的速率可用下述通式表示

$$R_{\mathrm{OX}} = k_{\mathrm{OX}}[\mathrm{C}] \cdot [\mathrm{OX}] \tag{6-133}$$

式中　R_{OX}——氧化还原反应速率；

k_{OX}——二级反应速率常数；

[C]——还原物质的浓度；

[OX]——氧化物质的浓度。

第六节　多介质环境数学模型

建立多介质环境数学模型的目的之一，是模拟和预测污染物在不同环境介质单元间的分布状况。一般是将不同的环境介质分别看作均匀的介质单元，然后通过对污染物在各相邻介质单元间的迁移转化规律进行数学描述，建立污染物在整个环境系统各组成单元间的

质量平衡方程。

一、多介质环境的箱式模型

多介质环境的箱式模型最初是由 Cohen 和 Ryan(1985)在研究多介质环境中三氯乙烯的分布时提出来的,后来将该模型进行了改进,并用于对苯并[a]芘在气/水环境介质中动态分布行为进行模拟。该模型的主要功能是给出污染物在多介质环境的均匀单元内的动态分布(见图 6-4)。

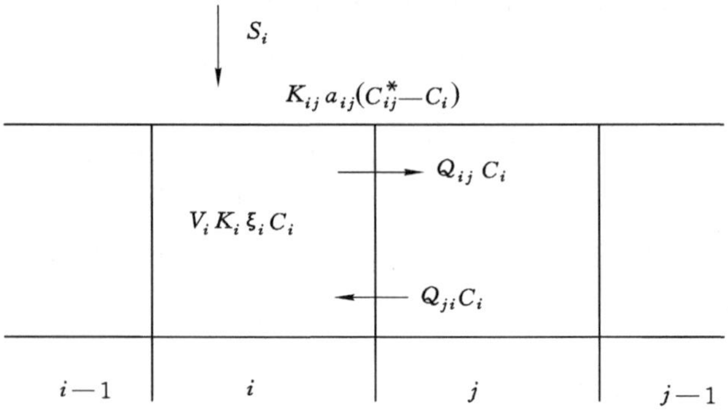

图 6-4　多介质环境箱式模型示意图

该模型主要包括了气/水界面气体的质量迁移、气体污染物的雨水淋洗、束缚在颗粒物上污染物的雨水淋洗以及污染物由于干沉降而到达地表水面的迁移等 4 个子模型,其数学表达式是

$$V_i\frac{\mathrm{d}C_i}{\mathrm{d}t}=\sum_{j=1}^{N}K_{ij}a_{ij}(C_{ij}^*-C_i)+V_iK_i\xi_iC_i+\sum_{j=1}^{N}Q_{ji}C_i-\sum_{j=1}^{N}Q_{ij}C_i+S_i$$

$$i=1,2,\cdots,N,i\neq j \tag{6-134}$$

式中　C_i——介质单元 i 中污染物浓度,$\mathrm{mol/m^3}$;

S_i——单元 i 的污染源源强,mol/h;

K_{ij}——单元 i 和单元 j 之间污染物的迁移系数;

a_{ij}——单元 i 和单元 j 之间的界面积,$\mathrm{m^2}$;

V_i——单元 i 的体积,$\mathrm{m^3}$;

C_{ij}^*——单元 i 与单元 j 达到平衡时,单元 i 中污染物的浓度,假定该平衡关系具有线性形式 $C_{ij}^*=C_iH_{ij}$,H_{ij} 是污染物从单元 i 到单元 j 的无量纲分配系数,对于颗粒物 C_{ij}^* 就变为零,这时 K_{ij} 则表示干沉降速率常数;

ξ——污染物生成或消失的符号,当反应生成污染物时,$\xi=1$;当反应使污染物消失时,$\xi=-1$。

二、逸度算法的多介质环境模型

将逸度概念引入多介质环境数学模型(Mackay,1983)可以使模型的计算大大简化。随着研究工作的不断深入,这类模型已被应用于野生动物的模拟(Clark,1988)、植物从土壤和大气中吸收化合物的模拟(Paterson,1992)以及无机化合物在水体中动力学行为的研究(Mackay 等,1989)。

在多介质环境的逸度模型中,化合物的浓度 C 和逸度 f 之间的联系是通过参数 Z(称为

逸度容量)来实现的,其表达式是

$$C = fZ \tag{6-135}$$

当化合物在两个相邻的环境介质间处于平衡状态时,它们的逸度应相等,即有 $f_1 = f_2$,这时有如下的关系式,即

$$C_1/C_2 = fZ_1/fZ_2 = Z_1/Z_2 \tag{6-136}$$

式中 C_1, C_2——分别是化合物在介质 1 和介质 2 中的浓度,mol/m^3;

Z_1, Z_2——分别表示介质 1 和介质 2 的逸度容量。

上式表示在平衡体系中相邻两个介质间的浓度与逸度成正比。

由于逸度是以热力学原理为基础的,所以对于多介质环境,逸度容量 Z 可以通过化合物的物理化学性质和环境的某些参数来计算,如表 6-1 所示。

表 6-1 逸度容量的定义

环境介质	表达式	说明
大气	$Z=1/(RT)$	$R=8.314$,是气体常数 T 是绝对温度,K
水	$Z=1/H$ 或 $Z=C_w/P_V$	H 是亨利定律常数,$Pa \cdot m^3/mol$ C_w 是化合物的水溶度,m^3/mol P_V 是化合物的蒸气压,Pa
土壤或沉积物	$Z=K_{sw}\rho_S/H$	K_{sw}是土壤或沉积物/水分配系数,1/kg ρ_S 是土壤或沉积物密度,kg/L
生物体	$Z=K_{bw}\rho_b/H$	K_{bw}是生物对化合物的浓缩因子 ρ_b 是生物体的密度,kg/L

污染物进入环境系统后,经过一系列的迁移转化,最后在各个环境介质单元之间达到完全的平衡,此时各单元中$\frac{dC_i}{dt}=0$,式(6-134)中右边第 1 项中 $C_{ij}^* = C_i$,方程则为稳态模型,可写为

$$S_i = \sum_{i=1}^{N}\sum_{j=1}^{N} Q_{ij}C_i - \sum_{i=1}^{N}\sum_{j=1}^{N} Q_{ji}C_i - V_iK_i\alpha_iC_i \tag{6-137}$$

根据浓度与逸度之间的关系,可得

$$S_i = \sum_{i=1}^{N}\sum_{j=1}^{N} Q_{ij}Z_if_i - \sum_{i=1}^{N}\sum_{j=1}^{N} Q_{ji}Z_jf_j - V_iK_i\alpha_iZ_if_i \tag{6-138}$$

若只考虑污染物在各介质单元间的分布,生物转化反应对污染物浓度的影响与迁移相比可以忽略的话,并设 $S = \sum_{i=1}^{N} S_i$,则上式可简化为

$$S_i = \sum_{i=1}^{N}\sum_{j=1}^{N} Q_{ij}Z_if_i - \sum_{i=1}^{N}\sum_{j=1}^{N} Q_{ji}Z_jf_j \tag{6-139}$$

在稳态条件下，上式中 $f_i=f_j$，$Q_{ij}=Q_{ji}$。

思考题

1. 建立多介质环境数学模型的意义是什么？

2. 在污染物从水中挥发的双膜理论公式中，污染物从水中的挥发速率主要取决于哪些因素？

3. 在污染物从土壤挥发速率的迈耶法计算公式中，各种边界条件都对应哪些实际情况？

4. 化学污染物在水/沉积物界面的物质传输为什么比在水/气界面的物质传输更复杂？

5. 试用水生食物链积累模型解释：为什么化学污染在越长的食物链中被放大得越明显？

第七章　水污染控制系统规划

导　读

水污染控制系统规划是针对一个城市(或区域)水系环境系统工程制定的污染控制系统的优化规划。本章主要探讨了水污染控制系统规划的组成、分类以及相关技术分析,介绍了水污染控制系统规划的基本概念和重要性,详细阐述了水环境容量与允许排放量的计算、水污染控制系统的费用分析、污水输送系统的规划等内容。此外,本章还介绍了水资源水质系统规划的方法和步骤,以及如何实现水资源的可持续利用。

水污染控制系统规划是20世纪60年代以来随着系统工程方法和计算机技术的发展而提出的。它是在污染源调查和水质现状评价的基础上,依照国家或城市对相应水体功能的环境质量要求,建立相应的数学模型,计算出水体中各污染物的最大允许排放量(即水环境容量),然后根据规划水平年预测的污染负荷计算出污染物削减量,以使水域功能满足所要求的环境质量标准。同时在水质指标约束的前提下,对污染源的排污作出合理的安排,对污染较重的区域提出技术经济可行的污染控制方案。

因此,水污染控制系统规划的主要目标是通过对水污染排放的合理组织与控制,在保证水体的水质功能的基础上,实现水质目标控制费用的最小化。

第一节　水污染控制系统规划的组成和分类

一、水污染控制系统规划的组成

水污染控制系统规划由污染物发生子系统、污水收集与输送子系统、污水处理与回用子系统和接纳水体子系统四部分组成,其逻辑关系如图7-1所示。

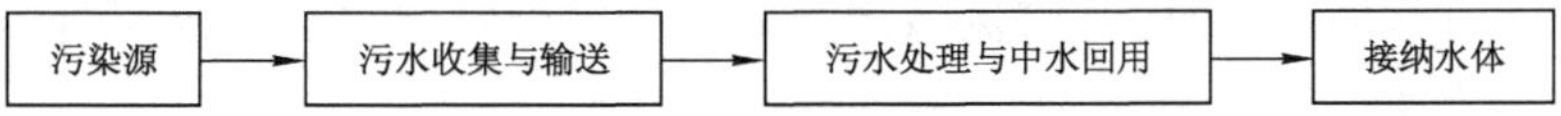

图7-1　水污染控制系统规划的组成

（一）污染物发生子系统

污染源是污水的发生地。工业污染源以及城镇生活污染源是水环境污染物的主要来源。当然，由于农药和化肥的过度使用，农业污染源也不可忽视。

（二）污水收集与输送子系统

污水收集与输送子系统是指把受到工业点源和城镇生活污染源污染后的污水输送到污水处理厂的污水管道、污水收集泵站等主要构筑物和检查井、阀门等附属构件。在市政建设和环境治理工程建设中，城市水污染控制系统投资往往占较大比例，而其中污水收集与输送子系统的建设费用又占整个系统投资的70%。所以，从水污染控制系统的总体优化设计角度出发，对该子系统进行优化设计以使其费用降低至最小值具有重大意义。

（三）污水处理与回用子系统

污水处理系统是改善污水水质的核心部分。污水处理方法繁多，其工艺的选择决定改善水质所需的水处理成本；而污染物的去除量是决定污水处理成本的重要指标。故需通过调节污水处理程度来调整污染物的排放量，从而达到改善水环境的控制目标。

而在水资源短缺地区及某些厂矿企业，污水处理的另一个目的是作为再生水源实现重复利用，从而节约资源使用费。

（四）接纳水体子系统

接纳水体（包括河流、湖泊、海湾等）是污水的最终出路。接纳水体的环境容量决定该地区的排放水质要求，是水环境规划的重要依据。

水污染控制方法较多，随着经济的发展和技术的进步，人们有能力修建大型的污水处理厂，用于控制向接纳水体所释放的污染物的量，但若不考虑其他因素，仅仅把污水处理到污染物含量较低的水平，所花费的水处理费用相当巨大；同时，过严的排放标准也造成了工矿企业的巨大财政负担，偷排、漏排事件时有发生。为解决污水排放标准和水质保护这一矛盾，人们逐渐认识到，合理利用接纳水体的环境容量具有重大意义，它不仅可节省巨额的污水处理费用，也是河流、水库、湖泊等补充枯水期的必要水量来源。这表明，基于环境容量的原理调整水质排放标准具有重要的作用。

二、水污染控制系统规划的分类

（一）按照规划层次划分

1. 流域规划

流域规划的主要内容是在流域范围内协调各个污染源之间的关系，保证流域内的各个河段与支流满足水质要求。河流的水质要求取决于河流的功能。

流域规划的结果可作为污染源总量控制的依据，是区域规划和设施规划的基础。流域规划是最高层次规划，需要更高层次的主管部门主持与协调。

2. 区域规划

区域规划是指流域范围内具有复杂污染源的城市或工业区水环境规划。区域规划是在流域规划指导下进行的，其目的是将流域规划的结果污染物排放总量分配给各个污染源，并为此制定具体的方案。

区域规划既要满足上层规划（流域规划）对该区域提出的限制，又要为下一层次的规划（设施规划）提供指导。

区域是一个具有丰富内涵的概念，涵盖面积差别很大。一般是指那些在自然条件和社会经济发展方面具有相对独立性以及独特环境特征的区域。在考虑与周边区域的相互影响之后，这个区域的环境规划可独立进行。因此，对于一个大的区域，可以包含若干个相对较小的区域，它们之间的关系可能是父系统和子系统的关系。下一级区域的规划要接受上一级规划的指导。

3. 设施规划

设施规划的目的是按照区域规划的结果，提出合理的污水处理设施方案，所选定的污水处理设施既要满足污水处理效率的要求，又要使污水处理的费用最低。

（二）按照规划方法划分

1. 排放口处理最优规划

排放口处理最优规划又称水质规划。以每个小区的排放口为基础，在水体水质条件的约束下，求解各排放口的污水处理效率的最佳组合，目标是各排放口的污水处理费用之和最小。在进行排放口处理最优规划时，各个污水处理厂的处理规模不变，它等于各小区收集的污水量。

2. 均匀处理最优规划

均匀处理最优规划也称污水处理厂群规划。均匀处理最优规划的目的是在区域范围内寻求最佳的污水处理厂位置与规模的组合，在统一的污水处理效率条件下，追求全区域的污水处理费用最低。

在某些国家或地区规定所有排入水体的污水都必须经过二级处理，尽管有的水体具有充裕的自净能力，也不允许降低污水处理程度。这是污水均匀处理最优规划的基础。

3. 区域处理最优规划

区域处理最优规划是排放口处理最优规划和均匀处理最优规划的综合。在区域处理最优规划中，既要寻求最佳的污水处理厂位置与容量，又要寻求最佳的污水处理效率的组合。采用区域处理最优规划方法既能充分发挥污水处理系统的经济效能，又能合理利用水体的自净能力。区域处理最优规划问题比较复杂，迄今尚无成熟的求解方法。

当然，水处理过程中有多个方案可以实施，如工艺的组合等，这就涉及水污染控制多方案模拟优化规划，可采用情景规划方法，即首先构建水环境规划的各种可能方案，然后对各个方案进行水质模拟，验证方案可行性，并对各个方案的效益进行分析；通过损益分析或多目标规划进行方案优选。这是较为实用有效的区域水污染控制系统规划方法，鉴于其复杂性，本书不作介绍。

第二节　水环境容量与允许排放量的计算

环境容量一词最早用于描述某一地区的环境对人口增长和经济发展的承受能力。20世纪70年代初，针对当时的环境污染和公害肆虐，环境容量一词被应用到环境保护领域。环境容量的定义是：一个环境单元在满足环境目标的前提下所能接受的最大污染物量。在环境容量的约束下，污染源的最大排污量称为允许排放量。

一、影响环境容量与允许排放量的因素

环境容量的大小既取决于环境自身的特征，也与污水的特性及排放方式有关。具体表现为以下几个方面。

（一）受体环境自身的特点

环境稀释、迁移、扩散能力是环境特点的重要表征。一般来说，环境单元的稀释能力取决于环境对象的容积，环境单元容积越大，稀释能力越高；污染物在环境中的迁移能力是环境介质运动特征（如速度）的函数，环境介质运动速度越高，迁移能力越强；污染物在环境介质中的扩散，既取决于介质运动状态，也与污染物自身的性质有关。通常，湍流条件下的扩散条件比层流时要好。

（二）污染物质的特点

同一个环境单元对不同的污染物质具有不同的接纳能力，主要取决于污染物的扩散特性与降解特性。在自然状态下不能降解且具有累积效应的污染物的环境容量远小于可降解的污染物。

（三）人们对环境的利用方式

可以认为环境容量是一种潜在的资源，可用于净化污染物质。与其他资源类似，环境资源的利用也存在效率问题，污水深海排放的扩散管、烟气排放的高架烟囱就是提高环境资源利用效率的例证。

（四）环境质量目标

接纳污染物的环境单元存在一定的使用功能，功能目标是人为确定的，不同的环境目标对应不同的环境标准。所采用的环境标准不同，环境容量也不同。一般来说，环境目标越严格，环境容量越低。

上述四个因素在一个实际的环境单元里相互影响，相互制约。在环境规划和环境管理中，一旦确定了环境功能，人们能够控制的因素仅仅是污染物的排放方式。不同的排放方式对河流水质产生不同的影响。在各种污染物排放方式中，污染物的完全分散排放（即污染物与河水完全混合）可以获得最大的水体污染物容纳量。也就是说，完全分散的排放方式所对应的污染物容纳量就是水体的环境容量；与其他排放方式相对应的污染物容纳量都称为允许排放量。环境容量是允许排放量的极限值。

二、河流环境容量与允许排放量

（一）河流的环境容量

污染物质进入环境以后，存在随环境介质的推流迁移、污染物质点的分散以及污染物质的转化与衰减三种主要的运动形态。

如果将所研究的环境看成一个存在边界的单元（见图 7-2），Q 代表环境介质的流量，反映了推流的作用；S 代表进入环境的污染物总量；C_0 代表环境介质中某种污染物的原始浓度；C 代表环境介质中污染物的允许浓度（即某种环境标准值）；V 代表接纳水体的体积。

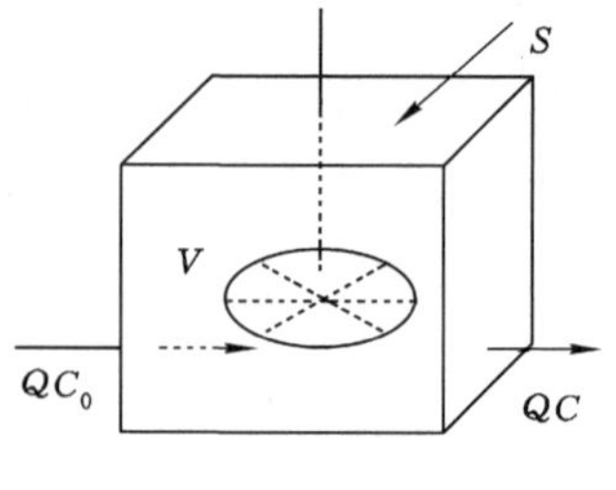

图 7-2　完全混合反应器

完全混合模型可以写成

$$V\frac{\mathrm{d}C}{\mathrm{d}t}=QC_0-QC+S+rV \tag{7-1}$$

其中 r 代表单位容积的污染物衰减量。

当系统的出水满足环境质量目标时，进入环境的污染物总量 S 就是该单元的环境容量。

$$S = V\frac{\mathrm{d}C}{\mathrm{d}t} - QC_0 + QC - rV \tag{7-2}$$

如果讨论的是稳态问题，则

$$S = QC - QC_0 - rV \tag{7-3}$$

如果反应项只考虑污染物的衰减，即 $r=-kC$，那么，环境容量 S 可以表达为

$$S = QC - QC_0 + kCV = Q(C - C_0) + kCV \tag{7-4}$$

式中　k——污染物降解速率常数。

由式(7-4)可以看出，环境容量由两部分构成：第一部分称为目标容量，取决于水体的流量、环境质量目标与本底值之差；第二部分称为降解容量，与污染物的降解性能有关，降解速率越大，降解容量越大。由于视污染物在河段中为均匀分布，因此环境容量与河段的分割方式无关。

当不考虑衰减作用，即降解容量为 0 时，河段的环境容量即为其目标容量，有

$$S = Q(C - C_0) \tag{7-5}$$

例 7-1　河段长 10 km，平均水深 1.6 m，平均宽度 12 m，流量 1.5 m^3/s。上游河水 BOD_5 浓度 3.5 mg/L，降解速率常数 0.8 d^{-1}。分别计算当执行《地表水环境质量标准》(GB 3838—2002)Ⅱ类和Ⅲ类水质标准时的环境容量。

解　已知Ⅱ类和Ⅲ类水质标准的 BOD_5 浓度分别为 3 mg/L、4 mg/L。

执行Ⅱ类水质标准时，BOD_5 的环境容量为

$$\begin{aligned} S &= Q(C - C_0) + kCV \\ &= [1.5 \times 3\,600 \times 24 \times (3 - 3.5) + 0.8 \times 3 \times 10\,000 \times 1.6 \times 12] \times 10^{-3} \\ &= 396(\mathrm{kg/d}) \end{aligned}$$

同理，执行Ⅲ类水质标准时，BOD_5 的环境容量为

$$\begin{aligned} S &= Q(C - C_0) + kCV \\ &= [1.5 \times 3\,600 \times 24 \times (4 - 3.5) + 0.8 \times 4 \times 10\,000 \times 1.6 \times 12] \times 10^{-3} \\ &= 679.2\ (\mathrm{kg/d}) \end{aligned}$$

计算结果表明，如果能够使污染物在整个河段上均匀分布，则执行的水质标准越高，目标容量越易于出现负值，但由于降体容量较大，河段的环境容量仍为正值。

（二）河流允许排放量的计算

一般情况下，污染物很难均匀排放至河流中，因此河流的环境容量很难被完全利用。这时，必须考虑多种因素，分别计算其允许排放量。在本书中，着重分以下两种情况进行讨论。

1. 一维模型

所谓一维水体是指河流宽度与深度不大的水体。该模型视污染物在河流各段面的宽度与深度方向分布均匀，即认为污染物在 y 与 z 方向的浓度梯度为零，仅考虑纵向方向(x 方向)的浓度变化。

在忽略离散作用时，河流的污染物一维稳态混合衰减的微分方程为

$$u\frac{\mathrm{d}C}{\mathrm{d}x} = -kC \tag{7-6}$$

式中 u——河流断面平均流速，m/s；

x——沿程距离，m；

k——衰减系数，d^{-1}；

C——污染物沿程浓度，mg/L。

对式(7-6)积分解得

$$C = C_0 e^{-kx/u} \tag{7-7}$$

式中 C_0——前一个节点后的污染物浓度，mg/L。

一维稳态混合条件下 COD 容量的计算一般采用稀释容量与自净容量求和的方法。稀释容量可按下式计算，即

$$S_{稀释} = C_s(Q_0 + q_w) - Q_0 C_0 \tag{7-8}$$

式中 $S_{稀释}$——河流稀释容量，g/s；

Q_0——上游来水设计流量，m^3/s；

q_w——污水设计排放流量，m^3/s；

C_s——控制断面水质标准，mg/L；

C_0——上游来水设计水质，mg/L。

对可降解的有机污染物质，其降解速率符合一级反应动力学规律，因而自净容量可按下式计算，即

$$S_{自净} = C_s[\exp(\frac{kx}{86\,400u}) - 1](Q_0 + q_w) \tag{7-9}$$

式中 $S_{自净}$——河流自净容量，g/s；

86 400——换算系数。

其余符号含义同上。

所以，当同时考虑稀释作用与自净作用时，排污口与控制断面之间水域的有机物允许纳污量 G 按下式计算，即

$$G = S_{稀释} + S_{自净} = C_s\exp(\frac{kx}{86\,400u})(Q_0 + q_w) - Q_0 C_0 \tag{7-10}$$

一维模型主要适用于宽深比较小，污染物在较短的河段内基本上均匀混合，且污染物浓度在断面横向方向变化不大或者计算河段不长，横向和垂向污染物浓度梯度可以忽略的河段。针对式(7-10)分两种情况进行讨论。

情形Ⅰ 污染物质集中排放，无混合区。此时不存在降解容量，只采用式(7-8)所描述的情况，若再忽略进入的污水流量，则

$$G = Q_0(C - C_0) \tag{7-11}$$

例 7-2 已知条件同例 7-1，计算无混合区时的允许排放量。

解 执行Ⅱ类水质标准时，BOD_5 的允许排放量为

$$G = Q(C - C_0) = 1.5 \times 3\,600 \times 24 \times (3 - 3.5) \times 10^{-3}$$
$$= -64.8(\text{kg/d})$$

执行Ⅲ类水质标准时，BOD_5 的允许排放量为

$$G = Q(C - C_0) = 1.5 \times 3\,600 \times 24 \times (4 - 3.5) \times 10^{-3} = 64.8\ (\text{kg/d})$$

从例 7-2 可以看出，由于此时不存在降解容量，当采用Ⅱ类水质标准时，允许纳污量出

现了负值，即此时不存在允许排放量。

情形Ⅱ　污染物质集中排放，存在混合区。混合区内水质无要求，但混合区下边界处应达到水质标准。可采用式(7-10)描述这种情况，若再忽略进入的污水流量，则

$$G = Q_0\left[C_s\exp\left(\frac{kx}{86\ 400u}\right) - C_0\right] \tag{7-12}$$

例 7-3　已知条件同例 7-1，假定混合区长度为 1 km，计算允许排放量。

解　河水流速为：$u=\dfrac{1.5}{1.6\times 12}=0.078(\text{m/s})$

执行Ⅱ类水质标准时，BOD_5 的允许排放量为

$$G = 1.5\times 3\ 600\times 24\times\left[3\times\exp\left(\frac{0.8\times 1\ 000}{86\ 400\times 0.078}\right)-3.5\right]\times 10^{-3}$$

$$=-15.88(\text{kg/d})$$

执行Ⅲ类水质标准时，BOD_5 的允许排放量为

$$G= 1.5\times 3\ 600\times 24\times\left[4\times\exp\left(\frac{0.8\times 1\ 000}{86\ 400\times 0.078}\right)-3.5\right]\times 10^{-3}$$

$$=130.14(\text{kg/d})$$

结果表明，存在混合区时，增加了混合区内的降解量，河段的允许排放量大于没有混合区的情形。

2. 二维模型

该模型视污染物在河流各断面的深度方向分布均匀，即认为污染物在 z 方向的浓度梯度为零，而在 x 方向和 y 方向都存在着迁移和扩散。

利用二维模型按照如下步骤推求污染物允许排放量(假定为岸边排放)。岸边排放的二维水质模型可以写为

$$C - C_0 = \frac{2G}{u_x h\ \sqrt{4\pi D_y x/u_x}}\exp\left[-\frac{u_x y^2}{4D_y x}\right]\exp\left[-\frac{kx}{u_x}\right] \tag{7-13}$$

式中　u_x——水流在 x 方向的流速，m/s；

D_y——横向弥散系数；

h——水深，m；

C_0——河流水质本底浓度；

C——水质标准；

Q——单位时间内污染物排放量。

其余符号含义同前。

混合区的宽度可以定义为河流宽度的分数，例如河宽的 1/2、1/3 等。假定限定混合区的宽度为 y，那么在 y 处水质应该满足水质标准的要求，在宽度小于 y 范围内的水质，允许劣于目标水质。为了求得混合区边界处达到最大值(水质目标值)时的纵向距离，令

$$\frac{\mathrm{d}(C-C_0)}{\mathrm{d}x} = \frac{-2G}{2u_x hx\ \sqrt{4\pi D_y x/u_x}}\exp\left[-\frac{u_x y^2}{4D_y x}\right]\exp\left[-\frac{kx}{u_x}\right]+$$

$$\frac{2G}{u_x h\ \sqrt{4\pi D_y x/u_x}}\exp\left[-\frac{u_x y^2}{4D_y x}\right]\left[\frac{u_x y^2}{4D_y x^2}\right]\exp\left[-\frac{kx}{u_x}\right]+$$

$$\frac{2G}{u_x h\sqrt{4\pi D_y x/u_x}}\exp\left[-\frac{u_x y^2}{4D_y x}\right]\exp\left[-\frac{kx}{u_x}\right]\left[-\frac{k}{u_x}\right]=0 \tag{7-14}$$

简化上式得

$$kx^2+\frac{1}{2}u_x x-\frac{u^2 y^2}{4D_y}=0 \tag{7-15}$$

求解上述二次方程得

$$x_{1,2}=\frac{-b\pm\sqrt{b^2-4ac}}{2a}=\frac{-0.5u_x\pm\sqrt{(0.5u_x)^2+ku_x^2y^2/D_y}}{2k} \tag{7-16}$$

显然 $x<0$ 不合理，于是

$$x^*=\frac{-0.5u_x+\sqrt{(0.5u_x)^2+ku_x^2y^2/D_y}}{2k} \tag{7-17}$$

将其代入允许排放量计算式，可以得到

$$G=\frac{(C-C_0)}{2}(u_x h\sqrt{4\pi D_y x^*/u_x})\cdot\exp\left[\frac{u_x y^2}{4D_y x^*}\right]\exp\left[\frac{kx^*}{u_x}\right] \tag{7-18}$$

上式即为二维环境下污染物允许排放量的计算式。此模型由于考虑了污水在河流中沿横向方向上的扩散稀释作用，因此适用于较大河流的水环境容量计算。

例 7-4 河流宽 120 m，平均流速 0.5 m/s，平均水深 2 m，横向弥散系数 $D_y=1.0\ m^2/s$，BOD_5 本底值为 $C_0=2$ mg/L，BOD_5 降解速率常数 $k=0.5\ d^{-1}$。如果给定混合区外为河流半宽，采用Ⅲ类水质标准，计算点源排放的允许排放量。

解 首先计算排放点至河流半宽处达到地面水环境质量标准的纵向距离。

$$x^*=\frac{-0.5u_x+\sqrt{(0.5u_x)^2+ku^2y^2/D_y}}{2k}$$
$$=882\ (m)$$

允许排放量为：

$$G=\frac{(C-C_0)}{2}(u_x h\sqrt{4\pi D_y x^*/u_x})\cdot\exp\left[\frac{u_x y^2}{4D_y x^*}\right]\exp\left[\frac{kx^*}{u_x}\right]$$
$$=\frac{(4-2)}{2}\times 0.5\times 86\ 400\times 2\times\sqrt{\frac{4\times 3.14\times 1\times 86\ 400\times 882}{0.5\times 86\ 400}}\times$$
$$\exp\left(\frac{0.5\times 86\ 400\times 60^2}{4\times 1\times 86\ 400\times 882}\right)\times\exp\left(\frac{0.5\times 882}{0.5\times 86\ 400}\right)\times 10^{-6}$$
$$=21.69(t/d)$$

在上述河流状态与具体排放方式下，允许每天向河流排放 21.69 t 的 BOD_5 而保证混合区不超过河段半宽。对于二维河流，混合区的宽度可以根据实际情况假定，例如 1/2 河宽、1/3 河宽等。

三、湖泊和水库的环境容量与允许排放量

（一）湖泊和水库的环境容量

由于湖泊与水库的水力停留时间较长，污染物存在累积效应，不同季节进入的污染物会产生叠加效果，点源与非点源污染物均需考虑。

对于湖泊和水库，一般按照零维模型计算，水库和湖泊的环境容量就是允许输入湖库的

最大污染物量，而湖库的污染物来自两个方面：通过河流的输入量 $\sum_{i=1}^{n} Q_i C_{0i}$ 和直接输入量 $\sum_{j=1}^{n} S_j$，则有

$$
\begin{aligned}
S_{湖库} &= (\sum_{i=1}^{n} Q_i C_{0i} + \sum_{i=1}^{m} S_j) \\
&= V\frac{dC}{dt} + \sum_{k=1}^{K} Q_k C - rV
\end{aligned}
\tag{7-19}
$$

式中　Q_i——第 i 条河流入流量，m^3/a；

C_{0i}——第 i 条河流入流平均污染物浓度，mg/L；

S_j——第 j 个内源的污染物释放量，g/a；

Q_k——第 k 条出流流量，m^3/a；

C——流出湖库的平均污染物浓度（即湖库的水质功能目标），mg/L；

r——污染物质的沉降速率，$g/(m^3 \cdot a)$；

V——湖库的平均容积，m^3；

n,m,K——入流河流、出流河流与内源的数量。

若考虑较长时间的平均值，污染物在湖泊和水库中的沉积主要为降解作用，即假定 $\frac{dC}{dt}=0$，且令 $r=-k'C$，则湖泊和水库的环境容量为

$$
S_{湖库} = \sum_{k=1}^{K} Q_k C - rV = \sum_{k=1}^{K} Q_k C + k'CV \tag{7-20}
$$

式中　k'——湖库中污染物降解速率常数，a^{-1}。

（二）湖泊和水库的允许排放量

湖泊和水库的环境容量即为允许排放量，则

$$
G_{湖库} = S_{湖库} = \sum_{k=1}^{K} Q_k C - rV = \sum_{k=1}^{K} Q_k C + k'CV \tag{7-21}
$$

排放到湖泊和水库中的污染源包括：① 上游河段的输入污染物，包括点源与非点源输入量；② 湖泊和水库的直接输入量，即湖泊和水库周边的点源污染物的量；③ 湖泊和水库内源输入量；④ 大气污染物沉降量。在这几种污染源中，大气沉降源一般不受允许排放量分配的控制，它主要取决于空气的环境质量和降水，一般作为本底值计算。

$$
S_{大气} = C_{降水} A_s p \tag{7-22}
$$

式中　$S_{大气}$——大气沉降的污染物量，g/a；

$C_{降水}$——降水中污染物的平均浓度，mg/L；

A_s——湖库的水面面积，m^2；

p——降水深度，m。

四、河口与海域的环境容量

（一）河口、海域环境容量基本模型

为了控制管理环境质量，以污染物在水体中的标准值为水质目标，确定环境容量模型为

$$
S = \int k(C - C_0)dV = \int k(k_e C - C_b)dV \tag{7-23}
$$

式中 C_b——污染物的现状浓度；

k_e——以技术经济指标为约束条件时的社会效益参数，一般 $k_e \geqslant 1$。

其余符号含义同上。

(二) 河口环境容量的估算

应用修正潮量法将河口划分为 n 段，各分段长度划分的依据是一个水质点在一个潮周期内能够漂移的距离。计算各单个污染源对各分段贡献的平均浓度，然后进行叠加得到各分段的平均浓度$\overline{C_i}$。设各分段功能要求的标准浓度为 C_{si}，则河口环境容量为

$$S = \sum_{i=1}^{n} (C_{si} - C_0) V_i \tag{7-24}$$

实际情况下，若$\overline{C_i} - C_{si} \leqslant 0, i=1,2,\cdots,n$，则河口剩余环境容量 S_p 为

$$S_p = \sum_{i=1}^{n} (C_{si} - \overline{C_i}) V_i \tag{7-25}$$

若$\overline{C_i} - C_{si} > 0$，说明这些分段已超出河口允许的纳污能力，需要削减源数量。

(三) 海湾环境容量的估算

在满足海湾功能要求的水质标准 C_s 条件下，海湾的环境容量就是最大允许污染物负荷量，即

$$S = a_R Q_f (C_s - C_0) \tag{7-26}$$

式中 a_R——海水潮交换率，$a_R = q_{ex}/Q_f$，其中 q_{ex} 为一个潮周期内交换的水量；

Q_f——涨潮期间的入流量。

设海湾当前污染物的平均浓度为 C，若 $C - C_s < 0$，则剩余环境容量 S_p 为

$$S_p = a_R Q_f (C_s - C) \tag{7-27}$$

若 $C - C_s > 0$，则表明已超出海湾允许纳污能力，需削减入流污染物的量，削减量 S_E 为

$$S_E = a_R Q_f (C - C_s) \tag{7-28}$$

第三节 水污染控制系统的费用分析

一、系统费用的组成

在污水处理厂合理布局规划中，系统的费用只考虑整个系统的污水处理费用和污水输送费用之和。

如果以一个区域污水处理厂数量为变量，水污染控制系统的费用可以表示为该变量的函数。如果在所有可以建污水处理厂的小区都建污水处理厂，该变量取最大值，但污水厂的平均规模最小。随着污水处理厂规模增加污水处理，污水处理厂的数量减少，即由分散治理转向集中控制，由于污水处理的规模效应，整个水污染控制系统的总费用开始时将显著减少。该法缺陷是，随着污水输送费用增加，水体自净能力减弱，水污染控制系统总费用的降低幅度逐渐趋缓，最后总费用将随污水处理厂数量减少反而增加。

对水污染控制系统费用有决定性影响的因素有：水体的自然净化能力；污水处理、输送的规模效应和污水处理效率的经济效应。前者反映了环境容量的利用和分配，后者可用污水处理和输送费用函数表示。

美国学者康维尔斯(Converse)在 1972 年对新英格兰地区梅里马克河进行污水处理厂

厂群规划，证明了有最佳污水处理厂布局的存在。全地区可能建设18个污水处理厂，建设4座集中污水处理厂的方案最经济(见图7-3)。

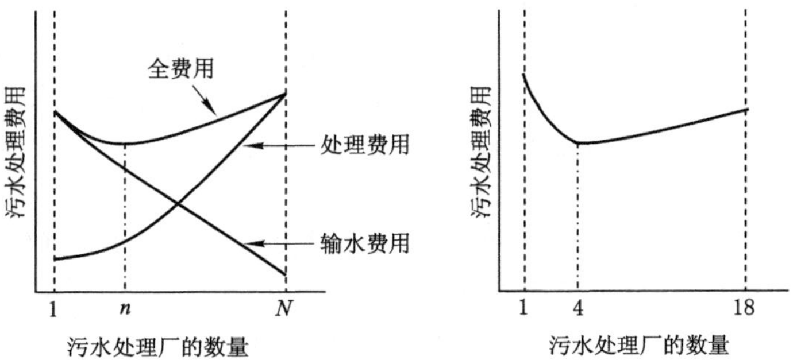

图7-3 水污染控制费用

二、污水处理效率与输送的规模经济效应

随着社会、经济的发展，生产污水、生活污水的排放量越来越大，由于对污水处理的重视不够，大量污水未经处理直接排入河道、湖泊等水体，致使水体受到严重污染，为保护水体水质，需要对水污染控制系统进行统一规划，以最低的水污染控制费用来保证水环境质量的要求。

如上所述，水污染控制费用 F 包括污水的输送费用和处理费用，污水处理费用与污水处理的规模 Q、效率 η 相关，通常可以表示为

$$F = K_1 Q^{K_2} + K_3 Q^{K_2} \eta^{K_4} \tag{7-29}$$

式中 K_1, K_2, K_3, K_4——均为参数。

当污水处理效率不变时，污水处理费用可表示为

$$F = aQ^{K_2} \quad (a = K_1 + K_3 \eta^{K_4}) \tag{7-30}$$

根据大量研究成果，参数 K_2 的值为0.7～0.8。由于 K_2 小于1，单位污水处理费用随着规模的增大而降低。费用与规模的这种关系被称为污水处理规模的经济效应，K_2 称为污水处理规模经济效应指数。

污水输送管道也存在类似的规模经济效应，即随着污水输送量的增加，单位污水的输送费用将会下降，这在本章第四节中将会详细介绍。

当污水处理规模不变时，污水处理费用可表示为

$$F = a + b\eta^{K_4} \quad (a = K_1 Q^{K_2}, b = K_3 Q^{K_2}) \tag{7-31}$$

根据研究成果，$K_4 > 1$，因此单位污水处理费用随着处理效率的增加而增加。污水处理费用与处理效率之间的这种关系称为污水处理效率的经济效应，K_4 称为污水处理效率经济效应指数。

由于污水处理效率经济效应的存在，在规划水污染控制系统时，应首先致力于解决那些尚未处理的污水，或首先提高那些水质指标要求低的污水处理程度，然后再进行更高级要求的污水处理工作。

水体自净能力、污水处理规模经济效应和污水处理效率经济效应在水污染控制系统规划中相互影响、相互制约。例如，一方面，为了充分利用污水处理规模经济效应，需要建设集中的污水处理厂，但是污水的集中排放不利于合理利用水体的自净能力；另一方面，为了满足水体的水质要求，有必要提高污水处理程度，但是又受到污水处理效率经济效应的制约。

因此,对于一个具体的污水处理系统而言,在适当的位置建设具有适当规模和适当污水处理程度的污水处理厂,就是水污染控制系统规划的最终目标。

三、"全部处理或全不处理"策略

由于污水处理规模经济效应的存在,一个小区的污水不可能被分成两部分或多部分进行处理。对于一个小区,它自身产生的污水加上其他小区转输来的污水只存在两种可能的选择:或者全部就地处理,或者全部转输到其他小区进行处理。这就是"全部处理或全不处理"策略。

假设一个水污染控制系统被分成 n 个小区,每个小区设有一个潜在的污水处理厂,各小区之间可以相互转输污水,逻辑关系见图 7-4。则对第 i 小区而言,污水处理费用为

$$F_{i1} = K_1 Q_i^{K_2} + K_3 Q_i^{K_2} \eta_i^{K_4} \tag{7-32}$$

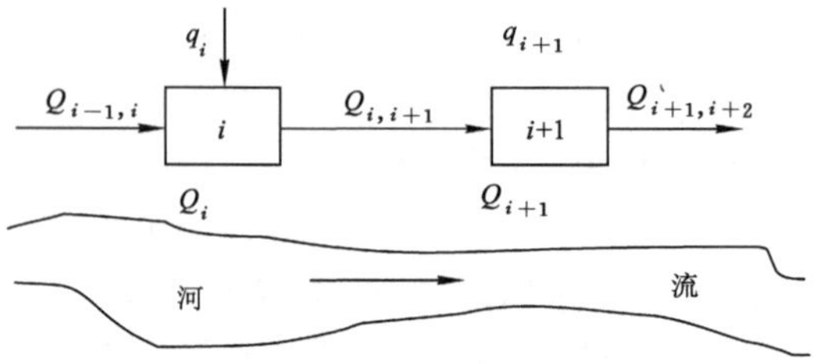

图 7-4 分散处理与集中处理

在第 i 小区没有处理而转输到第 $i+1$ 小区的污水输送费用为

$$F_{i2} = K_5 Q_{i,i+1}^{K_6} l_{i,i+1} \tag{7-33}$$

式中 $Q_{i,i+1}$——转输流量;

$l_{i,i+1}$——输水管线的长度;

K_5, K_6——转输管线费用函数的系数。

对一个包括 n 个小区的潜在的多厂组成的水处理系统,总费用可表示为

$$Z = \sum_{i=1}^{n} (F_{i1} + F_{i2}) \tag{7-34}$$

$$Z = \sum_{i=1}^{n} [(K_1 Q_i^{K_2} + K_3 Q_i^{K_2} \eta_i^{K_4}) + K_5 Q_{i,i+1}^{K_6} l_{i,i+1}] \tag{7-35}$$

约束条件为

$$Q_{i,i+1} = Q_{i-1,i} + q_i - Q_i, \quad Q_{n,n+1} = 0 \tag{7-36}$$

对任一小区,如何确定就地处理的污水量和转输流量可采用下述方法进行变换得到,首先定义如下的拉格朗日目标函数。

$$L = \sum_{i=1}^{n} (F_{i1} + F_{i2}) + \sum_{i=1}^{n-1} \varphi_i (Q_{i-1,i} + q_i - Q_{i,i-1}) + \varphi_n (Q_{n-1,n} + q_n - Q_n) \tag{7-37}$$

式中,$\varphi_i (i=1,2,\cdots,n)$——拉格朗日乘子。

为了检验 Q_i 和 $Q_{i,i+1}$ 的变化对目标函数的影响,计算拉格朗日函数的海赛矩阵:

$$\frac{\partial^2 L}{\partial h^2}=\begin{bmatrix}\frac{\partial^2 L}{\partial Q_1^2} & 0 & 0 & 0 & 0 & 0\\ 0 & \frac{\partial^2 L}{\partial Q_2^2} & 0 & 0 & 0 & 0\\ 0 & 0 & \frac{\partial^2 L}{\partial Q_n^2} & 0 & 0 & 0\\ 0 & 0 & 0 & \frac{\partial^2 L}{\partial Q_{1,2}^2} & 0 & 0\\ 0 & 0 & 0 & 0 & \frac{\partial^2 L}{\partial Q_{2,3}^2} & 0\\ 0 & 0 & 0 & 0 & 0 & \frac{\partial^2 L}{\partial Q_{n-1,n}^2}\end{bmatrix} \tag{7-38}$$

在上述矩阵中，除对角线元素外系数均为0，由于污水处理和输送的规模经济效应的存在，即 $K_2<1$ 和 $K_6<1$，得

$$\frac{\partial^2 L}{\partial Q_{i,i+1}^2}=\frac{\partial^2 F_{i2}}{\partial Q_{i,i+1}^2}<0 \quad 和 \quad \frac{\partial^2 L}{\partial Q_i^2}=\frac{\partial^2 F_{i1}}{\partial Q_{i,i+1}^2}<0 \tag{7-39}$$

这表明上述矩阵对角线元素的数值均小于0，因此海赛矩阵的奇数阶主子式全部小于0，偶数阶主子式全部大于0。根据多元函数的极值定理，原目标函数在区间 $0<Q_i<(Q_{i-1,i}+q_i)$ 内取得极大值。这就意味着，对第 i 小区而言，将全部污水（包括上游小区转输污水量）进行处理或者全不处理将使得费用函数取得极小值；而若部分就地处理，其余转输到其他小区的策略将是不经济的。这种根据数学方法处理所获得的特性来决定污水处理厂规模的方法即为“全部处理或全不处理”策略。

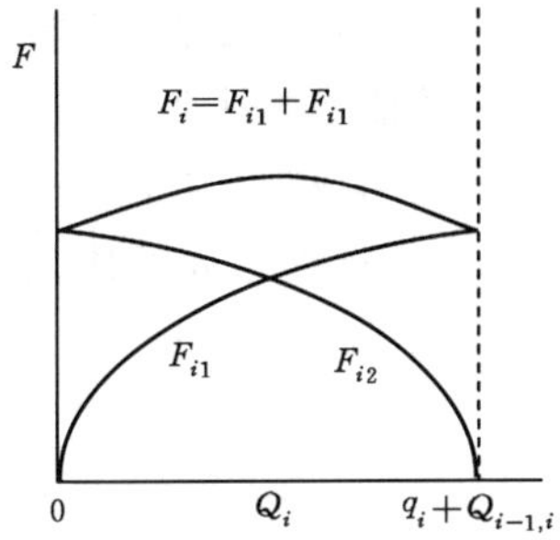

图7-5　全部处理或全不处理的策略

全部处理或全不处理的策略（图7-5）对水污染控制系统规划具有重要意义，运用这种策略研究水污染控制系统内部的分解组合时，可以将一个具有无穷多组解的流量组合问题降阶为一个有限组解的问题。即使借助本策略，对一个被划分为若干个小区的地域来说，污水流量的组合方案还是很多。若小区的数量为 n，流量组合方案的总数量为 2^n-1 个。若 n 较小，可以采用类似枚举的试探法找到最优解；随着 n 的增加，方案的数量增加很快，也无法利用试探法，这时也可以对目标函数线性化建立混合整数规划模型，用现成的混合整数规划问题的解法对最优化问题求解。

第四节　污水输送系统的规划

一、平面布置的优化

（一）优化的必要性

污水输送系统规划的制定应符合城镇总体规划和区域规划，它与小城镇其他单项工程建设要密切配合，如城镇功能分区布局、建筑界限、道路规划、地下其他设施规划等；要从全

局观点出发合理解决,使其构成有机整体。同时,排水系统规划设计是动态的,在排水体制、排水量标准、排水主干管的定线工作完成以后,可以根据实际情况进行局部调整,以利于工程的具体实施。另外,排水管网建设有其自身的特点,因为它建设完成后使用期限有时长达四五十年以上,因此其规划设计工作又不能完全拘泥于总体规划。如果严格以总体规划的年限、服务范围、人口密度及污水量标准为依据,有时很难顺应城镇发展的需要。因此,小城镇排水管网规划设计应比小城镇总体规划年限更长些,排水量的计算应从多方面预测并要留有发展余地。

如前所述,排水管网费用通常占水污染控制工程总投资的70%左右;为节省投资,需在满足各种约束条件的前提下,对排水管网进行优化设计。排水管网是一个庞大而复杂的系统,在其优化设计过程中,管网平面的优化布置是首先遇到的一个重要问题。

(二)排水管道及其网络

城市排水管道多敷设于街区道路下,从图论观点来看,街区道路下的排水管道可构成网络图的边,而排水汇集点(检查井或雨水口)则成为网络图的顶点;如此一来,排水管道就转换成一个相互连接的网络图。由于排水管道中的污水一般是靠管段两端的水面高差从高处向低处流动,管网具有有向图的特征。但对于同一排水管道,由于两端地面标高不一定相同,即使管径、坡度等水力参数大小不变而只是坡向发生变化,其敷设费用也不尽相同。因此,在无法确定管道中水流方向的情况下,可将排水管网看成一个双向图。在如图7-6所示的双向图中,小圆表示排水汇集点,线段表示可能敷设的排水管道,箭头表示水流方向(坡向),交叉口数值是排水汇集点的地面标高。若求出每一管段的建设费用,并据此给图中每条边赋予一定的权值,对于同一条边(管段),顺坡敷设则权值小,逆坡敷设则权值大。由此可知,整个排水管道布局的优化问题就转变为求网络图的最小费用问题(图7-6中每条边上的数值即为该条边的权值)。

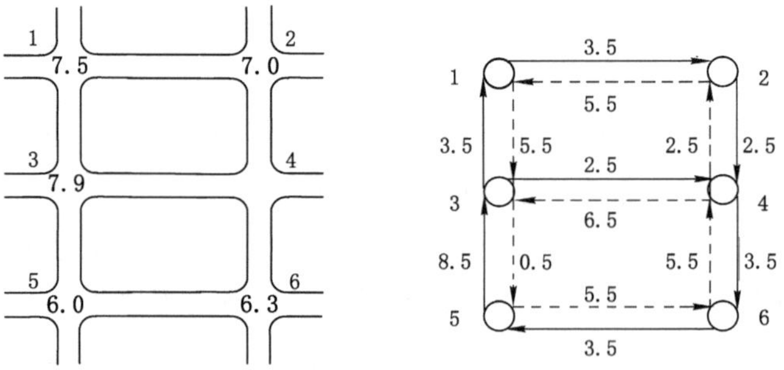

图7-6 排水管道网络图

(三)优化模型的建立及求解

网络图的最小费用问题可用最短路径法来求解。在实际的应用模型中,较多的最短路径问题包括:① 某两节点之间的最短路径;② 某节点到其他节点的最短路径;③ 任意两节点之间的最短路径。排水管网布局的优化则是找出其他所有节点(排水汇集点)至某一节点(污水厂或排出口)的最短路线问题,类似于问题②。

设$G(V,E)$表示排水管网图,V为点集合,E为边集合,W_{ij}为存在的边e_{ij}的权值,$P(i,k)$为点i到点k的一条路径($k \in V$)。若终点t(污水厂或排出口)给定,则排水管线布局的优化问题即为找到一棵有向树 T,使得对于 V 中各节点 i,$P(i,t)$满足图 G 中从 i 到 t 的权值最小。该有向树 T 即排水管道平面布置优化方案。

因此,排水管网平面布置优化的目标函数为

$$\min F(x)=\sum_{ij\in V}W_{ij} \tag{7-40}$$

管网图中的各条边的权值一般采用该管段的建设费用(管材耗费和敷设费用之和)表示。欲获得较为精确的排水管道建设费用需要先获得管段管径、埋深等水力参数,而这些参数的获取往往在平面布置确定之后,即对排水管道所有可行的管线敷设路径构成图,各边的实际权值只能在平面布置方案确定之后才能计算得到,因此这属于图论中的变权问题。为计算方便并解决这种相互制约的矛盾,将网络图中的各条边的权值简化为充分利用地势或地貌而所需的敷设费用,采用式(7-41)表示边 e_{ij} 的权值 W_{ij}。

$$W_{ij}=c_{ij}(z_j-z_i)+c'_{ij}\sqrt{[(x_j-x_i)^2+(y_j-y_i)^2]} \tag{7-41}$$

式中　(x_i,y_i,z_i),(x_j,y_j,z_j)——节点 i,j 的横坐标、纵坐标和竖坐标;

c_{ij}——管段因地势引起的费用变化的经济参数;

c'_{ij}——管段因地貌引起的管段敷设费用的经济变量参数。

c_{ij} 和 c'_{ij} 可通过相关工程及造价信息的统计及计算结果分析得出。

针对排水管网平面布置的最优路径问题,结合 Dijkstra 算法修改如下:

① 设最短路径终点(污水厂或排出口)为 t,最短路径上的节点记为点集合 V_1,$t\in V_1$,其余的节点记为点集合 V_2。

② 从 V_2 中选一节点 i,并在 V_1 中搜索与节点 i 相邻的某一节点 j,使之满足 $d_{ij}+L\min(j,t)=L\min(i,t)$;其中 $L\min(i,t)$为最短路权矩阵中节点 i 到节点 t 的最短路权;$L\min(j,t)$为最短路权矩阵中节点 j 到节点 t 的最短路权;d_{ij} 为节点 i 到节点 j 的路权。显然,$P_{(i,j)}$ 便是 i 到 t 的最短路径 $P_{j(i)}$ 上的一段。

③ 在 V_2 中去掉节点 i,在 V_1 中增加节点 i。

④ 判断 V_2 是否为空集;若为空集,则获得其他所有节点的终点 t 的最短路径。否则转向②继续求解。

下面以例题来说明输送管道的平面优化布置问题。

例 7-5　图 7-7 为某城区排水管道网络图,其中节点 9 为排出口,边上数字代表匹配的权值。

解　利用 delphi 编制的程序进行计算。先输入相邻权数矩阵(某些定点不联通时,其权值用一个很大的数值 M 替代),然后开始计算。其过程如下:

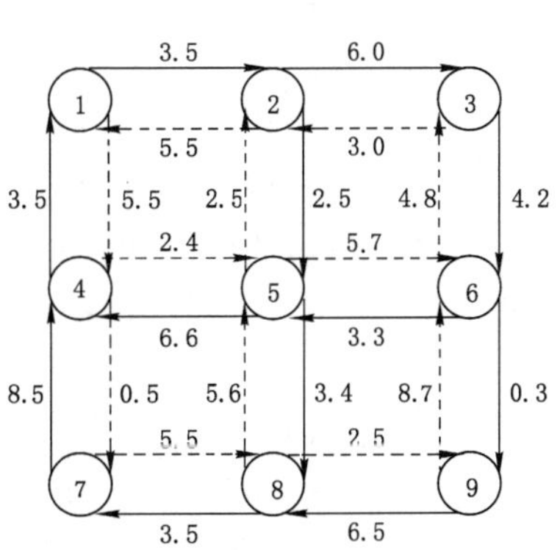

图 7-7　排水管道网络图

① $V_1=\{9\}$

$V_2=\{1,2,3,4,5,6,7,8\}$

$P_{9(6)}=\{6;9\}$　　$L(P_{9(6)})=0.3$

$P_{9(8)}=\{8;9\}$　　$L(P_{9(8)})=2.5$

② $V_1=\{6,9\}$

$V_2=\{1,2,3,4,5,7,8\}$

$P_{9(8)}=\{8;9\}$　　$L(P_{9(8)})=2.5$

$P_{6(3)}=\{3;6;9\}$　　$L(P_{6(3)})=4.5$

$P_{6(5)}=\{5;6;9\}$　　$L(P_{6(5)})=6.0$

③ $V_1=\{6,8,9\}$

$V_2=\{1,2,3,4,5,7\}$

$P_{6(3)}=\{3;6;9\}$　　$L(P_{6(3)})=4.5$

$P_{6(5)}=\{5;6;9\}$　　$L(P_{6(5)})=6.0$

$P_{8(5)}=\{5;8;9\}$　　$L(P_{8(5)})=5.9$

$P_{8(7)}=\{7;8;9\}$　　$L(P_{8(7)})=8.0$

④ $V_1=\{3,6,8,9\}$

$V_2=\{1,2,4,5,7\}$

$P_{3(2)}=\{2;3;9\}$　　$L(P_{3(2)})=10.5$

$P_{6(5)}=\{5;6;9\}$　　$L(P_{6(5)})=6.0$

$P_{8(5)}=\{5;8;9\}$　　$L(P_{8(5)})=5.9$

$P_{8(7)}=\{7;8;9\}$　　$L(P_{8(7)})=8.0$

⑤ $V_1=\{3,5,6,8,9\}$

$V_2=\{1,2,4,7\}$

$P_{3(2)}=\{2;3;6;9\}$　　$L(P_{3(2)})=10.5$

$P_{5(2)}=\{2;5;8;9\}$　　$L(P_{5(2)})=8.4$

$P_{5(4)}=\{4;5;8;9\}$　　$L(P_{5(4)})=8.3$

$P_{8(7)}=\{7;8;9\}$　　$L(P_{8(7)})=8.0$

⑥ $V_1=\{3,5,6,7,8,9\}$

$V_2=\{1,2,4\}$

$P_{3(2)}=\{2;3;6;9\}$　　$L(P_{3(2)})=10.5$

$P_{5(2)}=\{2;5;8;9\}$　　$L(P_{5(2)})=8.4$

$P_{5(4)}=\{4;5;8;9\}$　　$L(P_{5(4)})=8.3$

$P_{7(4)}=\{4;7;8;9\}$　　$L(P_{5(4)})=8.5$

⑦ $V_1=\{3,4,5,6,7,8,9\}$

$V_2=\{1,2\}$

$P_{3(2)}=\{2;3;6;9\}$　　$L(P_{3(2)})=10.5$

$P_{5(2)}=\{2;5;8;9\}$　　$L(P_{5(2)})=8.4$

$P_{4(1)}=\{1;4;5;8;9\}$　$L(P_{4(1)})=13.8$

⑧ $V_1=\{2,3,4,5,6,7,8,9\}$

$V_2=\{1\}$

$P_{2(1)}=\{1;2;5;8;9\}$　$L(P_{2(1)})=11.9$

$P_{4(1)}=\{1;4;5;8;9\}$　$L(P_{4(1)})=13.8$

停止计算，各节点到终点的权值及路径如表 7-1 所示。

表 7-1　各节点到终点的权值及路径

起点	终点	权值	路径	起点	终点	权值	路径
1	9	12	1,2,5,8,9	5	9	5.9	5,8,9
2	9	8.4	2,5,8,9	6	9	0.3	6,9
3	9	4.5	3,6,9	7	9	12	7,8,9
4	9	8.5	4,5,8,9	8	9	2.5	8,9

由此得到该城区排水管道平面布置，如图 7-8 所示。其中 7—8 管段就属于逆坡埋管的情况，若按照单向图计算，无法得到图 7-8 所示的最优化布置情况。

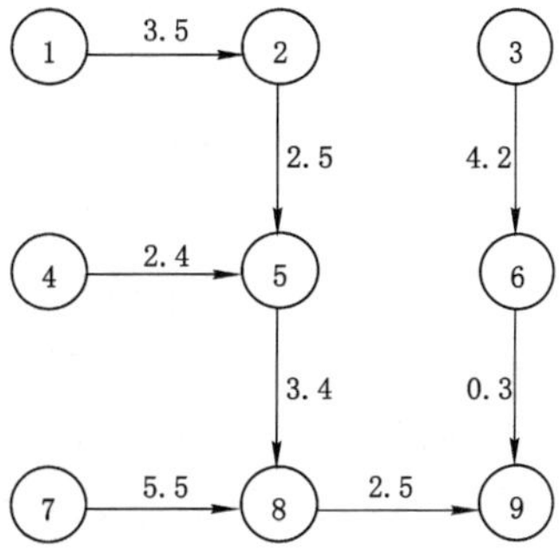

图 7-8　排水管道最优化布置图

二、管道参数的优化

（一）直接优化法

在排水管道优化设计中认为，虽然排水管道计算采用的水力计算公式很简单，但是由于管径的可选择尺寸不是连续变化的，不能任意选择管径；最大充满度的限制又与管径大小有关；关于最小设计流速、流速变化（随设计流量增加而增大）及其与管径之间关系的约束条件等都很复杂，也不能用数学公式来描述。因此，很难建立一个完整的求解最优化问题的数学模型来用间接优化法求解。相对而言，用直接优化法来解决这个问题具有直接、直观和容易验证等优点。

直接优化法是根据性能指标的变化，确定一个目标函数以给各方案提供一个统一标准作比较，通过对各种方案或可调参数的直接选择、计算和比较来得到最优解或满意解。由于污水管网是一个相对独立又比较完整的工程系统，管网中的各条管道以及管道中的各个管段的设计计算是相互联系和相互制约的，因此，在计算优化选择的程序设计中，既要尽量减少每一管段的工程造价，更要有全局观点，以减少整个管网的工程造价为总目标。为此，在对各管段的设计参数进行优化选择的同时，为了全局的利益，增加人机对话功能，以加强设计人员对管网计算的宏观控制与局部干预，使各管段设计参数优化选择服从尽可能降低整个管网工程总造价这个全局目标。

本程序将污水管道的费用函数作为目标函数，其函数形式如下：

$$M = \sum_{i=1}^{n} f(D_i, I_i, L_i, I_{0i}, H_{0i}) \tag{7-42}$$

式中　M——输水管道总费用；

D_i——第 i 管段设计管径；

I_i——第 i 管段坡度；

L_i——第 i 管段长度；

I_{0i}——第 i 管段地面坡度；

H_{0i}——第 i 管段起点埋深；

n——设计管段数量。

对污水管道的优化就是求解式(7-42)的最小值。

(二) 间接优化法

在采用间接优化法时,随着优化技术的发展,尽管排水管道系统设计计算中存在着关系错综复杂的约束条件,但只要对其中的某些条件适当取舍,合理地应用数学工具,就可以把它简化、抽象为容易解决的数学模型,通过计算得出最优解。根据出现的时间和使用的数学方法,间接优化法主要分为以下几类。

1. 线性规划法

线性规划法是最优化方法中最常用的一种算法,它可以解决排水管道设计中的许多问题,同时也可对已建成的排水管道进行敏感性分析。它的缺点是把管径当作连续变量来处理,这就存在计算管径与市售规格管径相矛盾的问题。而且将所有目标函数和约束条件均化为线性函数,其预处理工作量大,精度难以得到保证。

2. 非线性规划法

为了适应排水管道系统优化设计中目标函数和约束条件的非线性特征,1972 年 Dajani 和 Gemmell 建立了非线性规划模型。该方法基于求导原则,即目标函数的导数为零的点,就是所求的最优解。它可以处理市售规格管径,但当无法证明排水管道费用函数是一个单峰值函数时,得到的计算结果可能是局部最优解,而非全局最优解。

3. 动态规划法

1975 年,Mays 和 Yen 首先把动态规划法引入排水管道系统优化设计中,目前该方法在国内外仍得到广泛的应用。它在应用中分为两支:一支是以各节点埋深作为状态变量,通过坡度决策进行全方位搜索,其优点是直接利用标准管径,优化约束与初始解无关,能控制计算精度,但要求状态点的埋深间隔很小,使存储量和计算时间大为增加。因此在此基础上引入了拟差动态规划法。拟差动态规划法是在动态规划法的基础上引入了缩小范围的迭代过程,可以显著地减少计算时间和存储量,但在迭代过程中有可能遗漏最优解,而且在复杂地形条件下处理跌水、缓坡情况时受到限制。另一支是以管径为状态变量,通过流速和充满度决策进行搜索。该法由于标准管径的数目有限,较以节点埋深为决策变量方法在计算机存储和计算时间上有显著优势。最初依据动态规划所选取的标准管径有些不一定是可行管径,因此发展出可行管径法。通过数学分析,对每一管段的管径采用满足约束条件的最大和最小管径及其之间的标准管径,构成可行管径集合,进而应用动态规划计算。可行管径法使得优化计算精度得以提高,并显著减少了计算工作量和计算机内存储量。

动态规划法是解决多阶段决策问题最优化的一种有效方法,无论是利用节点埋深还是利用管段管径作为状态变量,并没有充足的证据能够证明阶段状态的“无后效性”(“无后效性”是指当给定某一阶段的状态时,在以后各阶段的行进要不受以前各阶段状态的影响)。因此,用动态规划法求出的污水管道系统优化设计方案并不一定是真正的最优方案。

4. 遗传算法

遗传算法是近几年迅速发展起来的一项优化技术,它是模拟生物学中的自然遗传而提出的随机优化算法。它仍采用规格管径作为状态变量,可以同时搜索可行解空间内的许多点,通过选择、杂交和变异等迭代操作因子,最终求得满意解。一般在解决中小型管道系统优化设计时,可以求得最优设计方案。尽管搜索方法具有一定的随机性,当解决大型管道系统问题时,遗传算法仍可以求得趋近于最优解的可行方案。

遗传算法由于不要求目标函数具有诸如连续性、导数存在和单峰等性质，不受参数数目以及约束条件的束缚，适合求解非线性的混合离散规划问题，是求解全局最优值较为理想的方法，并且在水资源领域得到了广泛的研究和应用。但是，其在应用简单遗传算法进行计算时存在收敛速度慢、不成熟收敛等缺陷。故在本书中介绍由 Srinivas 和 Patnaik 在 1994 年提出的一种自适应遗传算法。

自适应遗传算法能够使交叉概率 P_c 和变异概率 P_m 随群体的适应度自动改变。当种群各个体的适应度趋于一致或者趋于局部最优时，P_c 和 P_m 增加，以跳出局部最优；而当群体适应度比较分散时，P_c 和 P_m 减少，以利于优良个体的生存。同时，对于适应度高于群体平均适应值的个体，选择较小的 P_c 和 P_m，使得该优良解得以保护；而对于适应度低于平均适应值的个体，选择较大的 P_c 和 P_m 值，增加新个体产生的速度。因此，自适应遗传算法能够提供相对某个解的最佳的交叉概率 P_c 和变异概率 P_m。与一般遗传算法相比，自适应遗传算法的交叉概率与变异概率不是一个固定值，而是按群体的适应度进行自适应调整。

自适应遗传算法一般包括如下 8 个步骤：

① 编码/解码设计。

② 母体构成像常规最优化算法一样，在迭代计算前须给定初始点。所不同的是，常规最优化算法仅从一个初始点开始进行迭代计算，而遗传算法是同时从多个初始点开始迭代计算，最后得到一个最优解。用随机产生 N(N 是偶数)个候选解等初始群体产生方法，组成初始群体。

③ 定义适应度函数，计算各个个体的适应度 f_i。

④ 按照规则等选择方法选择 N 个个体，计算群体的平均适应度 f_{avg} 和最大适应度 f_{max}。

⑤ 将群体中的各个个体随机搭配成对，共组成 $N/2$ 对。对每一对个体，按照式(7-43)计算自适应交叉概率 P_c，以 P_c 为交叉概率进行交叉操作，即随机产生 $R(0,1)$。如果 $R<P_c$，则对该个体进行交叉操作。

$$P_c=\begin{cases}\dfrac{k_1(f_{max}-f')}{f_{max}-f_{avg}} & f'\geqslant f_{avg}\\ k_2 & f'<f_{avg}\end{cases}\tag{7-43}$$

⑥ 对于群体中的所有 N 个个体，按照式(7-44)计算自适应变异概率 P_m，以变异概率进行变异操作，即随机产生 $R(0,1)$，如果 $R<P_m$，则对该染色体进行变异操作。

$$P_m=\begin{cases}\dfrac{k_3(f_{max}-f)}{f_{max}-f_{avg}} & f\geqslant f_{avg}\\ k_4 & f<f_{avg}\end{cases}\tag{7-44}$$

⑦ 计算由交叉和变异生成的新个体的适应度，新个体与父代一起构成新一代群体。

⑧ 判断是否达到预定的迭代次数，如果达到则结束寻优过程；否则转步骤④。

在式(7-43)、式(7-44)中 f_{max} 是每代群体中个体的最大适应度值；f_{avg} 是每代群体的平均适应度值；f' 是被选择交叉的两个个体中较大的适应度值；f 是被选择变异个体的适应度值。只要设定 $k_1\sim k_4$ 取(0,1)区间的值，就可以自适应调整了。

总之，在排水管道系统优化设计技术的发展过程中，间接优化法和直接优化法同时在应用着，都在不断地改进和完善。这两种方法的共同点都是以设计规范要求及管径、流速、坡度、充满度间的水力关系为约束条件，以达到费用最小为目标。

第五节　其他系统的最优规划

一、排放口处理最优规划

（一）定义

所谓排放口处理最优规划，就是以同一受纳水体的每个排水小区（也可以是同一河流的每座城镇）污水处理厂排放口为基础，在该水体水质要求的约束下求解各污水处理厂处理效率的最佳组合，目标是污水处理的费用最低。在做这种规划时，排放口污水处理厂规模不变，位置不变（即污水管网不变），处理工艺或运行参数改变。没有污水处理厂的小区，可以认为有一座污水处理效率为零的污水处理厂。

（二）最优化模型

由于污水处理厂的处理水量不变，污水厂处理费用仅仅是处理效率的函数。对有机污染的河流，如果已经建立了河流各河段的BOD-DO响应矩阵，则排污口处理最优化的数学模型可以表达为

$$\min Z = \sum_{i=1}^{n} C_i(\eta_i) \tag{7-45}$$

约束条件

$$\begin{gathered} UL + m \leqslant L^0 \\ VL + n \geqslant O^0 \\ L \geqslant 0 \\ \eta_i^1 \leqslant \eta_i \leqslant \eta_i^2 \end{gathered} \tag{7-46}$$

式中　$C_i(\eta_i)$——第 i 个小区污水处理厂的费用函数；

η_i——第 i 个小区污水处理厂的处理效率；

U,V——有机污染河流的BOD-DO响应矩阵；

L^0,O^0——河流各断面的BOD和DO约束；

L——输入河流各断面的BOD数值；

m,n——常数向量；

η_i^1,η_i^2——污水处理厂的效率约束。

对于湖泊和水库，主要污染物是营养盐，主要环境问题是富营养化，则目标函数中的污水处理厂处理效率是针对磷或氮的处理效率，约束方程主要表现为湖泊对营养盐的限制。

排放口处理最优规划中的控制变量是污水处理效率 η_i，而约束条件中的变量是污染物排放浓度 L_i，η_i 和 L_i，三者之间的关系为

$$\eta_i = 1 - \frac{L_i}{L_i^0} \tag{7-47}$$

由此可知，排放口处理最优化模型中的约束条件是线性的，而目标函数是非线性的。

（三）最优化模型的求解

虽然上述模型中的约束方程是线性的，但目标函数是非线性的，所以该模型是非线性的，需要用非线性最优化方法求解。这个最优化模型也可以用其他的方法求解，如离散规划

方法、目标函数线性化方法等，其中目标函数线性化方法应用最广泛，简化后的最优化模型成为线性规划问题，可通过现成的程序求解。

在确定污水处理量条件下，污水处理厂费用函数的常见形式为

$$F = a + b\eta^{K_4} \tag{7-48}$$

该函数可采用线性化的方法进行求解，方法列述如下。

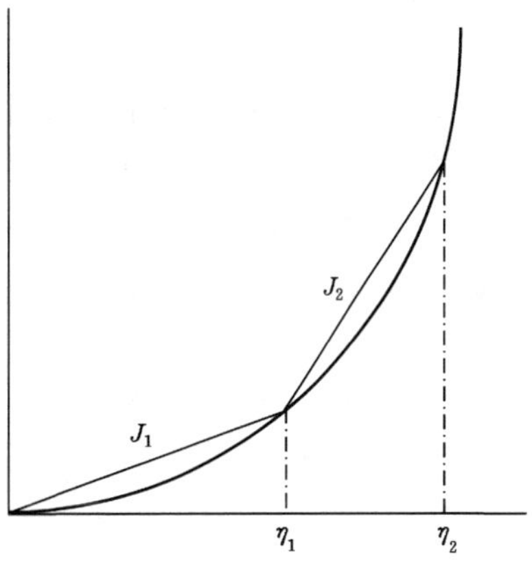

图 7-9　费用函数分段线性化方法

1. 简单化的方法

根据需要将费用函数划分成几段，如图 7-9所示，直接用直线连接各分点，连线方程如下所示：

第一段：$F_1=\dfrac{F(\eta_1)-F(\eta_0)}{\eta_1-\eta_0}(\eta-\eta_0)+F(\eta_0)$

第二段：$F_2=\dfrac{F(\eta_2)-F(\eta_1)}{\eta_2-\eta_1}(\eta-\eta_1)+F(\eta_1)$

⋮

第 i 段：$F_i=\dfrac{F(\eta_i)-F(\eta_{i-1})}{\eta_i-\eta_{i-1}}(\eta-\eta_{i-1})+F(\eta_{i-1})$　　(7-49)

如果令斜率 J_i 和截距 a 为：$J_i=\dfrac{F(\eta_i)-F(\eta_{i-1})}{\eta_i-\eta_{i-1}}$；$a=F(\eta_0)$

则第 i 段费用函数可以改写为

$$F_i = J_i(\eta-\eta_{i-1}) + F(\eta_{i-1}) = a + \sum_{j=1}^{i-1} J_j(\eta_j - \eta_{j-1}) + J_i(\eta - \eta_{i-1}) \tag{7-50}$$

2. 比较精确的方法

先划分区段，然后用直线代替原来的曲线。但不是直接人为选择直线的斜率和截距或两点直接确定直线，而是利用最优化方法求出直线，使曲线和直线之间所夹的面积和最小。这样把费用函数直线化，可以保证在一定划分方式下直线化带来的误差最小。

我们用 S 和 a 代表直线斜率和第一条直线的截距，对 i 段直线方程有

$$F_i = a + \sum_{j=1}^{i-1} J_j(\eta_j - \eta_{j-1}) + J_i(\eta - \eta_{i-1}) \quad \eta_{i-1} \leqslant \eta \leqslant \eta_i \tag{7-51}$$

求各段直线线段的斜率的最优化模型为

$$\min Z = \int_{\eta_{i-1}}^{\eta_i} \left[a + \sum_{j=1}^{i-1} J_j(\eta_j - \eta_{j-1}) + J_i(\eta - \eta_{i-1}) - (a + b\eta^{K_4})\right]^2 \mathrm{d}\eta \tag{7-52}$$

这是一个无约束非线性规划问题，可以对上式直接求导数并令其为 0，即 $\dfrac{\mathrm{d}Z}{\mathrm{d}\eta_i}=0$，求出各段斜率，即

$$J_i = \frac{3(A_1 + A_2 + A_3)}{(\eta_i - \eta_{i-1})^3} \tag{7-53}$$

其中

$$A_1=\frac{b}{K_4+2}(\eta_i^{K_4+2}-\eta_{i-1}^{K_4+2}) \tag{7-54}$$

$$A_2 =-\frac{b\eta_{i-1}}{K_4+1}(\eta_i^{K_4+1}-\eta_{i-1}^{K_4+1}) \tag{7-55}$$

$$A_3=-\frac{(\eta_i-\eta_{i-1})^2}{2}\sum_{j=1}^{i-1}J_j(\eta_j-\eta_{j-1}) \tag{7-56}$$

例 7-6 已知污水处理费用函数为 $F=200Q^{0.8}+1\ 000Q^{0.8}\eta^{2.0}$；在 $Q=1.0\ \mathrm{m^3/s}$ 时将费用函数分为 3 段进行线性化。效率分级为：$0\leqslant\eta_{i1}\leqslant0.3$，$0.3<\eta_{i2}<0.85$，$0.85<\eta_{i3}\leqslant1$，求上述线性函数各段费用。

解 将 $Q=1.0\ \mathrm{m^3/s}$ 代入费用函数得

$$F=200+1\ 000\eta^{2.0}$$

即 $a=200$，$b=1\ 000$，$K_4=2.0$，$\eta_0=0$，$\eta_1=0.3$，$\eta_2=0.85$，$\eta_3=1$。将它们代入式(7-53)计算各段斜率，得

$$J_1=225, J_2=1\ 073.86, J_3=2\ 456.27$$

线性化的费用函数可表示为

$$F=200+225\eta,\quad 0\leqslant\eta\leqslant0.3$$

$$F=267.5+1\ 073.86(\eta-0.3),\quad 0.3<\eta\leqslant0.85$$

$$F=858.12+2\ 456.27(\eta-0.85),\quad 0.85<\eta\leqslant1$$

二、均匀处理最优规划

（一）定义

一般河流污染类型多为有机污染，一般城市处理这类污水都采用类似的技术方法，这就为区域水污染系统控制的最优规划采用均匀处理模式提供了可能。如果污水处理厂采用的污水处理工艺具有基本相同的污水处理效率，而区域水污染控制系统追求的是设立的污水处理厂的位置和规模的最佳组合，我们把这种厂群规划问题称为均匀处理最优规划。

发达国家和经济实力强的地区，规定必须采用最佳实用技术，不允许利用水体剩余的环境容量，就是本规划方法的现实基础。实际上，污水处理厂采用了某种处理技术，如活性污泥法、生物膜法、化学沉淀法等，总是趋向于使处理设施达到这种工艺的最佳效率值，不可能有连续的污水处理效率可供选择。所以，均匀处理规划比排污口处理规划更贴近实际。

（二）节点平衡模型

由于所有污水处理厂的处理效率是相同或相近的，不是决策变量，故污水处理和输送的费用函数仅仅是污水量的函数，最优化模型可以写成

$$\min Z=\sum_{i=1}^{n}F_i(Q_i)+\sum_{i=1}^{n}\sum_{j=1}^{n}F_{ij}(Q_{ij}) \tag{7-57}$$

约束条件

$$q_i+\sum_{i=1}^{n}Q_{ji}-\sum_{j=1}^{n}Q_{ij}-Q_i=0 \tag{7-58}$$

$$Q_i, q_i\geqslant0\quad Q_{ij}, Q_{ji}\geqslant0,\ \forall i,j$$

式中 $F_i(Q_i)$——第 i 个污水处理厂的费用；

$F_{ij}(Q_{ij})$——由地点 i 输往地点 j 的输水管道的费用；

q_i——在 i 地收集到的污水；

Q_i——在 i 地处理的污水；

Q_{ij}——从 i 地送往 j 地的污水量；

Q_{ji}——从 j 地送往 i 地的污水量。

模型中目标函数的形式可以多样，如果采用前面介绍的那种形式，系数和指数将随处理方法的效率变化而变化。模型约束方程中包括了河流各功能区对水质的要求和据此对排污口（也是设污水处理厂的小区）排放浓度和总量的限制，这些要求需要得到满足。

（三）混合整数规划模型

我们进一步用一般污水处理和输送费用函数的形式研究区域均匀处理的目标函数。对 i 小区污水处理费用，有 $F_i = K_1 Q_i^{K_2}$；对 i 小区输送到 j 小区的污水输送费用，有 $F_{ij} = K_5 Q_{ij}^{K_6}$。由于存在规模效应，$K_1$、$K_6$ 均小于 1。我们可以采用前面介绍的排污口处理最优化模型目标函数线性化同样的方法分段线性化，设分段数 $k=3$ 或其他值，分段线性化的污水处理费用函数在 k 段的斜率为 a_k，截距为 a_{0k}，则线性化后总的污水处理费用函数可以写成

$$F_1 = \sum_{i=1}^{n}\sum_{k=1}^{3} a_{ik} Q_{ik} + \sum_{i=1}^{n}\sum_{k=1}^{3} a_{ik}^{0} \gamma_{ik} \tag{7-59}$$

式中 γ_{ik} 为逻辑变量，只取 0 和 1。

当 Q_{ik} 为零时取零值，当 Q_{ik} 不为零时取非零值。单位长度输送距离污水输送费用函数可以写成

$$F_2 = \sum_{i=1}^{n}\sum_{j=1}^{n}\sum_{k=1}^{3} b_{ijk} Q_{ijk} + \sum_{i=1}^{n}\sum_{j=1}^{n}\sum_{k=1}^{3} b_{ijk}^{0} \delta_{ijk} \tag{7-60}$$

式中 δ_{ijk} 为逻辑变量，只取 0 和 1。

当 Q_{ijk} 为零时取零值，当 Q_{ijk} 不为零时取非零值。

混合整数最优化模型则可以写成

$$\min Z = \sum_{i=1}^{n}\sum_{k=1}^{3}(a_{ik} Q_{ik} + a_{ik}^{0}\gamma_{ik}) + \sum_{i=1}^{n}\sum_{j=1}^{n}\sum_{k=1}^{3}(b_{ijk} Q_{ijk} + b_{ijk}^{0}\delta_{ijk}) L_{ij} \tag{7-61}$$

目标函数需满足以下约束条件：

（1）节点水量平衡约束

$$q_i + \sum_{j=1}^{n}\sum_{k=1}^{3} Q_{ijk} - \sum_{j=1}^{n}\sum_{k=1}^{3} Q_{ijk} - \sum_{k=1}^{3} Q_{ik} = 0, \forall i \tag{7-62}$$

（2）规模约束

进行污水处理的小区，也就是向水体排污的小区，排污量或排放污水量不能够超过环境容量或相关法规规定的总量控制指标。

$$\sum_{k=1}^{3} Q_{ik} \leqslant \mu_{ik} \gamma_{ik}, \forall i \tag{7-63}$$

式中　μ_{ik}——相关法规规定的允许排放有机物总量。

当小区有污水处理厂时逻辑变量不为零，其他为零。

（3）污水处理厂数量约束

$$\sum \gamma_i \leqslant 1 \tag{7-64}$$

（4）输水能力约束

管线输送也有输水能力的限制，用下式表示，即

$$\sum_{k=1}^{3} Q_{ijk} \leqslant \nu_{ijk} \delta_{ijk}, \forall i, j \tag{7-65}$$

式中　ν_{ijk}——管线最大的输水能力。

(5) 污水流向约束

污水输送管线中仅允许一个方向的污水通过，不允许反向水通过，则有

$$\sum \delta_{ijk} + \sum \delta_{jik} \leqslant 1, \forall i,j \tag{7-66}$$

我们还可以列出其他的约束条件，如地形对输水方向的约束，不允许污水从低地形小区向高地形小区输送，不允许输送水量小于某限值等。这些约束条件和目标函数构成最优化模型。由于存在0,1逻辑变量，目标函数是典型的混合整数规划问题。

三、区域处理最优规划

（一）定义

区域处理最优规划是排放口处理最优规划和区域均匀处理最优规划的综合，要考虑污水处理的工艺选择，也要考虑污水处理厂位置、规模和排放水体自净能力的利用，是厂群规划中最复杂的一类规划问题。

（二）最优化模型

区域处理规划问题的最优化模型可以写成如下形式：

$$\min Z = \sum_{i=1}^{n} F_i(Q_i, \eta_i) + \sum_{i=1}^{n}\sum_{j=1}^{n} F_{ij}(Q_{ij}) \tag{7-67}$$

约束条件

$$\begin{gathered} UL + m \leqslant L^0 \\ VL + n \geqslant O^0 \\ q_i + \sum_{i=1}^{n} Q_{ji} - \sum_{j=1}^{n} Q_{ij} - Q_i = 0 \\ L \geqslant 0 \\ \eta_i^1 \leqslant \eta_i \leqslant \eta_i^2, \forall i \\ Q_{ij}, Q_{ji} \geqslant 0, \ \forall i,j \end{gathered} \tag{7-68}$$

（三）试探分解法

由于该模型考虑的因素多，求解比较困难，目前没有成熟的方法，较常用的方法是试探分解法。

试探分解法的基础是"全部处理或全不处理"策略。根据这一策略，我们可以把任一小区的污水作为决策变量，或者就地处理，或者送往邻近小区进行处理，选择哪个小区则通过污水输送路线优化选择和水体自净能力的分析进行决定，通过比较系统的污水控制总费用，找出目前的较优解作为下一次试探的初始目标。

试探法可以从任意一个可行解开始试探求解过程，如我们可以把问题先简化为排污口处理最优化问题，得到的解作为区域处理最优化的初始解，通过开放节点试探、封闭节点试探、输水线路试探，求出系统的满意解。

1. 开放节点试探

每一个小区被称为一个节点，整个污水控制系统就是由许多这样的小区构成的，其中开放节点是指建有污水处理厂的小区，因而可以将处理过的污水向水体排放，而封闭节点则是指没有建污水处理厂的小区，这些小区只能将污水送往其他小区处理(假设污水不经处理不允许向环境排放)。

开放节点试探过程，就是将开放节点的小区污水处理厂关闭，比较关闭前后系统的总费

用，确定关闭污水处理厂实现相对集中处理是否合算，如果合算就用关闭掉部分污水处理厂的系统控制方案代替原方案。判断依据用下式表示，即

$$[C_i(Q_i,\eta_i)+C_j(Q_j,\eta_j)+\sum_{k=1}^{n}C_k(Q_k,\eta_k)]-[C'_j(Q_i+Q_j,\eta'_j)+C_{ij}(Q_{ij})+\sum_{k=1}^{n}C'_k(Q_k,\eta'_k)]>0,? \tag{7-69}$$

上述方程中，前面方括号内的是关闭 i 节点污水处理厂前的污水处理总费用，后边的括号是关闭该处理厂后的总费用，包括处理费用和转输污水的费用。由于关闭节点 i 后，各处理厂的处理规模和效率组合，以及污水输送组合都发生变化，所以在费用函数和处理效率变量上边加“′”表示和前边数据的差异。如果该方程值为正，表示关闭污水处理厂，实现邻近污水集中处理可以节约费用，选择关闭节点方案，否则仍坚持原方案。

需要指出，上述方程是刚开始试探时的形式，后边的试探判断形式会有变化。对每一个开放节点依次进行试探，称为开放节点的一次试探循环。若一个循环内费用有了改进，则需要从头开始第二次试探循环，否则就进入封闭节点试探。

2. 封闭节点试探

封闭节点试探是开放节点试探的逆过程，把没有建污水处理厂的小区试探建造污水处理厂，处理后的水就近排放至水体，看整体费用是否能够降低。一个封闭节点是否能够开放，看下式的值是否大于零。

$$[C_j(Q_i+Q_j,\eta_j)+C_{ij}(Q_{ij})+\sum_{k=1}^{n}C_k(Q_k,\eta_k)]-[C_i(Q_i,\eta_i)+C_j(Q_j,\eta_j)+\sum_{k=1}^{n}C'_k(Q_k,\eta'_k)]>0,? \tag{7-70}$$

如果通过封闭节点试探，目标函数有改进，则需要重新进行开放节点试探，否则就进入下一个子程序——输水线路试探。

3. 输水线路试探

从 i 节点输送污水至 j 节点，可以直接进行，也可以通过中间节点进行，即存在几条路线。例如，我们可以从 i 节点直接到 j 节点，或从 i 节点通过 k 节点，然后再到 j 节点，两个方案的费用差别用下式表示，即

$$[C_{ik}(Q_i)+C_{kj}(Q_i+Q_k)]-[C_{ij}(Q_i)+C_{kj}(Q_k)]>0,? \tag{7-71}$$

输水线路试探对每一个封闭节点依次进行，最后输出系统的满意解。

图 7-10 是应用试探法进行区域处理最优规划的主程序框图。

作为一种直接优化的方法，试探法原理简单易懂，对目标函数的形式没有任何要求，应用比较灵活，虽然计算比较繁杂，但在实际工作中仍有许多人采用这类方法进行方案选优。我们这里用方案选优而不是最优化，是因为人们在使用试探法时往往根据情况加以变通，在一些明显可行的方案中通过比较选择较好的方案，而不是在全部可能方案中进行试探选择，所以得到的方案仅仅是比较好的方案，不能称最优方案。

最优规划的最优解是在全面掌握污染源、水体自净能力、污水处理工艺和费用构成，污水排放系统和管线费用构成等信息的基础上，通过建立最优化模型并采用严密的数学方法才能够得到的。这只有在资料详尽、系统比较简单的条件下才有可能获得，而一般

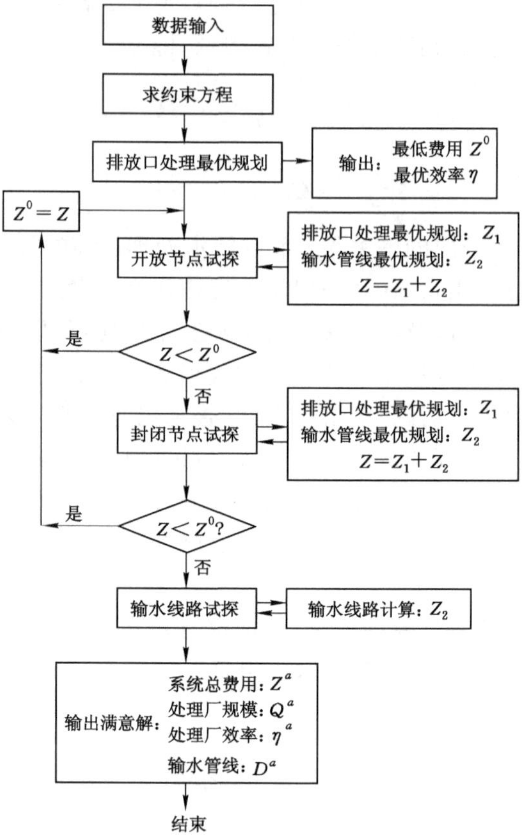

图 7-10　区域处理最优化计算框图

条件下多数不具备这样的条件，所以往往多数采用选优的方法。由方案选优得到的解不是最优解，解的好与坏在很大程度上取决于规划人员的水平和经验，也取决于备选方案的数量和涵盖范围。提高水污染控制系统优化的质量，关键在于对系统的了解和制定备选方案的技巧。

第六节　水资源-水质系统规划

河流的污染高发季节一般在枯水期。解决枯水期污染的一个重要措施就是利用上游水库的流量调节，增加枯水期的河流流量，从而提高其自净能力，起到降低流域内污水处理费用的作用。

利用水库进行枯水期流量调节所需的费用可表示为

$$F = C_r a^{b_r} \tag{7-72}$$

$$a = \frac{Q'_{11} - Q_{11}}{Q_{11}} \tag{7-73}$$

式中　a——水库调节时的河流流量增加系数；

Q_{11}——枯水期河流流量；

Q'_{11}——经水库调节后河流流量；

C_r, b_r——系数，取值大于 1，可根据水库调节费用估计。

由于河流的流量得以增加，河流的自净能力提高，相应地减轻了下游的污水处理负荷。规划模型可表示为

$$\min Z = \sum_{i=1}^{n} F_i(\eta_i) + C_r a^{b_r} \tag{7-74}$$

约束条件为

$$\begin{aligned} u'L + m &\leqslant L^0 \\ V'L + n &\geqslant O^0 \\ L &\geqslant 0 \\ \eta_i^1 \leqslant \eta_i &\leqslant \eta_i^2 \end{aligned} \tag{7-75}$$

求解目标函数(7-74)的简单方法是假定一系列的 a 值，然后采用排放口处理最优规划方法求解，得到一系列费用与污水处理效率的组合，据此可选出最佳的 a 值，如图 7-11 所示。

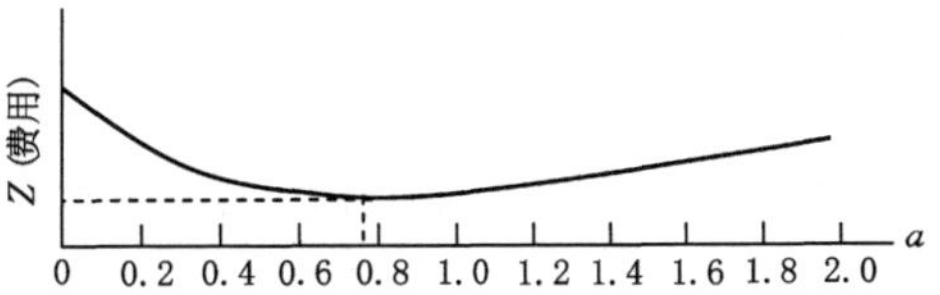

图 7-11　枯水期时河流流量增加系数与流域内总规划费用的关系

思考题

1. 如何确定水污染控制系统的控制指标？各项指标与环境容量有何联系？

2. 水污染控制系统由哪几部分组成？它们之间有什么联系？

3. 什么是“全部处理或全不处理”策略？从数学方面进行证明。

4. 有一平面无限大水体，水流流速为 1 m/s，河段水深为 2.0 m，横向扩散系数 D_y=0.01 m^2/s。有一工业排污口，连续稳定排放污水，污水中含有不易降解的有害物，排放量为 20 g/s。试计算排污口下游 400 m、横向距离 y=10 m 处的有害物质浓度。

5. 某城市有 3 个工厂排放污水，拟集中于污水处理厂进行污水处理。已知工厂的污水排放量，输送每一方污水的每千米费用为 F_i（见表 7-2），试确定污水处理厂的位置，使总输水投资最小。

表 7-2　测量数据

项　　目	食品厂	酿造厂	造纸厂
污水量 Q_i/(m^3/d)	420	350	750
X_i	20	80	90
Y_i	30	100	10
F_i/[元/(km·m^3)]	1.2	1.5	0.8

6. 有两组污水处理费用函数

$$F_1 = 200Q^{0.78} + 1\,000Q^{0.78}\eta^{2.5}$$

$$F_2 = 180Q^{0.92} + 1\,000Q^{0.92}\eta^{2.2}$$

若其他条件不变，采用 F_1 和 F_2 作为费用函数进行区域处理最优规划时，可能会出现怎样的不同结果？

7. 在均匀处理最优规划中，潜在的污水处理厂的数量与可能的规划方案数量存在什么关系？若潜在的污水处理厂的数目是 15，最大可能的方案数是多少？

8. 图 7-12 表示一个区域可能建设污水处理厂的位置，试用混合整数规划法或试探法确定污水处理厂的位置和规模。已知污水处理费用函数为

$$F_1 = 350Q^{0.75} + 1\,500Q^{0.75}\eta^{2.30}$$

采用的污水处理效率为 0.85，污水可能的输送方向及输水管的长度为：

1→2，2 500 m；2→3，4 200 m，3→4，2 800 m；1→5，4 000 m；

5→3，3 200 m；5→6，2 500 m，6→4，4 200 m。

各小区的本地污水量为：

1. 0.56 m^3/s；2. 0.32 m^3/s；3. 1.25 m^3/s；4. 0.88 m^3/s；5. 0.56 m^3/s；6. 0.36 m^3/s。

污水输送的费用函数为

$$F_2 = 500Q_{ij}^{0.75}$$

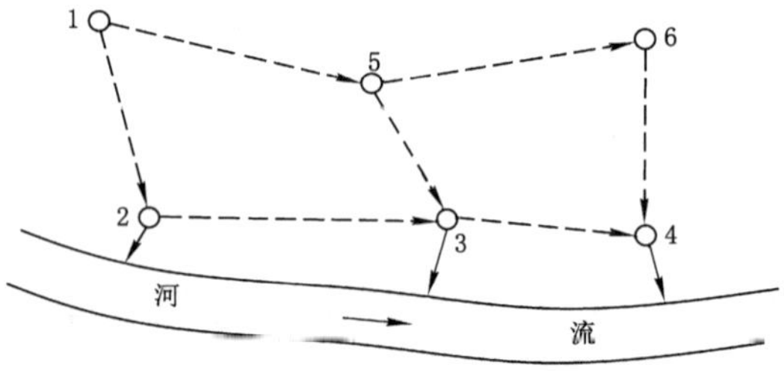

图 7-12　某区域污水处理厂可选择位置示意图

第八章　大气污染控制系统规划

导　　读

大气污染控制系统规划是在一定空间和时间范围内，运用系统工程的方法，对人类生产生活方式（例如产业结构和能源结构）和大气污染防治措施进行优化布局和调整改进，以使大气污染物排放量或环境空气质量达到既定目标。本章介绍了大气污染控制系统的组成及其规划的主要过程，并对主要规划模型的方法和应用，包括比例下降规划模型、地面浓度控制规划模型、总量控制规划方法和大气环境质量-经济-能源系统规划模型进行了分类阐述和说明。

第一节　大气污染控制系统规划的过程与方法

一、大气污染控制系统的组成

大气污染控制系统是一个涉及经济、社会和环境的复合系统，其由污染物发生子系统、污染物控制子系统、污染物排放子系统和接受环境子系统四个部分组成。其逻辑关系如图8-1所示。

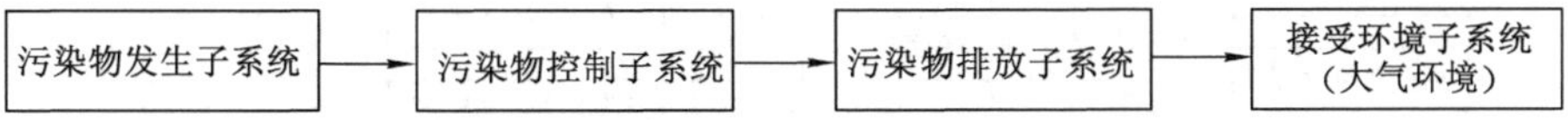

图8-1　大气污染控制系统的组成

（一）污染物发生子系统

污染源是污染物的发生地。按照大气污染源的空间形态，大气污染源涵盖点源、线源与面源。通过改变燃料结构、燃烧设备、燃烧方式等可以减少大气污染物的排放。

（二）污染物控制子系统

污染物控制子系统涵盖管道、处理设施以及风机等，其是大气污染物削减的核心系统，通过合理处理技术与工艺的组合，实现污染物的达标排放。由于我国煤炭资源丰富，煤在我国的能源结构中一直占有主导地位，为此，燃煤产生的颗粒物与二氧化硫一直是我国大气污染物的控制重点，但随着我国雾霾、臭氧浓度超标等大气环境问题越趋严重，氮氧化物、挥发性有机物的控制也逐渐受到重视。

（三）污染物排放子系统

污染物的排放方式分为有组织排放和无组织排放。一般的点源排放属于有组织排放，面源属于无组织排放。点源通过烟囱排放，其污染物的浓度和排放量可以得到有效控制，而面源的无组织排放控制较难，但其对大气环境的影响不容忽视，需要多种管理措施的协同进行控制。

（四）接受环境子系统

大气污染物环境接受子系统是指污染源周边的大气，由于大气环境是无边界的，大气环境接受子系统应该具体划定。

二、大气污染控制系统规划的过程及内容

大气污染控制与水污染控制有所不同，在水污染控制中，存在着集中处理与分散处理的优化选择问题，而在大气污染控制中，集中处理的可能性很小，一般只能就地处理后排放。所以，影响大气污染控制费用的可控因素在于那些具有不同技术经济特性的废气治理技术措施方面。合理地组织这些技术措施，就可以用较少的费用满足预定的大气环境质量目标，实现大气污染控制系统规划的目的，相应的组织方案要通过建立并求解大气污染控制系统规划模型来制定。

大气污染控制所要解决的问题主要涉及以下两个方面：一方面是通过对污染源的控制使大气环境质量满足预定的环境目标；另一方面是合理控制污染源的成本。污染源控制是大气环境规划的核心。例如，在宏观尺度上，我国在 20 世纪 90 年代制定了“两控区”规划，对二氧化硫和酸雨的控制提出了具体的目标和措施；在 2013 年发布国家大气污染防治行动计划和空气质量标准，并要求各城市开展空气质量限期达标规划。因此，对于某一个区域的环境规划问题而言，一是要落实宏观规划的结果，二是根据区域条件制定具体的环境规划目标，提出具体的环境规划方案。

大气污染控制步骤见图 8-2。

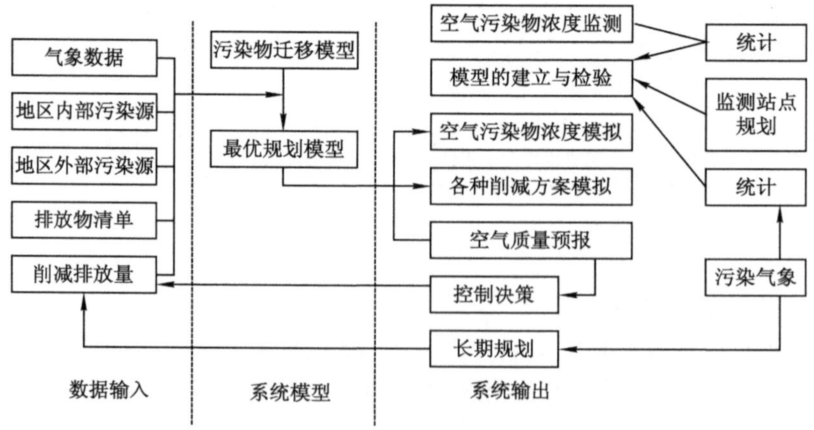

图 8-2　大气污染控制步骤

三、大气污染控制系统规划模型概述

大气污染控制系统规划目标是区域的总费用最低，而约束条件则是对污染物排放量的

限制或污染物的大气环境质量目标。

大气污染控制系统规划模型中的决策变量是排污企业的产量或燃煤量，而不是水污染控制系统规划模型中的污染物的排放量或处理量。在以化石燃料为能源动力的企业中，采用不同的废气治理技术手段，使系统污染物去除效率不同，同时也使企业为其生产单位产品所支付的治污费用不同。由于至今为止，还没有任何治理手段的处理效率能达到100%，即处理到零排放的程度，所以在大气质量约束的条件下，为使污染控制费用最低，对所采用的治理技术手段进行优化，采取何种治理技术的组合就是该大气污染控制系统规划问题的解。

大气污染控制系统规划模型的建立包括费用函数形式的确定和约束方程的制定，费用函数形式可根据以往废气治理技术措施与相应费用的资料归纳总结后得出（可应用本书第二章中介绍的数量化理论建模法）；约束方程则在模拟预测大气污染物排放后的浓度基础上与大气质量标准比较、反推而得。

目前，用于大气污染控制系统规划的方法主要有以下几种：

① 情景分析方法。为了达到预定的大气环境质量目标，可以设定一系列的污染物控制情景，这些情景是各种可能的方法与措施的组合，通过对每一个情景的分析，找出满意的推荐情景。

情景分析方法属于一种选优的正向算法，在设定情景时所采用的每一种方法与措施在过程上都是可行的，但是它们是否满足环境质量目标，或者在经济上是否理想，需要进一步分析。情景分析没有固定的程式和模式，可以采用现有的各种方法，不必建立专门的模型。因此，情景分析方法比较灵活，可以将各种技术和方案集中在一起。正因为这种特征，丰富的工程知识和经验对于遴选优秀的情景是完全必要的。情景分析方法比较适用于解决复杂的环境问题。

② 比例下降模型方法。比例下降模型是一种简化的大气污染控制规划方法。比例下降模型实际上是一种将已知的污染物去除总量分配到各个污染源的最优化方法，“比例下降”只是反映了一种假定的污染源与空气环境质量的响应关系。

③ 地面浓度控制方法。地面浓度控制模型反映了大气污染控制规划的最为本质的内容，即根据大气环境质量的需求，寻找最佳的污染源控制策略和措施。地面浓度控制模型是通过一套最优化方法实现的，从实现环境质量目标和成本控制角度来看，地面浓度控制可能是一种比较理想的方法。但是由于它需要将一个实际问题公式化，因此很多因素可能被忽略，一些复杂的关系可能被简化，因此它的计算结果的适用性不能不受到影响。

④ 总量控制规划法（A-P 值法）。A-P 值法是一种实用的污染物总量计算与分配的方法。它利用 A 值法计算功能区和规划区的允许排放量，利用 P 值法将允许排放量分配到污染源。尽管在理论上 A 值法和 P 值法尚没有完全融合，但是它们为复杂的大气污染物总量控制提供了有效的方法。

第二节　比例下降规划模型

一、比例下降模型的概念及假设条件

比例下降模型又称总量削减模型，比例下降模型的假设是污染源的污染物排放量的下降，将导致大气中污染物浓度的等比例下降，由此确定的最简单的控制方案是要求各

个污染源按其排放负荷比例进行削减。比例下降模型在理论上并没有严格的证明，但有一些证据证明这个结论是合理的。例如，从 1967 年至 1986 年的 10 年间，美国旧金山的 CO 排放量降低了 30%，同期空气中的 CO 浓度也大约下降了 30%。在以年平均值为基础进行空气污染控制规划时，由于时间较长，各种气象条件造成的差异性趋小，比例下降模型的精确度较高。

根据比例下降模型的假设，在优化模型中不必直接纳入大气质量的约束，而只需将现实的大气环境质量与标准相比较，确定必须改进的分数，进而将污染物必须下降的分数作为约束条件。优化模型的任务在于将污染物的削减总量分配给各个污染源。比例下降模型不包含环境质量约束，避免了复杂的空气迁移计算和复杂的参数估值过程。在缺乏现成的大气环境预测模型和相应的模型参数的条件下，采用该模型进行规划是很方便的。

二、优化规划模型

假定所规划区域包含 m 个污染源，每个污染源存在 n 种可选择的污染控制方法，用以控制 q 种污染物。

根据比例下降模型的基本原则，其线性规划模型为

$$
\begin{aligned}
&\min Z = \sum_{i=1}^{m}\sum_{j=1}^{n} C_{ij}x_{ij} \\
&\sum_{j=1}^{n} a_{ij}x_{ij} = S_i \quad (i = 1,\cdots,m; j = 1,\cdots,n) \\
&\sum_{i=1}^{m}\sum_{j=1}^{n} k_{ijp}b_{ip}(1-\eta_{ijp})x_{ij} \leqslant A_p \quad (p - 1,\cdots,q) \\
&x_{ij} \geqslant 0, \forall i,j
\end{aligned}
\tag{8-1}
$$

式中 x_{ij}——产品的产量，其中 i 为污染源的编号，j 表示生产此种产品所采用的废气治理方法；

C_{ij}——相应于生产单位产品所需支付的污染控制费用；

S_i——对第 i 个污染源实施各种方法时的产品产量约束；

a_{ij}——逻辑变量，若对第 i 个污染源实施第 j 种控制方法可行，则 $a_{ij}=1$，否则 $a_{ij}=0$；

A_p——区域内根据削减比例计算出的对第 j 种污染物排放量的总约束；

k_{ijp}——逻辑变量，若第 j 种控制方法对第 i 个源的第 p 种污染物有效，则 $k_{ijp}=1$，否则 $k_{ijp}=0$；

b_{ip}——第 i 个污染源生产单位产品时第 p 种污染物的产生量，即排放因子；

η_{ijp}——第 i 个污染源采用第 j 种控制方法时去除第 p 种污染物的效率。

上述模型是一个线性规划模型，可以用线性规划方法求解。

三、规划模型应用实例

一个地区范围内的污染源是两个发电厂和一个水泥厂，根据环境质量的要求和比例下降模型的假设，必须削减 TSP 排放总量的 92%，可供选择的 TSP 控制方法有：多级旋风除尘器、喷雾除尘器、电除尘器和电布袋复合除尘器。变量 x_{ij} 表示第 i 个污染源采用第 j 种控制方法时的产品产量，发电厂用燃煤量表示，水泥厂用水泥产量表示，见表 8-1。

表 8-1　TSP 污染源及控制方法

TSP 控制方法			TSP 污染源		
编　号		去除效率	发电厂 A	发电厂 B	水泥厂 C
0	多级旋风除尘器	0.74	—	—	x_{30}
1	布袋除尘器	0.99	x_{11}	x_{21}	x_{31}
2	静电除尘器	0.97	x_{12}	x_{22}	—
3	电布袋复合除尘器	0.99	x_{13}	x_{23}	x_{33}

采用不同控制方法时，每个污染源相应于生产单位产品所需支付的污染控制费用见表 8-2。

表 8-2　污染控制费用

变量	C_{10}	C_{11}	C_{12}	C_{13}	C_{20}	C_{21}	C_{22}	C_{23}	C_{30}	C_{31}	C_{32}	C_{33}
单位费用	0	2.8	3.0	2.6	0	2.9	3.2	2.7	1.2	2.9	0	2.7

三个污染源各自的产品产量、TSP 排放因子和 TSP 排放量示于表 8-3。

表 8-3　污染源产量、TSP 排放因子及 TSP 排放量

	产量/(t/a)	TSP 排放因子/(kg/t)	TSP 排放量/(kg/a)
发电厂 A	400 000	95	38 000 000
发电厂 B	300 000	95	28 500 000
水泥厂 C	250 000	85	21 250 000

三个污染源的 TSP 排放总量为 87 750 000 kg/a。为了控制 TSP 污染，需要去除 TSP 总量的 92%，TSP 的允许排放量为

$$A_p \leqslant 87\ 750\ 000 \times (1-92\%) = 7\ 020\ 000\ (\mathrm{kg/a})$$

根据所给条件，本例的最优化模型为

$$\min Z = 2.8x_{11} + 3.0x_{12} + 2.6x_{13} + 2.9x_{21} + 3.2x_{22} + 2.7x_{23} + 1.2x_{30} + 2.9x_{31} + 2.7x_{33}$$

$$x_{11} + x_{12} + x_{13} = 400\ 000$$

$$x_{21} + x_{22} + x_{23} = 300\ 000$$

$$x_{30} + x_{31} + x_{33} = 250\ 000$$

$$(1-0.99)95x_{11} + (1-0.97)95x_{12} + (1-0.99)95x_{13} +$$

$$(1-0.99)95x_{21} + (1-0.97)95x_{22} + (1-0.99)95x_{23} + (1-0.74)85x_{30} +$$

$$(1-0.99)85x_{31} + (1-0.99)85x_{33} \leqslant 7\ 020\ 000$$

$$x_{ij} \geqslant 0, \forall i,j$$

该模型的总费用以“元/a”表示。上式中前三个约束为生产量约束(等式约束)，第四个约束为 TSP 排放总量约束，最后一个为变量非负约束。

用单纯型法容易求得如表 8-4 所示本例的解。

表 8-4　本例的解

x_{13}^*	x_{23}^*	x_{30}^*	Z^*
400 000	300 000	250 000	2 150 000

本例的解的意义在于：为了削减 TSP 排放总量，发电厂 A 采用电布袋复合除尘器；发电厂 B 采用电布袋复合除尘器；水泥厂则全部采用多级旋风除尘器。

第三节　地面浓度控制规划

按照比例下降模型建立的原则，采取的最简单的控制方案是要求各个污染源按其排放负荷比例进行削减。这种方案貌似合理，但远不是经济有效的，甚至有些污染源已根本无法再进行深度治理，要削减污染物排放量，就必须削减污染源所在企业的产量，这显然是不合理的。国内外大量研究表明，通过协调各个污染源的技术与经费分配，以最小费用仅对其中少数污染源进行治理以达到削减大气污染物排放的目的，又不影响各个单位的产量，这不仅可能，而且简捷、有效。由于污染物存在时间、空间上的分布不均匀性，又由于不同时空的大气环境质量要求可以不同，因而可根据大气运动及污染物的迁移扩散规律，在充分利用大气环境容量的思想指导下，通过建立地面浓度控制规划模型，制定出针对具体实际情况的大气污染控制方案。

地面浓度控制是以空气质量标准为基础，通过空气质量模型推导污染源的允许排放量及其在各个污染源之间的优化分配。地面浓度控制规划模型的目标函数形式与比例下降规划模型的目标函数形式相同，而在约束方程中，由于针对不同的区域可以执行不同的大气环境质量标准，因而对不同的污染物接受点，要建立有不同约束值的约束方程；同时，由于污染物分布在时空上的不均匀性，接收地点的污染物浓度要根据具体问题计算，可选取前面介绍的浓度预测模型中相应的模型进行计算。

地面浓度控制规划模型综合考虑了大气环境污染的特征和经济目标，其规划的结果更为科学、合理。下面以对高架连续点源的地面浓度控制为例，介绍该规划模型的建立过程。

一、空气质量约束

高架连续点源的地面浓度扩散模型为

$$C(x,y,0) = \frac{Q}{\pi u_x \sigma_y \sigma_z}\exp\left(-\frac{y^2}{2\sigma_y^2}-\frac{H^2}{2\sigma_z^2}\right) \tag{8-2}$$

式中源强可以用下式计算

$$Q_{ijp} = b_{ijp} x_{ij} \tag{8-3}$$

式中　b——排放因子；

x——产品产量；

i,j,p——分别为污染源、污染控制方法和污染物的编号。

令

$$t_{ik} = \frac{1}{\pi u_x \sigma_y \sigma_z}\exp\left(-\frac{y_{ik}^2}{2\sigma_y^2}-\frac{H_i^2}{2\sigma_z^2}\right) \tag{8-4}$$

式中　y_{ik}——接受点与污染源的横向距离；

H_i——烟羽的有效高度；

k——接受点的编号。

上式中的 t_{ik} 称为位于 i 点的污染源对位于 k 点的受体的污染因子，那么接受点 k 由于污染源 i 第 p 种污染物的排放的浓度增量可以计算如下

$$C_{ipk} = t_{ik} b_{ijp} x_{ij} \tag{8-5}$$

如果一个地区存在 m 个污染源、n 种控制方法，则接受点 k 的污染物浓度为

$$C_{pk} = \sum_{i=1}^{m} \sum_{j=1}^{n} t_{ik} b_{ijp} x_{ij} \tag{8-6}$$

若给定接受点处第 p 种污染物的空气质量标准是 C_{pk}^0，则空气质量的约束为

$$\begin{gathered}\text{Min } Z = \sum_{i=1}^{m} \sum_{j=1}^{n} C_{ij} x_{ij} \\ \sum_{j=1}^{n} a_{ij} x_{ij} = S_i, \quad i = 1, \cdots, m \\ \sum_{i=1}^{m} \sum_{j=1}^{n} t_{ik} b_{ijp} x_{ij} \leqslant C_{pk}^0, \quad p = 1, \cdots, q; k = 1, \cdots, r \\ x_{ij} \geqslant 0, \forall i, j \end{gathered} \tag{8-7}$$

二、规划模型及其应用实例

污染源条件与前例相同。给定污染源和接受点的计算坐标如表 8-5 所示。

表 8-5 污染源和接受点的计算

	发电厂 A	发电厂 B	水泥厂 C	接受点 1	接受点 2	接受点 3	接受点 4
坐标 x/m	2 000	2 500	7 500	1 000	9 000	5 000	9 000
坐标 y/m	4 000	8 200	2 200	1 000	1 000	5 000	9 000
烟羽有效高度/m	110	95	80	—	—	—	—
TSP 标准/(mg/m^3)	—	—	—	0.5	0.5	0.5	0.3

第一步：计算污染源和接受点之间的相对位置 x_{ik}、y_{ik}，如表 8-6 所示。

表 8-6 污染源和接受点之间的相对位置

污染源		坐标/m	接受点			
			1	2	3	4
1	发电厂 A	x_{1k}	−1 000	7 000	3 000	7 000
		y_{1k}	−3 000	−3 000	1 000	5 000
2	发电厂 B	x_{2k}	−1 500	6 500	2 500	6 500
		y_{2k}	−7 200	7 200	3 200	800
3	水泥厂 C	x_{3k}	−6 500	1 500	−2 500	1 500
		y_{3k}	−1 200	−1 200	2 800	6 800

第二步：计算各污染源排放的污染物烟羽在各接受点的标准差 σ_{yik}、σ_{zik}，如表 8-7 所示。

表 8-7　污染源排放的污染物烟羽在各接受点的标准差

污染源		坐 标/m	接受点			
			1	2	3	4
1	发电厂 A	σ_{yik}	—	384.15	179.89	384.15
		σ_{zik}	—	153.76	76.52	153.76
2	发电厂 B	σ_{yik}	—	359.60	113.52	359.60
		σ_{zik}	—	144.65	65.87	144.65
3	水泥厂 C	σ_{yik}	—	96.18	—	96.18
		σ_{zik}	—	43.32	—	43.32

上式中的标准差是使用下述经验式计算的。

$$\sigma_y = (a_1 \ln x + a_2)x$$

$$\sigma_z = 0.465\exp(b_1 + b_2 \ln x + b_3 \ln^2 x) \tag{8-8}$$

式中，$a_1=-0.006$，$a_2=0.108$，$b_1=-1.35$，$b_2=0.79$，$b_3=0.002$。

在计算标准差时，凡 $x<0$ 者，均不予计算，因为接受点处于污染源的上风向。

第三步：计算污染因子 t_{ik}（这之后已经改变），如表 8-8 所示。

表 8-8　污染因子的计算

污染源		污染因子 t_{ik}/(m/s)	接 受 点			
			1	2	3	4
1	发电厂 A	t_{1k}	0	1.8×10^{-19}	1.3×10^{-13}	1.8×10^{-43}
2	发电厂 B	t_{2k}	0	2×10^{-92}	1.4×10^{-178}	2×10^{-7}
3	水泥厂 C	t_{3k}	0	2.5×10^{-40}	0	$2.5\times10^{-1\,090}$

第四步：计算各接受点的约束方程。

① 对接受点 1，三个污染源由于都处在它的上风向，不构成对它的影响，即对它的影响为 0：

$$t_{11}b_{1jp}x_{1j}+t_{21}b_{2jp}x_{2j}+t_{31}b_{3jp}x_{3j}=0$$

② 对接受点 2，同时受到三个污染源的影响：

$$\begin{aligned}&t_{12}b_{1jp}x_{1j}+t_{22}b_{2jp}x_{2j}+t_{32}b_{3jp}x_{3j}=t_{12}(b_{11p}x_{11}+b_{12p}x_{12}+b_{13p}x_{13})+t_{22}(b_{21p}x_{21}+b_{22p}x_{22}+b_{23p}x_{23})+t_{32}(b_{30p}x_{30}+b_{31p}x_{31}+b_{33p}x_{33})=1.8\times10^{-19}\times(0.95x_{11}+2.85x_{12}+0.95x_{13})+2\times10^{-92}\times(0.95x_{21}+2.85x_{22}+0.95x_{23})+2.5\times10^{-40}\times(22.1x_{30}+0.85x_{31}+0.85x_{33})=\\&1.62\times10^{-17}x_{11}+4.87\times10^{-17}x_{12}+1.62\times10^{-17}x_{13}+1.81\times10^{-90}x_{21}+5.42\times10^{-90}x_{22}+1.81\times10^{-90}x_{23}+4.7\times10^{-37}x_{30}+1.81\times10^{-38}x_{31}+1.81\times10^{-38}x_{33}\leqslant0.5\end{aligned}\tag{8-9}$$

③ 对接受点 3，只受到污染源 A 和 B 的影响：

$t_{13}b_{1jp}x_{1j}+t_{23}b_{2jp}x_{2j}+t_{33}b_{3jp}x_{3j}=t_{13}(b_{11p}x_{11}+b_{12p}x_{12}+b_{13p}x_{13})+t_{22}(b_{21p}x_{21}+b_{22p}x_{22}+b_{23p}x_{23})+t_{33}(b_{30p}x_{30}+b_{31p}x_{31}+b_{33p}x_{33})=1.3\times10^{-13}\times(0.95x_{11}+2.85x_{12}+0.95x_{13})+1.4\times10^{-178}\times(0.95x_{21}+2.85x_{22}+0.95x_{23})+0\times(22.1x_{30}+0.85x_{31}+0.85x_{33})=1.17\times$

$$10^{-11}x_{11}+3.52\times10^{-11}x_{12}+1.17\times10^{-11}x_{13}+1.26\times10^{-176}x_{21}+3.79\times10^{-176}x_{22}+1.26\times10^{-176}x_{23}\leqslant0.5 \quad (8\text{-}10)$$

④ 对接受点 4,同时受到污染源 A、B 和 C 的影响:

$$t_{14}b_{1jp}x_{1j}+t_{24}b_{2jp}x_{2j}+t_{34}b_{3jp}x_{3j}=t_{14}(b_{11p}x_{11}+b_{12p}x_{12}+b_{13p}x_{13})+t_{24}(b_{21p}x_{21}+b_{22p}x_{22}+b_{23p}x_{23})+t_{34}(b_{30p}x_{30}+b_{31p}x_{31}+b_{33p}x_{33})=1.8\times10^{-43}\times(0.95x_{11}+2.85x_{12}+0.95x_{13})+2\times10^{-7}\times(0.95x_{21}+2.85x_{22}+0.95x_{23})+2.5\times10^{-1\,090}\times(22.1x_{30}+0.85x_{31}+0.85x_{33})=1.62\times10^{-41}x_{11}+4.87\times10^{-41}x_{12}+1.62\times10^{-41}x_{13}+1.81\times10^{-5}x_{21}+5.42\times10^{-5}x_{22}+1.81\times10^{-5}x_{23}+4.7\times10^{-1\,087}x_{30}+1.81\times10^{-1\,088}x_{31}+1.81\times10^{-1\,088}x_{33}\leqslant0.3 \quad (8\text{-}11)$$

以区域总费用作为目标,再考虑各污染源的产量约束和变量的非负约束,组成一个线性规划问题。地面浓度控制规划模型的解是确定污染源的控制策略,即污染源的治理程度,其他数据都是已知的。这是一个线性规划模型,可以用线性规划方法求解。无论是比例下降模型还是地面浓度控制模型,规划的主要工作量或许不在于求解这些模型的方法和程序,而在于确定模型中的各种系数。数据的收集和整理是一项艰巨的任务。

三、方法局限性

应当说明的是,上述方法中对于污染物浓度的模拟采用的是高斯烟流扩散模式,该模式仅考虑了单一污染物的迁移扩散过程,而忽略了其化学转化过程以及多种污染物之间的相互作用机制。因此,该模式对于臭氧和气溶胶等二次污染物的浓度模拟可能带来较大的不确定性,从而影响后续控制策略制定的合理性。因此,当以二次污染物的地面浓度为目标约束进行控制策略的制定时,更合理的方法是利用包含复杂气象过程和详细非线性化学机制的第三代空气质量模型(如 CMAQ)进行污染物浓度的模拟。

第四节　总量控制规划方法

污染物总量控制规划方法,简称 *A-P* 值法,是 *A* 值法与 *P* 值法的组合算法,通过 *A* 值法可以计算规划区和功能区的允许排放总量,通过 *P* 值法可以将允许排放总量分配给点源。*A* 值法的基础是箱式模型,不考虑污染物和参数的空间差异,*P* 值法的基础是点源扩散模型,这两者的结合在理论上并没有充分依据,但是可以解决实际的计算问题,是一种实用的方法。

假设规划对象为一个区域,包括 n 分区,每一个分区都是一个大气环境功能区,具有一定的面积和环境质量标准。

一、*A* 值法

(一) *A* 值法的基本原理

根据以下两式可以计算一个区域的大气环境容量(或污染物允许排放量)。

$$Q_a = AC_s\sqrt{S}$$

$$A = 1.576\,8\times10^{-3}\sqrt{\pi}V_E \quad (8\text{-}12)$$

式中　A——总量控制系数,*A* 值法也因此而得名;

Q_a——规划区的允许排放总量;

C_s——执行的环境质量标准;

S——规划区的总面积;

V_E——地区混合高度和平均风速的函数。

（二）功能区的允许排放量

将规划区的面积 S 按照功能区分出 n 个分区，每个分区的面积为 S_i，则有

$$S = \sum_{i=1}^{n} S_i \tag{8-13}$$

仿照式(8-12)，可以写出每个分区的污染物允许排放总量

$$Q_{ai} = \alpha_i A C_s \sqrt{S_i} \tag{8-14}$$

式中　α_i——分担系数，$\alpha_i<1$，反映各功能区的允许排放量与规划区允许排放总量的关系。

若取 $\alpha_i=\sqrt{\dfrac{S_i}{S}}$，则有

$$Q_{ai} = AC_s \frac{S_i}{\sqrt{S}}$$

如果规划区中各个功能区执行不同的环境标准，分担系数的推导将十分复杂，考虑在一定的误差范围内，可以将上式写成

$$Q_{ai} = AC_{si} \frac{S_i}{\sqrt{S}} \tag{8-15}$$

全规划区的允许排放总量为：　$Q_a = \sum_{i=1}^{n} Q_{ai}$

（三）功能区低架源的允许排放量

夜间大气温度层结稳定时，低架源和地面源会导致严重污染，夜间低空的污染物允许排放量 Q_b 可以用下式计算，即

$$Q_b = BC_s \sqrt{S} \tag{8-16}$$

对每一个功能区：　$Q_{bi}=BC_{si}\dfrac{S_i}{\sqrt{S}}$

式中　B——低空源总量控制系数，是垂直扩散参数与平均风速的函数。

A 和 B 都是取决于地区条件的系数。

令　$\alpha=\dfrac{B}{A}$

则有　$Q_{bi}=\alpha Q_{ai}$

全规划区的低架源允许排放量为

$$Q_b = \sum_{i=1}^{n} Q_{bi} \tag{8-17}$$

（四）中架源的允许排放总量

一般情况下，假定有效高度在 30～100 m 的源称为中架源，有效高度在 100 m 以上者称为高架源。对一个功能区，中架源和低架源主要对本区产生影响，而高架源的影响主要体现在区外，因此，低架源与中架源的排放总量之和不应超过功能区的允许排放总量，即

$$Q_{ai} \geqslant Q_{mi} + Q_{bi} \tag{8-18}$$

式中　Q_{mi}——功能区 i 的中架源的允许排放量；

Q_{bi}——功能区 i 的低架源的允许排放量。

由上式可以得到功能区 i 的中架源的允许排放量。

$$Q_{mi} \leqslant Q_{ai} - Q_{bi} = (1-\alpha)Q_{ai} \tag{8-19}$$

规划区的中架源允许排放量为

$$Q_{m} = \sum_{i=1}^{n} Q_{mi} \tag{8-20}$$

（五）高架源的允许排放总量

对于整个规划区，低架源、中架源和高架源排放量之和不应超过规划区的允许排放总量，即

$$Q_{a} \geqslant Q_{b} + Q_{m} + Q_{H} \tag{8-21}$$

可以得到高架源允许排放量的计算方法，即

$$Q_{H} \leqslant Q_{a} - Q_{b} - Q_{m} \tag{8-22}$$

二、*P* 值法

（一）P 值法的基本原理

如果知道污染源的高度和最大的污染物落地浓度约束，则该污染源的污染物允许排放量与地面环境质量标准、源的高度平方成正比，即

$$Q \propto C_{s} H_{e}^{2}$$

写成允许排放量计算公式为

$$Q = P \times C_{s} \times H_{e}^{2} \times 10^{-6} \tag{8-23}$$

式中　Q——点源的污染物允许排放量，t/h；

P——取决于当地污染气象条件的点源排放控制系数，$t/(h \cdot m^{2})$；

H_{e}——点源排放的有效高度，m。

由于 P 值法的计算基础是单个烟囱，在一个功能区或规划区存在多个烟囱时，需要对每一个烟囱的允许排放量进行修正，即

$$P_{i} = \beta_{i} \times \beta \times P \tag{8-24}$$

式中　β_{i}——规划区内功能区 i 的点源调整系数；

β——规划区的点源调整系数；

P_{i}——多源条件下，每一个污染源的点源控制系数；

β_{i} 和 β 可以按下式计算，即

$$\beta_{i} = \frac{Q_{ai} - Q_{bi}}{Q_{mi}}$$

$$\beta = \frac{Q_{a} - Q_{b}}{Q_{m} + Q_{H}} \tag{8-25}$$

式中　Q_{ai}——功能区 i 的允许排放总量；

Q_{bi}——功能区 i 低架源的允许排放量；

Q_{mi}——按照单个污染源计算的功能区 i 的中架源排放量之和；

Q_{a}——规划区的允许排放总量；

Q_{b}——规划区低架源的允许排放量；

Q_{m}——按照单个源计算的规划区中架源的排放总量；

Q_{H}——按照单个源计算的规划区高架源的排放总量。

计算中如果出现 $\beta_i>1$，则取 $\beta_i=1$；若 $\beta>1$，则取 $\beta=1$。

由于 P 是计算点源允许排放量的主要参数，这种方法就定义为 P 值法。

（二）允许排放量的分配

按照 A-P 值法，一个规划区的污染物排放总量计算和分配步骤为：

① 确定规划区的所在地区、面积 S，识别 A 值、α 值、P 值等参数；

② 确定规划区内的功能区、相应的功能区面积 S_i、执行的环境治理标准 C_{si} 等；

③ 计算各功能区允许排放总量 Q_{ai} 及低架源允许排放量 Q_{bi}。

$$Q_{ai} = AC_{si}\frac{S_i}{\sqrt{S}}; \quad Q_{bi} = \alpha Q_{ai} \tag{8-26}$$

④ 根据 P 值法计算每个功能区中架源的排放量，即

$$Q_{mi} = \sum_{j=1}^{m} P \times C_{si} \times H_{eij}^2 \times 10^{-6} \qquad \text{对所有 } H_{eij} < 100 \text{ m} \tag{8-27}$$

⑤ 根据 P 值法计算规划区的高架源的排放量，即

$$Q_{H} = \sum_{k=1}^{q} P \times C_{s} \times H_{ek}^2 \times 10^{-6} \qquad \text{对所有 } H_{ek} \geqslant 100 \text{ m} \tag{8-28}$$

⑥ 计算功能区内调整系数 β_i 和规划区的调整系数 β，即

$$\beta_i = \frac{Q_{ai} - Q_{bi}}{Q_{mi}}$$

$$\beta = \frac{Q_a - Q_b}{Q_m + Q_H} \tag{8-29}$$

⑦ 计算 P 值的调整值 P_i 或 P_g；

对中架源：$P_i=\beta_i\times\beta\times P$

对高架源：$P_g=\beta\times P$

⑧ 计算每一个中架源和高架源的允许排放量分配量。

对功能区 i 每一个中架源：$q_{ik}=P_i\times C_{si}\times H_{eik}^2\times 10^{-6}$

对规划区每一个高架源：$q_g=P_g\times C_s\times H_{eg}^2\times 10^{-6}$

第五节　大气环境质量-经济-能源系统规划

一、一般规划问题

大气污染的主要原因之一是能源的燃烧，而能源的消耗又是一定的社会经济发展的前提，因此在能源消耗、经济发展和大气环境三者之间存在着相互依存又相互制约的关系。建立大气环境-经济-能源系统规划模型的目的在于探讨更高层次的社会发展协调问题。在研究环境-经济-能源这个层次的问题时，系统的目标包括三个方面：空气环境质量目标、废气治理的经济目标和区域总能耗目标。

上述三个目标中，能源消耗目标是一个主动的关键目标。降低能源消耗不仅节省能源自身的费用，也相应降低由于消耗能源带来的废气治理费用，同时对改善空气环境质量目标也有积极的效果，但是能源的消耗还要受经济发展和社会需求的制约。

二、模型

（一）目标函数

目标函数 $Opt(C,I,E)$ 由三项组成，它们是环境质量 C、能源投资 I 和能源消耗量 E。

环境质量 C 就是区域空气质量，可以用各种适用的空气质量模型进行预测，空气质量预测的前提是假设能源的消耗量。

能源投资是与能源消耗相应的矿山建设、燃料运输、销售的费用，也应该包括所需的污染控制费用，计算如下：

$$I = \sum_{i=1}^{n} \sum_{j=1}^{m} c_i x_{ij} \tag{8-30}$$

式中 c_i——单位能源消耗量的投资；

x_{ij}——各种能源的消耗量。

能源消耗总量 E 可以通过下式计算：

$$E = \sum_{i=1}^{n} \sum_{j=1}^{m} k_i x_{ij} \tag{8-31}$$

式中 k_i——各种燃料折合成标准燃料的系数。

（二）约束条件

能源需求总量约束

$$\sum_{i=1}^{n} \eta_i x_{ij} \geqslant R_j, \quad j = 1,\cdots,m \tag{8-32}$$

式中，R_j 表示预测的能源消耗量。

各种能源的总供应量约束

$$\sum_{j=1}^{m} k_i x_{ij} \leqslant P_i, \quad i = 1,\cdots,n \tag{8-33}$$

式中，P_i 表示各种能源的限制量。

这是一个多目标规划问题，需要用多目标方法求解。第一个约束是能源需求总量约束，取决于社会需求。如果以 x_{ij} 表示工业和民用的能源需求，计算见表 8-9。

表 8-9 工业和民用的能源需求总量约束

能源构成		民用	供暖	工业							可供应量
				机械	化工	电力	轻工	食品	…	…	
能源类型	原煤	x_{11}	x_{12}	x_{13}	x_{14}	x_{15}	x_{16}	x_{17}	…	x_{1m}	P_1
	配煤	x_{21}	x_{22}	x_{23}	x_{24}	x_{25}	x_{26}	x_{27}	…	x_{2m}	P_2
	型煤	x_{31}	x_{32}	x_{33}	x_{34}	x_{35}	x_{36}	x_{37}	…	x_{3m}	P_3
	重油	x_{41}	x_{42}	x_{43}	x_{44}	x_{45}	x_{46}	x_{47}	…	x_{4m}	P_4
	天然气	x_{51}	x_{52}	x_{53}	x_{54}	x_{55}	x_{56}	x_{57}	…	x_{5m}	P_5
	…	…	…	…	…	…	…	…	…	…	…
	…	x_{n1}	x_{n2}	x_{n3}	x_{n4}	x_{n5}	x_{n6}	x_{n7}	…	x_{nm}	P_n
需求总量		R_1	R_2	R_3	R_4	R_5	R_6	R_7	…	R_m	…

第二个约束是可供应量约束，由上表中最后一列组成。

（三）系统优化模型

$$\mathrm{Opt}(C_{k+1},I,E)$$

$$\sum_{i=1}^{n}\eta_i x_{ij}\geqslant R_j,\quad j=1,\cdots,m$$

$$\sum_{j=1}^{m}k_i x_{ij}\leqslant P_i,\quad i=1,\cdots,n \tag{8-34}$$

这是一个多目标规划问题，要用多目标规划方法求解。

三、复杂研究案例

在全球气候变化以及碳中和战略目标实施的背景下，国内外研究者开展了一系列关于未来能源转型路径设计、大气成分排放和空气质量变化趋势评估的研究，以期提升对大气环境质量-经济-能源系统的整体性认识。例如，清华大学研究者首先利用全球变化分析模型（GCAM）计算了我国不同社会经济发展和气候目标约束情景下的未来能源需求，并进一步结合污染源的技术演替过程探究了未来污染物排放的变化趋势，最后利用CMAQ模式模拟了不同情景下未来空气质量的变化情况。由此综合评估社会经济发展、全球气候治理、碳达峰碳中和目标、减污降碳协同等一系列背景下大气环境质量的变化情况，为相关领域科学研究和政策评估提供了基础信息支持。

思考题

1. 就其分类方法而言，空气污染控制规划与水污染控制规划有何异同？

2. 简述空气污染、空气污染控制、经济发展、能源利用几者之间的关系。

3. 公司有一笔资金的投资方向有两种可能的选择：发电厂和旅游业。已知建设发电厂的潜在收益为 1 600 元/MW，而旅游业的可能收益为每游客 5 000 元。同时建发电厂引起的污染为：TSP，240 t/(MW·a)，SO_2，50 t/(MW·a)；由游客导致的污染量为：TSP，每游客 12 t/a，SO_2，每游客 20 t/a。若环境保护部门要求控制 TSP 和 SO_2 的增量分别不超过 430 000 t/a和 110 000 t/a。试建立求解此问题的数学模型，并求解。

4. 某地区有 4 个主要污染源，数据见表 8-10。

表 8-10　各项参数值

污染源编号		1	2	3	4
污染源位置	x,y/km	1,2	2,2	2,1	4,4
	烟羽有效高度 H/m	75	60	65	80
燃煤量/(kt/a)		200	100	150	250
TSP 排放因子/(kg/t)		15	24	10	6
1	60	2	3	2.5	1.5
2	70	4	6	5	3
3	80	6.5	8.4	7.5	6

表 8-10(续)

除尘方式	除尘效率/%	除尘费用			
4	90	8	11	9	7
5	95	11	15	13	10

(1) 建立比例下降规划模型,编写计算机程序。

(2) 若要求现有的 TSP 浓度降低 70%,应如何分配各污染源的削减量?

第九章　城市固体废物系统分析与规划

导　读

固体废物处理系统与社会生产生活息息相关，其分析和规划过程是一项复杂的系统工程。从垃圾产生的源头到收集利用，再到最终的处理处置，整个环节存在一系列相互联系又相互制约的因素。合理规划固体废物处理系统，全面协调各种因素之间的关系，可以提高固体废物处理和资源化的效果，实现经济效益、社会效益和环境效益的统一。

本章内容重在帮助读者了解城市固体废物系统的构成与运行方式，掌握固体废物的产量分析以及系统和设施设计规划的基础理论，构建固体废物系统规划的知识体系，培养利用数学模型解决实际问题的能力。

工业生产及居民生活中都会产生大量固体废物。近年来，国家及相关部门积极出台政策，约束固体废物的排放，并加大对不同领域固体废物的处理。随着我国城镇化进程的不断推进，城市人口不断增加，至 2023 年年末，城镇常住人口达到 9.33 亿人，城镇化率为 66.16%，聚集的城市化的发展产生了大量城市固体废物，给我国城市生态环境带来了巨大的压力。因此，城市固体废物的处理与规划是当前固体废物管理的重点。

第一节　固体废物系统的构成与管理

一、城市固体废物的产生与处理特征

城市固体废物产生与处理情况主要呈现以下特点：

1. 城市固体废物组成复杂，成分变化较大

随着人口的增长、经济的发展和人们生活水平的不断提高，城市固体废物在产量快速增长的同时，成分也发生了很大变化，具体表现为有机物增加、可燃物增多及可利用价值增大。城市生活垃圾的主要成分可分为以下几类：① 有机物，例如厨余、果皮、草木等；② 无机物，例如灰土、砖陶等不可回收物和塑料、纸类、金属、织物及玻璃等可回收物；③ 其他类，包括大件垃圾和有毒有害废物等。表 9-1 列举了部分国家和我国一些城市固体废物成分比例统计情况。

表 9-1　部分国家和我国一些城市典型固体废物成分比例统计　　单位：%

区域	厨余	纸张	塑料	纺织类	木草	渣土	玻璃陶瓷	金属	其他
美国	22.00	47.00	4.50	—	—	5.00	9.00	8.00	4.50
英国	28.00	33.00	1.50	3.50	—	19.00	5.00	10.00	—
日本	18.60	46.00	18.30	—	—	6.10	—	—	11.00
北京市	57.39	18.51	18.95	1.01	0.62	1.69	0.76	0.57	0.51
上海市	50.25	15.31	16.58	2.37	12.07	2.13	1.01	0.68	—
广州市	27.83	26.51	30.69	2.81	7.11	—	4.48	0.57	—
桂林市	47.94	18.64	17.98	5.97	5.19	0.70	3.30	1.11	1.23
昆明市	46.15	17.24	23.68	2.92	5.39	—	2.46	2.16	—
哈尔滨市	55.73	15.71	17.98	5.29	2.54	—	2.36	0.40	—
赤峰市	36.11	19.41	14.35	5.73	3.87	10.56	5.00	2.64	2.35
烟台市	42.96	16.44	20.90	5.09	2.84	7.96	3.67	0.14	—

从表中数据可以看出，美国、英国、日本和我国一些城市固体废物各成分占比有着显著的差异，这能够从一定程度上反映该区域的生产和消费特征。城市生活垃圾的构成主要受城市的规模、性质、地理条件，居民生活习惯、生活水平和民用燃料结构的影响。

此外，伴随我国快速消费品行业的高速发展，配套包装产品市场快速增长，纸类和塑料等包装材料在城市固体废物中也占有较大比例，这一定程度上反映了人们生活水平的提高和消费观念意识的变化。

2. 城市固体废物产生与处理量逐年提高

我国城市固体废物清运量近 15 年变化统计如图 9-1 所示。从图中可以看出，在 2019 年之前，城市固体废物的清运量几乎呈直线上升趋势，这与城镇化率的增长、城镇人口比例

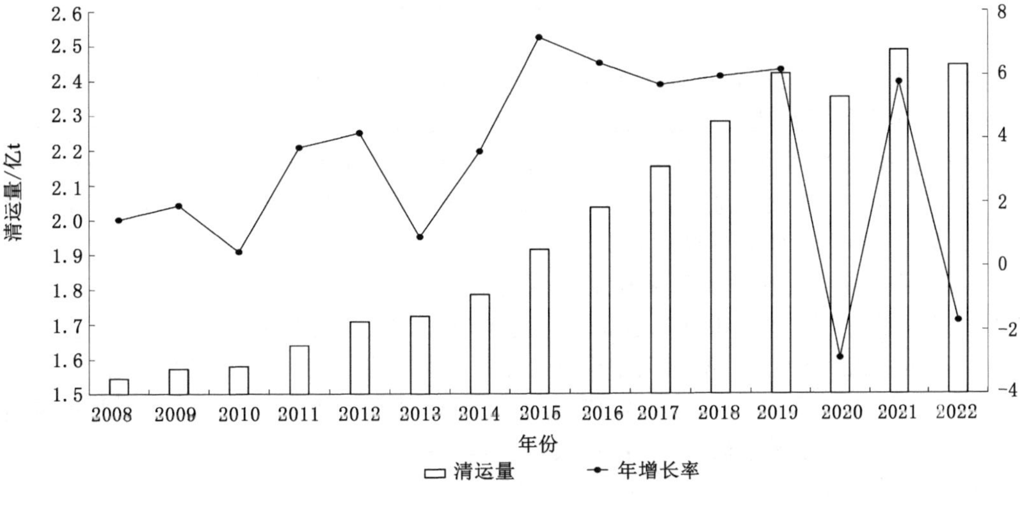

图 9-1　我国城市固体废物清运量及年际变化

数据来源：国家统计局

的增多以及人们生活、消费水平的提高有着密不可分的关系。自 2019 年后，垃圾清运量的增幅趋于平缓，一定程度上说明我国实行垃圾分类政策以及“无废城市”等可持续发展战略取得了较为明显的成效。

图 9-2 中列出了我国近 15 年城镇固体废物无害化处理情况。我国城市固体废物无害化处理主要有三种基本技术：填埋、焚烧和堆肥。2016 年全国城市生活垃圾无害化处理量为 19 673.78 万 t，其中卫生填埋量为 11 866.43 万 t，占比达 60.32％；焚烧量为 7 378.42 万 t，占比为 37.5％；其他无害化处理量占比仅为 2.18％。2023 年全国城市生活垃圾无害化处理量增加到 24 419.3 万 t，其中卫生填埋量为 3 043.2 万 t，占比为 12.46％；焚烧量为 19 502.1万 t，占比为 79.86％；其他无害化处理量占比为 7.68％。由此可见，得益于固体废物处理技术的发展和无废城市建设等国家政策的推行，我国城市固体废物处理正在从以卫生填埋为主向焚烧处理为主转变，大大提高了固体废物减量化、无害化和资源化的程度，有效缓解了垃圾填埋用地紧张的状况。

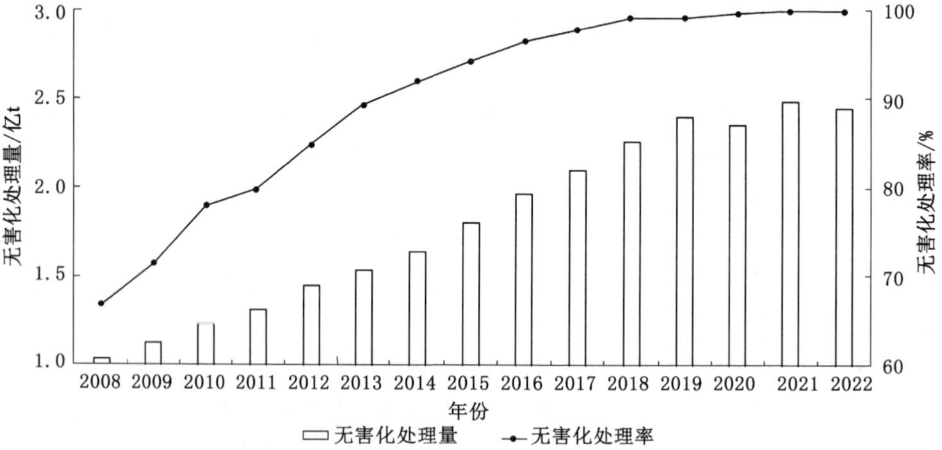

图 9-2　我国近年来城镇固体废物无害化处理情况

近年来，我国固体废物处理技术和管理方法不断改进，大量新的垃圾无害化处理厂投入使用，城市固体废物无害化处理能力得到很大程度的提高。目前，我国城市固体废物收运系统已经日趋完善，生活垃圾基本做到了日产日清，生活垃圾收运和处理服务正由城市向乡镇延伸。对于大多数城乡接合地区，农村垃圾和城市固体废物常常混杂在一起，一般实行村收集、乡（镇）转运、县（市）处理的模式。

3. 城市固体废物处理与资源化程度区域发展不平衡

我国固体废物产量和堆积量基数庞大且逐年增长，但区域经济发展不平衡造成目前固体废物处置能力相对不足，资源化利用设施处理能力的增长跟不上产量的增长速度，部分地区资源化利用设施落后，难以真正做到资源化、无害化处理。例如，一些经济发展较慢地区的垃圾堆肥设施常处于半运转状态，占据大量土地，并且卫生条件差，难以真正实现废物回收利用的目的。

此外，我国公众环保意识总体水平呈上升趋势。在经济水平和文化素质相对较高的大型城市，公众环保意识和环保知识水平相对较高。部分农村居民对固体废物分类和回收利用缺乏认识，但随着一些地区农村“四清”政策的推行和农村生活垃圾分类示范村的建设，公众环保行为参与度正日趋提高。收运单位分类回收运输管理能力的提升和市场监管的持续有力进行也有助于促进固体废物处理和资源化利用的发展。

二、城市固体废物处理系统的组成

城市固体废物处理系统涵盖从垃圾产生到最终处理的全过程，具体可划分为垃圾源子系统、垃圾收集子系统、垃圾转运子系统、垃圾处理处置与资源化子系统、环境接收子系统和固体废物管理子系统（图 9-3）。

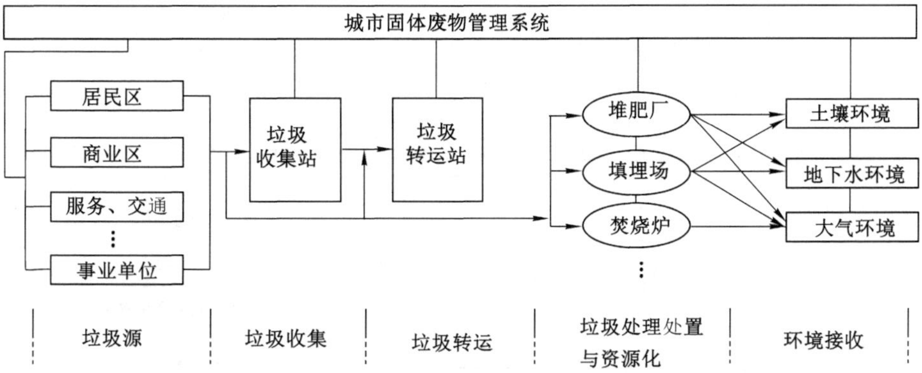

图 9-3　城市固体废物处理系统的组成

1. 垃圾源子系统

城市固体废物产生源可以分为 10 个门类：① 居民家庭；② 清扫保洁；③ 园林绿化；④ 商业服务网点；⑤ 商务事务办公；⑥ 医疗卫生；⑦ 交通物流场站；⑧ 工程施工现场；⑨ 工业企业；⑩ 其他。图 9-4 列举了不同行业来源的城市固体废物类型。

城市垃圾源所排放的垃圾被分为一般城市垃圾和特种垃圾。一般城市垃圾系指人类在正常社会生活和消费活动中产生的垃圾，即各种产生源产生的生活或办公垃圾。特种垃圾系指城市中产生源特殊或垃圾成分特别的城市垃圾，包括建筑垃圾、医疗卫生垃圾、涉外单位垃圾和受化学和物理性有害物质污染的城市垃圾。

2. 垃圾收集子系统

垃圾收集是垃圾处理的第一个环节，垃圾收集点的设置既要考虑便于垃圾投放，又要便于垃圾运输和资源回收。在新建居住小区，收集站一般设在居民楼附近；在旧式居住区，一般在一个或几个街区设立集中垃圾收集箱。

从源头进行分类收集是固体废物减量化、资源化和无害化的基础和关键。我国一般将生活垃圾分为四大类，即可回收物、厨余垃圾、有害垃圾和其他垃圾。其中可回收物和厨余垃圾均可以通过合理有效的方法进行资源化利用，有害垃圾和其他垃圾则必须进行减量化、无害化的处理处置。

3. 垃圾转运子系统

垃圾转运子系统包括垃圾转运站和垃圾运输两项内容。垃圾运输包括从垃圾收集点到垃圾转运站的运输和从垃圾转运站到处理场的运输。为了保证城市卫生和街道整洁，垃圾运输要求在密闭的情况下进行。

经济合理性是影响垃圾转运站和转运方式选择的主要因素。在城市生活垃圾处理的全

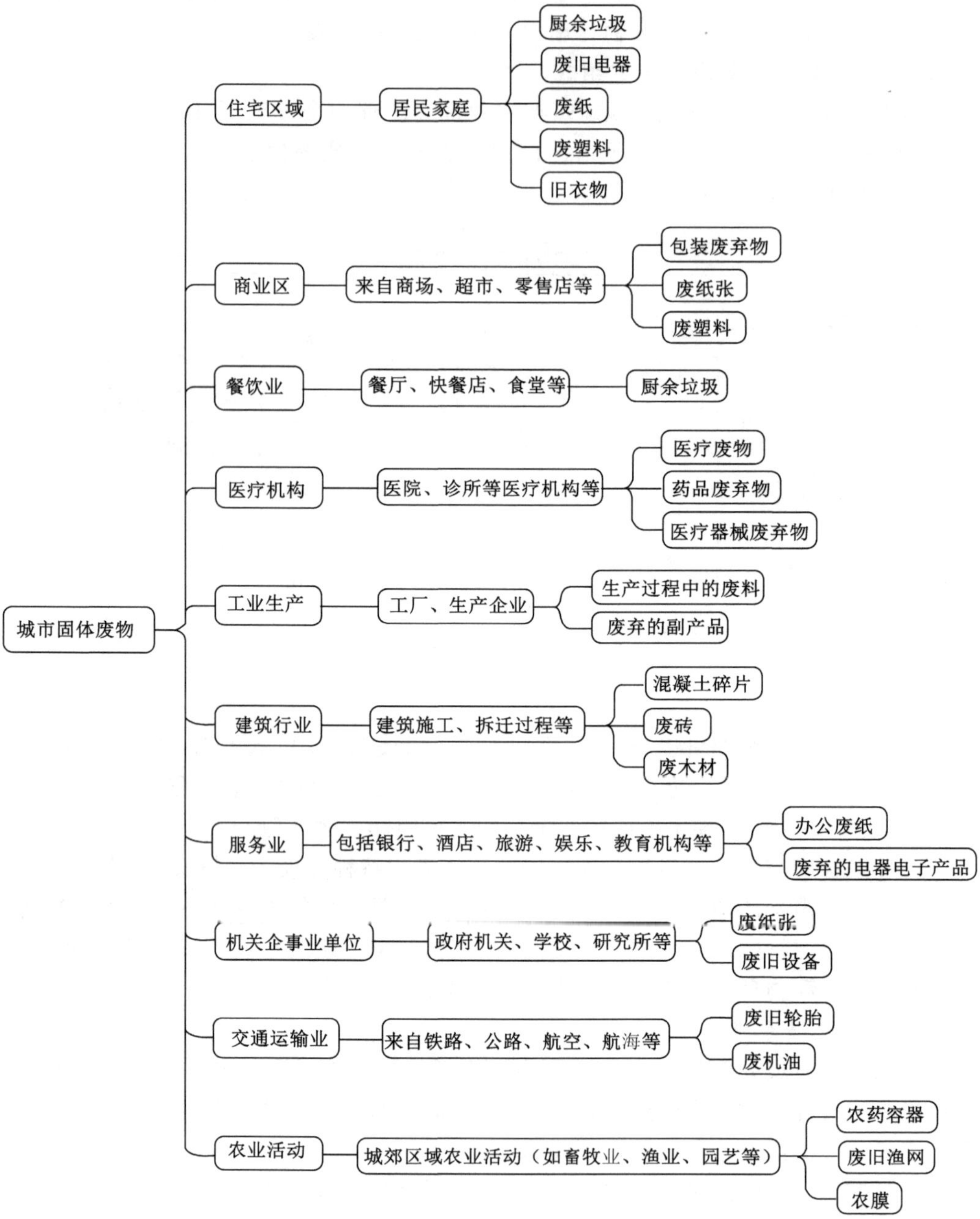

图 9-4 不同行业来源的城市固体废物类型

过程中，垃圾的收集和运输是耗费人力和物力最大的一个环节，采用垃圾中转的目的就是提高垃圾收集运输的效率和质量。根据垃圾运输量和运输距离，从垃圾收集点到转运站一般使用小型垃圾车，从转运站到处理场一般使用大型垃圾运输车。

4. 垃圾处理处置与资源化子系统

图 9-5 列举了我国城市固体废物处理处置和资源化的主要方式。目前成熟且常用的固

体废物处理处置方法是焚烧、堆肥和填埋。

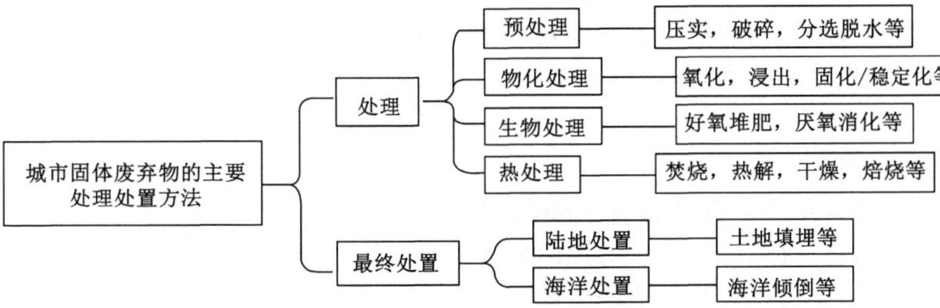

（a）固体废物处理处置主要方式

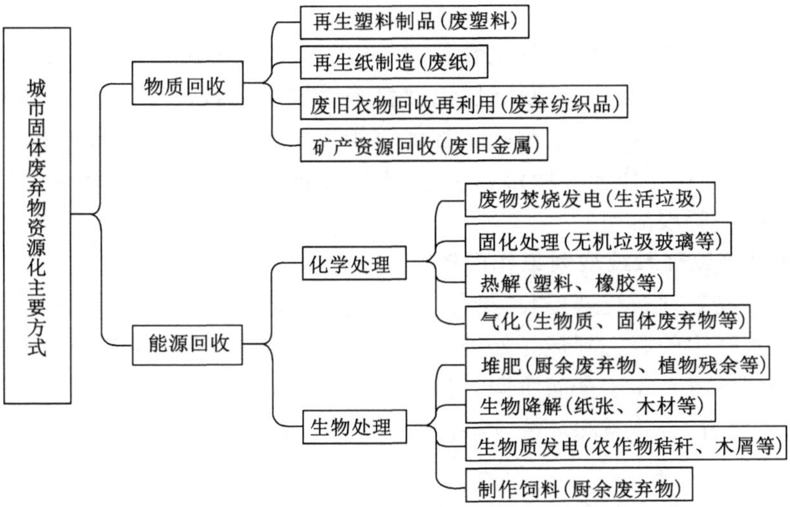

（b）固体废物资源化主要方式

图 9-5　城市固体废物处理处置和资源化的主要方式

（1）焚烧

焚烧是对城市生活垃圾高温分解和深度氧化的综合处理过程。将生活垃圾作为固体燃料送入炉膛内燃烧，在 800～1 000 ℃的高温条件下，垃圾中的可燃组分与空气中的氧进行剧烈化学反应，释放出热能并转化为高温燃烧烟气和少量性质稳定的固体残渣。其中，热能可回收利用，烟气必须净化方能排放，性质稳定的残渣可直接填埋处理。焚烧技术的优点是处理量大，减容性好，并且热能可回收利用；缺点是在非正常燃烧条件下会产生强致癌物质——二噁英。

（2）堆肥

堆肥是依靠自然界广泛分布的细菌、放线菌、真菌等微生物，人为促进可生物降解有机物向稳定的腐殖质转化的生化过程，不仅可以杀死垃圾中的病原菌、有效处理垃圾中的有机物，而且可生产有机肥料，特别适用于以农业为主的地区。堆肥技术具有良好的减量化和资源化效果，特别是对于厨余垃圾的处理具有技术和经济上的优势。但堆肥只能处理城市生活垃圾中易腐、可生物降解的有机物，而不是所有垃圾的最终处理技术。

(3) 填埋

填埋是城市生活垃圾最终处置手段。与其他处理方法比较,填埋是一种独立销毁垃圾的方法,填埋场是各种生活垃圾的最终处置场所。但是垃圾填埋也存在一些问题,例如占用较多土地资源、垃圾渗滤液容易造成对地下水的二次污染、填埋气排放污染大气环境并存在安全隐患。

5. 环境接收子系统

我国固体废物处置环节以焚烧和填埋的方式为主,这两种方式均会产生二次污染物。例如填埋场产生恶臭气体和渗滤液,对周围的大气和水体造成污染;焚烧过程也会产生各种有害气体,特别是由于塑料制品燃烧产生的强致癌物质,引起人们的普遍关注。因此,在最终处置过程中要做好二次污染的防治。

6. 固体废物管理子系统

我国城市固体废物管理的行政主管部门是中华人民共和国住房和城乡建设部及各级政府的市政管理部门,运用法律、行政、经济、教育等手段实施城市固体废物的减量化、资源化和无害化。城市政府的环境卫生行政主管部门作为城市固体废物管理的执行者,依靠环保事业、企业单位的专业化作业和城市各单位、市民的积极参与,对生产和生活垃圾进行收集、运输和处理等相关管理活动。

三、固体废物处理系统规划工作内容

城市固体废物处理系统遵循“减量化、资源化和无害化”(“三化”)的基本原则进行“全过程”管理,从垃圾产生的源头到最终处理,存在一系列相互联系又相互制约的因素。固体废物处理系统规划的意义在于全面协调各种因素之间的关系,从而保证系统功能达到较佳状态,实现经济效益、社会效益和环境效益的统一,是一项复杂的系统工程。

1. 固体废物产生量预测

固体废物产生量是固体废物处理系统规划和建设的基础。垃圾运输工程量、垃圾填埋场和垃圾焚烧炉的容量都与垃圾产生量密切相关。因此,做好固体废物产生量预测是城市固体废物处理系统规划的前提。

2. 固体废物处理系统的总体布局

根据城市发展的经济社会条件,通过对城市垃圾源发生地、消纳场所的备用位置的分析,提出较佳的转运站位置与容量,处理场的位置、容量与处理方法以及较佳的垃圾运输路线方案。在此过程中主要解决以下问题:转运站的选址和规模、处理场的选址和规模、处理方法的选择和城市垃圾运输路线的优化。

3. 垃圾处理场地与转运站选址

垃圾处理场与转运站的选址属于多目标决策问题,涉及垃圾处理的经济效益、环境效益和社会效益。垃圾产生源遍布城市的每一个角落,一个百万人口的城市每天的生活垃圾量可以达到数千吨。如此大量的垃圾从城市中心运往远郊,每天消耗大量人力、燃料、车辆等相关费用。垃圾运输车乘载垃圾在城市道路中穿梭,将垃圾从垃圾源运往处理场,也对城市的环境质量造成潜在威胁。合理选择垃圾处理场和转运站地址,优化垃圾运输路线,不仅可以节省系统的建设、运行和运输费用,也有利于环境质量的改善和社会的安定。

4. 固体废物处理系统的环境影响评价

城市固体废物处理系统在垃圾的收集、运输和处理过程中会产生二次污染问题,例如污水和有害气体的排放、恶臭和噪声污染。

固体废物的环境影响评价主要包括以下内容：① 污染源调查。根据调查结果，按一般工业固体废物和危险废物分别列出包括固体废物的名称、组分、性态、数量等内容的调查清单。② 污染防治措施的论证。根据工艺过程、各个产出环节提出防治措施，并对防治措施的可行性加以论证。③ 提出最终处置措施方案，如综合利用、填埋、焚烧等，并应包括对固体废物收集、贮运、预处理等全过程的环境影响及污染防治措施；考虑全过程环节包括垃圾收集过程、垃圾运输过程、垃圾转运站和垃圾处理过程（如垃圾堆肥场、填埋场和焚烧厂）。

近年来，研究人员开发和应用了灵活的数学模型来评估固体废物带来的环境问题，从各种来源收集信息，并通过数据库开发和操作检查处理数据。一些国家将数学模型应用于固体废物管理，例如在固体废物填埋场使用一维气流模型，可以初步地描绘天然气聚集路径，预测多种工况下填埋场内气体沉降的时间演变以及质量的时空分布。

第二节 城市固体废物产生量分析预测

预测城市固体废物产生量的目的是为生活垃圾收运和处理设施设备的规划提供依据。国内外采用的城市固体废物定量预测模型主要依据社会经济特征（产值、人口等）和数理统计方法（回归分析、时间序列分析和灰色预测方法）等进行预测。

一、影响城市固体废物产生的因素

影响城市固体废物产生量及成分变化的因素有很多，一般可分为四类：

1. 内在因素

内在因素是指直接影响城市固体废物产生量和成分变化的因素，如人口和经济发展的水平等。

一般来说，城市规模越大，聚居人口越多，产生的垃圾量越多；城市发展、居民生活水平提高，相应垃圾产量也会增加。而经济收入直接反映城市居民生活水平，经济收入的增长表示城市居民生活水平的提高，并且直接影响着生活垃圾的成分。例如，我国城市日常消费过度包装的发展，以及人们消费方式由线下到线上消费的转变，引起了生活垃圾中有用成分和体积的改变，从而带来可燃物质、可再利用物质含量、容量、发热量等的变化。

2. 自然因素

地理位置、气候和季节等自然因素对城市固体废物的产生量和成分也有一定影响。

比较典型的是南北方城市的地域和气候差别，影响了城市固体废物的产生量和成分。对南北方不同城市的生活垃圾成分进行统计研究，结果表明南方城市固体废物中的有机物与可燃物比例高于北方城市。饮食结构差异导致南方城市居民的瓜果、蔬菜的食用量及食用期大于和长于北方城市，同时垃圾中的纸张、塑料等可燃物、可回收物的比例相对大。此外，无论地处南方还是北方，经济较发达地区的城市垃圾中有机物及可燃物比例较大。

3. 社会因素

社会因素是指社会行为准则、社会道德规范、法律规章制度及居民饮食结构等，是一种间接的影响因素。其中对垃圾产生量影响最大的是通过宣传教育和建立规章制度实行垃圾减量、回收、再利用措施。

4. 个体因素

个体因素主要是指产生垃圾的个体行为习惯、生活方式、受教育程度等因素。一般来说，人们可以通过社会因素和受教育程度改变自己的行为习惯和生活方式，进而影响垃圾产生量的变化。

总之，在四类影响因素中，内在因素居于主导地位，城市规模越大、聚居人口数量越多，城市固体废物产生量也越多。此外，居民生活水平对生活垃圾产生量和成分的影响也非常明显。而自然因素是一种外在因素，表现为所处的自然环境和季节变化对生活垃圾产生量和成分的影响，此影响大小也与城市能源结构等内在因素有关。对于一个特定的城市而言，因为其自然条件年度变化很小，所以短期内可以不必考虑此因素。社会因素和个体因素的影响主要表现在有关垃圾减量、回收、再利用等措施与法规方面。对上述影响因素进行分析，能够为实施垃圾减量化、资源化和无害化的处理目标提供依据。

需要注意的是，各影响因素并不是孤立的，它们之间存在极其复杂的联系。例如经济的发展，一方面通过增加消费导致垃圾产量的增加；另一方面通过对社会因素的影响，促进垃圾减量、回收与再生利用措施的加强，从而使垃圾产量减少。

二、城市固体废物产生量预测模型

1. 时间序列分析法

时间序列分析模型的特点是废物产生参数仅与单变量时间相关联，按关联的基准函数形式差异有线性方程、多项式方程、指数方程等多种形式。以采用幂指数平滑的时间序列分析法为例，其公式如下：

$$\hat{S}_t = aX_t + (1-a)\hat{S}_{t-1} = aX_t + a(1-a)X_{t-1} + a(1-a)^2X_{t-2} + \cdots + a(1-a)^tX_0 \tag{9-1}$$

式中，$\hat{S}_t$ 为时间 t 的指数平滑值；X_t为时间 t 的观察值；a 为平滑系数，取值 0～1。

采用时间序列模型需要大量的历史数据。

2. 多元回归分析方法

多元线性回归的一般形式如下：

$$y' = a_0 + a_1x_1 + a_2x_2 + \cdots + a_kx_k \tag{9-2}$$

式中，y'为被预测量，如城市生活垃圾的产生量、组成百分比等；x_i（$i=1, 2, \cdots, k$）为影响废物产生的各种社会、经济指标，如城市人口数经济总产值等；a_i（$i=1, 2, \cdots, k$）为回归系数。

就准确性来说，多元线性回归模型考虑的影响因素比较多，预测结果较为科学，但这种方法需要大量的数据，而且筛选指标的过程烦琐，回归系数的确定也比较难。

3. 灰色系统模型分析方法

灰色系统模型（GM）包含模型的变量维数 m 和阶数 n，记作 GM(n,m)，一般有一阶多维 GM(1,m)和一维高阶 GM(n,1)两种应用形式。高阶模型的计算复杂，精度也难以保障；同样多维模型在城市固体废物产生量分析中的应用也不多见，普遍使用的是 GM(1, 1)模型，通常以时间变量参数对城市固体废物的产生变化趋势进行分析，因此实际上是一种时间序列分析法。

灰色系统模型的基本思路是把原来无明显规律的时间序列，经过一次累加生成有规律的时间序列，通过处理，可弱化原时间序列的随机性，然后采用一阶一维动态模型 GM(1,1)

进行拟合,用模型推求出来的生成数回代计算值,做累减还原计算,获得还原数据,经误差检验后,可作趋势分析。

GM(1, 1)数学表达式如下:

$$\frac{dx^{(1)}}{dt}+ax^{(1)}=u \tag{9-3}$$

$$\hat{x}^{(1)}(t+1)=\left[x^{(0)}(l)-\frac{u}{a}\right]e^{-at}+\frac{u}{a} \tag{9-4}$$

式中,a、u 为模型参数;$x^{(0)}(1)$为模型建模基准年的被预测量值;$\hat{x}^{(1)}(t+1)$为模型计算的生成量值。

具体建模方法如下:

给定观测数据列:$x^{(0)}=\{x^{(0)}(1),\ x^{(0)}(2),\ \cdots,\ x^{(0)}(N)\}$

经一次累加得:$x^{(1)}=\{x^{(1)}(1),\ x^{(1)}(2),\ \cdots,\ x^{(1)}(N)\}$

设 $x^{(1)}$ 满足一阶常微分方程[式(9-3)]:

$$\frac{dx^{(1)}}{dt}+ax^{(1)}=u$$

其中,a、u 为待定系数,此方程满足初始条件:当 $t=t_0$ 时,$x'(t)=x^{(1)}(t_0)$。上式的解为:

$$x^{(1)}(t)=\left[x^{(1)}(t_0)-\frac{u}{a}\right]e^{-a(t-t_0)}+\frac{u}{a} \tag{9-5}$$

对等间隔取样的离散值(注意到 $t_0=1$)则

$$\hat{x}^{(1)}(k+1)=\left[x^{(1)}(1)-\frac{u}{a}\right]e^{-ak}+\frac{u}{a} \tag{9-6}$$

因 $x^{(1)}(1)$留作初值用,故将 $x^{(1)}(2)$,$x^{(1)}(3)$,…,$x^{(1)}(N)$分别代入方程式(9-3),用差分代替微分,又因等间隔取样,$\Delta t=(t+1)-t=1$,故得

$$\frac{\Delta x^{(1)}(2)}{\Delta t}=\Delta x^{(1)}(2)=x^{(1)}(2)-x^{(1)}(1)=x^{(0)}(2) \tag{9-7}$$

类似地,有

$$\frac{\Delta x^{(1)}(3)}{\Delta t}=x^{(0)}(3),\cdots,\frac{\Delta x^{(1)}(N)}{\Delta t}=x^{(0)}(N) \tag{9-8}$$

于是,有

$$\begin{cases} x^{(0)}(2)+ax^{(1)}(2)=u \\ x^{(0)}(3)+ax^{(1)}(3)=u \\ \quad\vdots \\ x^{(0)}(N)+ax^{(1)}(N)=u \end{cases} \tag{9-9}$$

把 $ax^{(1)}(i)$项移到右边,并写成向量的数量积形式:

$$\begin{cases} x^{(0)}(2)=[-x^{(1)}(2),1]\begin{bmatrix} a \\ u \end{bmatrix} \\ x^{(0)}(3)=[-x^{(1)}(3),1]\begin{bmatrix} a \\ u \end{bmatrix} \\ \quad\vdots \\ x^{(0)}(N)=[-x^{(1)}(N),1]\begin{bmatrix} a \\ u \end{bmatrix} \end{cases} \tag{9-10}$$

由于涉及$\frac{\Delta x^{(1)}}{\Delta t}$累加到$x^{(1)}$的两个时刻的值，因此$x^{(1)}(i)$取前后两个时刻的平均值代替更为合理，即将$x^{(1)}(i)$替换为$\frac{1}{2}[x^{(1)}(i)+x^{(1)}(i-1)](i=2,3,\cdots,N)$，将上式写成矩阵表达式

$$\begin{bmatrix} x^{(0)}(2) \\ x^{(0)}(3) \\ \vdots \\ x^{(0)}(N) \end{bmatrix} = \begin{bmatrix} -\frac{1}{2}[x^{(1)}(2)+x^{(1)}(1)] & 1 \\ -\frac{1}{2}[x^{(1)}(3)+x^{(1)}(2)] & 1 \\ \vdots & \\ -\frac{1}{2}[x^{(1)}(N)+x^{(1)}(N-1)] & 1 \end{bmatrix} \begin{bmatrix} a \\ u \end{bmatrix} \tag{9-11}$$

令 $\boldsymbol{y}=[x^{(0)}(2),x^{(0)}(3),\cdots,x^{(0)}(N)]^{\mathrm{T}}$，这里的 T 表示转置，且令

$$\boldsymbol{B}=\begin{bmatrix} -\frac{1}{2}[x^{(1)}(2)+x^{(1)}(1)] & 1 \\ -\frac{1}{2}[x^{(1)}(3)+x^{(1)}(2)] & 1 \\ \vdots & \\ -\frac{1}{2}[x^{(1)}(N)+x^{(1)}(N-1)] & 1 \end{bmatrix},\quad \boldsymbol{U}=\begin{bmatrix} a \\ u \end{bmatrix}$$

则矩阵形式为

$$\boldsymbol{y}=\boldsymbol{BU} \tag{9-12}$$

方程组式(9-12)的最小二乘为

$$\hat{\boldsymbol{U}}=\begin{bmatrix} \hat{a} \\ \hat{u} \end{bmatrix}=(\boldsymbol{B}^{\mathrm{T}}\boldsymbol{B})^{-1}\boldsymbol{B}^{\mathrm{T}}\boldsymbol{y} \tag{9-13}$$

把估计值 $\hat{a}$ 与 $\hat{u}$ 代入，得时间响应方程

$$\hat{x}^{(1)}(k+1)=\left[x^{(1)}(1)-\frac{\hat{u}}{\hat{a}}\right]e^{-\hat{a}k}+\frac{\hat{u}}{\hat{a}} \tag{9-14}$$

当 $k=1,2,\cdots,N-1$ 时，由式(9-14)算得 $x^{(1)}(k+1)$为拟合值；当 $k\geqslant N$ 时，$x^{(1)}(k+1)$为预报值，这是相对于依次累加序列 $x^{(1)}$ 的拟合值。然后减运算还原，当 $k=1,2,\cdots,N-1$ 时，就得到原始序列 $x^{(0)}$ 的拟合值 $\hat{x}^{(0)}(k+1)$；当 $k\geqslant N$ 时可得原始序列 $x^{(0)}$ 的预报值。

由于城市固体废物量与人口数量密切相关，通常以人均产率为基准预测垃圾的产量。

其通用表达公式如下：

$$W=M\times P \tag{9-15}$$

式中，W 为垃圾产生量，kg/d；M 为人均垃圾产生量，kg/(人·d)；P 为规划人口数，人。

例 9-1 已知某城市连续三年的月生活垃圾处理量如表 9-2 所示。

用灰色系统模型法，预测未来的垃圾处理量。

表 9-2　某城市连续三年的月生活垃圾处理量

时间	月处理量/10^4 t	时间	月处理量/10^4 t	时间	月处理量/10^4 t
第 1 年 1 月	14.91	第 2 年 1 月	15.78	第 3 年 1 月	15.96
第 1 年 2 月	15.15	第 2 年 2 月	16.19	第 3 年 2 月	16.76
第 1 年 3 月	14.67	第 2 年 3 月	16.89	第 3 年 3 月	17.22
第 1 年 4 月	14.94	第 2 年 4 月	15.47	第 3 年 4 月	16.35
第 1 年 5 月	14.35	第 2 年 5 月	16.01	第 3 年 5 月	16.14
第 1 年 6 月	15.57	第 2 年 6 月	15.25	第 3 年 6 月	16.78
第 1 年 7 月	15.11	第 2 年 7 月	16.35	第 3 年 7 月	17.13
第 1 年 8 月	15.34	第 2 年 8 月	16.74	第 3 年 8 月	16.53
第 1 年 9 月	14.92	第 2 年 9 月	16.89	第 3 年 9 月	17.16
第 1 年 10 月	14.78	第 2 年 10 月	16.22	第 3 年 10 月	17.12
第 1 年 11 月	15.32	第 2 年 11 月	16.78	第 3 年 11 月	16.91
第 1 年 12 月	15.17	第 2 年 12 月	16.02	第 3 年 12 月	16.53

解　应用上述模型对 $x^{(0)}$ 进行模拟，计算过程如表 9-3 所示。

表 9-3　计算过程

时间	序号 k	实际数据 $x^{(0)}(k)$	模拟数据 $\hat{x}^{(0)}(k)$	残差 $\varepsilon=x^{(0)}(k)-\hat{x}^{(0)}(k)$	相对误差$=\dfrac{x^{(0)}(k)-\hat{x}^{(0)}(k)}{x^{(0)}(k)}$
第 1 年 1 月	1	14.91	14.91	0	0
第 1 年 2 月	2	15.15	14.90	−0.25	−0.016 8
第 1 年 3 月	3	14.67	14.96	0.29	0.019 4
第 1 年 4 月	4	14.94	15.02	0.08	0.005 3
第 1 年 5 月	5	14.35	15.09	0.74	0.049 0
第 1 年 6 月	6	15.57	15.15	−0.42	−0.027 7
第 1 年 7 月	7	15.11	15.21	0.1	0.006 6
第 1 年 8 月	8	15.34	15.28	−0.06	−0.003 9
第 1 年 9 月	9	14.92	15.34	0.42	0.027 4
第 1 年 10 月	10	14.78	15.41	0.63	0.040 9
第 1 年 11 月	11	15.32	15.47	0.15	0.009 7
第 1 年 12 月	12	15.17	15.54	0.37	0.023 8
第 2 年 1 月	13	15.78	15.60	−0.18	−0.011 5
第 2 年 2 月	14	16.19	15.67	−0.52	−0.033 2
第 2 年 3 月	15	16.89	15.73	−1.16	−0.073 7
第 2 年 4 月	16	15.47	15.80	0.33	0.020 9
第 2 年 5 月	17	16.01	15.87	−0.14	−0.008 8
第 2 年 6 月	18	15.25	15.93	0.68	0.042 7
第 2 年 7 月	19	16.35	16.00	−0.35	−0.021 9
第 2 年 8 月	20	16.74	16.07	−0.67	−0.041 7
第 2 年 9 月	21	16.89	16.14	−0.75	−0.046 5

表 9-3(续)

时间	序号 k	实际数据 $x^{(0)}(k)$	模拟数据 $\hat{x}^{(0)}(k)$	残差 $\varepsilon=x^{(0)}(k)-\hat{x}^{(0)}(k)$	相对误差$=\frac{x^{(0)}(k)-\hat{x}^{(0)}(k)}{x^{(0)}(k)}$
第 2 年 10 月	22	16.22	16.20	−0.02	−0.001 2
第 2 年 11 月	23	16.78	16.27	−0.51	−0.031 3
第 2 年 12 月	24	16.02	16.34	0.32	0.019 6
第 3 年 1 月	25	15.96	16.41	0.45	0.027 4
第 3 年 2 月	26	16.76	16.48	−0.28	−0.017 0
第 3 年 3 月	27	17.22	16.55	−0.67	−0.040 5
第 3 年 4 月	28	16.35	16.62	0.27	0.016 2
第 3 年 5 月	29	16.14	16.69	0.55	0.033 0
第 3 年 6 月	30	16.78	16.76	−0.02	−0.001 2
第 3 年 7 月	31	17.13	16.83	−0.3	−0.017 8
第 3 年 8 月	32	16.53	16.90	0.37	0.021 9
第 3 年 9 月	33	17.16	16.97	−0.19	−0.011 2
第 3 年 10 月	34	17.12	17.04	−0.08	−0.004 7
第 3 年 11 月	35	16.91	17.11	0.2	0.011 7
第 3 年 12 月	36	16.53	17.18	0.65	0.037 8

经检验，均方差比值 $C=0.25<0.35$，小误差概率 $P=0.82>0.7$，模型的精度较好，可以用于垃圾处理量的预测，结果如表 9-4 所示。

表 9-4　预测结果

时　　间	第 4 年	第 5 年	第 6 年	第 7 年	第 8 年
预测值/(10^4t)	211.1	222.0	233.4	266.5	280.3

三、固体废物产生量现代动态预测模型

1. 耗散结构理论

考虑到城镇生活垃圾产生系统的复杂性，非线性预测模型的探讨已成为新的研究方向。耗散结构理论作为解决远离平衡的复杂开放系统问题的有力工具，在应用中一般根据支配原理选取少数几个主宰系统变化规律的变量进行建模，在垃圾产生量预测方面具有一定的应用价值。

2. 人工神经网络法

人工神经网络是一种通过模拟人脑神经系统的组织方式的新型处理系统，它具有人类自适应、自组织和自学习的能力，不必事先规定各权重，能合理地调整影响因子之间的关系，所以其预测结果客观、合理、精确。它适用于多个参数的预测，只需在样本训练时，改变输入节点和输出节点即可，适用范围广。建立的预测模型可适应社会发展变化对预测结果的影响，只要隐层数和隐层节点数选择合适，预测模型就会有好的泛化能力，预测精度高。

3. 动力学模型

动力学模型往往所需数据少，且需要考虑各产生因素及其相互之间影响的动态特性，更

能反映实际垃圾产生系统的特性，因此适用于解决可利用数据有限、系统环境模糊的情况。

使用动力学模型预测固体废物产生量时所需数据相对少，相应方法包括灰色动力学模型和系统动力学模型等。由于考虑了各产生因素及其相互之间影响的动态特性，更能反映实际垃圾产生系统的特性，因此适用于解决可利用数据有限、系统环境模糊的情况。

其中，灰色动力学模型最早只是简单地用来解决数据缺少的问题，可以特别用于只有有限的一些数据可利用、系统环境不明确或没有被完全理解的情况。

系统动力学模型利用模糊理论与系统动力学方法相结合，可以对变量间有复杂相互关系的系统进行精确建模，适于城市生活垃圾的管理和预测。应用该模型进行整体预测的关键在于确定定性变量，可以根据模糊理论模拟外生变量的影响，并从模拟结果演绎出新的规则，将新规则进一步引进到发展已比较成熟的系统动力学模型或者相关的决策支持系统中，使其更加完善。系统动力学模型的应用可以解决缺少历史数据、人口变化大、因为发展速度快而带来的不确定性因素多的地区的垃圾产量预测，这为现代预测技术及模型的发展提供了很好的思路。

第三节　固体废物处理系统的规划

城市固体废物处理系统包含垃圾源子系统、垃圾收集子系统、垃圾转运子系统、垃圾处理处置与资源化子系统、环境接收子系统和固体废物管理子系统。进行系统规划时，重点在于确定垃圾转运站的数量与位置、垃圾运输路线、垃圾处理场的位置和垃圾处理方法的组合。

一、固体废物的迁移路径分析

城市固体废物的运输路径基本上是一个单向流动过程：从垃圾源经过垃圾收集站和转运站到垃圾处理场。

与污染物在水和空气中的迁移不同，固体废物在环境中的迁移是在人力作用下完成的。

在城市固体废物系统规划阶段，由于存在多个备选转运站和处理场，从收集站到转运站的运输路线存在“多对多”的选择，从转运站到处理场同样存在“多对多”的选择。在规划阶段，转运站、处理场和垃圾运输路径是一个整体。因此，确定转运站的位置、处理场的位置以及垃圾的运输路线是一个相互关联的过程(图 9-6)。

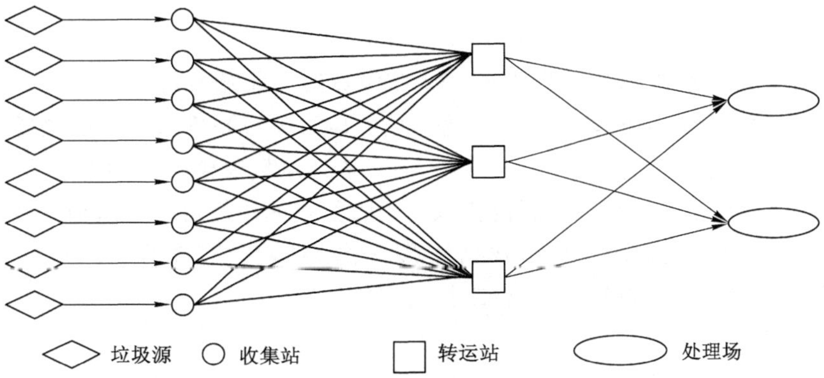

图 9-6　城市固体废物系统规划阶段的路径选择

在转运站和处理场的位置确定之后，垃圾运输路径不再是“多对多”，每一个收集站和转运站的垃圾都有明确的运送方向。因此，在运行阶段也就不存在路径优化问题(图 9-7)。

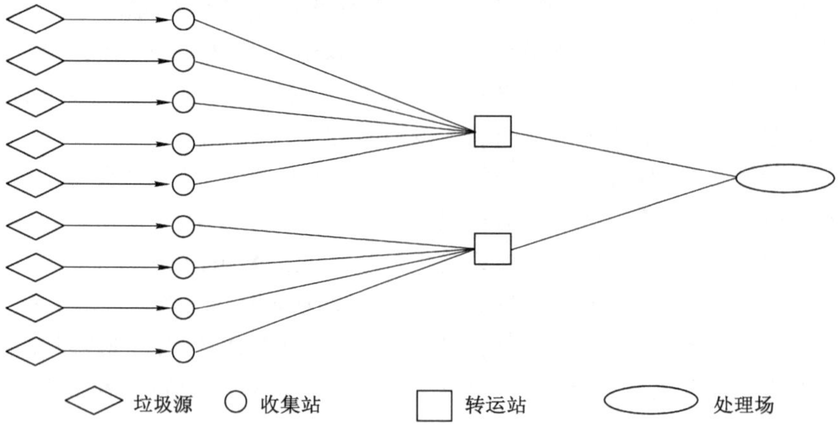

图 9-7　城市固体废物系统运行阶段的运输路径

二、固体废物处理系统布局优化

在垃圾处理系统的 6 个子系统中，管理子系统是整个系统的中枢，是系统规划和管理的主导。其他 5 个子系统基本上属于上下游关系，上游每一个环节的状态对下游每一个环节都有影响，下游每一个环节的状态也会反馈影响到上游的状态。因此，上下游各个子系统之间存在相互促进、相互制约的关系。当子系统的选择和系统组合存在多个可以选择的方案时，必定存在一个或多个较佳的选择。城市固体废物处理系统布局优化所要解决的主要问题可以归纳如下：① 确定较佳的垃圾转运站的数量与位置；② 确定较佳的垃圾运输路线；③ 确定较佳垃圾处理场的位置；④ 确定较佳的垃圾处理方法组合。

有 2 种思路解决上述问题：① 最优化方法，通过建立并求解垃圾处理系统布局的最优化模型，得到最佳布局方案；② 情景分析方法，通过构造一系列的布局方案，并分析每一个方案可能出现的各种影响情景，通过对影响因子的优劣分析比较，用多目标分析方法推选较佳方案。

(一) 最优化方法

1. 目标函数

假设城市的垃圾收集点数目为 I，每一个收集点的垃圾量为 $q_i(i=1,2,\cdots,I)$；备选的转运站数目为 J，每个转运站的垃圾运输量为 $q_j(j=1,2,\cdots,J)$；备选垃圾填埋场数目为 M，每个备选填埋场的限制容量为 $q_m(m=1,2,\cdots,M)$；备选垃圾焚烧厂数目为 N，每个焚烧厂的限制容量为 $q_n(n=1,2,\cdots,N)$。假设任意一个收集点的垃圾可以运送到任意一个转运站；同样，任意一个转运站的垃圾可以输送到任意一个填埋场或焚烧厂(图 9-8)，那么，上述系统的费用由建设费用、运输费用和运行维护费用构成。

(1) 建设费用

$$C_1=(C_{11}+C_{12}+C_{13}+C_{14})\times 10^4\ 元 \tag{9-16}$$

其中包括以下几项：

- 垃圾收集站建设费用

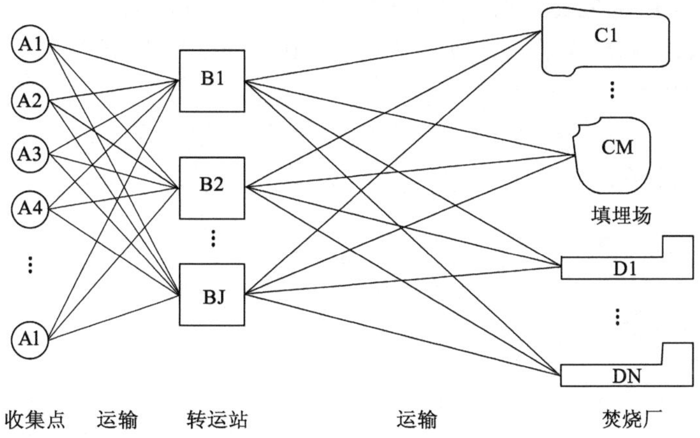

图 9-8　城市固体废物运输网络布局

$$C_{11}=\sum_{i=1}^{I}a_{11}q_i \quad (\text{购置垃圾桶和运输车}) \tag{9-17}$$

• 垃圾转运站建设费用

$$C_{12}=\sum_{j=1}^{J}a_{12}\times q_j \quad (\text{构筑物建设和垃圾车采购}) \tag{9-18}$$

• 填埋场建设费用

$$C_{13}=\sum_{m=1}^{M}a_{13}q_m \quad (\text{填埋场及其附属构筑物建设}) \tag{9-19}$$

• 焚烧厂建设费用：

$$C_{14}=\sum_{n=1}^{N}a_{14}q_n \quad (\text{焚烧厂及其附属构筑物的建设}) \tag{9-20}$$

式中，a_{11}、a_{12}、a_{13}、a_{14}分别为收集点、转运站、填埋场和焚烧厂的单位垃圾量的建设费用，10^4元/(t·d)；q_i、q_j、q_m、q_n分别为规划的收集点、转运站、填埋场和焚烧厂的设计规模，t/d。

(2) 运输费用

$$C_2=(C_{21}+C_{22}+C_{23})\times 10^4\text{，元/a} \tag{9-21}$$

其中包括以下几项：

• 收集点至转运站运输费用

$$C_{21}=\sum_{i=1}^{I}\sum_{j=1}^{J}365\times k_1 q_{ij}L_{ij}\delta_{ij} \tag{9-22}$$

• 转运站至填埋场运输费用

$$C_{22}=\sum_{j=1}^{J}\sum_{m=1}^{M}365\times k_2 q_{jm}L_{jm}\delta_{jm} \tag{9-23}$$

• 转运站至焚烧厂运输费用

$$C_{23}=\sum_{j=1}^{J}\sum_{n=1}^{N}365\times k_2 q_{jn}L_{jn}\delta_{jn} \tag{9-24}$$

式中，k_1、k_2 为单位距离运输费用，$\times 10^4$元/(t·km)；q_{ij}、q_{jm}、q_{jn}分别为收集点至转运站、转运站至填埋场、转运站至焚烧厂的垃圾运输量，t/d；L_{ij}、L_{jm}、L_{jn}分别为收集点至转运站、转运站至填埋场、转运站至焚烧厂的垃圾运输距离，km；δ_{ij}、δ_{jm}、δ_{jn}是逻辑变量，若q_{ij}、q_{jm}、q_{jn}等于0，则δ_{ij}、δ_{jm}、δ_{jn}为0，若q_{ij}、q_{jm}、q_{jn}不等于0，则δ_{ij}、δ_{jm}、δ_{jn}等于1。

(3) 运行维护费用

$$C_3 = (C_{31} + C_{32} + C_{33} + C_{34}) \times 10^4\text{，元/a} \tag{9-25}$$

其中包括以下几项：

• 收集站运行维护费 $$C_{31} = \sum_{i=1}^{I} k_{31} q_i \tag{9-26}$$

• 转运站运行维护费 $$C_{32} = \sum_{J=1}^{J} k_{32} q_j \tag{9-27}$$

• 填埋场运行维护费 $$C_{33} = \sum_{m=1}^{M} k_{33} q_m \tag{9-28}$$

• 焚烧厂运行维护费 $$C_{34} = \sum_{n=1}^{N} k_{34} q_n \tag{9-29}$$

如果以总费用最低为规划目标，则可以写出最优规划目标函数：

$$\text{Min } Z = \sum_{i=1}^{I} [(C_{1i}/t_{1i}) + (C_2 + C_3)] \times 10^4\text{，元/a} \tag{9-30}$$

式中，t_{1i}分别为收集站、转运站、填埋场和焚烧厂的固定资产折旧年限，a。年总费用的含义是年总费用＝年运行费用＋年维修费用＋建设费用/固定资产折旧年限。

2. 约束条件

(1) 转运站垃圾量平衡约束

$$\sum_{i=1}^{I} q_{ij} = \sum_{m=1}^{M} q_{jm} + \sum_{n=1}^{N} q_{jn}, j = 1,2,\cdots,J \tag{9-31}$$

(2) 转运站容纳能力约束

$$\sum_{i=1}^{I} q_{ij} \leqslant Q_j, j = 1,2,\cdots,J \tag{9-32}$$

式中，Q_j为转运站j的最大容纳能力。

(3) 填埋场容量约束

$$\sum_{j=1}^{J} q_{jm} \leqslant Q_m, m = 1,2,\cdots,M \tag{9-33}$$

式中，Q_m为填埋场m的最大容纳能力。

(4) 焚烧厂容量约束

$$\sum_{j=1}^{J} q_{jn} \leqslant Q_n, n = 1,2,\cdots,N \tag{9-34}$$

式中，Q_n为焚烧厂的最大容纳能力。

(5) 变量非负约束

$$q_{ij} \geqslant 0, q_{jm} \geqslant 0, q_{jn} \geqslant 0, \forall i,j,m,n \tag{9-35}$$

(6) 逻辑变量约束

$$\delta_{ij} = 0, \delta_{im} = 0, \delta j_m = \text{或} 0, \forall i,j,m,n \tag{9-36}$$

上述目标函数和约束条件组成了一个混合整数规划，如果将所有变量近似定义为整数，则可用分歧定界法求解，也可借助计算机的强大容量和计算速度，用枚举法求解。

通过求解上述模型可以得到一个城市的垃圾转运站、填埋场和焚烧厂的最佳选址、最佳容量和最佳处理方法组合。

（二）情景分析方法

对一个城市来说，可供选择的垃圾转运站和垃圾处理场都是有限的，垃圾处理方法组合也是有限的，垃圾运输一般都是根据就近的原则从垃圾源送往转运站或从转运站送往处理场，因此运输路线选择也是有限的。在这种情况下，可供选择的城市固体废物处理系统的布局方案也是有限的。

在讨论方案布局时，可变动的因素是：① 从 I 个备选垃圾收集站中挑选出 i 个较佳的收集站站址（$i \leqslant I$）；② 从 J 个备选的转运站中挑选出 j 个较佳转运站站址（$j \leqslant J$）；③ 从 M 个备选填埋场场址中挑选出 n 个较佳的场址（$m \leqslant M$）；④ 从 N 个备选焚烧厂厂址中挑选出 n 个较佳的厂址（$n \leqslant N$）；⑤ 确定与上述收集站、转运站、填埋场和焚烧厂位置相匹配的运输路线组合。

对于一个实际问题，上述变量的数量都是有限的，由它们组合形成的垃圾处理系统方案也是有限的。对于数量有限的方案，可以采用情景分析方法寻优。运用情景分析方法解决城市固体废物处理系统布局的步骤如下：

（1）根据经验生成若干个方案，包括垃圾收集点、转运站、填埋场和焚烧厂的选址及其相应的运输路线组合方案。

（2）根据城市自然环境和经济社会条件，建立方案评估的目标体系，包括经济目标、环境目标和社会目标及子目标（图 9-9）。图 9-9 只给出了上层目标，下层目标要根据当地当时的具体情况逐步扩展，直至每一个指标都可以独自评估。

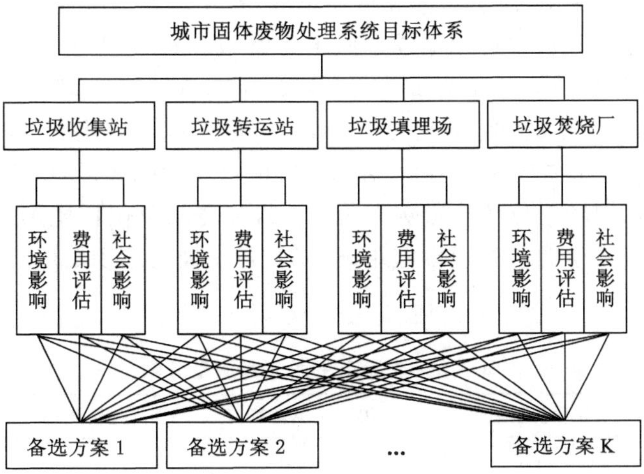

图 9-9　城市垃圾处理系统总体布局规划目标体系示意图

（3）确定评估标准，将其作为不同方案评比的依据，对每一个低层目标进行评估，例如用水质标准评价目标体系中的环境影响，依照满足标准的程度评定优劣。对于那些没有标准作为评比准则的指标，可以进行相对优劣的比较，例如对于某些经济指标可以用费用高低来衡量。

（4）在对各方案的每一个指标作出优劣评比之后，对所有目标进行组合评估。有多种方法可以用于方案的综合评估，如多目标规划、层次分析、多准则决策等。

(5) 根据综合评估的结果对备选方案进行排序，一般来说，排序在前的方案可以作为较佳方案。

三、固体废物处理系统规划案例

例 9-2 重庆市主城区有大渡口区、渝中区、江北区、沙坪坝区、九龙坡区、南岸区、北碚区、巴南区和渝北区 9 个行政区。重庆市城区生活垃圾是按照各区分散处理的方式进行的。重庆市三座现代化的垃圾处理设施建设完成并投入使用，其中填埋场 2 座(黑石子和长生桥填埋场)，焚烧场(同兴焚烧场)1 座。请合理分配重庆市城市生活垃圾的流向。

解 以规划期间总费用最小为目标，建立目标函数：

$$\text{Min } Z = \text{填埋费用} + \text{焚烧费用}$$

式中，Z 为系统总费用，包括运输费用和处理费用。

约束条件包括垃圾质量平衡约束、处理设施能力(容量)约束、垃圾处理量不大于垃圾产生量约束、垃圾焚烧量不大于可燃烧垃圾量约束以及变量的非负约束。

求解上述问题的步骤：

(1) 根据历史数据预测垃圾产生量，核算垃圾成分(厨余、纸布塑、可燃成分、金属、玻璃和灰砂石)及其所占比例，其中纸布塑、金属和玻璃为可回收物；

(2) 分析垃圾运输距离，包括全市各区至转运站、堆肥场、焚烧厂、填埋场、回收中心的距离和转运站至焚烧厂、填埋场的距离；

(3) 核定转运站、焚烧厂、填埋场的处理能力；

(4) 设定运输费用，取单位运输成本为 0.7 元/(t·km)；

(5) 设定垃圾处理费用，由于工艺和规模不同，费用取值范围变化较大。

重庆市的城市生活垃圾单位运输成本假定为常数。参考国内资料，并采用重庆市基础数据进行核算，单位运输成本确定为 1.5 元/(km·t)。黑石子填埋场、长生桥填埋场、同兴焚烧场的使用年限分别为 20 年、30 年、25 年，单位经营成本分别为 39.1 元/t、21.8 元/t、62.3 元/t，单位总处理成本分别为 98.4 元/t、69.6 元/t、107.8 元/t。同兴焚烧场的单位经济效益为 99 元/t，填埋场单位环境影响力为 0.36，焚烧场单位环境影响力为 1。根据重庆市各区垃圾产生量和产生源与处理设施距离，以及各垃圾处理场处理能力，进行模型运算。

计算结果见表 9-5。

表 9-5 重庆市生活垃圾流量分配

单位：t/d

区域	长生桥填埋场	黑石子填埋场	同兴焚烧场	合计
渝中区	462	152.3		614.3
南岸区	153.5			153.5
巴南区	415.2			415.2
九龙坡区	406.8			406.8
大渡口区	62.5		474.5	537
渝北区		415		415
江北区		307.5		307.5

表 9-5(续)

区域	长生桥填埋场	黑石子填埋场	同兴焚烧场	合计
沙坪坝区			253.8	253.8
北碚区			271.7	271.7
合计	1 500	874.8	1 000	3 374.8

注:经济目标的最优值为 10 881 万元/年。资料来源:林建伟,城市生活垃圾管理系统规划模型及其应用研究,重庆大学,2003。

第四节 固体废物处理系统设施规划

一、固体废物收集设施规划

(一) 垃圾收集点的设置

垃圾收集点是居民或其他垃圾源用以投放垃圾的场所,是垃圾收集、运输和处理的第一步。收集点的设置应便于投放,便于运输、密闭保洁和分类收集。

1. 垃圾容器与垃圾收集量

由于城市垃圾产生量、产生时间的不均匀性和随意性,以及环卫部门收集清除的规律性,需要设置垃圾贮存容器。垃圾收集点的垃圾容器需要进行标记,垃圾桶分类颜色和标志主要分为四大类,分别是可回收物、有害垃圾、厨余垃圾和其他垃圾,颜色分别对应为蓝色、红色、绿色、灰色。

依据《环境卫生设施设置标准》(CJJ 27—2012),城市垃圾收集点的服务半径不宜超过 70 m;在公共场合应设置废物箱,废物箱的设置间隔应符合下列规定:商业、金融业街道 50～100 m;主干路、次干路、有辅道的快速路 100～200 m;支路、有人行道的快速路 200～400 m。

垃圾容器收集范围内的垃圾日排出重量 Q(t/d)按下式计算:

$$Q = A_1 A_2 RC \tag{9-37}$$

式中,A_1 为垃圾日排出重量不均匀系数,$A_1=1.1\sim1.5$;A_2 为居住人口变动系数,$A_2=1.02\sim1.05$;R 为收集范围内规划人口数量,人;C 为预测的人均垃圾日排出重量,t/(人·d)。

垃圾容器收集范围的垃圾日排出体积按下式计算:

$$V_{\text{ave}} = \frac{Q}{D_{\text{ave}} A_3} \tag{9-38}$$

$$V_{\max} = K V_{\text{ave}} \tag{9-39}$$

式中,V_{ave} 为垃圾平均日排出体积,m^3/d;A_3 为垃圾密度变动系数,$A_3=0.7\sim0.9$;D_{ave} 为垃圾平均密度,t/m^3;K 为垃圾高峰时日排出体积的变动系数,$K=1.5\sim1.8$;$V_{\max}$ 为垃圾高峰时日排出最大体积,m^3/d。

收集点所需设置的垃圾容器数量按下式计算:

$$N_{\text{ave}} = \frac{V_{\text{ave}}}{EB} A_4 \tag{9-40}$$

$$V_{\max} = \frac{V_{\max}}{EB} A_4 \tag{9-41}$$

式中，N_{ave}为平均所需设置的垃圾容器数量；E 为单只垃圾容器的容积，m^3/只；B 为垃圾容器填充系数，$B=0.75\sim0.9$；A_4为垃圾清除周期，d/次，当每日清除 2 次时，$A_4=0.5$ d/次，每日清除 1 次时，$A_4=1$ d/次，每 2 日清除 1 次时，$A_4=2$ d/次，以此类推。

2. 垃圾收集方式

对垃圾点收集的垃圾，需要及时清运，该过程一般指近距离运输。通常用清运车辆沿一定路线收集清除容器或其他贮存设施中的垃圾，并运至垃圾堆场或转运站，有时也可就近送至垃圾处理厂或处置场。

垃圾清运阶段的操作，不仅包括按照收集线路收集垃圾桶中的垃圾，还包括清运车辆的往返运输过程以及在垃圾转运站的卸料等全过程。图 9-10 为目前常用的利用固定容器系统方式进行垃圾清运操作的过程示意。

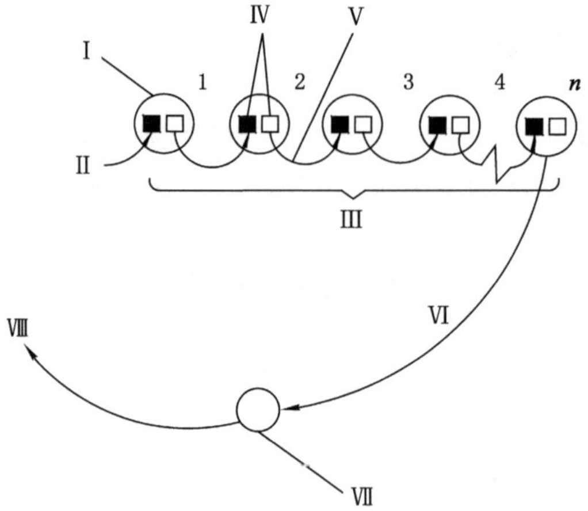

Ⅰ—垃圾收集点；Ⅱ—调度站开来的空车，开始一天的行程；Ⅲ—收集线路；Ⅳ—将容器中的垃圾装入收集车；Ⅴ—驶向下一个收集点；Ⅵ—满载的收集车驶向转运站；Ⅶ—处置场或转运站、加工场；Ⅷ—车辆返回调度站。

图 9-10 垃圾清运操作方式(固定容器系统)

(二) 垃圾收集站的设置

在新建、扩建的居民区或旧城改建的居民区应设置垃圾收集站，并应与居住区同步规划、同步建设和同时投入使用。

采用小型机动车收集时，服务半径不宜超过 2 km。若采用人力收集，服务半径宜为 0.4 km，最大不宜超过 1 km。收集站的规模应根据服务区域内规划人口数量产生的垃圾最大月平均日产生量确定，宜达到 4 t/d 以上。在用地紧张地区，可以不设收集站，收集点的垃圾可以通过密闭垃圾车直接送往转运站或处理厂。

二、固体废物转运设施规划

(一) 设置转运站的一般规定

转运是指利用转运站将从各分散收集点较小的收集车收集的垃圾，转运到大型运输工具上并将其远距离运输到垃圾处理设施或处置场的过程。转运站就是指进行上述转运过程的建筑设施和设备。根据转运规模可将转运站分为大型、中型和小型三大类，或者Ⅰ类、Ⅱ类、Ⅲ类、Ⅳ类、Ⅴ类等五小类，用地指标如表 9-6 所示。

表 9-6　转运站主要用地指标

类型		设计转运量/(t/d)	用地面积/m^2	与相邻建筑间隔/m	绿化隔离带宽度/m
大型	Ⅰ类	1 000～3 000	⩽20 000	⩾50	⩾20
	Ⅱ类	450～1 000	15 000～20 000	⩾30	⩾15
中型	Ⅲ类	150～450	4 000～15 000	⩾15	⩾8
小型	Ⅳ类	50～150	1 000～4 000	⩾10	⩾5
	Ⅴ类	⩽50	⩽1000	⩾8	⩾3

注：① 表内用地不包括垃圾分类、资源回收等其他功能用地；② 用地面积含转运站周边专门设置的绿化隔离带，但不含兼起绿化隔离作用的市政绿地和园林用地；③ 与相邻建筑间隔自转运站边界起计算；④ 对于临近江河、湖泊、海洋和大型水面的城市生活垃圾转运码头，其路上转运站用地指标可适当上浮；⑤ 以上规模类型Ⅱ类、Ⅲ类、Ⅳ类含下限值、不含上限值，Ⅰ类含上下限值。

生活垃圾转运站的详细设计可参考《生活垃圾转运站技术规范》(CJJ/T 47—2016)和相关技术手册。

垃圾转运量可按下述公式计算：

$$Q=\frac{\delta \times n \times q}{1\ 000} \tag{9-42}$$

式中，Q 为转运站规模，t/d；δ 为垃圾产量变化系数，按当地实际资料采用，若无资料一般可取 1.13～1.40；n 为服务区域内人口数，人；q 为人均垃圾产量，kg/(人·d)，可按当地资料采用，若无资料可采用 0.8～1.8 kg/(人·d)。

转运站的服务半径应符合下列要求：① 采用人力方式进行垃圾收集时，收集服务半径宜为 0.4 km 以内，最大不应超过 1.0 km；② 采用小型机动车进行垃圾收集时，收集服务半径宜为 3.0 km 以内，最大不应超过 5.0 km；③ 采用中型机动车进行垃圾运输时，可根据实际情况扩大服务半径；④ 当垃圾处理设施距垃圾收集服务区平均运距大于 30 km 且垃圾收集量足够时，应设置大型转运站，必要时宜设置二级转运站。转运站的选址要注意：① 符合城市总体规划和环境卫生专业规划的要求；② 综合考虑服务区域、转运能力、运输距离、污染控制、配套条件等因素的影响；③ 设在交通便利、易安排清运线路的地方；④ 满足供水、供电、污水排放的要求；⑤ 在运距较远且具备铁路运输或水路运输条件时，宜设置铁路或水路运输转运站。转运站不应设在下列地区：① 立交桥或平交路口旁，以及大型商场、影剧院出入口等繁华地段，以免造成交通堵塞；② 学校、餐饮店等群众日常生活聚集场所，以免对群众的健康和正常生活造成危害。

（二）转运站的优化选址

与前节中所讨论的城市固体废物系统总体布局不同，这里只需确定转运站的位置和容量，其上游垃圾收集点及其下游垃圾处理厂的位置和容量都为已知。因此，这里的费用主要考虑：① 转运站的建设费用；② 由收集点运输垃圾到转运站的费用；③ 由转运站运输垃圾到处理厂的费用；④ 转运站的运行维护费用。

在确定垃圾转运站的备选方案后，通过最优化方法确定最终选定的转运站的位置和容量。在既有固定资产投资费用又有运行维护费用的情况下，采用现值评价方法较为适宜。

1. 现值分析

现值分析法的基本原理是将不同时期内发生的费用都折算为投资起点的现值，在同一时间尺度上对费用进行比较,依据现值的大小确定方案的优劣:现值费用最小的方案为最佳方案。

假定一个工程方案的初始投资为 C_0,初始年的运行费用为 C_1,工程的寿命期为 T。在工程寿命期内预计的运行维护总费用可以计算如下:

$$Z = C_1 + C_2 + \cdots + C_T = C_1 \frac{(1+r)^T - 1}{r} \tag{9-43}$$

式中,r 为预期的平均贴现率,可以采用预期的银行贷款利率。

现值(PV)就是将所有费用(包括建设费用和运行维护费用)折算成初始年的费用,方法如下:

$$\text{PV} = \frac{Z}{(1+r)^T} + C_0 = \frac{C_1[(1+r)^T - 1]}{r(1+r)^T} + C_0 \tag{9-44}$$

PV 值的大小可以表征一个工程方案在费用上的优劣,PV 值较小的方案被视为较佳方案。

2. 转运站优化选址费用现值最小模型

(1) 目标函数

在建立垃圾转运站优化选址模型时主要考虑 4 项费用:转运站的建设费用;从收集站到转运站的运输费用;转运站到填埋场的运输费用;垃圾转运站的运行维护费用。其中,转运站的建设费用属于一次性初期投入,其数值即为现值;其他 3 项费用发生在整个规划周期(T)内,需要换算成现值,即初始年的值。

现值最小的目标函数如下:

$$\begin{aligned}\text{Min } Z = & \sum_{i=1}^{I} C_1 q_i \delta_i + \frac{[(1+r)^T \quad 1]}{r(1+r)^T} \{ \sum_{i=1}^{I} \sum_{j=1}^{J} C_2 L_{ij} \times 365 \times q_{ij} \times \delta_{ij} + \\ & \sum_{j=1}^{J} \sum_{k=1}^{K} C_3 S_{jk} \times 365 \times p_{jk} \times \delta_{jk} + \sum_{i=1}^{I} C_4 \times 365 \times q_i \times \delta_i \}\end{aligned} \tag{9-45}$$

式中,C_1 为转运站的单位建设费用,万元/(t·d);C_2、C_3 分别为从垃圾收集站到转运站、从转运站到处理厂单位运输费用(初始年),万元/(t·km);C_4 为转运站的运行维护费用(初始年),万元/(t·d);q_i 为备选转运站的容量,t/d;q_{ij}、p_{jk} 分别为垃圾收集站到转运站、转运站到处理厂日垃圾运输量,t/d;L_{ij}、S_{jk} 分别为垃圾收集站到转运站、转运站到处理厂的运输距离,km;I 为规划的垃圾收集点的总数;J 为备选的垃圾转运站总数;K 为规划的垃圾处理厂总数;T 为垃圾处理系统规划周期,a;r 为预期平均贴现率(或预期平均贷款利率);δ_i、δ_{ij}、δ_{jk} 为逻辑变量,数值为 0 或 1。

(2) 约束条件

约束条件包括城市固体废物总量约束、垃圾转运站的能力约束、逻辑变量约束和变量非负约束。

城市固体废物总量约束:

$$\sum_{i=1}^{I} q_i = \sum_{i=1}^{I} \sum_{j=1}^{J} q_{ij} = \sum_{j=1}^{J} \sum_{k=1}^{K} p_{jk} = Q \tag{9-46}$$

式中,Q 为预测的城市固体废物产生量,t/d。

垃圾转运站的能力约束:

$$q_i \leqslant Q_i \tag{9-47}$$

式中，Q_i为第 i 座垃圾转运站的设计能力，t/d。

逻辑变量约束：

δ_i、δ_{ij}、δ_{jk}等于 0，对应的 q_i、q_{ij}、p_{jk}等于 0，否则，δ_i、δ_{ij}、$\delta_{jk}=1(\forall i,j,k)$。　(9-48)

变量非负约束：

$$p_i、p_{ij}、p_{ik}\geqslant 0;\forall i,j,k \tag{9-49}$$

上述模型可以采用混合整数规划方法求解，也可以用退火算法、遗传算法或枚举法等求解。

在最优规划的解中，若某个变量的数值为 0，则表示该变量所代表的内容不被采用。例如，$q_2=0$ 则表示第 2 座备选的转运站将不被采用；再如，$q_{12}=0$，则表示第 1 座收集站的垃圾将不被送往第 2 座转运站。

例 9-3　江苏省某经济重镇位于某市区西部，距市区约 10.9 km，全镇总面积 116.27 km^2，常住人口 61 354 人，暂住人口 55 190 人，合计 116 544 人。市末端处理设施位于市区北部，距镇中心约 23.5 km。根据规划，整个市区城镇生活垃圾年产生量为 65 万 t，预测 10 年后为 75 万 t；当前该镇的生活垃圾产生量为 135 t/d，预测 10 年后生活垃圾产生量为 154 t/d。试确定垃圾转运站的优化布局。

解　参照相关标准、当地人口密度以及垃圾收集密度，并结合实际踏勘情况共布置垃圾收集站 26 座。而后采用启发式算法对集合覆盖模型进行求解，初步优化出 7 座垃圾转运站候选位置，运用启发式算法进行集合覆盖模型优化步骤如下：

(1) 将 26 座垃圾收集站的相对位置和距离确定。因为缺乏实际距离，本题中的距离长度采用城市规划中常用的折线距离，即城市距离。

针对该城区社会、经济、交通等的实际状况，费用现值最小模型各参数的具体取值见表 9-7，对于待建垃圾转运站的固定投资，根据其实际接纳的垃圾量及实际工程经验，假定其为分段常数函数，见表 9-8。垃圾收集站、转运站和处理场相互之间的距离 L_{ik} 和 S_{kj} 按下述方法计算：

垃圾收集站和转运站候选点的距离计算公式：

$$L_{ik}=|x_k-x_i|+|y_k-y_i|$$

垃圾转运站候选点和垃圾处理场的距离：

$$S_{kj}=|x_i-x_j|+|y_i-y_j|$$

式中，x_k、y_k、x_i、y_i、x_j、y_j表示平面图中垃圾站、转运站、垃圾处理场的横、纵坐标值。

(2) 依据《生活垃圾转运站技术规范》(CJJ/T 47—2016)的相关规定，垃圾转运站的服务半径确定为 5 km。找出每一个可以作为转运站的收集点，假设其为转运站，则该转运站服务范围内的收集点集合为 $A(k)$，$k=1,2,\cdots,m$，即与该收集点距离小于或等于垃圾最优收集半径的所有收集点的集合。

(3) 找到可以给每一个收集点提供垃圾收集服务的、可作为转运站的收集点，其集合为 $B(i)$，$i=1,2,\cdots,m$。在本例题中，$A(k)$和 $B(i)$这两个转运站收集点集合是相一致的。

(4) 在 $A(i)$中，将其中的子集省去，以简化问题。

(5) 确定合适的组合解。经过前面的简化步骤，候选点已经是有限的数量，根据集合覆盖模型的目标，即以最小数量的设施点覆盖所有的需求点，应使待选点尽量地少，从组合解中剔除可以被合并的待选点。

根据计算数据和转运站就近接纳垃圾的原则，对一些距离较远的垃圾收集点与转运站的距离省略不计算。这样大大简化后续模型的计算量。拟建生活垃圾收运系统参数见表9-7，转运站固定投资与其接纳垃圾量关系见表9-8。

表9-7 拟建生活垃圾收运系统参数

参　数	数值
垃圾收集点数 M/座	26.00
转运站候选位置数 P/座	7.00
垃圾处理场数 N/座	1.00
规划使用年限 T/a	22.00
建设期 t/a	1.00
贴现率 r/%	4
转运站运行成本 E/(元/t)	1.20
C_{ik}/[元/(t·km)]	21.00
D_{kj}/[元/(t·km)]	1.50
Q_{min}/(t/d)	20.00
Q_{max}/(t/d)	150.00

表9-7中变量含义：C_{ik}为第i座收集点运往第k座转运站单位垃圾量单位距离的费用，元/(t·km)；D_{kj}为第k座转运站运往垃圾综合处理场单位垃圾量单位距离的费用，元/(t·km)；E为转运站的运行成本，元/t；Q_{min}为转运站建设的最小控制规模，t/d；Q_{max}为转运站建设的最大控制规模，t/d。

表9-8 转运站固定投资与其接纳垃圾量关系表

实际接纳中转量/(t/d)	50	100	150	200	250	300	350	400	450	500
固定投资/(万元)	100	170	230	285	325	370	400	420	450	480

由表9-8可知，固定投资随接纳垃圾量增大而增大，当接纳垃圾量大于350 t/d后，固定投资增加幅度趋缓。

利用以上模型、数据和各参数，用Matlab进行垃圾转运站的二次优化。针对垃圾收运系统的逆向物流特点，应用集合覆盖模型，确定垃圾转运站的待选点；进而运用整数规划构建的垃圾收运系统费用现值最小模型，从待选点中选出垃圾转运站的最优组合。最终选定的垃圾转运站如图9-11所示，其规模分别为：30 t/d，30 t/d，50 t/d，60 t/d，10 t/d，20 t/d，服务年限为22年，总的费用为10 401万元。

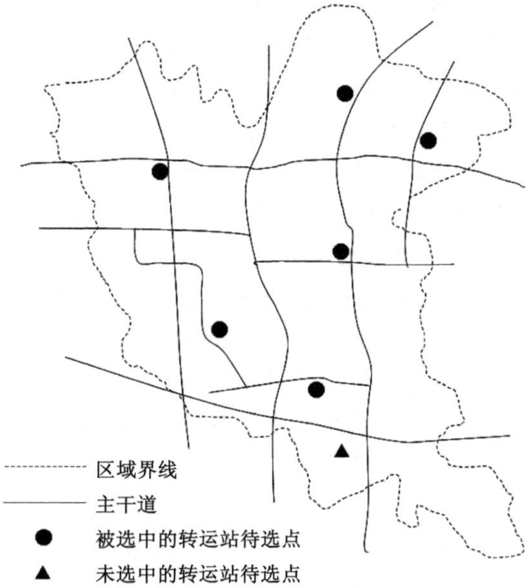

图 9-11　区域平面示意图

三、固体废物处理设施规划

（一）处理场选址过程

场址选择一般经过淘汰和比较两个阶段。淘汰阶段的任务是通过对各种限制性条件的考查，“一票否决”那些不满足限制性条件的候选场址；在比较阶段，通过对满足限制性条件的候选场址进行多因素适宜性条件比较，对参与比较的方案进行排序，推荐满意方案（图 9-12）。

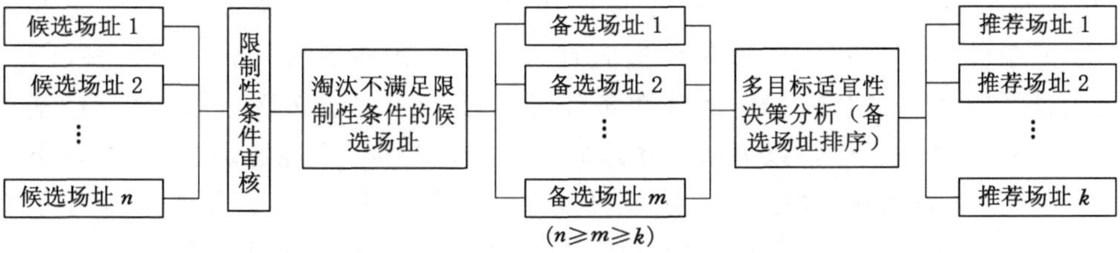

图 9-12　垃圾处理场场址选择过程

（二）选址的限制性条件

所谓限制性条件是指那些在选址过程中必须满足的条件，这些条件在相关的法律文件中有明确的条文规定。这些条件主要有以下几方面。

（1）填埋场选址需要符合城市总体规划、环境卫生专业规划以及环境规划的要求，并满足国家标准《生活垃圾填埋场污染控制标准》（GB 16889—2008）、《危险废物填埋污染控制标准》（GB 18598—2019）、《固体废物处理处置工程技术导则》（HJ 2035—2013）和《生活垃圾卫生填埋处理技术规范》（GB 50869—2013）。例如，填埋场场址设置应符合当地城乡建设总体规划要求；填埋库容应保证填埋场使用年限在 10 年及以上，特殊情况下不应低于 8

年；在当地夏季主导风向下方；地下水水流向的下游地区。

填埋场不应设在下列地区：地下水集中供水水源地及补给区，水源保护区；洪泛区和泄洪道；填埋库区与敞开式渗沥液处理区边界距居民居住区或人畜供水点的卫生防护距离在 500 m 以内的地区；填埋库区与渗沥液处理区边界距河流和湖泊 50 m 以内的地区；填埋库区与渗沥液处理区边界距民用机场 3 km 以内的地区；尚未开采的地下蕴矿区；珍贵动植物保护区和国家、地方自然保护区；公园，风景、游览区，文物古迹区，考古学、历史学及生物学研究考察区；军事要地、军工基地和国家保密地区。

(2) 垃圾焚烧厂选址应符合当地城乡总体规划、环境保护规划和环境卫生专项规划，并符合当地大气污染防治、水资源保护、自然生态保护等要求，并应通过环境影响评价的认定；根据《生活垃圾焚烧处理工程技术规范》(CJJ 90—2009)和《生活垃圾焚烧污染控制标准》(GB 18485—2014)，厂址应满足工程建设的工程地质条件和水文地质条件，不应选在发震断层、滑坡、泥石流、沼泽、流沙及采矿陷落区等地区。

生活垃圾填埋场场址的选择应避开下列区域：破坏性地震及活动构造区：活动中的坍塌、滑坡和隆起地带；活动中的断裂带；石灰岩溶洞发育带；废弃矿区的活动塌陷区；活动沙丘区；海啸及涌浪影响区；湿地；尚未稳定的冲积扇及冲沟地区；泥炭以及其他可能危及填埋场安全的区域。

上述这些条文属于强制性规定，在场址选择中具有“一票否决”的作用。还有一些并不属于强制性的条文，在厂(场)址选择中可以进行优劣比较，由于厂(场)址选择中可以比较的条件很多，而且目标不一，评价标准各异，导致厂(场)址选择成为一个多目标的决策问题，可以用各种多目标分析法协助决策。

(三) 场址适宜性分析的目标体系

确定垃圾处理场场址是一个城市的大事，场址选择不仅是一个技术问题，也是一个社会问题，越来越多的城市人群对此日益关心，反映出群众的环保意识日益加强。

垃圾处理场场址适宜性分析目标(1 级)大体可以分为 6 类 2 级目标：① 地质条件适宜性；② 地理条件适宜性；③ 环境条件适宜性；④ 保障条件适宜性；⑤ 社会条件适宜性；⑥ 经济条件适宜性。对上述 6 类适宜性条件可以做出一次或多次分解，直至最基层的指标。例如，地质条件适宜性可以分解为场地底部黏土层性质、场地边坡稳定性、地下水情况等 3 级目标；其中场地底部黏土层性质又可以分为黏土层埋深、黏土层厚度、黏土层渗透系数、其他等 4 级目标，至此，该目标已经分解完毕，此处第 4 级目标已处在最底层，最底层的目标亦称指标。图 9-13 是垃圾处理场场址适宜性分析目标体系的一般结构。

目标体系中的每一个指标对于场地适宜性评价都会有自己的贡献(正的或负的)，当然它们的贡献大小不一，在解决具体问题时，要根据当地的情况取舍和增加指标。因地制宜是建立目标体系的基本原则，在建立指标体系时，需要进行一系列的调查、评估和分析，例如工程地质和水文地质调查、环境影响分析。

在垃圾处理场选址问题上，公众参与是一个重要环节，这一内容体现在垃圾处理和运输过程的环境影响评价中。在环评中被否决的场地不再参与比较。

(四) 适宜性分析方法

场址的适宜性分析过程就是通过对影响场地选址的各种因素进行全面分析、比较，挑选出适宜性最好或较好的场地。几乎所有的多目标决策分析方法都适用于垃圾处理场的场址选择。

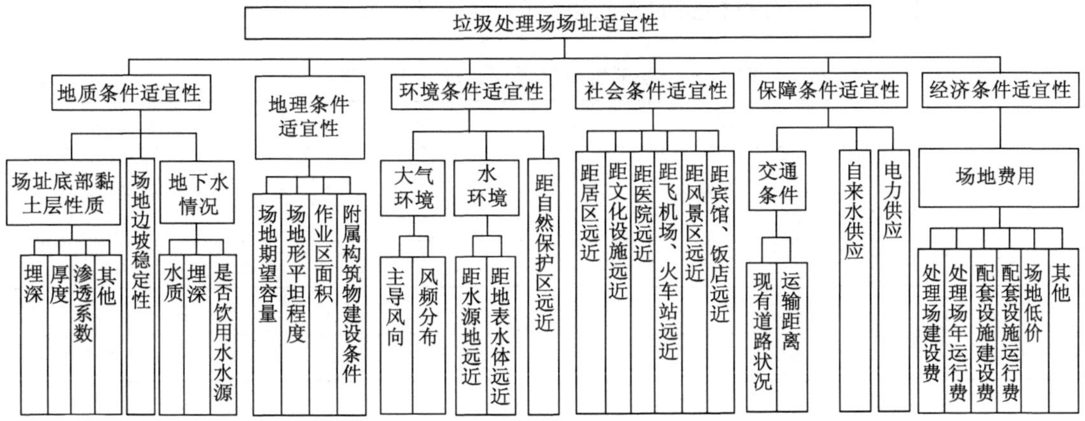

图 9-13　垃圾处理场场址适宜性分析目标体系

（五）适宜性评价标准

在场址适宜性分析中，各种指标具有不同的度量方法和量纲，因此对它们的优劣无法进行直接比较，必须对其进行无量纲化和归一化处理，形成 0～100（或 0～1）的适宜性指数。根据指数的大小对场地进行分级（表 9-9）。

表 9-9　垃圾处理场场址适宜性分级

场地等级		最佳	适宜	较适宜	勉强适宜	不适宜
适宜性指数	按 0～100	＞90	80～90	70～80	60～70	＜60
	按 0～1	＞0.9	0.8～0.9	0.7～0.8	0.6～0.7	＜0.6

例 9-4　某市确定 5 处场地作为垃圾填埋场备选场址（具体数据略），试用层次分析法确定优选场址。

解　第一步　根据当地自然社会条件，建立适宜性评价目标体系，如图 9-14 所示。

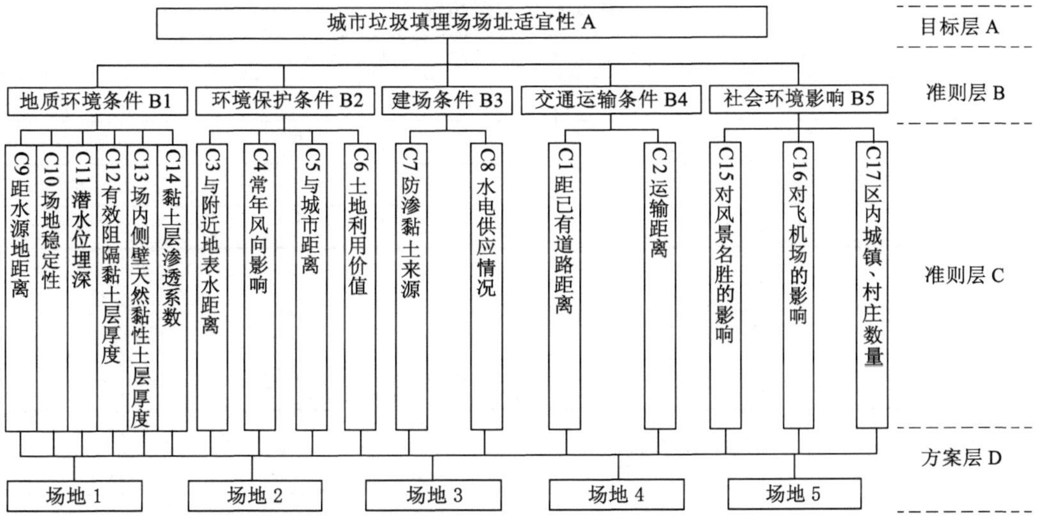

图 9-14　某市垃圾填埋场场址适宜性目标体系

第二步　建立准则层对目标层的判断矩阵(A-B 矩阵),如表 9-10 所示。

表 9-10　某市垃圾填埋场选址 A-B 矩阵

项目	B1	B2	B3	B4	B5	ω_i
B1	1	1/4	1/2	1/5	1/3	0.113 6
B2	4	1	3	1、2	5	0.563 6
B3	3	1、3	1	1、3	4	0.305 9
B4	6	2	3	1	7	0.747 1
B5	1、2	1、5	1、4	1、7	1	0.169 6

第三步　建立准则层 C 对准则层 B 的判断矩阵

(1) B1 与 C9～C14 的判断矩阵(表 9-11)

表 9-11　判断矩阵

B1	C9	C10	C11	C12	C13	C14	ω_i
C9	1	1/3	1	1	1	1/2	0.238 1
C10	3	1	3	3	3	2	0.752 2
C11	1	1/3	1	1	1	1/2	0.238 1
C12	1	1/3	1	1	1	1/2	0.238 1
C13	1	1/3	1	1	1	1/2	0.238 1
C14	2	1/2	2	2	2	1	0.455 4

(2) B2 与 C3～C6 的判断矩阵(表 9-12)

表 9-12　判断矩阵

B2	C3	C4	C5	C6	ω_i
C3	—1	2	2	3	0.776 6
C4	1/2	1	1	2	0.416 3
C5	1/2	1	1	2	0.416 3
C6	1/2	1/2	1/2	1	0.224 3

(3) B3 与 C7～C8 的判断矩阵(表 9-13)

表 9-13　判断矩阵

B3	C7	C8	ω_i
C7	1	2	0.894 4
C8	1/2	1	0.447 2

(4) B4 与 C1～C2 的判断矩阵(表 9-14)

表 9-14　判断矩阵

B4	C1	C2	ω_i
C1	1	1/2	0.447 2
C2	2	1	0.894 4

(5) B5 与 C15～C17 的判断矩阵(表 9-15)

表 9-15　判断矩阵

B5	C15	C16	C17	ω_i
C15	1	2	1	0.666 7
C16	1/2	1	1/2	0.333 3
C17	1	2	1	0.666 7

从第一步到第三步的计算结果,可以导出准则层 C 的每一个指标对目标层 A 的权重,例 如 C1 对 A 的权重为:

$$\begin{aligned} \text{C1 对目标层 A 的权重} &= \text{C1 对 B4 的权重} \times \text{B4 对 A 的权重} \\ &= 0.447\,2 \times 0.747\,1 = 0.334\,1 \end{aligned}$$

同样方法可以计算 C2～C17 对 A 的权重。

第四步　计算 5 个备选场地对 C1～C17 的权重(见表 9-16)。

表 9-16　被选场地对评价指标的权重

填埋场评价指标		场地 1	场地 2	场地 3	场地 4	场地 5
地质环境条件	距水源地距离	3.75	1	1	1	3.5
	场地稳定性	1	1	1	1	1
	潜水位埋深	0.040	0.207	0.310	0.380	1
	有效阻隔黏土层厚度	0	0	0	0	0.40
	场内侧壁天然黏土层厚度	1	1	1	1	0.72
	黏土层渗透系数	0.000 3	0.000 3	0.000 3	0.000 3	0.000 3
交通运输条件	距已有道路距离	0.15	0.85	0.80	0.4	0.1
	运输距离	1	1	0.77	0.7	1
环境保护条件	与附近地表水距离	0.625	1	1	1	0.875
	常年风向影响	0.5	0.5	0.5	0.5	1
	与城市距离	0.067	0.1	0.107	0.087	0.073
	土地利用价值	0.067	0.1	0.107	0.087	0.073
建场条件	防渗黏土来源	0.5	0.5	0.5	0.5	1
	水电供应情况	0.5	0.5	0.5	0.5	0.5

表 9-16(续)

填埋场评价指标		场地 1	场地 2	场地 3	场地 4	场地 5
社会环境影响	对风景名胜的影响	0.5	0.4	0.2	0.3	0.5
	对飞机场的影响	1	1	1	1	1
	区内城镇、村庄数量	0.522	0.6	0.6	0.522	0.6

第五步　根据上述第三步和第四步可以计算每一个场地对目标层 A 的权重：

场地 j 对目标层 A 的权重 $= \sum_{i=1}^{17}(\mathrm{C}_i$ 对 A 的权重 $\times$ 场地，对 C_i 的权重)。

据此可以计算 5 个备选场地对目标层 A 的权重(适宜性指数)，如表 9-17 所示。

表 9-17　5 个备选场地的适宜性指数

场地	Z_1	Z_2	Z_3	Z_4	Z_5	适宜性指数 Z
1	4.30	12.06	8.05	35.10	5.48	64.99
2	5.70	17.17	8.05	23.71	5.40	60.03
3	4.67	17.25	8.05	24.17	4.68	58.82
4	3.60	17.04	8.05	24.48	4.76	57.93
5	4.22	18.70	13.44	38.73	5.76	80.85

表中 $Z_1 \sim Z_5$ 是 5 个备选场地对目标体系中 5 个分目标的权重，5 个分目标权重相加得到场地的组合权重，即适宜性指数。从表 9-17 可以看出场地 5 的适宜性指数最高(80.85)，根据表 9-9 的分级标准，属于适宜场地；5 个场地的适宜性排序为：场地 5＞场地 1＞场地2＞场地 3＞场地 4。

四、固体废物处理设施的环境影响分析

(一) 垃圾填埋场污染预测

1. 渗滤液产生量预测

渗滤液是由于降水渗透通过垃圾填埋层产生的，产生渗滤液的主要动力是降水。渗滤液产生量宜采用经验公式(浸出系数法)计算。

$$Q = \frac{I \times (C_1A_1 + C_2A_2 + C_3A_3)}{1\ 000} \tag{9-50}$$

式中，Q 为渗滤液产生量，$\mathrm{m^3/d}$；I 为多年平均日降雨量，mm/d(I 的计算，数据量足时，宜按 20 年的数据计取，不足 20 年时数据按现有全部年数计算)；A_1 为作业单元汇水面积，$\mathrm{m^2}$；C_1 为作业单元渗出系数，一般采用 0.5～0.8；A_2 为中间覆盖单元的汇水面积，$\mathrm{m^2}$；C_2 为中间覆盖单元的渗出系数，宜取(0.4～0.6)C_1；A_3 为终场覆盖单元汇水面积，$\mathrm{m^2}$；C_3 为终场覆盖单元渗出系数，一般取 0.1～0.2。

2. 恶臭污染物的环境浓度分布预测

垃圾中含有大量含氮和含硫有机物，它们在分解过程中会产生一定数量的恶臭物质，其中，氨和硫化氢是最有代表性的恶臭污染物。

垃圾填埋场产生的臭味对周围环境的影响可以用大气质量模型计算。将垃圾填埋场视作一个面积有限的面源，在计算周围的恶臭物质浓度时，可以将其简化为后置点源(图 9-15)。

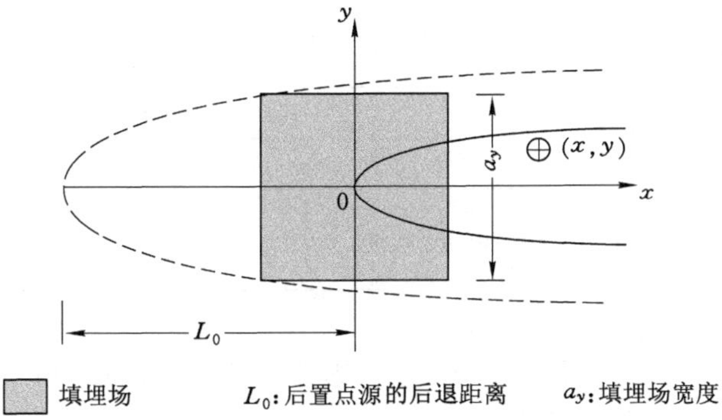

图 9-15　后置点源近似计算示意

后置点源的浓度增量分布计算公式为：

$$C=\frac{Q}{\pi u\sigma_y(x+L_0)\sigma_z(x+L_0)}\exp\left\{-\frac{1}{2}\left[\frac{y^2}{(\sigma_y(x+L_0))^2}+\frac{H_e^2}{(\sigma_z(x+L_0))_2}\right]\right\} \quad (9\text{-}51)$$

式中，C 为污染物的地面浓度，mg/m^3；Q 为填埋场污染物源强，mg/s；u 为平均风速，m/s；$\sigma_y(x+L_0)$为坐标点(x,y)处水平方向扩散参数，m；$\sigma_z(x+L_0)$为坐标点(x,y)处垂直方向扩散参数，m；L_0为后置点源的后退距离，m；y 为横向距离，m；H_e 为有效源高度，m。

后置点源的后退距离 L_0的计算：假定横向扩散系数的计算公式为 $\sigma_y=\alpha\chi^\beta$，令 $\sigma_y=a_y$，$L_0=\chi$，则：$L_0=x=\sqrt[\beta]{a_y/\alpha}$。在计算坐标点$(x,y)$的扩散系数 σ_y和σ_z时，只需令修正后的坐标 x 取值为 $x+L_0$ 即可。

（二）垃圾焚烧厂重点污染物分析

垃圾焚烧产生的大气污染物分为尘、酸性气体、重金属和有机物等四类，其中二噁英类污染物因其强致癌性备受关注。

二噁英是一类无色无味、毒性强的脂溶性物质，包括多氯代二苯并-对-二噁英(polychlorinated dibenzo-p-dioxins，简称 PCDDs)与多氯代二苯并呋喃(polychlorinated dibenzofurans，简称 PCDFs)两大类。

二噁英同类物毒性当量因子(TEF)是二噁英类毒性同类物与 2,3,7,8-四氯代二苯并-对-二噁英对 Ah(芳香烃)受体的亲和性能之比，可通过下式计算：

$$\text{TEQ}=\sum(\text{二噁英类毒性同类物浓度}\times\text{TEF})$$

式中，TEF 的数值可参考表 9-18。

表 9-18　二噁英(PCDDs 与 PCDFs)同类物毒性当量因子表

PCDDs	TEF	PCDFs	TEF
2,3,7,8-TCDD	1	2,3,7,8-TCDF	0.1
1,2,3,7,8-PeCDD	0.5	1,2,3,7,8-PeCDF	0.05
1,2,3,4,7,8-HxCDD	0.1	2,3,4,7,8-PeCDF	0.5
1,2,3,6,7,8-HxCDD	0.1	1,2,3,4,7,8-HxCDF	0.1

表 9-18(续)

PCDDs	TEF	PCDFs	TEF
1,2,3,7,8,9-HxCDD	0.1	1,2,3,6,7,8-HxCDF	0.1
1,2,3,4,6,7,8-HpCDD	0.01	1,2,3,7,8,9-HxCDF	0.1
OCDD	0.001	2,3,4,6,7,8-HxCDF	0.1
		1,2,3,4,6,7,8-HpCDF	0.01
		1,2,3,4,7,8,9-HpCDF	0.01
		OCDF	0.001

由于垃圾成分复杂和燃烧条件的变化，二噁英类的排放强度难以准确预测。有学者建议根据不同的燃烧状况确定二噁英类的排放因子 r(表 9-19)。

表 9-19　焚烧生活垃圾的二噁英类的排放因子

燃烧状态	排放因子 $r/(\mu gTEQ/t)$	
	空气中	残渣中
简陋的燃烧设备，无 APCS	500	0.5
高水平焚烧，成熟的尾气处理工艺	0.5	16.5
可控的燃烧设备，最基本的 APCS	44	64.9
可控的燃烧设备，较好的 APCS	6.9	47.6
先进的焚烧设备，完善的 APCS	0.61	19.8

注：APCS 为辅助烟气污染控制系统。

二噁英排放标准根据不同国家和地区要求以及焚烧废物类型有所不同。例如，欧盟标准为 0.1 ng TEQ/m^3。在我国，《危险废物焚烧污染控制标准》(GB 18484—2020)中焚烧危险废物的二噁英排放标准是 0.5 ng TEQ/m^3，《生活垃圾焚烧污染控制标准》(GB 18485—2014)中为 0.1 ng TEQ/m^3。我国现阶段垃圾焚烧厂在正常燃烧的情况下，排放烟气处理后监测数据显示均能满足上述标准。

1. 二噁英类的环境浓度分布

二噁英类的浓度增量分布可按照高架点源连续排放模型计算：

$$C(x,y,z,H_e)=\frac{Q}{2\pi u_x\sigma_y\sigma_z}\{\exp[-\frac{1}{2}(\frac{y^2}{\sigma_y^2}+\frac{(Z-H_e)^2}{\sigma_z^2})]+\exp[-\frac{1}{2}(\frac{y^2}{\sigma_y^2}+\frac{(Z+H_e)^2}{\sigma_z^2})]\} \tag{9-52}$$

式中，$C(x,y,z,H_e)$为坐标点(x,y,z)处的二噁英类浓度，ngTEQ/m^3；H_e为烟囱排放有效高度，m；Q 为二噁英类排放源强，ngTEQ/d；u_x为轴向计算风速，m/d；σ_y、σ_z 为坐标点(x,y,z)处的大气扩散标准差，m。

二噁英类排放源强可以按下式计算：

$$Q=r\times G\times 10^3 \tag{9-53}$$

式中，r 为焚烧垃圾的二噁英类排放因子，μgTEQ/t；G 为日垃圾焚烧量，t/d。

2. 二噁英类的最大落地浓度计算

发生最大落地浓度的距离：

$$x^{*}=\frac{u_{x}H_{e}^{2}}{4E_{z}} \tag{9-54}$$

式中，E_z 为竖向扩散系数，m^2/s。

将 x^* 代入浓度计算式，可以求得二噁英类的最大落地浓度：

$$C(x^{*},0,0,H_{e})_{max}=\frac{2Q\sqrt{E_{z}}}{\pi e u_{x}H_{e}^{2}\sqrt{E_{y}}}=\frac{2Q\sigma_{z}}{\pi e u_{x}H_{e}^{2}\sigma_{y}} \tag{9-55}$$

例 9-5　一座垃圾焚烧厂，垃圾焚烧量为 300 t/d，烟囱高度 50 m，横向扩散系数与竖向扩散系数之比为 2∶1，计算风速 3 m/s，估算二噁英类的最大落地浓度。

解　假设垃圾焚烧设施为可控的燃烧设备，配备较好的辅助烟气污染控制系统，根据表 9-19 取排放因子 $r=6.9\ \mu gTEQ/t$。计算二噁英类排放源强：

$$Q=r\times G\times10^{3}=6.9\times300\times10^{3}(ngTEQ/d)=2\ 070\times10^{3}(ngTEQ/d)$$

计算二噁英类最大落地浓度增量：

$$C(x^{*},0,0,H_{e})_{max}=\frac{2Q\sqrt{E_{z}}}{\pi e u_{x}H_{e}^{2}\sqrt{E_{y}}}=\frac{2\times2\ 070\times10^{3}}{\pi e\times(3\times86\ 400)\times50^{2}}\sqrt{\frac{1}{2}}=0.527\ (pgTEQ/m^{3})$$

计算结果表明，垃圾焚烧厂二噁英类的最大落地浓度增量小于我国生活垃圾焚烧污染控制标准（0.1 $ngTEQ/m^3$），实际浓度值还需要通过叠加环境背景浓度确定。

3. 二噁英类的环境风险分析

根据《环境影响评价技术导则》，个人终身日平均污染物暴露剂量 D[pgTEQ/(kg·d)]按下式计算：

$$D=C\times M/70 \tag{9-56}$$

式中，C 为人群暴露的二噁英空气环境浓度，$pgTEQ/m^3$；M 为成年人日均摄入的环境介质（空气）量，m^3/d，一般可取 10～15 m^3/d；70 为成人的平均体重，kg。

根据二噁英类浓度计算模型的计算结果和人群的暴露条件计算环境风险。该标准可以借鉴国际数值，例如，世界卫生组织规定：通过呼吸对人体产生影响的限值为 0.4 pgTEQ/(kg·d)（为人体每日最大允许摄入量的 10%）。

例 9-6　根据例 9-5 结果，评价在最大落地浓度点附近长期生活的人群风险。

解　取该处人群日均摄入的空气量 M 为 15 m^3/d，计算二噁英类的暴露量：

$$D=C\times M/70=0.527\times15/70\times=0.11\ pgTEQ/(kg\cdot d)$$

从风险计算结果看，最大落地浓度点附近二噁英类对人体健康的风险小于世界卫生组织界定的数值。

此例题计算结果是垃圾焚烧厂二噁英排放对环境浓度的贡献，由于二噁英在环境中的普遍存在，此数值是否满足安全要求，还需要结合二噁英的本底浓度综合分析。

思考题

1. 城市固体废物处理系统规划与水污染控制规划、大气污染控制规划有何不同？
2. 城市固体废物处理系统规划的基本任务及工作重点有哪些？

3. 哪些因素会影响城市固体废物收集、处理等过程的费用？

4. 已知某城市 2014—2023 年的固体废物产生量如表 9-20 所示，用灰色系统模型法估算该城市未来几年固体废物产量。

表 9-20 城市固体废物产生量

年份	2014	2015	2016	2017	2018	2019	2020	2021	2022	2023
垃圾产生量/t	15 511	15 823	16 063	16 789	17 050	17 581	18 544	18 974	19 399	19 640

5. 以例 9-4 所列数据为基础，假设再增加 3 个转运站，试利用线性规划方法建立目标函数与约束方程。

6. 某市有 8 个行政区，备选垃圾填埋场 3 处，其中 2 处现有，1 处拟建；在建和拟建垃圾焚烧发电厂 2 座；资源回收中心 2 处；堆肥场 1 处；垃圾转运站 2 座。试确定焚烧、堆肥、回收和填埋 4 种处理方法的比例。

第十章 环境决策分析

导 读

决策分析是一种选择行为的全部过程，科学决策分析需要科学的理论、方法及技术的支撑。本章重点围绕科学决策分析理论与方法，使读者掌握决策分析的构成要件，不同类型决策问题的决策理论、方法与技术以及在环境问题科学决策中的应用。

第一节 概 述

一、决策的基本概念

所谓决策是指在某些条件的约束下，决策人从所有可能的策略（方案）中，按照某种准则选择最优策略（方案）的过程。任何决策问题都要由以下几个要素构成。

1. 决策者

决策者是决策的主体，是决策行为的发起者，是指在一定层次上为了某种共同的利益而进行公平、公正与合理选择的群体（委员会）、个人或组织。

2. 决策方案

决策方案又称代替方案，是一种达到目标的手段和选择的对象。决策分析者的任务就是为决策者设计出若干不同的具有可替代性的方案，称之为方案集，用 A 表示，$A=(a_1,a_2,\cdots,a_n)$，A 的元素 a_i 为可能采取的行动方案。显然 A 是一个确定而有限的集合，称决策空间，为非空集。

3. 决策环境

决策环境是指各种决策方案可能面临的不以人的意志为转移的客观条件，如水文、气象、市场、政策等，通常用 X 表示自然客观状态的集合，用 x_j 来描述第 j 个可能的客观状态，则

$$X=(x_1,x_2,\cdots,x_j),j=1,2,\cdots,m \tag{10-1}$$

在决策中，有时自然状态是不确定的，有时可以测定各种自然状态出现的概率，记为

$p_1, p_2, \cdots, p_m$，且 $\sum_{i=1}^{m} p_i = 1$。

4. 决策目标

决策目标是决策者的期望，是决策者对损益值的追求。

5. 决策的准则

准则是衡量选择方案的目的、目标、属性、正确性等的标准。可以采用单一准则进行决策，如投资的净效益最大，也可以采用多准则进行决策，如经济净效益最大、生态环境不利影响最小等。

二、决策的一般过程

任何一个行政决策都是一个动态过程，都要经过若干个阶段和步骤，这就形成了行政决策程序。在管理科学中，决策过程可归纳为以下几个基本过程：

① 认识阶段，主要是探索环境，诊断问题或机会所在，确定决策目标；

② 设计阶段，收集信息，进行系统建模，拟定各种可能的备选方案；

③ 选择阶段，对多种备选方案进行综合评价并从中选出最满意的方案；

④ 实施阶段，主要是执行决策，实施所选决策方案；

⑤ 控制阶段，主要通过对决策任务的执行控制和监督，在实施中对原有决策作出评价、调整和结果反馈。

三、环境决策及其分类

环境决策主要是针对环境管理或环境治理提出来的问题进行的决策。它具有一般决策的基本特征，遵循决策的一般过程；同时，环境决策具有自己的特殊性：① 由于环境面对的是一个包含人与自然的复合系统，因此，环境决策将可能是一个包含对策的过程；② 解决环境问题的备选方案比较多，因此，环境决策就是一个需要通过系统科学的方法从众多的解决环境问题的备选方案中选出一个最优的可付诸实施的方案的过程；③ 由于未来的环境状态很多是不可知的，因此，环境决策具有很大的不确定性。由于我国主要是政府代表社会承担管理环境的责任，所以环境决策多数属于政府环境保护主管部门的行政决策。

由于环境系统的复杂性，从不同的角度，环境决策可以分为不同的类型。

1. 根据决策分析的层次分类

第一个层次为环境战略决策，目标是协调环境与发展的关系，实现地区和各行业的可持续发展。这一层次的环境决策和社会、行政等其他决策关系密切，通过决策提出的环境保护战略供更高层次社会综合决策作参考。

第二个层次的环境决策是环境战术决策，它是在环境战略决策指导下进行的。环境战术决策是在环境保护战略确定的前提下，寻求实现这一战略最佳的环境保护方案，包括区域水污染控制规划方案、区域大气污染控制方案、城市固体废弃物处理与处置方案等。

第三个层次的环境决策是在环境战术决策指导下进行的，属于技术决策，任务是选择最佳技术措施、管理措施和其他具体措施。中间层次环境决策要用到大量的最优化技术和决策技术，而在高层环境决策和技术决策中，经验决策占有相当大的比例。

2. 根据决策是否有先例分类

(1) 常规决策

常规决策又叫程序化决策，要决策的问题重复出现，决策方法和决策内容有先例可以借鉴。这一类决策一般是中低层次决策，如对新建、改扩建项目的环境影响评价大纲和报告书的审批，常常是属于常规决策的范围。规定详细的决策程序和决定权限，按有关的详细规定和政策作出决定。

(2) 非常规决策

非常规决策又称非例行决策，要决策的问题不经常出现，没有先例可循，不能采用程序化的方式进行处理。非常规决策的特点是：① 它面临的问题和情况是突然发生的，没有先例，对问题的性质和结构往往不清楚，需要作调查研究才能够掌握问题的本质，作出正确决断；② 它往往存在较为复杂的内外环境和条件，因而决策难度很大；③ 一些环节没有办法进行定量分析，要靠决策人员的经验和洞察力。

(3) 部分常规决策

部分常规决策是介于上述二者之间的决策。

对于任何一个组织，越是高层，非常规性决策占的比例越大，而基层则以常规性或程序性决策居多。

3. 根据决策结果的确定程度分类

(1) 确定型决策

确定型决策是指决策者对每个可行方案未来可能发生的各种自然状态及其结果掌握比较清楚，有确定把握的决策。这时，可从可行方案中选择一个最有利的方案作为决策方案。

(2) 风险型决策

风险型决策是指每一种方案都可能遇到几种不同的环境、条件，可能出现多种结果，但出现某类结果的概率是可以确定的决策。依据不同概率所拟定或选择的方案，虽然对达到人们期望的后果有一定的把握，但也存在一定的风险。

(3) 非确定型决策

非确定型决策，是指决策者对未来事件虽有一定程度的了解，知道可能出现的各种自然状态，但又无法确定各种自然状态可能发生的概率的情况下所作出的决策。

除了上述分类外，根据决策对象的不同，环境决策可以分为大气环境污染控制决策、水环境污染控制决策、生态环境修复决策等；根据环境决策的目标数量，环境决策可以分为单目标决策与多目标决策等。

第二节　常用的环境决策分析方法

常用的环境决策分析方法包括确定型环境决策分析、风险型环境决策分析和不确定型环境决策分析。

一、确定型环境决策

在外部条件完全确定的情况下进行的决策称为确定型决策。一般来说，确定型环境决策具备以下条件：① 只存在一个确定的目标，多目标决策不属于确定型决策；② 只存在一个确定的环境，条件和系统具有明显的变化趋势，容易进行预测，不存在任何不确定性因素或不确定性因素可以忽略；③ 存在两个或两个以上可供选择的方案，不同方案的后果都可以定量计算。污水处理系统的厂群规划、污水输送管网的设计、污水处理优化设计以及废气治理优化设计等都属于确定型决策问题。

确定型环境决策面对的是每个决策行动都只产生一个确定的结果，可以根据完全确定的情况选择最佳决策方案。确定型环境决策分析的一般准则是：选择环境收益最大或环境损失最小的替代方案为最佳方案。

确定型环境决策是一种相对简单的决策，决策分析方法主要是优化方法，包括线性规划法与微分法等。例如，进行水污染控制系统规划时，可能存在着三个水质目标和三个规划方案，对应地存在不同的费用（见表 10-1），只要环境管理部门确定一个环境质量控制标准，那么方案的选择就是确定的了。若环境质量标准规定为一类或二类，最优方案是方案 1，若将标准放宽到三类，则最优方案就是方案 2 了。

表 10-1　确定型决策矩阵

方案	费用/万元		
	一类标准	二类标准	三类标准
1	285	220	205
2	346	230	156
3	580	390	210

二、风险型环境决策

一般来说，风险型环境决策要求具备以下条件：

① 有一个明确的决策目标；

② 存在着可供决策者选择的两个或两个以上的可行性方案；

③ 存在着不为决策者主观意志为转移的两种或两种以上的自然状态，并且均可估算出每一自然状态的概率值；

④ 不同的可行性方案在不同自然状态下的损益值可以计算出来；

⑤ 未来将出现哪种自然状态不能准确确定，但其出现概率可以预估出来。

具备以上 5 个条件，即构成一个完整的风险型决策。

（一）风险型环境决策模型

风险型环境决策模型的具体内容如下：

① 一个有限数量备选（策略）方案的集合为 $A=(a_1,a_2,\cdots,a_n)$。

② 一个自然状态集合为 $X=(x_1,x_2,\cdots,x_m)$。

③ 外部状态的概率集合为 $P=(p_1,p_2,\cdots,p_m)$。

④ 每一策略和每一自然状态下可能发生的收益或损失值为 $y_{ij}=F(x_i,a_j)$，$i=1,2,\cdots,m$，$j=1,2,\cdots,n$。

⑤ 各个方案的损益期望值为 $E_i=\sum_{j=1}^{n}y_{ij}p_j$。

（二）风险型环境决策方法

风险型问题的主要决策方法有期望损益值决策法、决策矩阵法及决策树法等。

1. 期望损益值决策法

期望损益值决策法是通过比较各方案的期望损益值来进行决策的方法。该方法通过分别计算各个方案在不同自然状态下的期望损益值，然后通过比较，选择环境收益最大或期望损失最小的代替方案为最优方案，模型如下：

$$\max E_i[Y(\alpha_i,X)] = \sum_{j=1}^{m} P(x_j)\cdot Y(\alpha_i,x_j) \quad i=1,2,\cdots,n \tag{10-2}$$

式中　$\alpha_i=\{\alpha_1,\alpha_2,\cdots,\alpha_n\}$——风险决策问题的决策空间；

$X=\{x_1,x_2,\cdots,x_m\}$——风险决策问题的状态空间；

$P=\{p_1,p_2,\cdots,p_m\}$——自然状态的概率集合；

$Y=\{Y_{ij}\}$——各方案在各自然状态下的损益值。

$$\min E_i[Y'(\alpha_i,X)] = \sum_{j=1}^{m} P(x_i)\cdot Q'(\alpha_i,x_j) \quad i=1,2,\cdots,n \tag{10-3}$$

式中　$Q'=\{\alpha_i,x_j\}$——各方案在各自然状态下的损失值。

例 10-1　某河流的年平均流量变化可以分为 6 个值：100 m^3/s、120 m^3/s、150 m^3/s、200 m^3/s、280 m^3/s 和 400 m^3/s，相应的发生概率为：0.1、0.25、0.5、0.1、0.04 和 0.01。设想 3 种污水处理方案，它们在不同流量下的损益值（“＋”表示收益，“－”表示损失）组成如表 10-2所示。

表 10-2　损益矩阵

方案	年平均流量/(m^3/s)	100	120	150	200	280	400	综合期望收益 E
	发生概率	0.10	0.25	0.50	0.10	0.04	0.01	
1	投资	－200	－200	－200	－200	－200	－200	－109.3
	收益	＋50	＋70	＋90	＋140	＋180	＋200	
2	投资	－100	－100	－100	－100	－100	－100	－52.3
	收益	＋20	＋30	＋50	＋80	＋100	＋120	
3	投资	－70	－70	－70	－70	－70	－70	－58.7
	收益	＋5	＋8	＋12	＋17	＋20	＋25	

由上表的计算结果可以看出，方案 2 的总损失期望值最低，为 3 个方案中的最满意方案。

2. 决策矩阵法

所谓矩阵法就是通过矩阵运算来求方案的效益期望值的方法。

设 $A=\{A_1,A_2,\cdots,A_n\}$为决策者所有可能行动方案的集合。$A_i(i=1,2,\cdots,n)$是它的分量，记

$$\mathbf{A} = [A_1,A_2,\cdots,A_n]^{\mathrm{T}} \tag{10-4}$$

我们称它为方案向量。同样

$$\mathbf{X} = [x_1,x_2,\cdots,x_m]^{\mathrm{T}} \tag{10-5}$$

称为状态变量，若状态 $x_j(j=1,2,\cdots,m)$发生的概率记作 $P(x_j)=p_j$。

$$\mathbf{P} = [p_1,p_2,\cdots,p_m]^{\mathrm{T}} \tag{10-6}$$

称为状态概率向量，且有

$$\sum_{j=1}^{m} p_j = 1 \tag{10-7}$$

$$\boldsymbol{Y}=\begin{pmatrix} y_{11} & y_{12} & \cdots & y_{1m} \\ y_{21} & y_{22} & \cdots & y_{2m} \\ \vdots & \vdots & & \vdots \\ y_{n1} & y_{n2} & \cdots & y_{nm} \end{pmatrix} \tag{10-8}$$

称为损益矩阵。

A_i 的收益期望值为

$$E(A_i)=\sum_{j=1}^{m}p_jy_{ij}$$

若记
$$E(\boldsymbol{A})=[E(A_1),E(A_2),\cdots,E(A_n)]^{\mathrm{T}}$$

则有

$$E(\boldsymbol{A})=\boldsymbol{YP}=\begin{pmatrix} y_{11} & y_{12} & \cdots & y_{1m} \\ y_{21} & y_{22} & \cdots & y_{2m} \\ \vdots & \vdots & & \vdots \\ y_{n1} & q_{n2} & \cdots & y_{nm} \end{pmatrix}\begin{pmatrix} p_1 \\ p_2 \\ \cdots \\ p_m \end{pmatrix}=\begin{pmatrix} \sum_{j=1}^{m}p_jy_{1j} \\ \sum_{j=1}^{m}p_jy_{2j} \\ \vdots \\ \sum_{j=1}^{m}p_jy_{nj} \end{pmatrix}=\begin{pmatrix} E(A_1) \\ E(A_2) \\ \vdots \\ E(A_n) \end{pmatrix} \tag{10-9}$$

进行决策时，求 $\boldsymbol{A}=\max\limits_{A}[E(\boldsymbol{A})]$，则 $\boldsymbol{A}$ 为最优方案（决策目标是收益大）。若 $E(A_i)=E(A_{i+l})$（$l\neq 0, 0<i+l<n$），就要比较另一个指标 $D(A_i)$。$D(A_i)$ 为第 i 个方案的期望值与它的收益值的下界之差，即

$$D(A_i)=E(A_i)-\min(y_{ij}) \tag{10-10}$$

若 $D(A_i)\neq D(A_{i+l})$，则选择小的；若 D 值相同，则任选一个均可。

若求 $A_i=\min[E(\boldsymbol{A})]$，则 A_i 为最优方案（决策目标为损失小）。若 $E(A_i)=E(A_{i+l})$，（$l\neq 0, 0<i+l<n$），则比较损失值的上界与期望值之差，即

$$D(A_i)=\max(q_{ij})-E(A_i) \tag{10-11}$$

若 $D(A_i)>D(A_{i+l})$，则选择 A_i。

3. 决策树法

由于决策过程通常可以表示成一个“树枝”状的图形，因而称这种决策过程图为决策树。当决策过程可以按因果关系、复杂程度和从属关系分成若干等级时，可以用决策树进行决策。决策树法是进行风险型环境决策最常用的方法之一，它能使环境决策问题形象直观，思路清晰，层次分明。

决策树的一般结构如图 10-1 所示。图中的方块形符号称为决策点，由此引出的分枝称为方案分枝，生成各种方案供决策者选择；圆圈形符号代表状态点，由此引出的分枝称为概率分枝，概率分枝表示方案的不同状态，并在其上标明状态发生的概率；三角形符号是决策树的终点，终点的数值表示各种状态的损益值。

用决策树进行决策时，一般用逆向求解策略，即从图的右端开始逐一向左进行分析，根据概率分枝的概率值和相应终点的损益值计算各状态的期望值，将期望值分别标在各状态点上，然后根据期望值的大小进行方案决策。

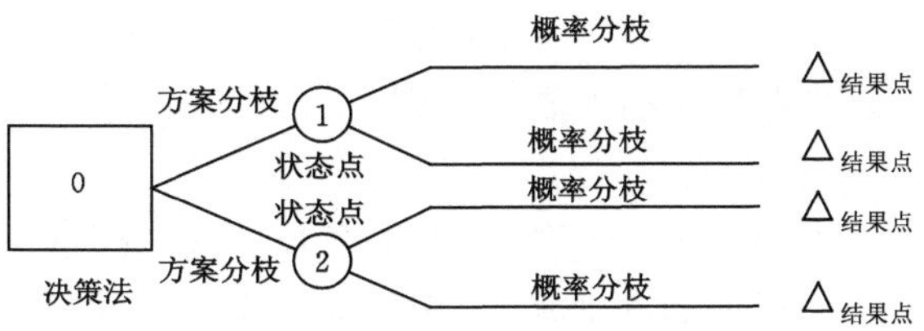

图 10-1 决策树结构图

例 10-1 的例子也可以用决策树方法求解，决策树求解如图 10-2 所示。

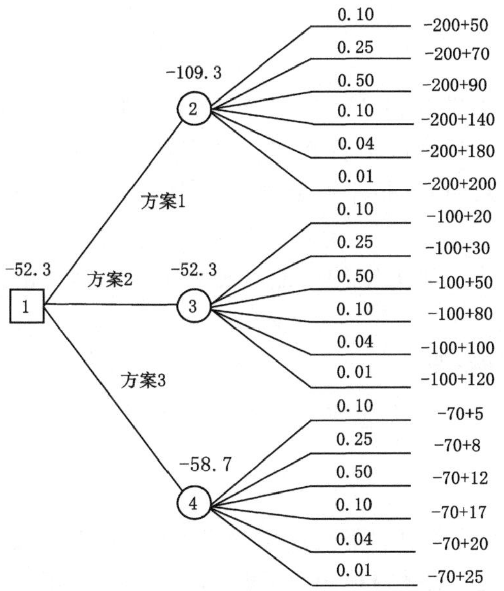

图 10-2 方案 1、2 和 3 的决策树

三、不确定型环境决策

所谓不确定型决策，是指仅仅知道各种方案在各种自然状态下的损益值，但在不知道各种自然状态发生的概率的条件下进行决策。这种情况下的决策主要决定于决策者的经验、素质。

根据决策者的态度进行决策，可以采用如下几种准则进行方案选择。

1. 悲观准则

悲观准则也叫华尔德决策准则(Wald decision criterion)，它是一些比较小心、谨慎的所谓“保守型”决策者常用的方法。该法的主要特点是：对客观情况持悲观态度，从坏处着想，在各种最坏的情况下选择好一点的结果，因此又称该法最大-最小(max-min)决策方法。其决策程序是：首先从每一个方案中选择一个最小的收益值，然后再从这些最小收益值所代表的不同方案中，选择一个收益最大的方案作为备选方案。模型如下：

从每一个方案 a_j 的收益向量中选最低的一个

$$y^*_{ij1}(a_j) = \min_i\{y_{ij}\} \tag{10-12}$$

再从这些不同方案收益的最小值中选择最大值

$$y_{iq}(a_q) = \max_j\{y_{ij}^*\} \tag{10-13}$$

式中 a_q 是选择的方案。该准则又称小中取大准则。

2. 乐观准则

乐观准则也叫最大-最大(max-max)原则,该法多被一些敢想敢干、敢担风险的所谓"进取型"决策者所采用。乐观决策法的准则是"大中取大",即首先从每个方案中选择一个最大的收益值,然后再从这些方案中的最大收益值中选择一个最大值,该值所对应的即为最优抉择,其特点是实现方案选择中的乐观原则。模型如下:

$$y_{ij2}^*(a_j) = \max_i\{y_{ij}\} \tag{10-14}$$

$$y_{iq}(a_q) = \max_i\{y_{ij}^*\} \tag{10-15}$$

3. 折中准则

折中准则又叫赫威决策准则,其特点是对客观条件的估计既不乐观也不悲观时则可以采用折中的方法。在应用时要求决策者确定一个系数——折中系数 α,满足 $0<\alpha<1$,当决策者对未来的估计比较乐观时,其折中系数值可取大于 0.5 的值;当对未来的估计比较悲观时,可取小于 0.5 的值。

该方法用小中取大得到的某方案的最低值和大中取大得到的最大值取折中值,即

$$y_{ij}^{**} = \lambda \cdot y_{ij2}^* + (1-\lambda) y_{ij1}^* \tag{10-16}$$

然后从折中值中挑选最大值,即

$$y_{iq}(a_q) = \max_j(y_{ij}^{**}) \tag{10-17}$$

从而得到可以选择的方案 a_q。

4. 最小最大后悔准则

如果决定选择某方案,而出现的不是期望的自然状态,人们会产生后悔情绪。如果希望决策后出现的后悔情况最小,根据报酬矩阵,可以计算出后悔矩阵。采取某方案和发生某状态的后悔值为该自然状态各方案中最大收益值与该方案该状态下值的差。

$$r_{ij} = \max_k\{y_{ik}\} - y_{ij} \tag{10-18}$$

对每个方案可能产生的后悔值进行比较,找出最大值,记为

$$R_i = \max\{r_{i1}, r_{i2}, \cdots, r_{im}\} \tag{10-19}$$

对各个方案的最大后悔值进行比较,取其中最小值对应的方案。

$$R_q(a_q) = \min_i\{R_i\} \tag{10-20}$$

第三节　多目标环境决策分析

一、环境问题的多目标特征

环境问题的开放性决定了任何一项环境决策都是一个多目标问题。一方面,生产的发展创造了大量的财富,使人们的物质生活和文化生活水平得以提高;另一方面,在生产过程中排放的大量的污染物使环境质量下降,资源受到破坏,造成人们财产和健康的损失,这就是说,人们的物质、文化生活的提高是以环境质量、生活质量的一部分下降为代价的;同时,任何一项旨在改善环境质量的环境工程的实施,都会改善环境质量,但由于一项环境工程要耗费大量的社会财富,如建筑材料、电力等,这就不可避免地要影响到社会的物质产品和文

化产品的生产，这就是说，环境质量的任何改善，都要以社会的物质产品和文化产品的减少为代价。

任何一项环境工程，特别是大、中型的区域性污染控制工程，几乎与所有的社会部门都有关。一般说来，产生污染物的物质生产部门都希望能放宽环境要求，因为环境目标的放宽可以节省大量的污染控制费用；但另一些生产部门，如自来水厂、以水为原料的食品厂和染织厂等却因水质污染而受到直接的损害。人们从不同的立场和角度来观察环境的污染与改善，对环境质量有着不同的看法与要求。这种常常相互矛盾的要求，集中体现为环境质量目标与经济发展目标之间的矛盾。环境质量和经济发展这一对矛盾可以概括为：人们到底愿意以多大的经济代价把环境质量控制在什么水平上？问题很明确，环境质量已经不再是一个约束条件，而是一个可以协调的目标，它和社会的经济发展是两个相辅相成的目标。只有当环境质量和社会的经济状况相匹配时，才是最佳的组合方案。

除了经济和环境质量这两个重要目标，环境工程决策可能还要考虑其他目标，例如社会就业率、水资源的合理分配、能源节约等，这些要根据具体情况来定。

人们在考虑环境保护问题时，总是自觉或不自觉地考虑和权衡着各种相互矛盾冲突的目标。在实际中，常常是一部分人代表着一个部门或一个社会团体的利益，有时不同部分人之间的意见和要求往往是对立的，这种对立反映在各自主张的目标上。对此，需要在较高的层次上对这些目标进行协调，最终要取得一个多数人都能接受的、对全局最为有利的方案。

在单一目标的问题中，目标函数的表达和计量都很明确。在多目标问题中，各个目标之间不仅可能相互对立，且计量单位各不相同。例如，环境质量目标常以污染物在环境中的浓度或某种环境质量指数计量，而经济方面的目标却以货币计量，两种不同量纲的目标如何比较和协调呢？这就是多目标规划所要解决的问题。

二、多目标决策的基本概念

在单目标决策中，各种方案的目标值是可比的，因此，总可以分出方案的优劣。在多目标决策中，问题就比较复杂，例如，当问题是要求总目标值最大时，一个目标的增大有可能导致另一个目标的下降，这时，就不可能像单目标决策中那样，只追求一个目标的最优而弃其余目标于不顾。

图 10-3 所示为一个双目标规划问题，共包含 7 个方案。就方案①和②来说，①的第二目标值比②高，但第一目标值比②低，因此，无法简单地判定它们的优劣。但根据图 10-3 可以确定：③比②好，④比①好，而⑦又比③好，⑤又比④好，但在⑤、⑥、⑦之间却难以确定其优劣。像⑤、⑥、⑦这样难以比较其优劣，而又没有其他方案比其更好的解，在多目标决策中称为非劣解（或有效解），其余方案都称为劣解。多目标决策的目的，就是要在一系列的非劣解中产生一个满意解。

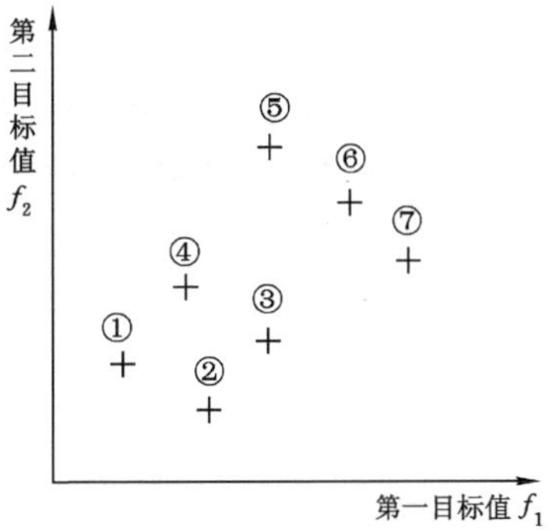

图 10-3　双目标规划中的劣解和非劣解

单目标决策（最优规划）问题可以用下述模型描述

$$\left.\begin{aligned} \max\ f(\boldsymbol{x}) \\ G(\boldsymbol{x}) \leqslant \boldsymbol{g} \end{aligned}\right\} \tag{10-21}$$

式中　$\boldsymbol{x}$——取决于变量数目的 n 维向量；

G——k 个约束函数的集合；

$\boldsymbol{g}$——由约束常数构成的 m 维向量；

n——变量数目；

k——约束函数的数目。

对于多目标决策问题，可以类似地写出

$$\left.\begin{array}{l}\max F(\boldsymbol{x}) \\ G(\boldsymbol{x}) \leqslant \boldsymbol{g}\end{array}\right\} \tag{10-22}$$

式中，F 是目标函数集合。对于线性目标函数，式(10-22)可以写作：

$$\max F(\boldsymbol{x}) = \boldsymbol{A}\boldsymbol{x}$$

$$\boldsymbol{B}\boldsymbol{x} \leqslant \boldsymbol{b} \tag{10-23}$$

式中　$\boldsymbol{A}$——$m \times n$ 阶矩阵；

$\boldsymbol{B}$——$k \times n$ 阶矩阵；

$\boldsymbol{b}$——m 维向量。

对于多目标决策问题的零解，需要作出如下复合选择：

① 每一个目标函数取什么值可取得原问题的满意解；

② 每一个决策变量取什么值可取得原问题的满意解。

三、多目标决策方法

目前提出的多目标决策方法很多，这里对几种主要方法作一介绍。

（一）效用最优模型

效用最优模型是建立在如下假设之上的：将各种目标函数与显式的效用函数建立相关关系，各目标之间的协调可以通过效用函数进行。效用最优模型的形式为

$$\left.\begin{array}{l}\max \varphi(\boldsymbol{x}) \\ G(\boldsymbol{x}) \leqslant \boldsymbol{g}\end{array}\right\} \tag{10-24}$$

式中　$\varphi(\boldsymbol{x})$——与各目标函数相关的效用函数的加和函数。

在效用模型中，要确定一组权系数 λ_i，反映各个目标函数在总目标中的权重。一般假定权值 λ_i 之间呈线性关系，于是

$$\left.\begin{array}{l}\max \varphi(\boldsymbol{x}) = \sum\limits_{i=1}^{m} \lambda_i f_i(\boldsymbol{x}) \\ G_k(\boldsymbol{x}) \leqslant \boldsymbol{g}_k \quad \forall k\end{array}\right\} \tag{10-25}$$

根据权的定义，应用

$$\sum_{i=1}^{m} \lambda_i = 1$$

效用模型可以用于推导和论证某些环境决策问题，但由于推求与目标函数相关的效用函数的难度很大，而且效用函数的主观因素较强，在环境决策中应用还很少。

（二）罚款模型

如果对于每一个目标函数，决策者都可以提出一个期望值（或称满意值）f_i^*，那么就可以通过比较实际值 f 与期望值 f_i^* 之间的偏差来选择问题的解。罚款模型的数学表达式为

$$\left.\begin{array}{l}\min Z=\sum_{i=1}^{m}\alpha_i(f_i-f_i^*)^2\\ G_k(\boldsymbol{x})\leqslant g_k\quad\forall k\end{array}\right\}\tag{10-26}$$

式中 α_i——与第 i 个目标函数相关的权系数。

罚款模型也是将多目标问题向单目标问题转化的一种方法。在处理环境决策问题时，关键是要给出各个目标函数的期望值(如期望的环境质量指标、污染控制费用指标、资源消耗指标等)和权系数 α_i 的值。罚款模型的缺点就在于难以给定权系数 α_i。

（三）目标规划模型

目标规划模型的形式为

$$\left.\begin{array}{l}\min Z=\sum_{i=1}^{m}(f_i^+-f_i^-)\\ g_k(\boldsymbol{x})\leqslant g_k\quad\forall k\\ f_i+f_i^--f_i^+=f_i^*\quad\forall i\end{array}\right\}\tag{10-27}$$

式中，f_i^+ 和 f_i^- 分别表示目标 f_i 与期望值 f_i^* 相比的超过值与不足值。与罚款模型一样，应用目标规划模型时也要求决策者预先给出目标的期望值。

（四）约束模型

当目标可以给出一个范围时，该目标就可以作为约束条件而被排除出目标组，原问题可以简化为单目标决策问题。约束模型的数学形式为

$$\left.\begin{array}{l}\max f_1(\boldsymbol{x})\\ g_k(\boldsymbol{x})\leqslant g_k\quad\forall k\\ f_i^{\min}\leqslant f_i\leqslant f_i^{\max}\quad\forall i,i\neq 1\end{array}\right\}\tag{10-28}$$

式中，$f_i^{\min}$ 和 $f_i^{\max}$ 分别为原目标函数所给定的下限和上限。若 f 在预先给定的范围$[f_i^{\min},f_i^{\max}]$内的变化引起目标函数 $f_1(\boldsymbol{x})$的剧烈变化时，有必要检验目标函数 f_1 对约束条件 f_i 的灵敏度和稳定性。

（五）递阶模型

如果能够按照重要性对目标组中的每一个目标函数排序，就可以按顺序对每一个目标逐步最优化。递阶模型的数学表达式为

$$\left.\begin{array}{l}\begin{cases}\max f_1(\boldsymbol{x})\\ G(\boldsymbol{x})\leqslant\boldsymbol{g}\end{cases}\\ \begin{cases}\max f_2(\boldsymbol{x})\\ G(\boldsymbol{x})\leqslant\boldsymbol{g}\\ f_1(\boldsymbol{x})\geqslant\beta_1 f_1(\boldsymbol{x})\end{cases}\end{array}\right\}\tag{10-29}$$

$$\begin{cases}\max f_3(\boldsymbol{x})\\ G(\boldsymbol{x})\leqslant\boldsymbol{g}\\ f_1(\boldsymbol{x})\geqslant\beta_1 f_1^0(\boldsymbol{x})\\ f_2(\boldsymbol{x})\geqslant\beta_2 f_2^0(\boldsymbol{x})\end{cases}\tag{10-30}$$

式中 f_1^0,f_2^0——分别为第Ⅰ步和第Ⅱ步中求出的目标 f_1 和 f_2 的最优值；

$\beta_1,\beta_2(\beta_1\leqslant 1、\beta_2\leqslant 1)$——决策者为 f_1 和 f_2 限定的一个判定区间，即由决策者给定的

f_1^0 和 f_2^0 的均需下降比例。

递阶模型避免了各个不同目标之间的直接协调，在目标的相对重要性可以给定时，递阶模型具有一定的实际意义。

（六）最小-最大模型

最小-最大模型的第一步是对每一个目标进行独立最优化。

$$\left.\begin{aligned}&\max\ f_i(\boldsymbol{x}) \quad \forall i\\ &g_k(\boldsymbol{x}) \leqslant g_k \quad \forall k\end{aligned}\right\} \tag{10-31}$$

用 $f_i^0(\boldsymbol{x})$表示对 $f_i(\boldsymbol{x})$进行独立最优化的目标值，以 $\boldsymbol{x}^i$ 表示相应于 $f_i^0(\boldsymbol{x})$的决策变量。将 $\boldsymbol{x}^i$ 代入除 $f_i(\boldsymbol{x})$以外的每一个目标函数 $f_j(\boldsymbol{x})(j=1,\cdots,n,j\neq i)$，得到一列目标值 $f_j(\boldsymbol{x}^i)$。显然，$f_j(\boldsymbol{x}^i)$小于或等于每一个目标函数独立最优化时的最优值 $f_j^0(\boldsymbol{x})$。将目标函数的计算结果列于表 10-3。

表 10-3　最小-最大模型计算表

	目标函数				
	f_1	…	f_i	…	f_m
$\boldsymbol{x}^1$	$f_1(\boldsymbol{x}^1)$	…	$f_i(\boldsymbol{x}^1)$	…	$f_m(\boldsymbol{x}^1)$
⋮	⋮	⋮	⋮	⋮	⋮
$\boldsymbol{x}^i$	$f_1(\boldsymbol{x}^i)$	…	$f_i(\boldsymbol{x}^i)$	…	$f_m(\boldsymbol{x}^i)$
⋮	⋮	⋮	⋮	⋮	⋮
$\boldsymbol{x}^m$	$f_1(\boldsymbol{x}^m)$	…	$f_i(\boldsymbol{x}^m)$	…	$f_m(\boldsymbol{x}^m)$

最小-最大模型的第二步是构造偿付矩阵 $\boldsymbol{P}$。偿付矩阵 $\boldsymbol{P}$ 的形式和数值与表 10-3 是一致的。

为了计算上的方便，可以对偿付矩阵作标准化处理。最简便的标准化方法是用每一列中的最大值 $f_i(\boldsymbol{x}^i)$除以同一列的各个元素，得到一个所有元素都小于或等于 1 的无量纲偿付矩阵。

为了协调各个目标之间的关系，可以采用如下方法：

$$\left.\begin{aligned}&\min\ \eta\\ &\beta_i\{f_i^0(\boldsymbol{x}_i)-f_i(\boldsymbol{x})\}\leqslant \eta \quad \forall i\\ &G(\boldsymbol{x})\leqslant \boldsymbol{g}\\ &\eta\geqslant 0\end{aligned}\right\} \tag{10-32}$$

（七）帕累托(Pareto)模型

在多目标决策问题中，所有的非劣解都具有下述特征：若不以降低其他目标函数为代价，任何一个目标函数的值都不可能得到改善。非劣解的这种特性称为帕累托性质。

通常，一个多目标问题得到的不是一个，而是一系列的非劣解，这些非劣解组成一个有效边界。帕累托模型认为，多目标决策的最满意的解是有效边界上的这样一个点，由这一点至各目标“理想解”的距离最小。

帕累托模型可以用图 10-4 来说明。该图表示由两个目标构成的决策问题。图中由 $ABCDEF$ 围成的空间表示多目标问题的可行域，Z 点表示目标 1(f_1)和 2(f_2)的共同“理想解”，由 Z 至有效边界的最短距离为$\overline{ZM}$，M 点就被定义为帕累托最优解。

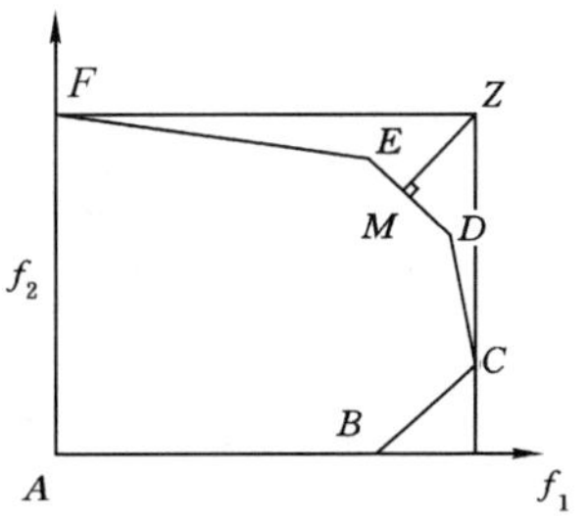

图 10-4　帕累托最优解

（八）层次分析法

人们在处理环境决策或社会经济问题决策时，常常涉及经济、社会、人文等不容易定量的因素。在作比较时，这些因素的重要性、影响力或者优先程度往往难以量化，而人的主观选择起很大作用。尽管决策问题具有确定性，但常用于因果关系分析和统计分析的数学工具很难发挥作用。20 世纪 70 年代由美国运筹学家萨蒂提出了一种能够有效处理这一类问题的方法，称为层次分析法(analytical hierarchy process，AHP)。层次分析法是一种新的定性分析与定量分析相结合的多目标决策分析方法。这种分析方法的特点是将分析人员的经验判断给予量化，对于目标(因素)结构复杂且缺乏必要数据的环境系统问题更为实用，是处理定性与定量相结合的问题比较简便易行且行之有效的一种系统分析方法。

AHP 法通过分析复杂问题所包括的因素及其相互关系，将问题分解为不同的要素，并把这些要素归并为不同的层次，从而形成多层次结构。每一层次可按某一规定准则，对该层次元素进行两两比较，建立判断矩阵。通过计算判断矩阵的最大特征根及其对应的正交化特征向量，得出该层次因素对于某一准则的权重。在此基础上，计算各层次因素对于总体目标的组合权重，得出不同规划方案的权值，为选择最优方案提供依据。

运用层次分析法解决问题一般分为 6 个步骤。

1. 明确问题

包括问题的范围、具体的要求、所包含的因素及各因素之间的关系，以确定所需资料是否满足要求。

2. 建立层次分析模型

系统分析时，经常遇到一个相互联系、相互制约且由许多因素构成的复杂系统，用 AHP 法分析时，首先要把问题层次化、条理化，以构造出一个层次模型。层次模型一般分为：① 最高层(目标层)：表示解决问题的目的或要达到的目标，一般只有一个目标，如有多个分目标时，可以在下一层设立一个分目标层；② 中间层(准则层)：表示采取某种方案的措施和实现预定目标时所涉及的中间环节，一般可分为准则层或约束层、策略层；③ 最低层(方案层)：表示可选用的各种方案、措施。

最简单的层次结构分为三层，如图 10-5 所示。

由于判断目标是否达到要用各个准则来衡量，所以在准则层中，各单元(C_i)和目标(A)要用直线相连接。各方案也均需用各准则来检验，所以，方案层各方案(P_j)与准则层各准则(C_i)也要用直线相连接。

3. 构造比较判断矩阵

建立分析层次后，可逐层逐项两两比较，通常利用评分的方法比较它们的优劣。比较时，可先从最低层(方案层)开始。如图 10-5 中，P_j($j=1\sim n$)方案在准则 C_i($i=1\sim m$)下两两比较，可得到判断矩阵，如表 10-4 所示。

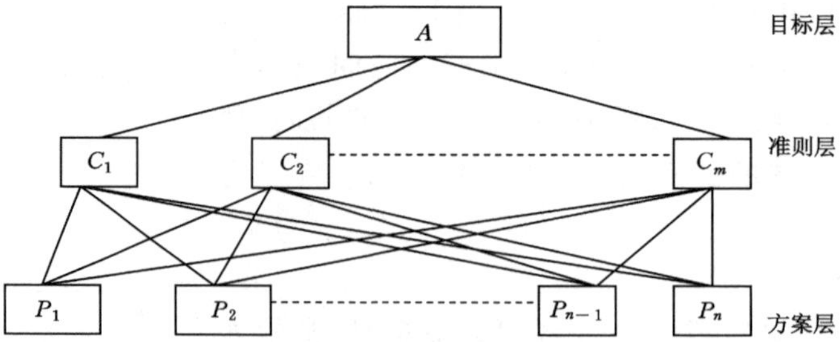

图 10-5 层次图

表 10-4 判断矩阵

C_i	P_1	P_2	…	P_n
P_1	b_{11}	b_{12}	…	b_{1n}
P_2	b_{21}	b_{22}	…	b_{2n}
⋮	⋮	⋮	⋮	⋮
P_n	b_{n1}	b_{n2}	…	b_{nn}

判断矩阵 b_{ij} 的系数可通过如下方法确定：

对于准则 C_i，有

如果 P_i 与 P_j 优劣相等，则 $b_{ij}=1$；

如果 P_i 稍优于 P_j，则 $b_{ij}=3$；

如果 P_i 优于 P_j，则 $b_{ij}=5$；

如果 P_i 甚优于 P_j，则 $b_{ij}=7$；

如果 P_i 极优于 P_j，则 $b_{ij}=9$。

同样，如果 P_i 劣于 P_j，则有

如果 P_i 稍劣于 P_j，则 $b_{ij}=1/3$；

如果 P_i 劣于 P_j，则 $b_{ij}=1/5$；

如果 P_i 甚劣于 P_j，则 $b_{ij}=1/7$；

如果 P_i 极劣于 P_j，则 $b_{ij}=1/9$。

这里引用了 1～9 的标度方法，如果两方案比较，数字判断为折中值时，可插入 2、4、6、8 数值。

对于判断矩阵，显然有

$$b_{ij}=1, i=j$$

$$b_{ij}=1/b_{ji}\begin{pmatrix} i=1,2,\cdots,n \\ j=1,2,\cdots,n \end{pmatrix}$$

b_{ij} 的值要依据资料、专家意见和分析人员的经验，经反复研究后确定。

以上对于每一准则 $C_i(i=1\sim m)$ 列出了判断矩阵。同样，对于目标 A 来说，m 个准则的重要程度也要通过两两比较，以构造判断矩阵。

进行两两比较时，被比较两个元素的属性应该接近，否则定量化无意义。把各因素之间进行的两两比较引入 1～9 的数值标度，是将思维判断数量化的一种好方法。人们区分属性

相近事物的差别，习惯用相同、较强、强、很强、非常强这类语言来表达，用1～9的数值可以表达这类同时被比较的事物某种属性的差异。1～9的数值标度并不是唯一可供选择的，有人提出26种取值方法，但经过比较认为，1～9的数值标度是较为合理的方法。

应指出，由于人们对客观事物的认识存在一定的片面性，所获得的判断矩阵一般不具有一致性，只有判断矩阵具有完全一致性或满意一致性时才能用于层次分析法。因此，必须对判断矩阵作一致性检验。

4. 层次单排序

这一步要解决两个问题：① 根据判断矩阵，对于上一层次某元素而言，计算本层次与之有联系元素重要性的权值，它是本层次所有元素对上一层次重要性排序的基础；② 对判断矩阵作一致性检验。

如在准则 C_i 下，n 个元素 $P_1,P_2,\cdots,P_n$ 排序的权重计算，可以通过求解判断矩阵 $\boldsymbol{B}$ 的最大特征根 $\lambda_{\max}$，并满足关系式 $\boldsymbol{BW}=\lambda_{\max}\boldsymbol{W}$，其中，$\lambda_{\max}$ 为 $\boldsymbol{B}$ 的最大特征根，$\boldsymbol{W}$ 为对应于 $\lambda_{\max}$ 的特征向量。分量 $W_i(i=1,2,\cdots,n)$ 为对应于元素 $P_1,P_2,\cdots,P_n$ 在准则 C_i 下单排序的权值。可以证明，对于 n 阶判断矩阵，其最大特征根为单根，且 $\lambda_{\max}\geqslant n$。当 $\lambda_{\max}=n$，其余特征根均为零时，则 $\boldsymbol{B}$ 具有完全一致性。如果 $\lambda_{\max}$ 稍大于 n，其余特征根接近于零时，则 $\boldsymbol{B}$ 只有满意一致性。

为检验判断矩阵的一致性，需计算一致性指标

$$CI=\frac{\lambda_{\max}-n}{n-1}$$

当 $CI=0$，即 $\lambda_{\max}=n$ 时，可判断矩阵具有完全一致性；反之，亦然。

RI 为判断矩阵的平均随机一致性指标，对于1～9阶的矩阵，RI 的值见表10-5。

表10-5　判断矩阵的平均随机一致性指标 *RI*

n	1	2	3	4	5	6	7	8	9
RI	0.00	0.00	0.58	0.90	1.12	1.24	1.32	1.41	1.45

判断矩阵的一致性指标 CI 与同阶平均随机一致性指标 RI 之比，称为随机一致性比例，为

$$CR=CI/RI$$

当 $CR\leqslant 0.10$ 时，判断矩阵具有满意一致性。在分析过程中，如果所获得的判断矩阵既不具有完全一致性也不具有满意一致性时，分析人员需要重新构造判断矩阵，直到所构造的判断矩阵具有完全一致性或满意一致性为止。

5. 层次总排序

利用层次单排序的计算结果，综合出对于更上一层次的优劣顺序，就是层次总排序。以图10-5为例，若已分别得到 $P_1,P_2,\cdots,P_n$ 对于 $C_1,C_2,\cdots,C_m$ 的顺序和 $C_1,C_2,\cdots,C_m$ 对于 A 的顺序，则 $P_1,P_2,\cdots,P_n$ 对于 A 的顺序可用表10-6说明。

表10-6中，层次 C 对于层次 A 已完成单排序的权值分别为 $a_1,a_2,\cdots,a_m$；层次 P 对于层次 C 各元素 $C_1,C_2,\cdots,C_m$ 单排序的权值分别为 $w_{11},w_{21},\cdots,w_{n1}$；$w_{12},w_{22},\cdots,w_{n2}$；$\cdots$；$w_{1m},w_{2m},\cdots,w_{nm}$。总排序的权值由表10-6右列公式求出。

表 10-6 层次总排序

层次 P	层次 C				总排序权值
	C_1	C_2	…	C_m	
	a_1	a_2	…	a_m	
P_1	w_{11}	w_{12}	…	w_{1m}	$\sum_{j=1}^{m} a_j w_{1j}$
P_2	w_{21}	w_{22}	…	w_{2m}	$\sum_{j=1}^{m} a_j w_{2j}$
⋮	⋮	⋮	⋮	⋮	⋮
P_n	w_{n1}	w_{n2}	…	w_{nm}	$\sum_{j=1}^{m} a_j w_{nj}$

某一层次对上一层次某元素权向量的确定,可以用严格的数学方法求权系数向量,这里需要计算矩阵的特征向量和特征根,计算比较麻烦。由于层次分析法本身处理的数据就不是很精确,所以用近似而简单的方法更合理。下面介绍 2 种比较实用的算法。

(1) 和法

① 将 A 的每一列归一化运算,得到归一化的列向量,归一化计算后的列向量的所有元素之和为 1。

$$a'_{ij} = \frac{a_{ij}}{\sum_{j=1}^{m} a_{ij}} \tag{10-33}$$

② 对新的列向量组成的矩阵,按行求和,得到一个新向量。

$$a''_i = \sum_{j=1}^{m} a'_{ij} \tag{10-34}$$

③ 将上述新的列向量归一化处理,得到的就是近似的特征向量,它就作为该层次元素对上一层次某元素的权向量。

$$w_i = \frac{a''_i}{\sum_{i=1}^{m} a''_i};w = (w_1, w_2, \cdots, w_m)^{\mathrm{T}} \tag{10-35}$$

④ 按下式计算作为特征根的近似值:

$$\hat{\lambda} = \frac{1}{n}\sum_{i=1}^{m} \frac{(Aw)_i}{w_i} \tag{10-36}$$

(2) 幂法

① 任取 n 维归一化初始向量 $w^{(0)}$;

② 有了第 k 阶归一化向量 $w^{(k)}$,计算

$$w^{(k+1)} = Aw^{(k)}, k = 0,1,2,\cdots \tag{10-37}$$

③ 对计算出来的 $k+1$ 阶向量进行归一化计算

$$w'^{(k+1)} = \frac{w^{(k+1)}}{\sum_{i=1}^{m} w_i^{(k+1)}} \tag{10-38}$$

④ 对于预先给定的精度要求，当 $|w_i^{(k+1)}-w_i^{(k)}|\leqslant\varepsilon$，$\forall i$ 成立，则该向量就是所求的特征向量，也是权向量。

⑤ 计算最大特征根，有

$$\lambda=\frac{1}{n}\sum\frac{w_i^{(k+1)}}{w'^{(k)}_i} \tag{10-39}$$

这是迭代方法，其有数学定理作为计算合理性的保证，初始向量可以采用加和法求出的结果。

6. 一致性检验

完成了层次总排序后，需要检验整个递阶层次模型的判断一致性。检验方法是计算层次总排序随机一致性比例 CR，其值小于或等于 0.10 时，则认为层次总排序具有一致性；否则，需要对判断矩阵作适当调整，直至满意为止。

其中

$$CI=\sum_{i=1}^{m}a_iCI_i;\quad RI=\sum_{i=1}^{m}a_iRI_i$$

CI_i，RI_i 分别为与 a_i 对应的 P 层次中判断矩阵的一致性指标和随机一致性指标。

例 10-2　电镀厂处理电镀废水，有 4 种技术处理方案可供选择，即凝聚法、离子交换法、活性炭吸附法和电解上浮法。选择处理方案的条件，是在所处理废水达标的前提下，考虑方案的简单可行、费用低、效果好。因为每种方案各有其优缺点，试用层次分析法确定方案的选择问题。

解　(1) 建立层次模型(见图 10-6)

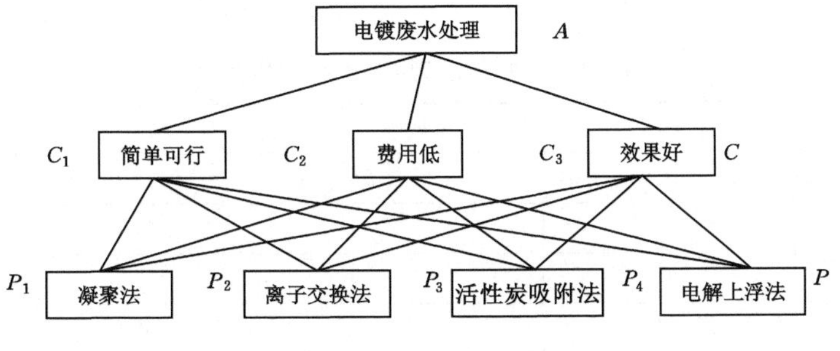

图 10-6　层次模型

(2) 构造判断矩阵

建立了层次分析以后，可逐层逐项进行两两比较，利用评分法比较其优劣。

比较时，可以先从最高层开始，图 10-6 中，C_1，C_2，C_3 准则与上一层次的电镀废水处理这一目标进行两两评比，假定决策者在方案的选择上构造了如表 10-7 所示的判断矩阵。

表 10-7　判断矩阵

A	C_1	C_2	C_3
C_1	1	1/5	3
C_2	5	1	7
C_3	1/3	1/7	1

经计算，得

$\lambda_{max}=3.065, w=(0.188, 0.731, 0.081)^T, CI=\frac{\lambda_{max}-n}{n-1}=0.033, RI=0.58, CR=\frac{CI}{RI}=0.06<0.10$

所以，上述判断矩阵具有满意一致性。

根据 4 个候选方案的特点，经过讨论，确定各判断矩阵如下：

对于准则 C_1(简单可行)，判断矩阵如表 10-8 所示。

表 10-8　对于准则 C_1 的判断矩阵

C_1	P_1	P_2	P_3	P_4
P_1	1	3	5	6
P_2	1/3	1	3	5
P_3	1/5	1/3	1	2
P_4	1/6	1/5	1/2	1

经计算，得

$\lambda_{max}=4.15, w=(0.466, 0.267, 0.108, 0.076)^T, CI=0.05, RI=0.9, CR=0.06<0.10$

所以，上述判断矩阵具有满意一致性。

对于准则 C_2(费用低)，判断矩阵如表 10-9 所示。

表 10-9　对于准则 C_2 的判断矩阵

C_2	P_1	P_2	P_3	P_4
P_1	1	5	1	5
P_2	1/5	1	1/5	1
P_3	1	5	1	5
P_4	1/5	1	1/5	1

经计算，得

$\lambda_{max}=4.117, w=(0.118, 0.565, 0.246, 0.055)^T, CI=0.039, RI=0.9, CR=0.04<0.10$

所以，上述判断矩阵具有满意一致性。

对于准则 C_3(效果好)，判断矩阵如表 10-10 所示。

表 10-10　对于准则 C_3 的判断矩阵

C_3	P_1	P_2	P_3	P_4
P_1	1	1/5	1/3	3
P_2	5	1	3	7

表 10-10(续)

C_3	P_1	P_2	P_3	P_4
P_3	1	1/3	1	5
P_4	1/3	1/7	1/5	1

经计算，得

$\lambda_{\max} = 4.00, w = (0.417, 0.083, 0.417, 0.083)^{\mathrm{T}}, CI = 0, RI = 0.9, CR = 0 < 0.10$

所以，上述判断矩阵具有完全一致性。

(3) 层次总排序

层次总排序结果如表 10-11 所示。

表 10-11　层次总排序结果

P	C			层次总排序
	C_1	C_2	C_3	
	0.188	0.731	0.081	
P_1	0.466	0.118	0.417	0.209
P_2	0.267	0.565	0.083	0.470
P_3	0.108	0.246	0.417	0.247
P_4	0.076	0.055	0.083	0.061

(4) 一致性检验

$$CI = \sum_{i-1}^{m} a_i CI_i = 0.188 \times 0.05 + 0.731 \times 0.039 + 0.081 \times 0 = 0.038$$

$$RI = \sum_{i-1}^{m} a_i RI_i = 0.188 \times 0.90 + 0.731 \times 0.90 + 0.081 \times 0.90 = 0.90$$

$$CR = CI/RI = 0.038/0.90 = 0.042 < 0.10$$

所以，上述判断矩阵具有满意一致性。

思考题

1. 由于环境决策的复杂性，环境决策分为几类？
2. 常用的环境决策分析方法有哪些？
3. 如何建立风险型环境决策模型？风险型环境决策方法有哪些？
4. 多目标决策方法有哪些？
5. 如何运用层次分析法解决问题？

第十一章　突发性环境污染事故的预防

导　读

突发性环境污染事故具有“发生的突然性、形式的多样性、危害的严重性、处理的艰巨性”等特点，但其发生、发展及消除过程的规律可循，因而是可以预防的。本章基于事故预防原理的理论基础，构建了突发性环境污染事故分析、预测、预防的完整内容和体系结构，主要步骤为：系统及功能单元划分、危险因素辨识、系统安全分析、事故后果预测、预防对策制定，为构建突发性环境污染事故预防体系提供了解决思路和方法，有效地防止或减少了突发性环境污染事故的发生。

在现代工业高速发展的同时，世界环境史上曾发生过几起震惊世界的突发性重大环境污染事件，其中影响最大、后果最严重的当数 20 世纪 80 年代发生的印度博帕尔市农药厂异氰酸酯毒气泄漏与苏联切尔诺贝利核电站事故。随着经济的迅速发展，社会经济生产活动中发生的突发性环境污染事故进入高发期，尤其是石油化工原料、成品及有毒有害危险品的生产、贮存、运输过程中均隐含着不同程度的突发事故风险，这不仅严重地威胁着人类健康及生命财产的安全和生态环境，而且制约着社会经济的发展，因此突发性环境污染事故的预防研究非常重要。

第一节　突发性环境污染事故及其预测

一、突发性环境污染事故

突发性环境污染事故是指在瞬时或较短时间内大量非正常排放或泄漏剧毒或污染环境的物质，对人民生命财产造成巨大损失，同时对生态环境造成严重危害的恶性环境污染事故。

突发性环境污染事故和一般环境污染事故相比较，二者具有许多共性，如都对生态环境具有破坏作用，对人类的健康和生命安全造成严重威胁和伤害，以及会造成国家财产不同程度的损失等。但突发性环境污染事故不同于一般的环境污染事故，它往往无固定的排放方式和排放途径，发生突然、难以控制、防不胜防、来势凶猛，对经济、社会和生态环境破坏性大，对人民群众及其他生物生命安全危害极大，综合起来主要表现在以下几个方面。

（一）发生的突然性

一般的环境污染事故是污染物质常量的排放，有固定的排污方式和途径，并在一定时间内有规律地排放。突发性环境污染事故由于引发其发生的人为活动或自然因素具有一定的不确定性，事故的发生有很强的偶然性与意外性，往往突然形成，污染物排放没有固定的方式，而且排放途径也不定，在瞬间或极短时间内就造成危害。

（二）形式的多样性

突发性环境污染事故包括放射性污染事故、溢油事故、爆炸污染事故、农药及有毒化学品污染事故等多种类型，涉及众多行业与领域。就某一类事故而言，造成污染的因素众多，十分复杂，生产、贮存、运输、使用和处置不当等都有可能发生污染事故。另外，突发性环境污染事故具有多样化的表现形式。

（三）危害的严重性

一般的环境污染事故危害性相对较小，不会对人们的正常生活、生产秩序造成严重影响。突发性环境污染事故发生突然，在瞬时内大量泄漏、排放有毒有害物质，如果事先没有采取防范措施，在很短时间内往往难以控制，不仅会打乱一定区域内的正常生活、生产秩序，还会造成人员伤亡、社会财产的巨大损失和生态环境的严重破坏，经济影响和社会影响都较大。

（四）处理处置的艰巨性

突发性环境污染事故涉及的污染因素较多，如一次排放量大，污染面广且发生突然，危害强度高，很难在短期内控制，加之目前人们掌握突发性事故的监测技术、处理方法有限，给处理处置带来了困难。处理此类事故必须快速及时、措施得当有效，否则后果严重。因此，突发性污染事故发生后的监测、处理比一般的环境污染事故的处理复杂且更为艰巨，难度更大。

（五）事故发生规律的可循性

尽管突发性污染事故的发生存在着明显的不确定性，但事故前的系统状态变化却是一个按客观规律演变的连续变化过程，突发事故的发生只是该系统连续变化过程中符合客观科学规律的一个突变。因此，应研究分析突发性污染事故的发生规律，建立危险源系统状态变化的动态模型，掌握突发事故发生前的系统变化及导致该系统状态突变的原理和规律，为突发环境事故的预防提供可能。

二、突发性环境污染事故的预测

如同一切事物一样，事故亦有其发生、发展以及消除的过程，可归纳为三个阶段：孕育阶段、生长阶段和损失阶段。孕育阶段是事故发生的最初阶段，此时事故处于无形阶段，人们可以感觉到它的存在，而不能指出它的具体形式；生长阶段是由于基础原因的存在，使得管理缺陷、不安全状态和不安全行为得以发生，成为生产事故的隐患阶段，此时，事故处于萌芽状态，人们可以具体指出它的存在；损失阶段是生产中的危险因素被某些偶然事件触发而发生事故，造成人员伤亡和经济损失的阶段。因而突发性环境污染事故是可以预防的，预防工作目的就是要避免或减小因发生事故而造成的损失。

突发性环境污染事故预防就是以实现系统安全为目的，应用安全系统工程的原理和方法，对系统中存在的危险因素进行分析与辨别，判断系统发生事故危害的可能性及后果，制定管理决策和防范措施，有效防止或减少该类事故的发生。即通过分析、了解系统中潜在的危险性、发生事故的概率和可能产生的后果，找出事故发生的原因和薄弱环节，进而对系统进行调整，加强薄弱环节，消除潜在危险，达到系统的安全目标和最优化。

（一）事故预防的原理

事故预防原理是以事故致因理论为基础，分析和控制事故的根源和条件，辨识事故的征兆和诱因，针对已经发生的事故，遏制和阻断其发展进程、降低其严重程度的具有普遍意义的基本规律。

1. 事故预防的系统观

事故预防的系统观是事故预防和控制技术的认识论基础。

① 事故预防技术依赖于系统安全理论的发展。事故是系统运动的一种状态，发生于系统的运动中，不是孤立事件，也不是孤立运动。事故原因是系统组分或结构的一种变化状态。原因和事故之间的因果关系，是由系统的运动规律决定的，要完整地认识事故发生的机理并有效地预防事故，应当用系统论的观点和理论研究事故。

② 事故预防技术依赖于安全系统技术的进步。改善生产工艺和生产设备、生产条件，落实和改进各项安全系统措施，使事故得到有效预防。由于生产工艺和设备种类繁多，相应地，系统安全技术的种类也相当多。随着科学技术的不断发展，已经形成了较完善的系统安全技术体系，先进的科学技术手段逐渐取代人的感官和经验，可以灵敏、可靠地发现不安全因素，从而使人们可以及早地采取控制措施，把事故消灭在萌芽状态。

2. 系统危险源原理

危险源即危险的根源。哈默认为，危险源是可能导致人员伤害或财产损失事故的、潜在的不安全因素。生产、生活中的许多不安全因素都是危险源。在系统安全研究中，认为危险源的存在是事故发生的根本原因，防止事故就是消除、控制系统中的危险源。

根据危险源在事故发生、发展中的作用，把危险源划分为以下两大类。

(1) 第一类危险源

根据能量意外释放论，把系统中存在的、可能发生意外释放的能量或危险物质称作第一类危险源，如产生能量的装置、设备；使人体或物体具有较高势能的装置、设备、场所等。一般地，能量被解释为物体做功的本领。做功的本领是无形的，只有在做功时才显现出来。因此，实际工作中往往把产生能量的能量源或拥有能量的能量载体作为第一类危险源处理，如带电的导体、奔驰的车辆等。

第一类危险源具有的能量越多，一旦发生事故其后果越严重。相反，第一类危险源处于低能量状态时比较安全。同样，第一类危险源包含的危险物质的量越多，其危险性越大。

(2) 第二类危险源

系统中导致约束、限制能量措施失效或破坏的各种不安全因素称作第二类危险源，主要包括人失误、物的故障及环境不良三个方面的问题。

人失误是指人行为的结果偏离了预定的标准，是非故意的人的不安全行为。人失误可能直接破坏第一类危险源的控制，造成能量或危险物质的意外释放，如合错开关使检修中的线路带电，误开阀门使有害气体泄放等。人失误也可能造成物的故障，物的故障进而导致事故。

物的故障是指由于性能低下不能实现预定功能的现象，可能直接使约束、限制能量或危险物质的措施失效而发生事故，如电线绝缘发生漏电。有时，一种物质的故障可能导致另一种物的故障，最终造成能量或危险物质的意外释放。例如，压力容器的泄压装置故障，使容器内部介质压力上升，最终导致容器破裂。有时，物的故障会诱发人失误，而人失误也会造成物的故障。

环境不良是指系统运行中可能引起物的故障或人失误的不良环境，包括温度、湿度、照明、粉尘、通风换气、噪声和振动等物理环境，以及企业和社会的软环境。例如，潮湿的环境会加速金属腐蚀而降低结构或容器的强度。

第二类危险源往往是一些围绕第一类危险源随机发生的现象，它们出现的情况决定事故发生的可能性。第二类危险源出现得越频繁，发生事故的可能性越大。

(3) 两类危险源关系

两类危险源协同作用导致事故的发生。第一类危险源是事故发生的前提，第二类危险源是第一类危险源导致事故发生的必要条件。两类危险源相互依存、相辅相成。第一类危险源决定事故后果的严重程度，第二类危险源出现的难易决定事故发生的可能性的大小。两类危险源共同决定危险源的危险性。图 11-1 为两类危险源的事故因果连锁模型。

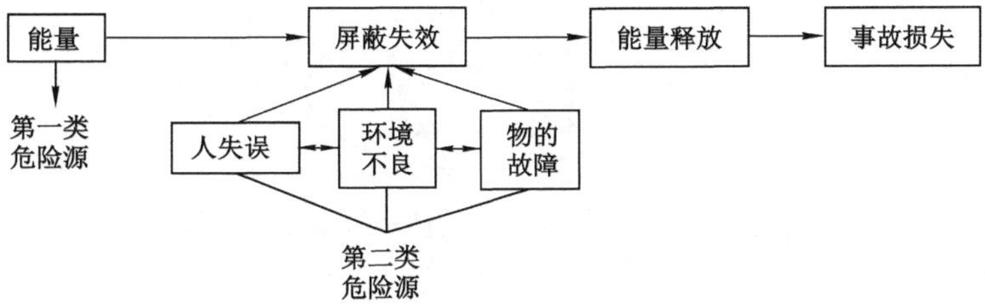

图 11-1 两类危险源的事故因果连锁模型

3. 能量意外释放理论

能量意外释放理论是 20 世纪 60 年代由美国人吉布森提出、哈登修改，在发展中逐渐完善的。该理论认为，人类在生产过程中利用能量且必须采取措施控制能量，使能量按照人们的意图产生、转换和做功。如果由于某种原因失去了对能量的控制，超越了人们设置的约束或限制，就会发生违背人类意愿的意外的能量释放，生产活动中止而发生事故。如果意外释放的能量作用于人体，且超过人体的承受能力，则将造成人员伤害；如果意外释放的能量作用于设备、建筑物、物体等，且超过它们的抵抗能力，则将造成设备、建筑物、物体的损坏。

美国矿山局的扎别塔基斯根据能量意外释放理论，建立了事故因果连锁模型(图11-2)。该模型描述了事故发生的逻辑过程(图 11-2 中的实线)及事故预防的逻辑过程(图 11-2 中的虚线)。

(1) 事故发生的逻辑过程

管理失误、个人原因、环境原因是事故的直接原因，人的不安全行为、物的不安全状态及其相互作用是事故的直接原因，这些原因造成系统中的能量或危险物质的意外释放，从而导致人员伤亡和财产损失。事故发生之后，需要采取应急处置等措施消除事故影响，同时需要开展事故调查、危险分析，找到事故原因、汲取事故教训、提高安全意识。

(2) 事故预防的逻辑过程

为了预防能量的意外释放，可以按照图 11-2 中的虚线，从降低能量或危险物质数量、加

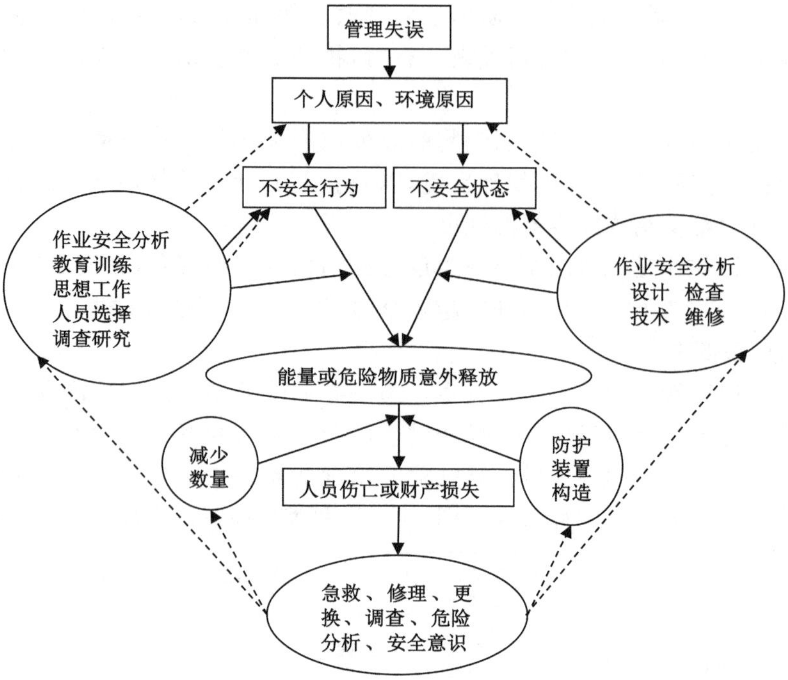

图 11-2 能量意外释放的事故因果连锁模型

强防护设施两方面入手;为了避免人的不安全行为和物的不安全状态及管理欠缺,可以从教育训练、人员选择等管理方面和设计、检查、维修等工程技术方面入手。

4. 人的认知过程失误原理

人是安全系统中最重要、最活跃的因素,常常也是导致事故发生的主要因素。1969 年美国人瑟利提出从人的认知过程分析事故致因的模型。

该模型把事故的发生过程分为危险出现和危险释放两个阶段。在危险出现阶段,如果人的信息处理的每个环节都正确,危险就能被消除或得到控制。反之,就会使操作者直接面临危险;在危险释放阶段,如果人的信息处理过程的各个环节都正确,则虽然面临已经显现出来的危险,但仍然可以避免危险的释放,不会遭受伤害或损害,反之,危险就会转化成伤害或损害,如图 11-3 所示。

由图中可以看出,两个阶段具有相类似的信息处理过程,即三个部分、六个问题:

① 对危险的出现(或释放)有警告吗?警告的意思是指工作环境中对安全状态与危险状态之间的差异的指示。任何危险的出现或释放都伴随着某种变化,只是有些变化易于察觉,有些则不然。而只有使人感觉到这种变化或差异,才有避免或控制事故的可能。

② 感觉到这个警告了吗?这包括两个方面:一是人的感觉能力问题,包括操作者本身的感觉能力,如视力、听力较差等;二是工作环境对人的感觉能力的影响问题。

③ 认识到这个警告了吗?这主要指操作者在感觉到警告信息之后,是否正确理解了该警告所包含的意义,进而较为准确地判断出危险的可能后果及其发生的可能性。

④ 知道如何避免危险吗?这主要指操作者是否具备为避免危险或控制危险、做出正确的行为响应所需要的知识和技能。

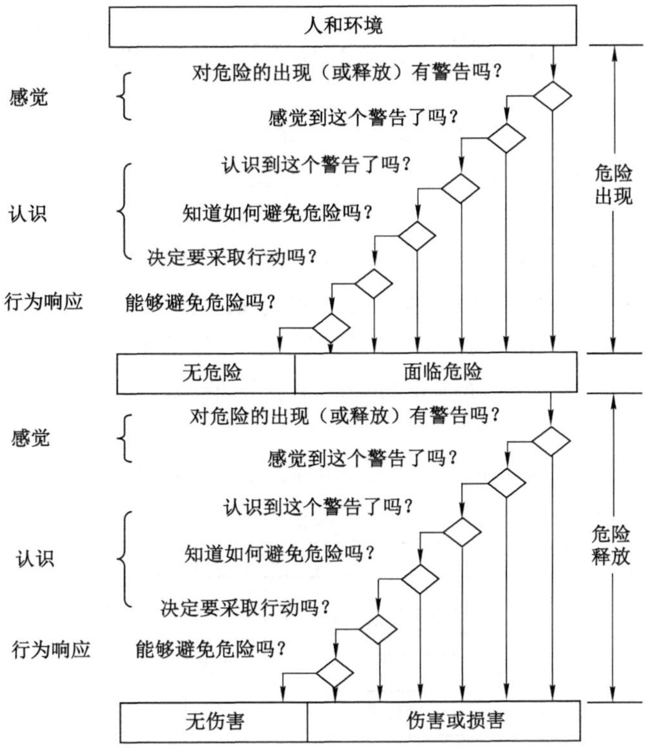

图 11-3　人的认知过程原理

⑤ 决定要采取行动吗？这主要考虑两方面的问题：一是该危险立即造成损失的可能性；二是现有的措施和条件控制该危险的可能性，包括操作者本人避免和控制危险的技能。当然，这种决策也与经济效益、工作效率紧密相关。

⑥ 能够避免危险吗？在操作者决定采取行动的情况下，能否避免危险则取决于人采取行动的迅速、正确、敏捷与否和是否有足够的时间等其他条件使人能做出行为响应。

前两个问题都与人对信息的感觉有关，第三至五个问题与人的认知有关，最后一个问题与人的行为响应有关。这六个问题涵盖了人的信息处理全过程，也反映了因信息处理失误而导致事故的情形。瑟利模型不仅分析了危险出现、释放直至导致事故的原因，而且还为预防因人失误而发生的各类事故提供了一个良好的思路：可以通过提高人们对上述六个问题的认知的正确性防止事故发生。

（二）研究内容和步骤

为达到系统安全和最优化的目标，需要对系统进行危险性识别、分析及制定防控措施，即通过将一个大系统分解为若干子系统及功能单元，识别其中哪些物质、装置或部件具有潜在的危险性，判断其危险类型，了解其发生事故的概率，分析物质泄漏及其事故后果状况，从而制定相应的防护措施，达到减轻事故影响的目的。主要步骤包括：① 系统、子系统及功能单元划分；② 危险因素辨识；③ 系统安全分析；④ 事故后果预测；⑤ 预防对策制定。

第二节　系统和功能单元划分

对于一个工厂或区域进行风险识别是非常复杂和困难的，需对其进行简化。

系统简化时首先需要将确定范围内的研究对象视为一个系统，然后按照一定的法则分解为若干子系统，每一个子系统为具备一定功能的单元，最小的子系统至少应包括一个毒物的主要贮存容器或管道。子系统间有隔离设施，如紧急自动切断阀。

图 11-4 为一个工厂系统示意图，第一子系统包括生产运行、公用工程、生产辅助、贮存、环境保护、消防安全及工业卫生等七部分；第二子系统包括上述七部分的进一步分解，如生产运行分解为若干装置；第三子系统则将第二子系统进一步分解为若干单元、设备，如装置分解为塔、容器、管道等。

相类似，对一个区域而言，亦依其区域功能简化为若干子系统。

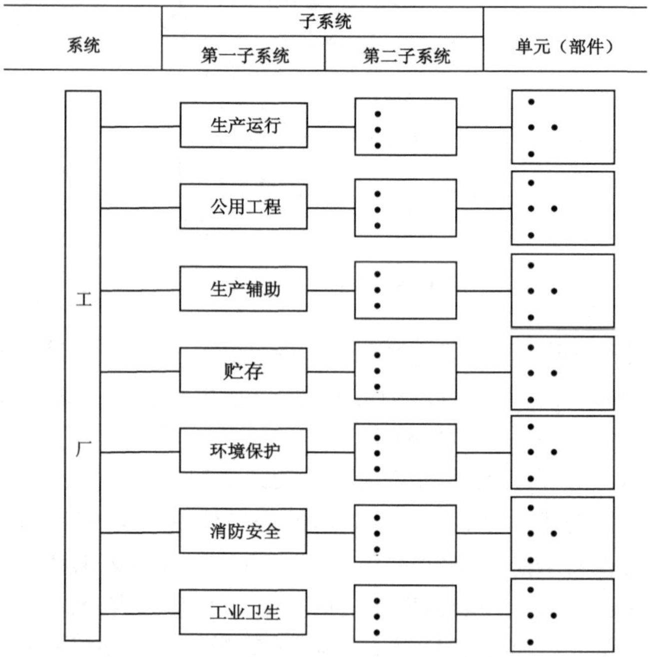

图 11-4　工厂系统示意图

子系统一般将生产工艺、工艺装置、物料的特点和特征与危险因素的类别、分布有机结合进行划分，遵循的原则及方法如下：

（1）以危险因素类别划分。将具有共性危险因素的场所和装置划为一个单元。如将噪声、辐射、毒物、粉尘、高温、低温等场所各划分为一个单元。

（2）以装置的特征划分。① 按装置工艺功能划分，如按原料储存区、反应区、产品蒸馏区、中间产品储存区、产品储存区、运输装卸区、催化剂处理区、副产品处理区、废液处理区等划分。② 按设备装置的相对独立性划分，如将安全距离、防火墙、隔离带等与其他装置隔开的区域或装置部分作为一个单元。③ 按装置工艺条件划分，如按操作温度、压力范围的不同，按开车、加料、卸料、正常运转、添加剂、检修等不同作业条件划分。

(3) 以物料的特征划分，如按储存、处理危险物质的潜在化学能、毒性和危险物质的数量划分。若一个储存区域内(如危险品库)储存不同危险物质，为了能够正确识别其危险性，可作不同单元处理。

(4) 以事故后果范围划分，如将发生事故能导致停产、涉及范围大、造成巨大损失和伤害的关键设备作为一个单元，将危险因素大且投资密度大的区域作为一个单元，将危险因素特别大的区域、装置作为一个单元，也可将具有类似危险性潜能的单元合并为一个大单元。

第三节　危险因素辨别

危险因素辨识要始终坚持“横向到边、纵向到底、不留死角”的原则，主要包括危险物质、危险工艺和重大危险源识别。

一、危险物质

在工业生产过程中，要使用不同材料制成的设备、装置，处理、处置、使用、贮存和运输各种不同原料、中间产品、副产品、产品和废弃物。这些物质具有不同的物理性质、化学性质及毒理特性，具有不同的潜在危险性，应分类加以识别。

(一) 易燃易爆物质

易燃易爆物质具有火灾爆炸危险性，依据其易燃易爆程度可分为爆炸性物质、氧化剂、可燃气体、自燃性物质、遇水燃烧物质、易燃与可燃液体、易燃与可燃固体等。

1. 爆炸性物质

爆炸性物质是指凡受到高热、摩擦、撞击或受到一定物质激发能瞬间发生急剧的物理、化学变化，且伴有能量快速释放，急剧转化为强压缩能，强压缩能急剧绝热膨胀对外做功，引起被作用介质的变形、移动和破坏的物质。

爆炸性物质的爆炸具有三个显著特点：① 变化速度非常快，爆炸反应一般在 10^{-5}～10^{-6} s间完成，爆炸传播速度一般在 2 000～9 000 m/s 之间；② 反应中释放出大量的热或快速吸收热量，反应热一般在 3 000～6 300 J/kg 之间；③ 生成大量的气体产物，1 kg 炸药爆炸时能产生 700～1 000 L 气体，压力达数万兆帕，使周围介质受压缩或破坏。

爆炸性物质按组分分为爆炸化合物和爆炸混合物两大类。前者具有一定的化学组成，其分子中含有不稳定的爆炸基团，这种基团容易被活化，在外界能量作用下其化学键易破裂，引起爆炸反应。这类化合物包括硝基化合物、硝酸酯、硝铵、叠氮化合物、重氮化合物、雷酸盐、乙炔化合物、过氧化物和氮氧化物、氮的卤化物、氯酸盐和高氯酸盐等。后者通常由两种或两种以上的爆炸组分和非爆炸组分经机械混合而成，如硝铵炸药等。

2. 氧化剂

氧化剂具有较强的氧化性能，能发生分解反应并引起燃烧或爆炸。氧化剂分为无机氧化剂和有机氧化剂，如表 11-1 所示。氧化剂的危险性在于其遇酸碱、潮湿、强热、摩擦、撞击或与易燃物、还原剂等接触时发生分解反应，放出氧，有些反应急剧，可引起燃烧和爆炸。

3. 可燃气体

可燃气体指遇火、受热或与氧化剂接触能引起燃烧或爆炸的气体。可燃气体的危险性主要为燃烧性、爆炸性和自燃性，同时其由于具有高度的化学活泼性，易与氧化剂等物质发生反应，引起燃烧或爆炸。

表 11-1 氧化剂分类及危险性

<table>
<tr><th>类别</th><th>级别</th><th colspan="2">举例</th><th>危险性</th></tr>
<tr><td rowspan="2">无机氧化剂</td><td>一级
能引起燃烧和爆炸</td><td>碱金属或碱土金属的过氧化物和盐类</td><td>· 过氧化物类
· 含氯酸及其盐类
· 硝酸盐类
· 高锰酸盐类等</td><td rowspan="2">· 本身不燃不爆(大多数)
· 受热、受撞击、摩擦易分解出氧
· 接触易燃物、有机物引起燃烧爆炸
· 有些氧化剂遇酸、遇水等引起剧烈反应,导致燃烧或爆炸</td></tr>
<tr><td>二级
能引起燃烧</td><td colspan="2">除一级以外的无机氧化剂</td></tr>
<tr><td rowspan="2">有机氧化剂</td><td>一级
能引起燃烧和爆炸</td><td colspan="2">· 有机过氧化物,如过氧化苯甲酰、过氧化二叔丁醇等
· 有机硝酸盐类,如硝酸胍、硝酸脲等</td><td rowspan="2">· 具有燃烧和爆炸性
· 作为过氧化物,能进行自身氧化-还原反应,反应生成气体,反应迅速时引起燃烧、爆炸</td></tr>
<tr><td>二级
能引起燃烧</td><td colspan="2">除一级以外的有机氧化剂</td></tr>
</table>

可燃气体的燃烧爆炸性以其燃烧(爆炸)极限表征。在一定的温度和压力下,可燃气体与空气混合,形成混合气体,当其中可燃气体浓度达到一定范围才能在遇火源时发生燃烧或爆炸。这个可燃气体的浓度范围即该可燃气体的燃烧(爆炸)极限,通常以可燃气体在空气中的体积分数表示。燃烧极限的下限即着火下限,燃烧极限的上限即着火上限。

可燃气体的燃烧爆炸危险度 H 可用下式计算,即

$$H = \frac{R-L}{L} \tag{11-1}$$

式中 R——燃烧(爆炸)上限;

L——燃烧(爆炸)下限;

H——危险度。

可燃气体的危险度 H 值越大,表示其危险性越大。

4. 自燃性物质

自燃性物质即不需要明火作用,由于本身受空气氧化或外界温度、湿度影响发热达到自燃点而发生自行燃烧的物质。

自燃性物质分为一、二两级。一级物质在空气中能发生剧烈氧化,自燃点低,易于自燃,而且燃烧猛烈、危险性大,如黄磷、三乙基铝、硝化棉、铝铁熔剂等;二级物质在空气中氧化比较缓慢,自燃点较低,在积热不散的条件下能够自燃,如油脂物质。

5. 遇水燃烧物质

遇水燃烧物质指凡遇水或潮湿空气能分解产生可燃气体,并放出热量而引起燃烧或爆炸的物质,通常分为一、二级物质。一级物质遇水后发生剧烈反应,产生易燃易爆气体,放出大量热,容易引起自燃或爆炸。这类物质主要为锂、钾等金属及其氢化物和硼烷等。

遇水燃烧物质在遇酸或氧化剂时亦发生反应,反应剧烈。

6. 易燃与可燃液体

易燃与可燃液体指凡遇火、受热或与氧化剂接触能燃烧和爆炸的液体、溶液、乳状液或悬浮液等燃烧液体。

不同地区和不同用途（运输、消防）的燃烧液体的分类亦有差异，一般而言，凡闪点≤61 ℃的燃烧液体均属易燃与可燃液体，详情可查阅各国的危险货物规定中对易燃液体的分类标准。

易燃与可燃液体的危险性采用以下指标表征：① 闪点和燃点。液体能发生闪燃的最低温度叫闪点，它是液体燃烧难易程度的表征。闪点越低，该液体越易起火燃烧。液体表面上的蒸气与空气的混合物发生着火的最低温度为燃点，它亦是鉴别液体火灾危险性大小的一个标志。② 爆炸极限。易燃与可燃液体的蒸气与气体一样，以爆炸极限表征爆炸危险性，可采用体积分数（%）表示爆炸浓度极限，亦可采用爆炸温度极限（℃）表示，通过计算危险度来衡量爆炸危险性。③ 自燃点。与液体的压力、浓度、容器直径、相对分子质量、分子结构和粒度有关。④ 相对密度。大多数均小于水，且液体相对密度越小，闪点越低。⑤ 沸点。蒸气压力等于大气压时的温度叫沸点。沸点越低，越易与空气形成爆炸性混合物，危险性越大。⑥ 饱和蒸气压力。在密闭容器中液体蒸发成饱和蒸气所具有的压力。饱和蒸气压力越大，闪点越低，当超过沸点时的蒸气压力可导致容器炸裂。⑦ 受热膨胀。易燃与可燃液体受热后，体积膨胀，蒸气压力增高，可能产生炸裂。⑧ 流动扩散性。流动扩散性使易燃可燃液体很快扩散，危险性增大。⑨ 带电性。大部分易燃与可燃液体都是电解质，易产生静电，引起火灾或爆炸。⑩ 相对分子质量和化学结构。相对分子质量越低，沸点越低。危险性与化学结构关系密切。⑪ 毒性。具有一定毒性。

7. 易燃与可燃固体

易燃与可燃固体指燃点低，对热、撞击、摩擦敏感及与氧化剂接触能着火燃烧的固体，可分为一、二两级。一级易燃固体燃点低，易于燃烧和爆炸，燃烧速度快，并能放出剧毒的气体，如磷及含磷的化合物、硝基化合物等。二级易燃固体较一级易燃固体的燃烧性能差，速度慢，如各种金属粉末、碱金属氨基化合物等。

易燃与可燃固体的危险性以下列指标表征：① 熔点。熔点是指由固态转变为液态的最低温度，熔点低的固体有较强的挥发性，闪点较低。对低熔点的固体可用闪点评价其易燃性的大小，且闪点大都在 100 ℃以下。② 燃点。燃点即物质发生持续燃烧的最低温度，燃点越低危险性越大。一般 300 ℃以下为易燃固体，300～400 ℃为可燃固体。③ 自燃点。由于易燃固体受热时蓄热条件好，其自燃点在 180～400 ℃之间，低于可燃液体和气体的自燃点。④ 比表面积。比表面积为单位体积的表面积，其值越大危险性越大。粉状可燃固体，其粒度小于 10^{-3} cm 时，悬浮在空气中有爆炸危险。⑤ 热分解。受热分解温度越低，火灾危险性越大。

（二）毒性物质

毒性物质指物质进入机体后，累积达一定的量，能与体液和组织发生生物化学作用或生物物理变化，扰乱或破坏机体的正常生理功能，引起暂时性或持久性的病理状态，甚至危及生命的物质。在工业生产中有些原料（如苯和氯）、中间体或副产物（如硝基苯）、产品（如氨、有机磷农药）、辅助原料（如做溶剂的汽油）、废弃物（如硫化氢等），均为工业毒物。

以工业毒物为例，其形态主要包括 5 种：① 粉尘。飘浮于空气中，直径大于 0.1 μm 的固体微粒。② 烟尘。悬浮在空气中，直径小于 0.1 μm 的烟状固体微粒。③ 雾。混悬于空气中的液体微滴。烟和雾统称为气溶胶。④ 蒸气。液体蒸发或固体物升华形成。⑤ 气体。散发于空气中的气态物质。

毒物的毒性表征毒物的剂量与反应之间的关系，其单位一般以化学物质引起实验动物某种毒性反应所需剂量表示。毒性反应通常是动物的死亡数，采用的指标有：

① 绝对致死量或浓度（LD_{100} 或 LC_{100}），即全组染毒动物全部死亡的最小剂量或浓度。

② 半数致死量或浓度（LD_{50} 或 LC_{50}），即染毒动物半数死亡的剂量或浓度。

③ 最小致死量或浓度（MLD 或 MLC），即全组染毒动物中个别动物死亡的剂量或浓度。

④ 最大耐受量或浓度（LD_0 或 LC_0），即全组染毒动物全部存活的最大剂量或浓度。

毒物危害程度分级以急性毒性、急性中毒发病情况、慢性中毒患病情况、慢性中毒后果、致癌性和最高容许浓度等六项指标为基础，分为极度危害、高度危害、中度危害和轻度危害四级，如表 11-2 所示。

表 11-2　毒物危害程度分级依据

指标		毒物危害程度分级			
		Ⅰ（极度危害）	Ⅱ（高度危害）	Ⅲ（中度危害）	Ⅳ（轻度危害）
急性毒性	吸入 LC_{50}/(mg/m^3)	<20	20～200	200～2 000	>2 000
	经皮 LD_{50}/(mg/kg)	<100	100～500	500～2 500	>2 500
	经口 LD_{50}/(mg/kg)	<25	25～500	500～5 000	>5 000
急性中毒发病状况		生产中易发生中毒，后果严重	生产中可发生中毒，愈后良好	偶可发生中毒	迄今未见急性中毒，但有急性影响
慢性中毒患病状况		患病率高（≥5%）	患病率较高（≤5%）或症状发生率高（≥20%）	偶有中毒病例发生或症状发生率较高（≥10%）	无慢性中毒而有慢性影响
慢性中毒后果		脱离接触后，继续进展或不能治愈	脱离接触后，可基本治愈	脱离接触后，可恢复，不致严重后果	脱离接触后，自行恢复，无不良后果
致癌性		人体致癌物	可疑人体致癌物	实验动物致癌物	无致癌物
最高容许浓度/(mg/m^3)		<0.1	0.1～1.0	1.0	>1.0

二、危险工艺

危险化学品企业典型的化学反应几乎都有火灾、爆炸性，且在反应过程中掺杂很多副反应，一旦反应条件超过允许的范围，就有可能发生意外事故。

化学反应分为普通化学反应和危险性化学反应，后者包括爆炸反应、放热反应、生成爆炸性混合物或有害物质的反应。在化工生产运转中经常遇到等温反应、绝热反应和非等温非绝热反应，这些反应如果控制不当有可能产生事故危险。表 11-3 列出了典型化学反应的危险度分类。

表 11-3　化学反应危险度分类表

反应类型	危险度				
	A(危险)	B(特殊)	C(特殊)	D(普通)	E(普通)
还原反应	罗森蒙德反应 高压催化反应	锂镁加氢还原 二烷基铝加氢 低压催化还原		克莱门逊 汞钠剂 米尔文-庞道夫反应	锌—醋酸 锌—盐酸 锌—苛性钠 硫酸亚铁铵 四醋酸铅
氧化反应	臭氧分解 亚硝酸 过氧化物	电解氧化 高分子量过氧化物	次氯酸丁酯	空气或碘 奥盆诺尔反应	过氧化氢(稀释溶解) 硝酸、过锰酸盐、二氧化锰、铬酸、重铬酸盐的水溶液
烷烃化反应	乙炔的碱金属化合物 阿尔登特—埃斯特尔特反应 重氮烷烃与醛类化合物的反应	格里雅反应 有机金属化合物	碱金属 碱金属酰胺及其加氢化合物 醛类或酮类化合物与氰酸	碱金属的烃氧基化合物 狄尔斯-阿尔德二烯烃反应	雷福尔马茨基反应 迈克尔反应
碳—氧反应	重氮烷烃		环氧乙烷	威廉逊反应	甲醛盐酸
碳—氮反应			氰甲基化 乙撑亚胺 环氧乙烷	氯甲基化 季胺化	
缩合反应	二硫化碳和氨基乙酰胺反应		偶姻缩合 二酮与硫化氢反应 二酮与 $NH_2 \cdot NH_2$ 反应	厄仑美尔反应 佩金反应 醋酸乙酯 醇醛缩合反应 克莱森反应 诺文葛尔反应	采取下列催化剂进行的缩合反应：磷酸、$AlCl_3$、$ZnCl_2$、$SnCl_4$、H_2SO_4、POCl、$NaHSO_4$、HCl、$FeCl_3$
胺化反应		液氨	氨基碱金属		氨水
酯化反应	羟酸与重氮甲烷 乙炔与羧酸乙烯基酯的反应	卤化烷烃基镁		有机，醇酸，酰基氯或酸酐烷基硫酸的碱金属盐，氯亚硫酸烷基酯与羧酸碱金属盐的酯交换	有机、无机羧酸的银盐的卤化反应
腈的水溶液和酯的加水反应					腈水溶液加水分解

表 11-3(续)

反应类型	危险度				
	A(危险)	B(特殊)	C(特殊)	D(普通)	E(普通)
简单的复分解置换反应				简单复分解置换反应	
过氧化物及过酸的制造及反应	浓缩状态			稀释状态	
热分解		加压		常压	
施密特反应		施密特反应			
曼尼期反应				曼尼期反应	
卤化反应			Cl_2、Br_2		

三、重大危险源

重大危险源的辨识方法较多,各行业均相同。危险化学品领域主要依据《危险化学品重大危险源辨识》(GB 18218—2018)进行辨识,该标准的辨识方法是当功能单元内存在危险物质的数量等于或超过上述标准中规定的临界量时,该辨识单元即被定为危险化学品重大危险源。GB 18218—2018 标准中给出了物质的名称及临界量。危险化学品重大危险源的辨识存在两种情况:

① 单元内存在的危险物质为单一品种,则该物质的数量为单元内危险物质的总量,若等于或超过相应的临界量,则定为重大危险源。

② 单元内存在的危险物质为多品种时,则按下式计算,若满足下式,则定为重大危险源。

$$q_1/Q_1 + q_2/Q_2 + \cdots + q_n/Q_n \geqslant 1$$

式中 $q_1,q_2,\cdots,q_n$——每种危险物质实际存在量,t;

$Q_1,Q_2,\cdots,Q_n$——与各危险物质相对应的生产场所或贮存区的临界量,t。

进行危险化学品重大危险源辨识时,对每一个辨识单元首先进行单物质辨识,若已构成危险化学品重大危险源即认定该区域构成危险化学品重大危险源。若单物质辨识均不独立构成危险化学品重大危险源,则进行多物质叠加影响的危险化学品重大危险源的辨识。

按照《危险化学品重大危险源监督管理暂行规定》对构成危险化学品重大危险源场所进行危险化学品重大危险源分级。

① 分级指标。危险化学品重大危险源分级方法采用评估区域内各种危险化学品实际存在(在线)量与其在《危险化学品重大危险源辨识》(GB 18218—2018)中规定的临界量之比值,经校正系数校正后和 R 作为分级指标。

② R 值计算方法。

$$R = \alpha\left(\beta_1 \frac{q_1}{Q_1} + \beta_2 \frac{q_2}{Q_2} + \cdots + \beta_n \frac{q_n}{Q_n}\right)$$

式中 $q_1,q_2,\cdots,q_n$——每种危险物质实际存在(在线)量,t;

$Q_1,Q_2,\cdots,Q_n$——与各危险物质相对应的临界量,t;

$\beta_1,\beta_2,\cdots,\beta_n$——与各危险物质相对应的校正系数;

α——该危险化学品重大危险源厂区外暴露人员的校正系数。

③ 校正系数β的取值。根据单元内危险化学品的类别不同，设定校正系数β值，见表11-4和表11-5。

表 11-4　校正系数 β 取值

危险化学品类别	爆炸品	易燃气体	其他类危险化学品
β	2	1.5	1

注：危险化学品类别依据《危险货物品名表》中分类标准确定。

表 11-5　常见毒性气体校正系数 β 取值

毒性气体名称	CO	SO_2	氨	环氧乙烷	氯化氢	溴甲烷	氯
β	2	2	2	2	2	2	4
毒性气体名称	硫化氢	氟化氢	NO_2	氰化氢	碳酰氯	磷化氢	异氰酸甲酯
β	5	5	10	10	20	20	20

注：未在本表中列出的有毒气体可按$\beta=2$取值，剧毒气体可按$\beta=4$取值。

④ 校正系数α的取值。根据重大危险源的厂区边界向外扩展500 m范围内常住人口数量，设定厂外暴露人员校正系数α值，见表11-6。

表 11-6　校正系数 α 取值

厂外可能暴露人员数量	α	厂外可能暴露人员数量	α
100人以上	2.0	1～29人	1.0
50～99人	1.5	0人	0.5
30～49人	1.2		

⑤ 分级标准。根据计算出来的R值，按表11-7确定危险化学品重大危险源的级别。

表 11-7　危险化学品重大危险源级别和 R 值的对应关系

危险化学品重大危险源级别	R值	危险化学品重大危险源级别	R值
一级	$R\geqslant 100$	三级	$50>R\geqslant 10$
二级	$100>R\geqslant 50$	四级	$R<10$

第四节　系统安全分析

一、分析方法分类

安全分析方法有数十种之多，应根据实际的条件选择相适应的分析方法。

（一）归纳法和演绎法

按逻辑思维方法安全分析方法可分为归纳法和演绎法两大类。

归纳法就是从事故发生的原因推论出事故结果的方法，即从个别到一般的方法，主要包括安全检查表法、预先危害性分析、故障类型和影响分析、危险性和可操作性分析等。

演绎法就是从事故结果推论出事故原因的方法，即从一般到个别的方法，主要包括事件树分析方法、事故树分析方法、系统可靠性分析方法和因果分析方法等。

（二）定性分析和定量分析

定性分析就是指对引起系统事故的影响因素进行非量化的分析，即只进行可能性的分析或作出事故能否发生的感性判断，主要包括安全检查表法、预先危害性分析、故障类型和影响分析、危险性和可操作性分析等。

定量分析就是在定性分析的基础上，运用数学方法分析系统事故及影响因素之间的数量关系，对事故的危险作出数量化的描述，主要包括事件树分析、事故树分析、系统可靠性分析和因果分析等。

（三）动态分析和静态分析

动态分析就是指对系统事故危险的分析能够反映出事故过程和环境变化特点的分析，主要包括事件树分析、因果分析等。

静态分析就是指对系统事故危险的分析不能反映出事故过程和环境变化特点的分析。除动态分析法中的事件树分析和因果分析之外的方法均为静态分析法。

在一般的项目中可选的方法很多，要根据具体的情况和各种环境因素选择最适合的方法，选择方法时要遵循以下基本原则：

① 首先可进行初步的综合性分析，如预先危害性分析、安全检查表法分析等，得出大致的概念，然后根据危险性的大小再进行详细分析。

② 根据分析对象的不同选择相应的分析方法，如分析对象是连续的工艺操作，就要选择单元间有联系的分析方法，如流动分析、交接面分析等；如果分析对象是一个关键的危险性设备，则可选择从零部件开始的故障分析，如故障类型和影响分析等。

③ 如果对新建、改建的设计或限定目标进行分析，可选用静态的分析方法，包括初步分析和详细分析；如果对运行状态进行分析，则可选用动态的分析方法，如程序分析和逻辑分析等。

④ 如果需要对系统进行反复调整，使之达到较高的安全性水平，可以使用替换分析和逻辑分析评价等。

⑤ 各种分析方法可以互为补充，使用一种方法也许不能完全分析出系统的危险性，但用其他方法可以弥补其不足的部分。

⑥ 进行分析时并不需要使用所有的方法，应该根据实际情况，结合特定的环境和资金条件，使分析能够得出正确的评价。

二、定性分析

定性分析方法有多种，最常用的方法有安全检查表、预先危险性分析、故障类型和影响分析。

（一）安全检查表

安全检查表（safety check list，SCL）是进行安全检查，发现潜在危险，督促各项安全法规、制度、标准实施的一个较为有效的工具。在安全系统工程诸方法中，安全检查表是一种最基础、最初步的方法，它不仅是实施安全检查的一种重要手段，也是预测和预防潜在危险因素的一个有效工具。

1. 安全检查表的定义及种类

安全检查表实际上就是一份实施安全检查和诊断的项目明细表，是安全检查结果的备忘录。通常为检查某一系统、设备以及各种操作管理和组织措施中的不安全因素，事先对检查对象加以剖析、分解，查明问题所在，并根据理论知识、实践经验、有关标准、规范和事故情报等进行周密细致的思考，确定检查的项目和要点，以提问方式将检查项目和要点按系统编制成表，以备在设计或检查时按规定的项目进行检查和诊断。

安全检查表的应用范围十分广泛，加上安全检查的目的和对象不同，检查的着眼点也就不同，因而需要编制不同类型的检查表。安全检查表按其用途可分为以下几种：设计审查用安全检查表、厂级安全检查表、车间用安全检查表、工段及岗位用安全检查表、专业性安全检查表。

2. 安全检查表的编制

编制安全检查表应依据以下三个方面进行：

① 有关规程、规范、规定、标准与手册；

② 国内外事故情报；

③ 本单位的经验。

最简单的安全检查表格式如表 11-8 所示，必须包括：① 序号(统一编号)；② 项目名称，如子系统、车间、工段、设备等；③ 检查内容，在修辞上可用直接陈述句，也可用疑问句；④ 检查结果，即回答栏，有的采用“是”、“否”符号，即“○”、“×”表示，有的打分；⑤ 备注栏，可注明建议改进措施或情况反馈等事项；⑥ 检查时间和检查人。

表 11-8 安全检查表的格式

序号	项目名称	检查内容	检查结果	备注	检查时间和检查人

为了使检查表进一步具体化，还可根据实际情况和需要增添栏目，如将各检查项目的标准或参考标准列出，或对各个项目的重要程度作出标记等。

3. 安全检查表的特点

安全检查表是进行系统安全性分析的基础，也是安全检查中行之有效的基本方法，具有以下特点：

① 通过预先对检查对象进行详细调查研究和全面分析，所制定出来的安全检查表比较系统、完整，能包括控制事故发生的各种因素，可避免检查过程中的走过场和盲目性，从而提高安全检查工作的效果和质量；

② 安全检查表是根据有关法规、安全规程和标准制定的，因此检查目的明确，内容具体，易于实现安全要求；

③ 安全检查表是对所拟定的检查项目进行逐项检查的过程，也是对系统危险因素辨识、评价和制定出措施的过程，既能准确地查出隐患，又能得出确切的结论，从而保证了有关法规的全面落实；

④ 安全检查表是与有关责任人紧密相连的，所以易于推行安全生产责任制，检查后能

够做到事故清、责任明、整改措施落实快；

⑤ 安全检查表是通过问答的形式进行检查的过程，所以使用起来简单易行，易于安全管理人员和广大职工掌握和接受，可经常自我检查。

（二）预先危险性分析

预先危险性分析主要用于新系统设计、已有系统改造之前的方案设计、选址阶段，在人们还没有掌握该系统详细资料的时候，用来分析、辨识可能出现或已经存在的危险因素，并尽可能在付诸实施之前找出预防、改正、补救措施，消除或控制危险因素。

预先危险性分析的特点是在系统开发的初期就可以识别、控制危险因素，用最小的代价消除或减少系统中的危险因素，从而为制定整个系统寿命期间的安全操作规程提出依据。

进行预先危险性分析时，一般是先利用安全检查表、经验和技术先查明危险因素存在方位，然后识别使危险因素演变为事故的触发因素和必要条件，对可能出现的事故后果进行分析并采取相应的措施。

预先危险性分析包括准备、审查和结果汇总三个阶段。

1. 准备阶段

对系统进行分析之前，要收集有关资料和其他类似系统以及使用类似设备、工艺过程的系统的资料。对于所分析系统，要弄清其功能、构造，为实现其功能所采用的工艺过程，以及选用的设备、物质、材料等。由于预先危险性分析是在系统开发的初期阶段进行的，而获得的有关分析系统的资料是有限的，因此在实际工作中需要借鉴类似系统的经验来弥补分析系统资料的不足。通常采用类似系统、类似设备的安全检查表作参照。

2. 审查阶段

通过对方案设计、主要工艺和设备的安全审查，辨识其中主要的危险因素，也包括审查设计规范和采取的消除、控制危险源的措施。

通常，应按照预先编制好的安全检查表逐项进行审查，其审查的主要内容有以下几个方面：

① 危险设备、场所、物质；

② 有关安全设备、物质间的交接控制系统等；

③ 对设备、物质有影响的环境因素，如地震、洪水、高(低)温、潮湿、振动等；

④ 运行、试验、维修、应急程序，如操作者的任务、设备装置及通道状况、人员防护等；

⑤ 辅助设施，如物质及产品储存设备、试验设备、人员训练设施、动力供应等；

⑥ 有关安全装备，如安全防护设施、冗余系统及设备、灭火系统、安全监控系统、人防护设备等。根据审查结果，确定系统中的主要危险因素，研究其产生原因和可能发生的事故。

根据事故原因的重要性和事故后果的严重程度，确定危险因素的危险等级。通常把危险因素划分为4级：

Ⅰ级：安全的，暂时不可能发生事故，可以忽略；

Ⅱ级：临界的，有导致事故的可能性，事故处于临界状态，应该采取措施予以控制；

Ⅲ级：危险的，可能导致事故发生，造成人员伤亡或财产损失，必须采取措施进行控制；

Ⅳ级：灾难的，会导致事故发生，造成人员严重伤亡或财产巨大损失，必须立即设法消除。

针对识别出的主要危险因素，可以通过修改设计、加强安全措施来消除或予以控制，从而达到系统安全的目的。

3. 结果汇总阶段

按照检查表格汇总分析结果，典型的结果汇总表包括主要事故及其产生原因、可能的后果、危险性级别，以及应采取的相应措施等。

(三) 故障类型和影响分析

故障类型和影响分析(failure model and effects analysis，FMEA)是对系统各组成部分、元件进行分析的重要方法。系统的子系统或元件在运行过程中会发生故障，而且往往可能发生不同类型的故障。例如，电气开关可能发生接触不良或接点粘连等类型的故障。不同类型的故障对系统的影响是不同的。这种分析方法首先找出系统中各子系统及元件可能发生的故障及其类型，查明各种类型的故障对邻近子系统或元件的影响以及最终对系统的影响，并提出消除或控制这些影响的措施。

故障类型和影响分析是一种系统安全分析归纳方法。

早期的故障类型和影响分析只能做定性分析，后来在分析中包括了故障发生难易程度的评价或发生的概率，从而把它与致命度分析(critical analysis)结合起来，构成故障类型和影响、危险度分析。这样，若确定了每个元件的故障发生概率，就可以确定设备、系统或装置的故障发生概率，从而定量地描述故障的影响。

1. 故障类型和故障等级

所谓故障，一般指元件、子系统或系统在规定的条件下、在规定的运行时间内达不到设计规定的功能，因而完不成规定的任务或完成得不好。

故障类型是指元件、子系统或系统发生的每一种故障。例如，一个阀门发生故障可能有四种故障类型：内漏、外调、顶不开、关不严等。

故障等级是指根据故障类型对系统影响程度的不同而划分的等级。划分故障等级主要是为了针对轻重缓急采取相应措施。故障等级的划分方法有多种。

(1) 直接判断法

直接判断法即直接根据故障类型的影响后果划分故障等级，可分为四级，如表 11-9 所示。

表 11-9　故障危险程度等级

故障等级	影响程度	可能造成的危害或损失
Ⅰ级	致命级	可能造成死亡或系统损失
Ⅱ级	严重级	可能造成严重伤害或主要系统损失
Ⅲ级	临界级	可能造成轻伤或次要系统损失
Ⅳ级	安全级	不会造成人和系统受损

(2) 矩阵法

由于直接判断法只考虑了故障的严重程度，具有一定的片面性。为了更全面地确定故障的等级，可以采用风险率(或危险度)分级，即综合考虑故障发生的可能性及造成后果的严重度两个方面的因素来确定故障等级，其方法是把故障概率和严重度都划分成几个等级，然后作出矩阵图。这里介绍的是把两者都划分为四个等级，划分原则见表 11-10 和表 11-11。

表 11-10　严重度分级

严重度等级		内容
Ⅰ	低的	1. 对系统功能无影响 2. 对子系统造成的影响可以忽略 3. 通过调整故障易于消除
Ⅱ	临界的	1. 对系统功能虽有影响但可以忽略 2. 导致子系统功能下降 3. 出现的故障能够立即恢复
Ⅲ	严重的	1. 系统功能有所下降 2. 子系统功能严重下降 3. 出现的故障不能立即通过检修可以恢复
Ⅳ	灾难性的	1. 系统功能严重下降 2. 子系统功能全部丧失 3. 出现的故障待彻底修复才能消除

表 11-11　故障概率等级的划分

概率等级	定性分析	定量分析
Ⅳ级	故障概率很低，操作期间可以忽略	概率<0.01(全部故障)
Ⅲ级	故障概率低，操作期间不易出现	0.01≤概率<0.1
Ⅱ级	故障概率中等，操作期间出现机会50%	0.1≤概率<0.2
Ⅰ级	故障概率高，操作期间易于出现	概率≥0.2

故障概率和严重度等级确定后，以故障概率为纵坐标，严重度为横坐标，画出如图11-5所示的风险概率矩阵图。沿矩阵原点到右上角画一条对角线，以对角线为轴线，轴线两边是对称的。处在右上角方块内的故障类型风险率最大，这是因为该处故障类型发生的概率高且后果严重；依次左移，风险率逐渐降低，因为它们的故障概率虽然高，但严重度却逐渐降低；同样从右上方依次下移，风险率也逐渐降低，尽管故障严重度高，概率则依次下降。如果知道了某一故障类型的概率和严重度等级，填入矩阵图中，就可以确定它的风险率或等级。

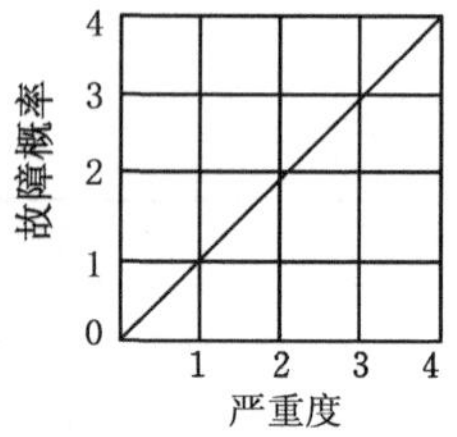

图 11-5　风险概率矩阵图

(3) 评点法

在难于取得可靠性数据的情况下，可采用评点法，它比简单划分法精确。该方法从几个方面来考虑故障对系统的影响程度(见表11-12)，用一定点数表示程度的大小(见表11-13)，通过计算，求出故障等级。

表 11-12　评点参考表

评分因素	法 A	法 B	
	系数 C_i	内容	评分 C_i
故障影响大小	$0<C_i<10$ $0<i<5$	造成生命损失	5.0
		造成相当程度损失	3.0
		部件功能有损失	1.0
		无功能损失	0.2
对系统影响程度		对系统造成两处以上重大影响	2.0
		对系统造成一处以上重大影响	1.0
		对系统无过大影响	0.2
发生频率		容易发生	1.5
		能够发生	1.0
		不大发生	0.2
防止事故的难易程度		不能防止	1.3
		能够防止	1.0
		易于防止	0.2
是否为新设计		内容相当新的设计	0.8
		内容和过去相类似的设计	1.0
		内容和过去同样的设计	1.2
评　　分	$C_s=\sqrt[i]{C_1C_2\cdots C_i}$	$C_s=\sum C_i$	

注：C_s—总分数，$0<C_s<10$；C_i—因素系数，$0<C_i<10$；i—评分因素，$0<i<5$。

表 11-13　评点数与故障等级

故障等级	评分(C_s)	内　容
Ⅰ致命	7～10	功能完不成，人员伤亡
Ⅱ重大	1～7	大部分功能完不成
Ⅲ轻微	2～4	一部分功能完不成
Ⅳ小	<2	无影响

2. 分析步骤

对故障类型和影响进行分析一般分为以下几个步骤：

(1) 熟悉系统

首先要收集与系统有关的各种资料，如设计说明书、设备图纸、工艺流程及各种规范、标准等，了解各部分的功能和相互关系。

(2) 确定分析的深度

系统是由若干个子系统组成的，子系统又可逐层向下划分至元件，分析到哪一层应事先明确，一般根据分析目的而定。如用于设备的设计则应分析到元件为止，若用于安全管理的设计则可分析到泵、阀门等为止。

(3) 绘制逻辑图

根据系统、子系统、元件之间的逻辑关系绘制成方框图。逻辑图不同于流程图，除包括各子系统输入输出关系，还应标明各部分之间并联或串联关系。如几个元件共同完成一项功能时用串联表示，冗余回路则用并联表示。

（4）分析故障类型和影响

按照逻辑框图，以表格的方式详细查明子系统或元件可能出现的故障类型、产生的原因，并进一步分析对子系统、系统以及人员的影响，然后根据故障类型的影响程度划分等级，以便针对轻重缓急采取安全措施。

（5）结果汇总

故障类型和影响分析完成以后，对系统影响大的故障要汇总列表，详细分析并制定安全措施加以控制。对危险性特别大的故障类型尽可能做致命度分析。

对故障等级特别高的故障类型，进一步作危害度分析，并计算危害度指数 C_r。C_r 为部件运行 10^6 h(或运转周期 10^6 次)中发生故障的次数，即

$$C_r = \sum_{i=1}^{n}(\alpha \cdot \beta \cdot K_A \cdot K_E \cdot \lambda_G \cdot t \cdot 10^6) \tag{11-2}$$

式中 C_r——危害度指数；

n——部件重要故障类型个数；

i——部件重要故障类型序数，$i=1,2,\cdots,n$；

t——完成一次任务部件运行时间，h；

λ_G——部件故障率；

K_A——部件故障率 λ_G 的运行强度修正系数，实际运行强度与实验室测定 λ_G 时运行强度之比；

K_E——部件故障率 λ_G 的环境条件修正系数；

α——λ_G 中第 i 个故障类型所占的比例；

β——发生故障时会造成灾难性影响的发生概率，其取值：造成灾难性影响的，$\beta=1.00$，可预计损失的，$0.10\leqslant\beta<1.00$，可能损失的，$0<\beta<0.10$，无影响的 $\beta=0$。

三、定量分析

常用的定量分析方法主要有事件树、事故树两种。在一个系统中，为了解某一事件的发展过程，采用事件树方法，即选定一个事件作为初始事件，按逻辑推理方式找出事件所有发展的可能结果。各事件发展阶段均有成功和失败两种可能，从而可定性或定量找出初始事件发展成为事故的各种过程，分析其后果严重性。事故树分析方法则以一个事故结果作为顶事件，通过分析找出直接原因作为中间事件，再找中间原因的直接原因，一步一步推导，直到找到所有的事故致因基本事件，作出定量分析。

（一）事件树分析

1. 概述

事件树分析法(event tree analysis，ETA)是我国国家标准局规定的事故分析的技术方法之一，其实质是利用逻辑思维的规律和形式，从宏观的角度去分析事故形成的过程。

事件树分析法从事件的起始状态出发，用逻辑推理的方法设想事故发展过程，进而根据这一过程了解事故发生的原因和条件。

事件树是一种从原因到结果的过程分析，其基本原理是：任何事物从初始原因到最终结果所经历的每一个中间环节都有成功(或正常)或失败(或失效)两种可能或分支。如果将成功记为 1，并作为分支，将失败记为 0，作为下分支，然后再分别从这两个状态开始，仍按成功

(记为 1)或失败(记为 0)两种可能分析,这样一直分析下去,直到最后结果为止,最后即形成一个水平放置的树状图。

从事故的发生过程看,任何事故的瞬间发生都是在事物一系列发展变化环节中接二连三的“失败”所致的。因此,利用事件树原理对事故的发展过程进行分析,不但可以掌握事故过程规律,还可以辨识导致事故的危险源。

事件树分析利用逻辑思维的规律和形式,分析事故的起因、发展和结果的整个过程。利用事件树,分析事故的发生过程,是以“人、机、物、环境”综合系统为对象,分析各环节事件成功与失败两种情况,从而预测系统可能出现的各种结果。

2. 分析步骤

事件树分析通常包括四步:确定初始事件、找出与初始事件有关的环节事件、画事件树、说明分析结果。

(1) 确定初始事件

初始事件是事件树中在一定条件下造成事故后果的最初原因事件。它可以是系统故障、设备失效、人员误操作或工艺过程异常等。一般情况下分析人员选择最感兴趣的异常事件作为初始事件。

(2) 找出与初始事件有关的环节事件

所谓环节事件就是出现在初始事件后一系列可能造成事故后果的其他原因事件。

(3) 画事件树

把初始事件写在最左边,各个环节事件按顺序写在右面;从初始事件画一条水平线到第一个环节事件,在水平线末端画一垂直线段,垂直线段上端表示成功,下端表示失败;再从垂直线两端分别向右画水平线到下一个环节事件,同样用垂直线段表示成功和失败两种状态;依次类推,直到最后一个环节事件为止。如果某一环节事件不需要往下分析,则水平线延伸下去,不发生分支,如此便得到事件树。

(4) 说明分析结果

在事件树最后面写明由初始事件引起的各种事故结果或后果。为清楚起见,对事件树的初始时间和各环节事件用不同字母加以标记。

(5) 分析实例

例 11-1　某湿式烟气脱硫塔采用石灰乳做脱硫剂,在循环脱硫剂池调节循环液至合适的 pH 值和石灰浓度,根据烟气中二氧化硫含量和钙硫比确定喷淋量,用循环泵使循环液通过总闸门、分支闸门、喷头喷入脱硫塔内脱硫,系统组成如图 11-6 所示。试绘制泵正常启动向脱硫塔供应脱硫剂的事件树图。

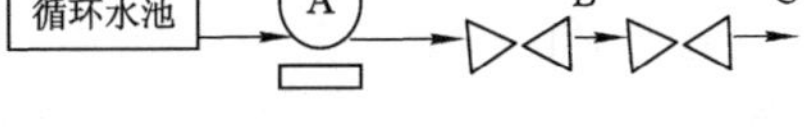

图 11-6　某湿式烟气脱硫塔系统组成

解　根据图 11-6 所示,泵和两个闸门呈串联关系,而且三个元件都可能存在运行和故障两种状态。但处于前面的元件发生故障,即使后面元件是完好的也不能发挥作用,整个系统处于故障状态。根据上述分析,事件树图如图 11-7 所示。

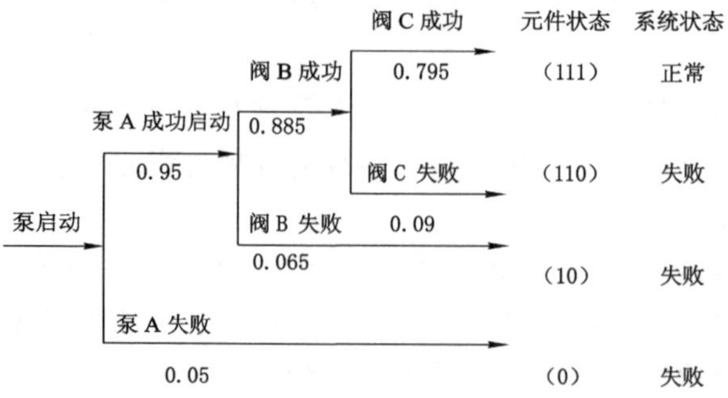

图 11-7　烟气湿式脱硫系统事件树图

如果根据许多厂发生事故的统计资料，已知循环泵 A 发生事故的概率为 0.05，采用阀门型号虽然一样，但总阀门 B 运行时间长，磨损严重，发生事故概率大，为 0.1，而分支阀门 C 发生事故的概率为 0.07，则可以计算各分支事件发生概率，如图 11-7 所示。

系统成功概率为 0.795，和目前国家对烟气脱硫系统投运率的要求不符合，国家要求烟气净化系统的投运率至少为 90%，这说明系统设计选用的泵和阀门质量不能满足要求。

系统失败概率，即系统不可靠度可以从成功概率计算：$P=1-0.795=0.205$。

事件树分析事故，往往取事故的发生作为分析的事件。使用事件树分析污染事故的发生原因和有效防止措施，简单易懂，启发性强，便于推广，可以进行定性分析，也可以进行定量分析。定量分析需要结合对历史数据的统计分析，获得事件发生概率，也可以采用先假设实际可能发生的概率（先验概率）然后再验证的方法，以方便估计事故的严重后果和比较实施措施取得的成效。一般来说，一个事件可能演变成多种状态，在事件树分析过程中最好把演化状态简化为两种状态。如果各种状态是相互独立的，也可以一个事件有两个以上分支，分别计算各类状态发生的概率。

例 11-2　储罐中的低沸点有毒不可燃气体（储罐有压力）可能泄漏而造成污染事故（工作人员滞留区污染物超标），试分析该事故并绘制相应事件树。

解　有毒物质在生产或储存过程中外泄是造成大气局部严重污染的一种常见类型。印度博帕尔农药厂原料储罐外泄引起的举世震惊的公害事件就是一个典型例子。

有毒物质泄漏存在未被发现和被发现两种可能。未被发现时，主要取决于自然扩散条件，好则不会产生事故，否则会发生事故。如被发现，分带有和未带有堵漏手段两种情况。

绘制的事件树如图 11-8 所示。

实际情况要比上述事件树复杂，为了说明事件树的绘制方法，我们进行了适当简化。

（二）事故树分析

事故树分析（fault tree analysis，FTA）是对既定的生产系统或作业中可能出现的事故条件及可能导致的灾害后果，按工艺流程、先后次序和因果关系绘成程序方框图，表示导致灾害、伤害事故（不希望事件）的各种因素之间的逻辑关系。它由输入符号或关系符号组成，用以分析系统的安全问题或系统的运行功能问题，并为判明灾害、伤害的发生途径及其与灾害、伤害之间的关系，提供一种最形象、最简洁的表达形式，是一种描述事故因果关系的有向逻辑“树”，是安全系统工程中重要的分析方法之一。

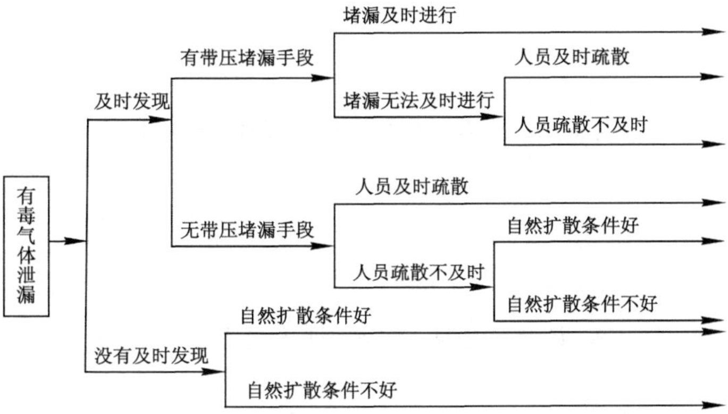

图 11-8　有毒气体泄漏事故事件树

1. 事故树的符号与数学表达式

事故树使用布尔逻辑门(与门、或门等)产生系统的故障逻辑模型来描述设备故障和人为失误是如何组合导致顶上事件的。许多事故树模型可通过分析一个较大的工艺过程得到,实际的模型数目取决于危险分析人员选定的顶上事件数,一个顶上事件对应着一个事故模型。事故树分析人员常对每个事故树逻辑模型求解产生故障序列,称之为最小割集,由此可导出顶上事件。这些最小割集序列可以通过每个割集中的故障数目和类型定性地排序。一般地,含有较少故障数目的割集比含有较多故障数目的割集更可能导致顶上事件。最小割集序列揭示了系统设计、操作的缺陷,对此分析人员应提出可能提高过程安全性的途径。

进行事故树分析,需要掌握装置或系统的功能、详细的工艺图和操作程序以及各种故障模式和相应的结果,良好的训练和富有经验的分析人员是有效和高质量运用事故树分析的保证。

(1) 事故树的符号及含义

① 事件符号

▭ 顶上事件、中间事件符号,需要进一步往下分析的事件;

○ 基本事件符号,不能再往下分析的事件;

◇ 正常事件符号,正常情况下存在的事件;

⬠ 省略事件,不能或不需要向下分析的事件。

② 逻辑门符号

或门,表示 B_1 或 B_2 任一事件单独发生(输入)时,A 事件都可以发生(输出)。

与门,表示 B_1 或 B_2 同时发生(输入)时,A 事件才发生(输出)。

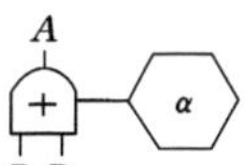

条件或门,表示 B_1 或 B_2 任一事件单独发生(输入)时,还必须满足条件 α,A

事件才发生(输出)。

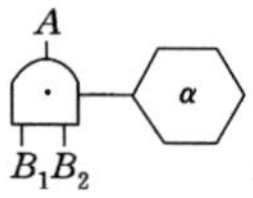

条件与门,表示 B_1 或 B_2 两事件同时发生(输入)时,还必须满足条件 α,A 事件才发生(输出)。

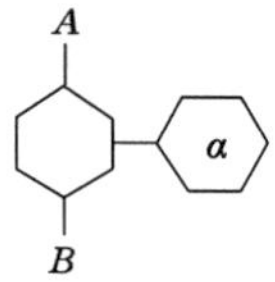

限制门,表示 B 事件发生(输入)且满足条件 α 时,A 事件才发生(输出)。

转入符号,表示在别处的部分树由该处转入(在三角形内标出从何处转入)。

转出符号,表示这部分树由该处转移至他处,由该处转出(三角形内标出向何处转移)。

(2) 事故树的数学表达式

事故树按其事件的逻辑关系,自上(顶上事件开始)而下逐级运用布尔代数展开,进一步进行整理、化简所得到的表达式,即为事故树的数学表达式。

例 11-3 有一事故树,如图 11-9 所示。

解

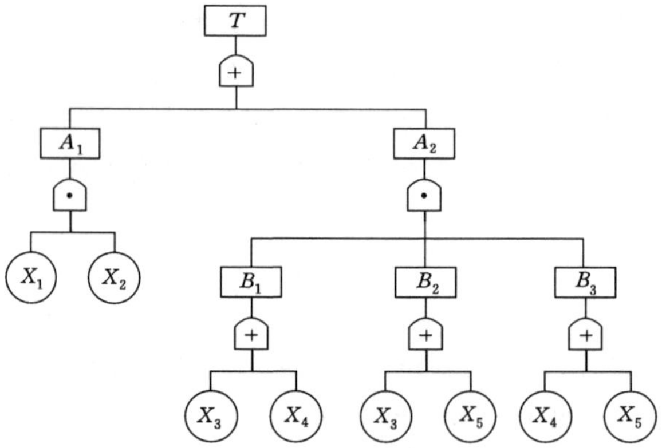

图 11-9 未经简化的事故树

上图为未经简化的事故树,运用布尔代数处理其结构函数表达式为

$$\begin{aligned} T &= A_1 + A_2 \\ &= A_1 + B_1B_2B_3 \\ &= X_1X_2 + (X_3 + X_4)(X_3 + X_5)(X_4 + X_5) \\ &= X_1X_2 + X_3X_3X_4 + X_3X_4X_4 + X_3X_4X_5 + X_4X_4X_5 + \\ &\quad X_4X_5X_5 + X_3X_3X_5 + X_3X_5X_5 + X_3X_4X_5 \end{aligned}$$

2. 分析步骤

事故树分析大致分成以下几个步骤,基本程序详见图 11-10。

① 根据要分析的对象和分析目的先确定顶上事件;

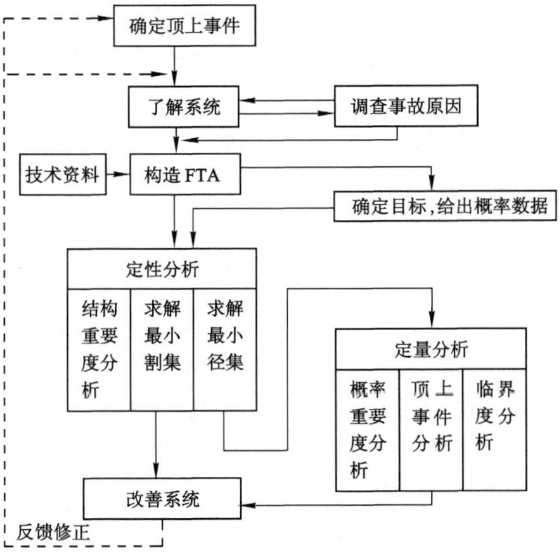

图 11-10　事故树分析程序流程图

② 进行调查，了解系统，掌握系统结构、主要过程、主要参数、环境状况等，最好画出工艺流程图和系统布置图；

③ 调查事故状态发生的原因，不仅要了解本系统发生事故的原因，还要对类似系统进行调查，掌握尽可能多的信息；

④ 进行事故及其原因的统计得到事故发生概率，然后根据事故的严重程度确定这一事故发生或允许发生的概率目标值；

⑤ 构造事故树，弄清顶上事件、中间事件、基本事件之间的关系，进行整理，建立事件之间的逻辑联系，形成事故树；

⑥ 对事故树进行定性分析和定量分析；

⑦ 在定性分析和定量分析基础上，根据各种可能导致事故发生的基本事件组合的可预防的难易程度和重要度，结合本系统实际情况，确定具体可行的措施，并付诸实施。

3. 事故树的定性分析

事故树绘制完成后要进行定性和定量分析。定性分析通过对事故树最小割集和最小径集的求解，确定出基本事件的结构重要度，掌握导致事故发生的各基本事件的组合关系及其重要程度，从而了解系统的危险度或安全程度。

（1）最小割集

在事故树中，一组基本事件能造成顶上事件发生，则该组基本事件的集合称为割集。能够引起顶上事件发生的最低限度的基本事件的集合称为最小割集，即如果割集中任一基本事件不发生，顶上事件就绝不发生。一般割集不具备这种性质。

最小割集表示系统的危险性，每个最小割集都是顶上事件发生的一种可能渠道，最小割集的数目越多，危险性越大。

最小割集的求法有行列法、结构法、质数代入法、矩阵法和布尔代数化简法。其中，布尔代数化简法比较简单，但国际上普遍承认行列法，下面对这两种方法加以介绍。

① 行列法

行列法又称福塞尔法，是 1972 年福塞尔(Fussell)提出的。这种方法的原理是：从顶上事件开始，按逻辑门顺序用下面的输入事件代替上面的输出事件，逐层代替，直到所有基本事件都被代替完为止。在代替过程中，"或门"连接的输入事件纵向列出，"与门"连接的输入事件横向列出，这样会得到若干行基本事件的交集，再用布尔代数化简，就得到最小割集。

例 11-4 下面以图 11-11 所示的事故树为例，求最小割集。

解

$$T \rightarrow AB \rightarrow \begin{cases} X_1B \\ CB \end{cases} \rightarrow \begin{cases} X_1B \\ X_2X_3B \end{cases} \rightarrow \begin{cases} X_1X_3 \\ X_1X_4 \\ X_2X_3X_3 \\ X_2X_3X_4 \end{cases} \rightarrow \begin{cases} X_1X_3 \\ X_1X_4 \\ X_2X_3 \end{cases}$$

从顶上事件 T 开始，第一层逻辑门为"与门"，"与门"连接的两个事件横向排列代替 T，A 下面的逻辑门为"或门"，连接 X_1、C 两个事件，应纵向排列，变成 X_1B 和 CB 两行；C 下面的"与门"连接 X_2、X_3 两个事件，因此 X_2、X_3 写在同一行上代替 C，此时得到两个交集 X_1B，X_2X_3B。同理，将事件 B 用下面的输入事件代入，得到四个交集，经化简得三个最小割集。这三个最小割集是

$$K_1 = \{X_1, X_3\};K_2 = \{X_2, X_3\};K_3 = \{X_1, X_4\}$$

化简后的事故树，其结构如图 11-12 所示，它是图 11-11 的等效树。

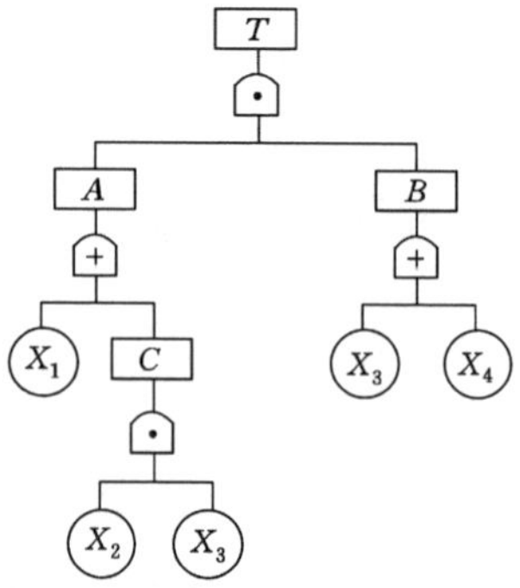

图 11-11　事故树

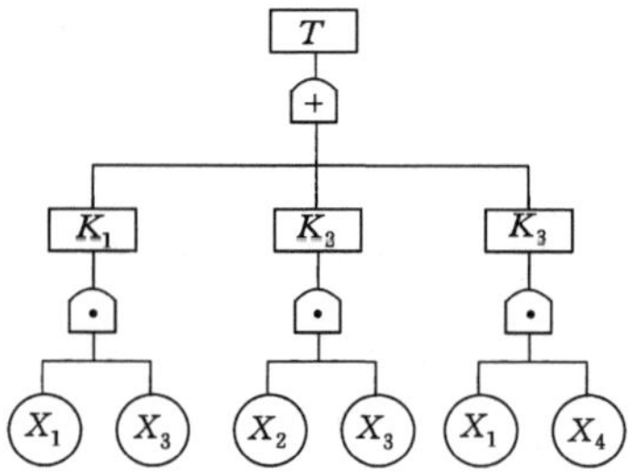

图 11-12　图 11-11 的等效图

由图可见，用最小割集表示的事故树共有两层逻辑门，第一层为或门，第二层为与门，由事故树的等效树可清楚看出事故发生的各种模式。

② 布尔代数化简法

比较简单的事故树可用布尔代数化简法，它主要利用布尔代数的几个运算定律。在一个系统中，不安全事件就是安全事件的补事件，不安全事件的发生概率用 $P(s)$ 表示，安全事件的发生概率用 $P(s')$ 表示，则 $P(s)+P(s')=1$。

布尔代数法求最小割集的步骤是：首先列出事故树的布尔表达式，即从事故树的第一层输入事件开始，"或门"的输入事件用逻辑加表示，"与门"的输入事件用逻辑积表示；再用第二层输入事件代替第一层，第三层输入事件代替第二层，直到事故树全体基本事件都被代替完为止。布尔表达式整理后得到若干个交集的并集，每一个交集就是一个割集，然后再利用布尔代数运算定律化简，就可以求出最小割集。

例 11-5　以图 11-11 事故树为例，求其最小割集。

解

$$
\begin{aligned}
T &= AB \\
&= (X_1 + C)(X_3 + X_4) \\
&= (X_1 + X_2X_3)(X_3 + X_4) \\
&= X_1X_3 + X_2X_3X_3 + X_1X_4 + X_2X_3X_4 \\
&= X_1X_3 + X_2X_3 + X_1X_4
\end{aligned}
$$

事故树经布尔代数化简后得 3 个交集的并集，即此事故树有 3 个最小割集：

$$K_1 = \{X_1, X_3\}; K_2 = \{X_2, X_3\}; K_3 = \{X_1, X_4\}$$

(2) 最小径集

相反，在事故树中，有一组基本事件不发生，顶上事件就不会发生，这一组基本事件的集合叫径集。径集是表示系统不发生顶上事件而正常运行的模式。同样在径集中也存在相互包含和重复事件的情况，去掉这些事件的径集叫最小径集，即凡是不能导致顶上事件发生的最低限度的基本事件的集合。在最小径集中，去掉任意一个事件便不能称其为径集。事故树有一个最小径集，顶上事件不发生的可能性就有一种；最小径集越多，顶上事件不发生的途径就越多，系统也就越安全。

最小径集的求法：利用最小径集与最小割集的对偶性，首先画事故树的对偶树，即成功树。求成功树的最小割集，就是原事故树的最小径集。成功树的画法是将事故树的“与门”全部换成“或门”，“或门”全部换成“与门”，并把全部事件的发生变成不发生，就是在所有事件上都加“′”，使之变成原事件补的形式。经过这样变换后得到的树形就是原事故树的成功树。

例 11-6　如图 11-13(a)所示的事故树，其布尔表达式为：

解　$$T = X_1 + X_2 \tag{11-3}$$

此式表示事件 X_1、X_2 任一个发生，顶上事件 T 就会发生。要使顶上事件不发生，X_1、X_2 两个事件必须都不发生。那么，在上式两端取补，得到下式：

$$T' = (X_1 + X_2)' = X_1'X_2' \tag{11-4}$$

此式用图形表示就是图 11-13(b)，图 11-13(b)是图 11-13(a)的成功树。

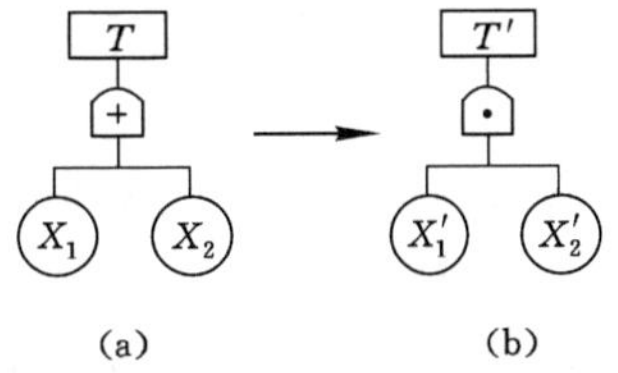

图 11-13　事故树变成功树示例

例 11-7　下面仍以图 11-11 事故树为例求最小径集。

解　首先画出事故树的对偶树——成功树，如图 11-14 所示，求成功树的最小割集。

$$
\begin{aligned}
T' = A' + B' &= X_1'C' + X_3'X_4' = X_1'(X_2' + X_3') + X_3'X_4' \\
&= X_1'X_2' + X_1'X_3' + X_3'X_4'
\end{aligned}
$$

成功树有三个最小割集，就是事故树的三个最小径集：

$$P_1 = \{X_1, X_2\}; P_2 = \{X_1, X_3\}; P_3 = \{X_3, X_4\}$$

用最小径集表示的事故树结构式为：

$$T = (X_1 + X_2)(X_1 + X_3)(X_3 + X_4)$$

同样，用最小径集也可画事故树的等效树，用最小径集画图 11-14 事故树的等效树结果，如图 11-15 所示。

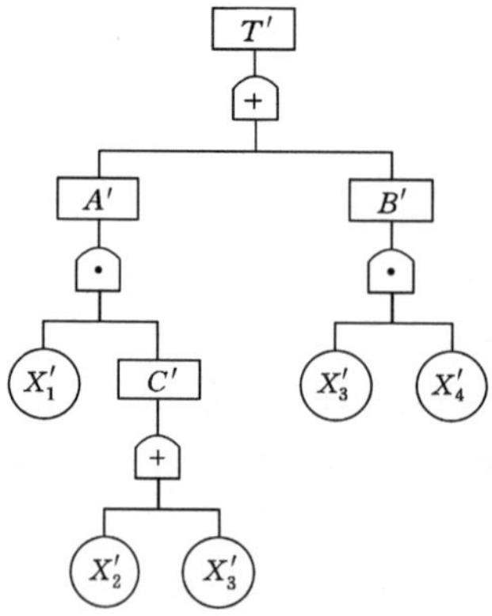

图 11-14　事故树的成功树示例

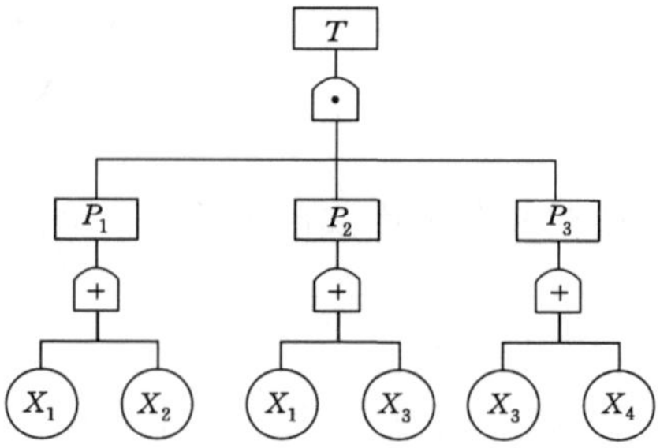

图 11-15　事故树的等效树

用最小径集表示的等效树也有两层逻辑门，与用最小割集表示的等效树比较，所不同的是两层逻辑门符号正好相反。

(3) 结构重要度分析

定性分析还包括结构重要度分析。在一棵事故树中，不同的基本事件所处地位重要性不同，即对事故发生的贡献大小不同，对相对重要的基本事件采取比较可靠的措施，可以提高事故防范的效果。在没有事件发生概率数据条件下，用定性方法分析就是求各基本事件的结构重要度系数，或利用最小割集进行结构重要性排序。

① 求各基本事件的结构重要度系数

一棵事故树中的基本事件存在两种状态：发生或不发生。各个基本事件的不同组合又构成顶上事件的两种不同状态：发生或不发生。发生记为 1，不发生记为 0。所有基本事件都不发生，自然顶上事件也不发生。把基本事件组合造成顶上事件不发生记为

$$\Phi(x_i) = 0 \tag{11-5}$$

把基本事件组合造成顶上事件发生记为

$$\Phi(x_i) = 1 \tag{11-6}$$

设基本事件 n 个，其中 1 个从原来不发生转变为发生，其他基本事件不变，或出现以下三种情况：原来顶上事件不发生，现在还不发生；原来不发生，现在发生了；原来发生，现在还发生。与顶上事件有关的基本事件发生，总是促使顶上事件发生，所以不必考虑基本事件发生造成顶上事件不发生这一不合常理的情况。只有中间情况，即基本事件的发生促使事故发生，反映出该基本事件的重要性，即

$$\Phi(x_i = 1, x_j) - \Phi(x_i = 0, x_j) = 1 \quad j = 1, 2, \cdots, n, j \neq i \tag{11-7}$$

其他基本事件只有 $n-1$ 个，可能的组合数为 2^{n-1}。把某基本事件发生对顶上事件发生产生作用的组合数和其他基本事件总组合数之比值，称作某基本事件的结构重要度系数，记为

$$I_\Phi(i) = \frac{1}{2^{n-1}} \sum [\Phi(x_i = 1, x_j) - \Phi(x_i = 0, x_j)]$$

式中，$j=1,2,\cdots,n,j\neq i$。

重要度系数大的基本事件，就属于重要的基本事件。这种方法计算比较麻烦，特别是对复杂的事故树图，需要采取其他方法进行计算。

② 利用最小割(径)集进行重要性排序

结构重要度分析的另一种方法是用最小割集或最小径集近似判断各基本事件的结构重要度系数。这种方法虽然精确度比用结构重要度系数法差一些,但操作简便,因此目前应用较多。用最小割集或最小径集近似判断结构重要度系数的方法也有多种,这里只介绍其中的一种。

依据以下 4 条原则可判断基本事件结构重要度系数的大小。

(a) 单事件最小割(径)集中基本事件结构重要度系数最大。

(b) 仅出现在同一个最小割(径)集中的所有基本事件结构重要度系数相等。

(c) 仅出现在基本事件个数相等的若干个最小割(径)集中的各基本事件的结构重要度系数依出现次数而定,即出现次数少,其结构重要度系数小;出现次数多,其结构重要度系数大;出现次数相等,其结构重要度系数相等。

(d) 两个基本事件出现在基本事件个数不等的若干个最小割(径)集中,其结构重要度系数依下列情况而定:

Ⅰ. 若它们在各最小割(径)集中重复出现的次数相等,则在少数事件最小割(径)集中出现的基本事件的结构重要度系数大。

Ⅱ. 若它们在少事件最小割(径)集中出现次数少,在多事件最小割(径)集中出现次数多,以及其他更为复杂的情况,可用下列近似判别式计算:

$$\sum I(i) = \sum_{X_i \in K_j} \frac{1}{2^{n_i - 1}} \tag{11-8}$$

式中　$I(i)$——基本事件 X_i 结构重要度系数的近似判别值,$I_\Phi(i)$大则 $I(i)$也大;

$X_i \in K_j$——其中事件 X_i 属于 K_j 最小割(径)集;

n_i——基本事件 X_i 所在最小割(径)集中包含基本事件的个数。

利用上述四条原则判断基本事件的结构重要度系数大小时,必须从第一条至第四条按顺序进行,不能单纯使用近似判别式,否则会得到错误的结果。

用最小割集或最小径集判断基本事件的结构重要顺序其结果应该是一样的,选用哪一种要视具体情况而定。一般来说,最小割集和最小径集哪一种数量少就选哪一种,这样对包含的基本事件容易比较。

例 11-8　某事故树含 4 个最小割集:$K_1=\{X_1, X_3\}$,$K_2=\{X_1, X_5\}$,$K_3=\{X_3, X_4\}$,$K_4=\{X_2, X_4, X_5\}$;3 个最小径集:$P_1=\{X_1, X_4\}$,$P_2=\{X_1, X_2, X_3\}$,$P_3=\{X_3, X_5\}$。显然用最小径集比较各基本事件的结构重要顺序比用最小割集方便。

解　根据以上 4 条原则判断:X_1、X_3 都各出现 2 次,且 2 次所在的最小径集中基本事件个数相等,所以 $I_\Phi(1)=I_\Phi(3)$,X_2、X_4、X_5 都各出现 1 次,但 X_2 所在的最小径集中基本事件个数比 X_4、X_5 所在最小径集的基本事件个数多,故 $I_\Phi(4)=I_\Phi(5)>I_\Phi(2)$,由此得各基本事件的结构重要顺序为:

$$I_\Phi(1) = I_\Phi(3) > I_\Phi(4) = I_\Phi(5) > I_\Phi(2)$$

在这个例子中,近似判断法与精确计算各基本事件结构重要度系数方法的结果是相同的。

分析结果说明:仅从事故树结构来看,基本事件 X_1、X_3 对顶上事件发生影响最大,其次是 X_4、X_5、X_2,三者对顶上事件影响最小。据此,在制定系统防灾对策时,首先要控制 X_1、X_3 两个危险因素,其次是 X_5、X_4、X_2,要根据情况而定。

基本事件的结构重要顺序,也可以作为制定安全检查表、找出日常管理和重点控制对象的依据。

4. 事故树的定量分析

进行事故树的定量分析，需要求出各基本事件发生的概率，可利用最小割集和最小径集计算顶上事件的发生概率。将所得结果与预定的目标值进行比较，如超出目标值，就应采取相应的安全对策措施，使之降至目标值以下；如果顶上事件的发生概率及其造成的损失为社会认可，则不必投入更多的人力、物力。

(1) 概率重要度分析

概率重要度分析是考查各基本事件发生概率的变化对顶上事件发生概率的影响程度。

顶上事件发生概率是一个多重线性函数 g，将 g 对自变量 q 求一次偏导，即可得到该基本事件的概率重要系数 $I_g(i)$，即

$$I_g(i)=\frac{\partial g}{\partial q_i} \tag{11-9}$$

据此可知，如果降低每一基本事件发生概率，则可以有效地降低顶上事件的发生概率。若所有基本事件的发生概率都等于 1/2 时，概率重要度系数等于结构重要度系数。因此对较容易定量计算的事故树，应用此法可以准确求出结构重要度系数。

(2) 临界重要度分析

一般，概率大的基本事件的概率减小比概率小的基本事件的概率减小要容易，而概率重要度系数并未反映此特性。

临界重要系数 $CI_g(i)$是从敏感度及自身发生概率的双重角度来考查各基本事件的重要度标准，因此，它从本质上反映在事故树中各基本事件的重要程度，更为科学合理。

临界重要度的定义为

$$CI_g(i)=\frac{\partial \ln g}{\partial \ln q_i} \tag{11-10}$$

由偏导数公式变换得

$$CI_g(i)=\frac{q_i}{g}I_g(i) \tag{11-11}$$

第五节　事故后果分析

生产运行中突然发生泄漏、火灾或爆炸，会给现场人员、公众或环境造成即刻或延迟的危害，定量描述事故发生造成的人员伤亡、财产损失和环境污染情况，为企业主管部门提供事故后果的信息，为决策者和设计者采取防护措施提供信息，达到减轻事故影响的目的。

一、后果分析程序

后果分析程序如下：

(1) 划分独立功能单元。划分原则：包含危险源，空间上相对独立，泄漏物料与其他单元隔离，如有紧急切断阀、有液位或压力控制的自动阀、有清晰明确信号遥控的阀、同一堤坝内的储罐应作为一个单元考虑。

(2) 计算单元中有害物质存量。根据工艺流程和设备参数计算单元中有害物质的存量，并记录物质的种类、相态、温度、压力、体积或质量等。对于连续的流动系统需要估算。

(3) 找出设备的典型故障。分析设备可能存在的典型故障，每种设备只考虑几种情况。

(4) 计算泄漏量。分析故障可能造成瞬时的或连续的泄漏，计算泄漏量或泄漏流量。

(5) 计算后果。分析泄漏后可能造成的火灾、爆炸等后果，选择合适的模型计算事故对生产现场内或现场外的影响。

(6) 整理结果。将计算结果整理成表格，并在单元平面图上划出影响范围。

二、后果分析所需参数

后果分析需要的参数有：

(1) 有害物质的参数，包括有害物质的相态、最大质量或体积、温度、压力、密度，还有热力学性质如沸点、汽化热、燃烧热、热容等，有害与毒性参数等。

(2) 设备的参数，包括工艺流程、设备类型、设备的可能故障与泄漏位置、泄漏口形状尺寸等。

(3) 现场情况与气象情况，包括设备布置、人员分布、资金密度、设备地理位置、堤坝高度(面积)、常年主导风向、平均风速、大气稳定情况、日照情况、地形情况、地面粗糙度、建筑、树木高度等。

三、后果分析模式选择

泄漏后果与泄漏物质的相态、压力、温度、可燃性、毒性等性质密切相关。在后果分析中考虑的泄漏物质主要有以下四种类型：常压液体、加压液化气体、低温液化气体、加压气体。

泄漏危险物质的性质不同，其泄漏后果也不相同，分析过程见图 11-16。

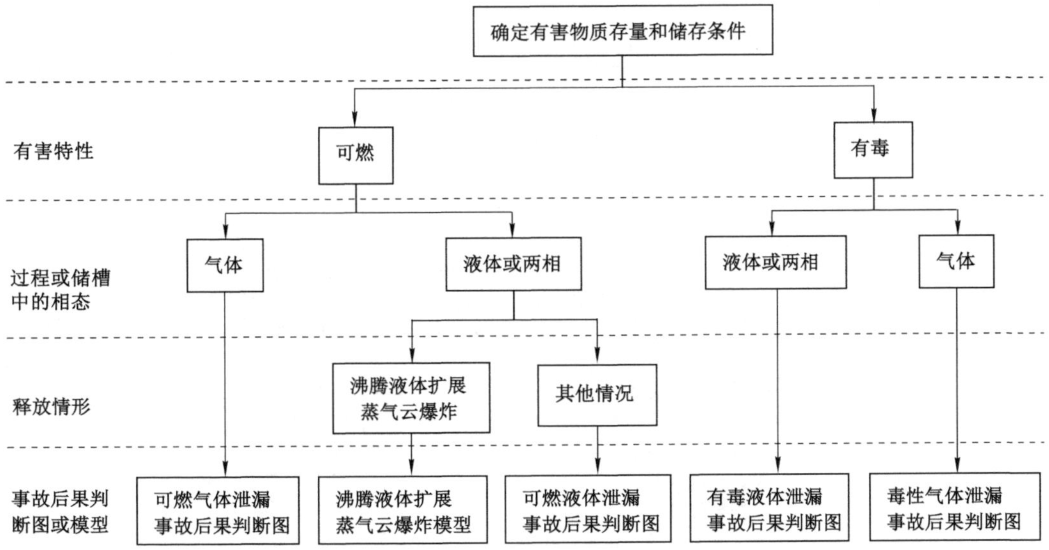

图 11-16　泄漏事故后果判断图

1. 可燃气体泄漏

可燃气体泄漏后与空气混合达到燃烧极限，遇到引火源就会发生燃烧或爆炸。泄漏后发火时间不同，泄漏后果也不相同。

① 立即发火。可燃气体泄漏后立即被点燃，发生扩散燃烧，产生喷射性火焰或形成火球，影响范围较小。

② 滞后发火。可燃气体泄漏后与周围空气混合形成可燃云团，遇到引火源发生爆燃或

爆炸，破坏范围较大。

可燃气体泄漏事故后果判断见图 11-17。

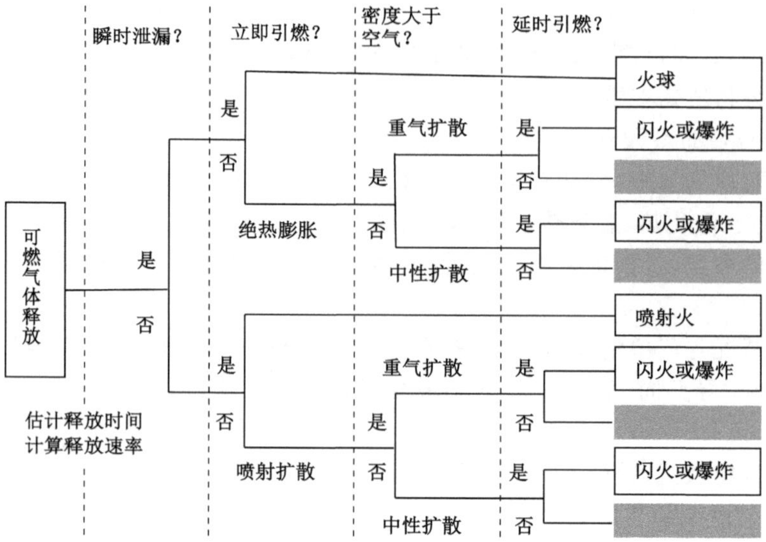

图 11-17　可燃气体泄漏事故后果判断

2. 有毒气体泄漏

有毒气体泄漏后形成云团，在空气中扩散，有毒气体形成的浓密云团将笼罩很大范围，所以影响范围大。

有毒气体泄漏事故后果判断见图 11-8。

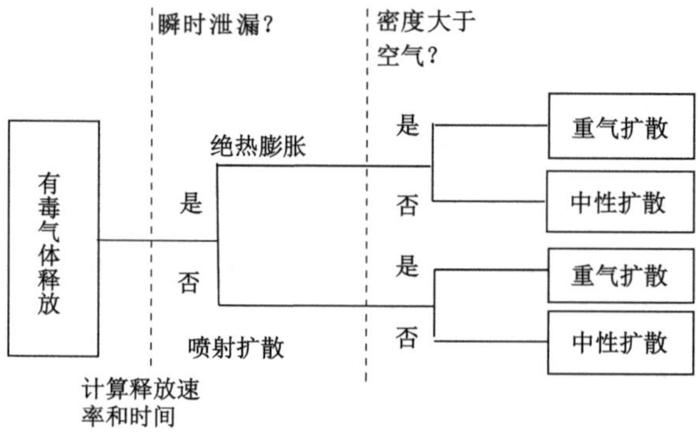

图 11-18　有毒气体泄漏事故后果判断

3. 液体泄漏

在一般情况下，泄漏的液体在空气中蒸发而形成气体，泄漏后果取决于液体蒸发生成的气体量。液体蒸发生成的气体量与泄漏液体种类有关。

① 常温常压液体泄漏。液体泄漏后聚集在防液堤内或地势低洼处形成液池，液体表面发生缓慢蒸发。

② 加压液化气体泄漏。液体在泄漏瞬间迅速汽化蒸发。没来得及蒸发的液体形成液池，吸收周围热量继续蒸发。

③ 低温液化气体泄漏。液体泄漏后形成液池，吸收周围热量蒸发，液体蒸发速度低于液体泄漏速度。

可燃液体泄漏、有毒液体泄漏、可燃与有毒液体泄漏、气体或两相泄漏事故后果判断见图 11-19～图 11-22。

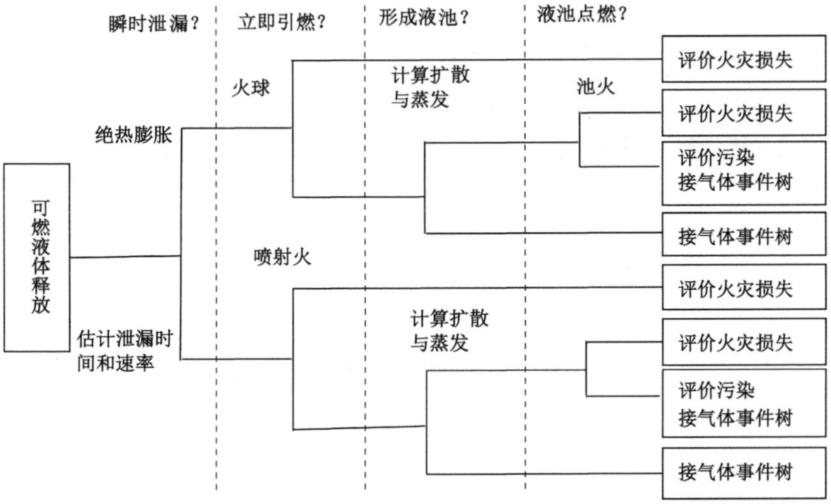

图 11-19　可燃液体泄漏事故后果判断图

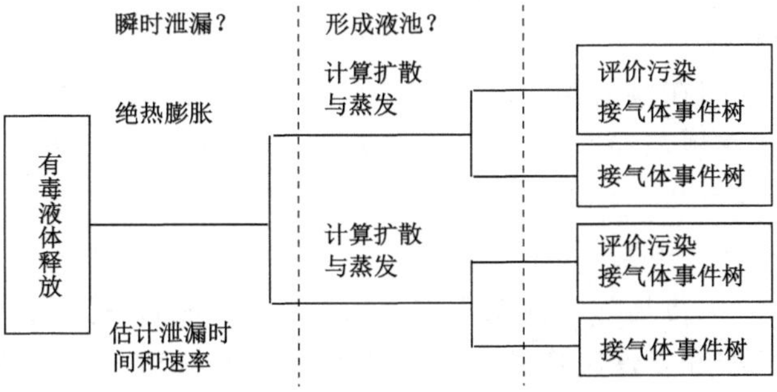

图 11-20　有毒液体泄漏事故后果判断图

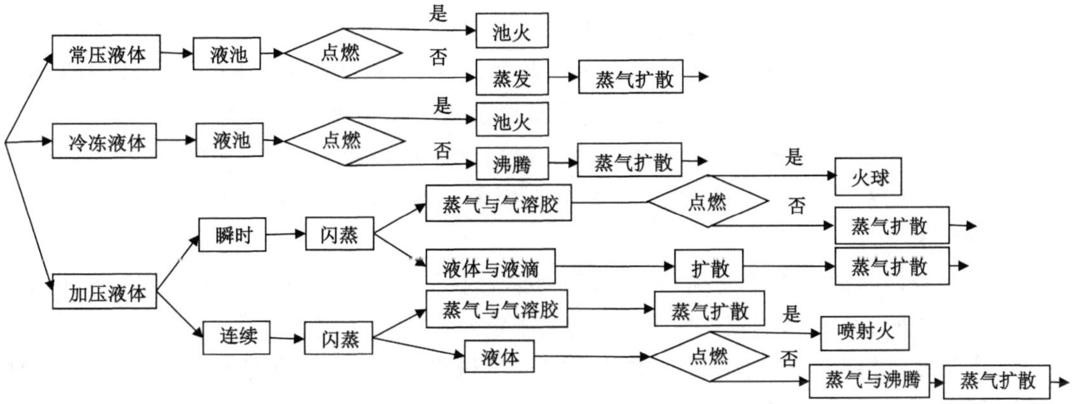

图 11-21　可燃与有毒液体泄漏事故后果判断图

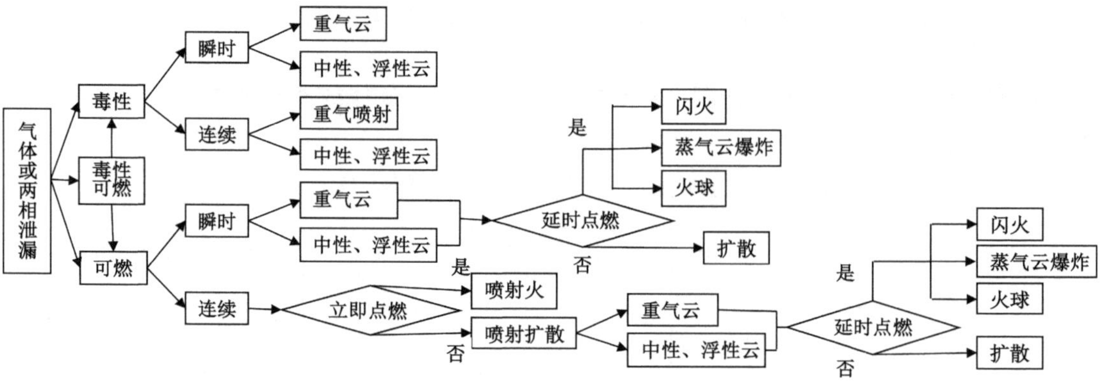

图 11-22　气体或两相泄漏事故后果判断图

第六节　预防对策制定

事故是有其固有规律的，除了人类无法左右的自然因素造成的事故（如地震、山崩等）以外，在人类生产和生活中所发生的各种事故都是可以预防的。事故预防以往多倾向于研究事故发生后的应急对策，这些消极的预防对策是完全必要的，但加强积极的预防对策研究，如妥善管理事故发生源和危险物，使事故根本不可能发生，这才是事故预防的上策。

一、事故预防的原则

事故预防原则是人们在事故预防原理指导下从事事故预防的决策规范和行为准则。从安全系统观念出发，这些规范和准则主要有：事故预防五阶段原则、事故预防的 3E 原则、事故控制的综合决策原则及“2－4”事故链控制原则等。

（一）事故预防五阶段模型

海因里希定义事故预防是为了控制人的不安全行为、物的不安全状态而开展以某些知识、态度和能力为基础的综合性工作及一系列相互协调的活动。事故预防工作包括以下五个阶段，如图 11-23 所示。

① 建立健全事故预防工作组织，形成由企业领导牵头，包括安全管理人员和安全技术人员在内的事故预防工作体系，并切实发挥其效能。

② 通过实地调查、检查、观察及对有关人员的询问，加以认真的判断、研究，以及对事故原始记录的反复研究，收集第一手资料，找出事故预防工作中存在的问题。

③ 分析事故及不安全问题产生的原因。包括弄清伤亡事故发生的频率、严重程度、场所、工种、生产工序、有关的工具、设备及故障类型等。找出其直接原因和间接原因，主要原因和次要原因。

④ 针对分析事故和不安全问题得到的原因，选择恰当的改进措施。改进措施包括工程技术方面的改进、对人员说服教育、人员调整、制定及执行规章制度等。

⑤ 实施改进措施。通过工程技术措施实现机械设备、生产作业条件的安全，消除物的不安全状态；通过人员调整、教育、训练消除人的不安全行为。

在预防工作中，如果有可能运用技术手段消除危险状态，实现本质安全或耐失误时，则

图 11-23　事故预防五阶段模型

不管是否存在人的不安全行为，都应该首先考虑采取工程技术方面的对策。

（二）事故预防 3E 原则

海因里希把造成人的不安全行为和物的不安全状态的主要原因归结为四个方面，即不正确的态度、技术和知识不足、身体不适及不良的工作环境。针对这四个方面的原因，海因里希提出了众所周知的防止工业事故的 3E 原则。

① Engineering——工程技术。运用工程技术手段消除不安全因素，实现生产工艺、机械设备等生产条件的安全。

② Education——教育培训。利用各种形式的教育和训练，使职工树立“安全第一”的思想，掌握安全生产所必需的知识和技能。

③ Enforcement——强制措施。借助于规章制度、法规等必要的行政乃至法律手段约束人们的行为。

实际工作中，为了防止事故发生，必须针对不安全行为和不安全状态产生的原因，综合、灵活地选择安全对策。通常应该首先考虑工程技术手段，然后是教育、培训和强制措施；同时应始终保持三者间的均衡，即使在采取了工程技术措施，减少、控制了不安全因素的情况下，仍然要通过教育、培训和强制措施规范人的行为，避免不安全行为的发生。

（三）事故控制综合决策原则

事故控制决策时通常要考虑两方面的问题，首先是技术层面，即事故在当前的认知水平和技术手段下，能否被控制；其次是经济层面，即如果能控制，需要花费多少资金。可行的方案必须是技术可行、经济合理的方案。

下面是一种较为简单的控制事故的综合决策方法。表 11-14 为技术可控性的分级和描述，表 11-15 为经济可控性的分级和描述，两者的综合可以由二维矩阵（表 11-16）说明。

表 11-14 技术可控性分级表

级别	定义	描述
T1	容易控制	控制方法已经普及
T2	比较容易控制	控制方法大多数操作者都已掌握
T3	不易控制	控制方法为国内先进，只有少数人掌握
T4	很难控制	控制方法为国际领先，仅有极少数人掌握

表 11-15 经济可控性分级表

级别	定义	描述
E1	值得控制的	控制投入远低于替代系统价值
E2	基本值得控制的	控制投入低于替代系统价值
E3	值得考虑控制的	控制投入接近替代系统价值
E4	不值得控制的	控制投入达到或超过替代系统价值

表 11-16 可控性矩阵

技术可控性	经济可控性			
	值得控制的	基本值得控制的	值得考虑控制的	不值得控制的
容易控制	1	2	3	4
比较容易控制	5	6	7	8
不易控制	9	10	11	12
很难控制	13	14	15	16

为了更直观地表示可控性，将上述 16 个区域定性地分为四个级别，见表 11-17。

表 11-17 可控性分级表

级别	定义	包含区域	分级描述
一	高可控性的	1,2,5	技术易实现且投入很小
二	较高可控性的	3,6,7,9	技术上有一定难度，或投入较大
三	一般可控性的	4,8,10,11,13	技术难度较大，或投入很大
四	低可控性的	12,14,15,16	技术很难实现，且投入很大

二、预防对策制定

要防范事故的发生，最好是消除事故发生的源头，如果不能消除，从思想、知识、技能、物质等方面预先做好防备，防止或减少风险事件的发生概率及其造成的损失是最有效、最经济、最安全的办法。究竟采取什么措施进行防控，应统筹兼顾、综合考虑，既要考虑防范效果、难易程度、可操作性等，也要考虑其成本、费用等，这是策划设计防范对策时应考虑的问题。

（一）防范措施种类

防范措施多种多样，有软件方面的管理措施，也有硬件方面的防护设备、设施及个体防护用品。为有效发挥防范措施的作用，需对防范措施进行分析。

1. 消除

针对高风险危害因素，策划制定安全防范措施时，首先要考虑源头是否可以消除，因为一旦把源头消除，就无需再施加防范措施。

2. 替代或减少

如果危害因素不能够被消除，或消除的代价太大，应考虑采取“替代”或“减少”措施，降低其风险水平。因为“减少”只是量的减少，“替代”虽然消除了这种危害因素，而替代者又可能会引发新的危害。因此“替代”“减少”措施逊于彻底消除，是防范的中策。

3. 工程控制

采取“工程控制”即发挥硬件设施的作用，把危害因素通过硬件设施控制起来，只要硬件设施牢不可破，就能够有效确保控制效果。一旦硬件设施出现故障就有引发事故的风险。因此要在工程技术手段非常成熟的情况下，通过极其严格的工程技术手段，对其进行全面有效地控制，做到本质安全。通过硬件设施提高物的安全状态，对危险因素进行的控制都属于工程控制。

4. 管理控制

管理控制是通过出台制度，编制操作规程，制定作业程序、注意事项以及办理许可证等措施，对人的行为进行规范和控制，达到事故防范的手段。

5. 个人防护用品

为消除或减缓事故后果对当事人的影响，针对某种具体影响，通过佩戴相应的个人防护用品，达到个人防护目的。

（二）防范措施选择

在制定防范措施时，有多种类型防范措施可供选择，一般而言，对于后果严重的特大事故，应根据具体情况，各种措施相互配合，形成立体式防护网络，做到万无一失。对于一般性事故，在满足风险控制要求的情况下，通过费用、效益综合评估，选取“性价比”高的防控措施，把风险控制在“合理、实际且尽可能低”的水平，从而达到事故控制的目的。

思考题

1. 环境污染事故的突发性预测分为几个步骤？各步骤的主要任务是什么？

2. 易燃易爆类化学物质分别是以哪些指标作为危险性识别依据的？

3. 在故障模式影响危害度分析方法中，有几种划分故障等级的方法？各自优缺点是什么？

4. 一仓库设有由火灾检测系统和喷淋系统组成的自动灭火系统。设火灾检测系统可靠度和喷淋系统可靠度皆为0.99，应用事件树分析计算一旦失火时自动灭火失败的概率。

5. 在事故树分析方法中，求最小割集和最小径集有何意义？如何利用最小割集和最小径集制定事故防范措施？

6. 某河流平均流速 u 为 0.56 m/s，河宽 B 为 600 m，平均水深 h 为 2.33 m，纵向弥散

系数 D_x 为 50 m^2/s，横向弥散系数 D_y 为 0.6 m^2/s，河流中苯系污染物背景浓度 C_0 为 0.000 7 mg/L（其水质标准值 C_s 为 0.005 mg/L，降解系数 k 以 0 计算）。某日岸边工厂突发事故造成苯系物泄漏流入河道，假设污染物瞬间排放量 M 为 100 kg，试采用水质扩散模型评估突发事故危害级别、区域和时期。

7. 2019 年，江苏省盐城市某化工有限公司发生一起爆炸事故。针对危险化学品生产企业及化工企业园区化的发展趋势，需加强对企业的风险研究与管控，为预测与预防事故发生，请结合相关事件进行风险识别与源项分析。

第十二章 工业生态系统工程

导 读

工业生态系统是指仿照自然生态过程中物质循环方式来规划和建立的新工业生产系统，是通过自适应、自组织逐步演化的复杂系统，具有多样性、自主性、开放性、涌现性和演进性等系统特征。采用工业代谢、投入产出分析和生命周期评价方法分析工业生态系统功能特征，自上而下的系统优化规划模型、基于复杂适应系统理论的建模方法在工业生态系统演化仿真模型构建中具有独到优势。本章内容重在帮助读者初步构建系统化和结构化的知识体系，并通过案例学习掌握工业生态系统的基础理论及构建方法，培养利用分析工具和建模技术解决工业生态系统问题的能力。

第一节 工业生态学原理

一、工业生态系统的定义与范畴

（一）工业生态系统的定义

工业生态系统是指仿照自然界生态过程中物质循环的方式来规划和建立新工业生产系统的一种工业模式，是由社会、经济、环境三个子系统复合而成的有机整体。工业生态系统中各成员对应于自然生态系统中的生物。在这种人类生产与消费组成的复杂空间与时间网络中，同种物料可能流过几个不同的工业生态系统，而每一工业生态系统成员可能在多个工业生态系统中起作用。

工业生态系统可分为微观、中观和宏观三种尺度，微观系统指单个生产单位及其生产环境，中观系统指一定区域范围内所有工业部门生产及环境，宏观系统则指全国或全球范围内工业生产与环境。目前，对全球范围内工业生态系统物流的研究不多，主要着眼于工业废物排放对当前关注的全球环境问题（如全球气候变化、酸雨、生物多样性衰减及臭氧层损耗等）的影响。为防治全球环境问题，需将工业污染防控放在全球范围内进行考虑。工业生态系统目前主要集中在微观和中观尺度工业生态系统的物流研究。

在学术界尚无普遍接受的工业生态学（IE）定义。概括地讲，工业生态学（IE）是采用系统的观点来分析工业社会的物质和能量的使用及其对环境的影响，利用系统方法来进行工业有机体与其环境关系的跨学科研究，可理解为一个系统概念和执行过程。因此，工业生态学是对环境系统工程学科范畴的扩展和深化。

（二）工业生态系统的复杂性

工业生态系统实际上是一个通过自适应、自组织逐步演化的复杂系统，具体表现为具有多样性、自主性、开放性、涌现性和演进性等特点。

1. 多样性

工业生态系统的多样性包括两层含义：一层是系统成员种类的多样性，简而言之，就是在一个工业生态系统中存在许多不同类型的企业；另一层是系统要素的多样性，即影响工业生态系统的因素众多，如资源、能源、投资、政策、市场等。工业生态的发展不仅仅是企业之间的物质交换，还需要企业与其环境要素进行协调与合作。

2. 自主性

工业生态系统运行的环节涉及企业、政府、市场和消费者，因此，系统中的诸多成员都有着很强的自主性和能动性，有明确的行为目的性，拥有自身的行为特征和自主决策能力。正是因为系统成员的这种自主性，采用自上而下的规划方法来建设工业生态面临较大的挑战和难度。工业生态系统中工业活动往往占绝对的优势，技术和人才在系统中的作用异常强大。因此，自主性的合理表达及有效整合是工业生态系统研究和建设过程中必须考虑的问题，知识流和技术流分析及优化对工业生态园区建设起着非常重要的作用。

3. 开放性

工业系统是一个开放系统，从自然界开采资源及将产品供给社会的同时将污染物排向环境，这使得工业系统与自然环境之间的关系不断恶化，社会不能可持续地发展。工业生态系统正是要使这种相互作用朝良性方向发展。这种开放性要求我们在考察工业生态系统时，不能将目光仅仅局限于工业系统本身，而须站在一个更高的层次，将工业系统和它所处的环境看作一个有机整体，通过转变工业活动方式，改善环境影响，提高资源利用方式，转变人们的观念，实现经济效益、环境效益和社会效益的统一。此外，系统中的企业成员个体不再是孤立封闭的个体，而是具有开放性且与其他成员有着紧密联系的个体组成的共同体。

生态系统耗散结构理论要求系统具有开放性，工业生态系统结构和功能的特殊性，导致其具有高度的开放性。在以工业活动为主的此类生态系统中，大量的资源、能源消耗和人才需求必然导致其与外界存在频繁的物质、能量及信息交换，加上系统某些自然生态功能的缺失，致使系统必须通过与外界的物质、能量及信息交换来实现功能替代。

4. 涌现性

从层次结构的角度看，涌现性是指那些高层次具有而还原到低层次就不复存在的属性、特征、行为和功能涌现，反映成员之间非线性相互作用导致系统所具有的复杂特征，是“整体大于部分之和”的思想。研究和实践表明，产品共生、产业耦合、工业生态链网、工业共生系统和生态工业园区等诸多生态工业实现形式，大多是在企业成员自主交互、协商、合作基础上发生的，是自发涌现的过程。

5. 演进性

演进性反映工业生态发展的长期性和动态特征。工业系统生态化的实现不是一蹴而就的，而是一个长期发展的过程，如同自然界进化过程，是自我不断调整和完善的过程，而且这种演化具有鲜明的自组织特征。

宏观层次上，工业生态系统是一个由大量企业聚集而成的功能耦合网。耦合网代表系统成员之间大量存在的诸如物质、能量交换之类的关联关系，这种关联将导致某些系统功能的变化，如环境影响的改善、资源利用效率的提高。系统中各成员之间是相互信任、互惠互利的合作伙伴关系。从系统发展上看，工业生态系统是一个动态演化的学习系统，系统不是固定的、永久的，而是随着环境的演变而不断变化的。

工业生态系统具有多样性、开放性、涌现性和演进性等属性，表明它是典型的开放的复杂巨系统。因此，工业生态系统设计的理论与方法研究，必须要引入复杂性系统的研究，应用生态系统耗散结构理论指导学科的发展。

二、工业生态系统的演进

（一）工业生态系统的演进

自从工业生态学提出以来，工业生态系统一直是其主要研究对象。参照自然生态系统的发展演进过程，可将工业生态系统划分为低级、高级和顶级等三级生态系统。

在低级生态系统中，工业过程中的物流和能流呈线性，即物质和能量从环境流向工业的过程，经简单的加工制造后，最终以废物和废弃产品的形式流出工业过程。低级生态系统的生态经济效率低，其运行方式，简单地说，就是开采资源和抛弃废料，这是环境问题的根源。工业革命初期的工业生态系统属于低级生态系统。

在高级生态系统中，资源减少，物质变得重要。工业系统属于高级生态系统，系统中虽然原料使用效率有所提高，部分“废物”和废弃的产品被回收利用，但仍需向自然界索取资源和能源并排放废物，且随着生产规模扩大，对生态环境影响也不断增大。

在顶级生态系统中，物质完全封闭循环，只从自然界输入能源，而不索取资源和排放废物。顶级生态系统只有在自然界中达到，工业生态系统应尽可能地向其发展。

Frosch 指出工业生态系统须从自然生态系统中学习以下三点：能源和稀缺资源的消费及废物排放须减量化；工业废物和废弃的产品须在工业过程间循环，如同营养物在自然生态系统食物网的不同有机体中循环利用；工业系统须多样化且有足够弹性以应付外界干扰。相对稳定的工业生态系统演替取决于政治、经济、文化、技术以及自身组织的综合作用，当干扰强过系统的抵抗力时，系统就发生不可逆变化。

（二）工业生态系统的演进策略

工业生态系统的演进可体现在不同层次上，小到工业共生体系，大到整个社会经济体系。工业生态主旨是促使现代工业向顶级生态系统转换或者说向着成熟的工业生态体系演进。工业生态系统转换策略主要包括：① 废物的资源化利用；② 封闭的物质循环系统和尽量减少资源的消耗；③ 工业产品与经济活动的非物质化；④ 能源的非碳化。这种旨在推动工业体系演进的策略亦称为生态重组（eco-restructuring）。

1. 工业系统内物质的封闭循环

生态系统是建立在物质不断循环利用基础上的一种闭环路径的经济发展模式，要求按照自然生态系统的模式，把经济活动组织成一个“资源—产品—再生资源”的物质反复循环流动的模式，使整个经济系统基本上不产生或者只产生很少的废物，但寻找新的废物利用途径或改变工艺使废物对工业系统中的其他消费者有价值可能存在现实困难障碍。

2. 物质减量化

物质减量化是工业生态学的一个重要的内容，主张以最少的资源量获得最大价值，包括经济价值和环境价值，这对实现可持续发展有重大意义。物质减量化的驱动力包括：① 材料生产成本的持续上升；② 环境影响的压力巨大；③ 替代材料及竞争的加剧；④ 服务业的发展。

物质减量化的主要措施包括物质的循环利用、可再生能源的开发和利用、提高产品质量及使用寿命等。例如，包装材料的减量化。包装材料年生产量 5 000 多万吨，且回收利用率较低，不足总产量的 20%，而包装用的塑料制品需要 200 年以上才能被土壤吸收。大量产品包装存在设计不合理、包装选材不当和过度包装，造成资源的浪费，其废弃物对环境产生严重影响。因此，基于物质减量化原则要求，在满足对产品保护、方便销售等功能的前提下，采用用量最少的适度包装以节约资源和减少废物排放，其主要过程包括：① 制止过度包装，提倡适度包装；② 选用绿色包装材料；③ 包装材料减量化设计；④ 合理的包装结构设计。

3. 能源脱碳

能源脱碳是采用相应的技术使燃料释放同等能量的过程中产生更少的碳化物。简单地讲就是逐渐地向相对含有较少碳的碳氢化合物过渡，以石油代替煤炭，然后以天然气代替石油的脱碳，这是一种“劣取其轻”的策略，是物质减量化的一个特殊分支。开发太阳能、风能、生物能、氢能源等新型的可再生清洁能源，提高可再生能源在现代能源结构中的比例，可缓解当前能源短缺的形势，减少温室气体的排放，获取更大的经济效益和生态效益。

（三）园区级尺度工业生态系统的演进过程

工业生态系统中的企业也存在发展进化，系统各成员通过相互间的合作与竞争实现共同进化。通过系统各子系统之间的协同作用，互相依存的各子系统交互运动、自我调节和协同进化，最后形成新的有序的结构。工业生态系统一直处在变化之中，是个动态结构，这种连续的变化称为工业生态系统的动态演替。园区级尺度工业生态系统，在企业成员和园区管理者各种自适应行为的不断作用下，园区逐渐发展变化的过程主要体现在以下两个方面：

① 企业根据市场情况、环境约束和企业利润等多种条件的变化采取适当的生产策略，使自身能够更好地生存发展，而不能适应环境的企业将被淘汰；

② 管理者根据园区的经济发展、资源消耗和“三废”排放等情况，制定环境管理政策，采取适当的经济措施，促进整个系统不断提高经济产出和物、能利用效率，不恰当的措施则可能导致园区发展迟缓或停滞。

三、绿色过程系统工程

从技术层面上讲，绿色过程系统是工业生态系统的核心与基础。绿色过程系统工程和工业生态学有部分重叠，二者均试图利用系统工程的方法来解决自然系统和工业系统间的矛盾问题。但工业生态学将工业系统当成自然生态系统中处于低级演进阶段的子系统，其目的是通过将工业系统的发展变化，推进到生态演变的高级阶段，与自然生态系统和谐发展；而绿色过程系统工程则将过程系统本身作为主要的研究对象，研究其对生态系统的影响，是通过过程系统发展和升级使之与环境相容的。

过程系统工程是以处理物料—能量—信息流的过程系统为研究对象，研究这类系统的资产配置、计划、管理、设计和操作控制优化的规律，是在总体上形成技术上、结构上的最优化。绿色过程系统工程研究对象与过程系统工程相同，仍以处理物料—能量—信息流的过程系统为对象，研究该类系统在技术经济合理前提下，其资产配置、计划、管理、设计和操作控制使环境影响最小的规律，从总体上使系统达到可持续发展的目标。

传统过程系统工程集中研究人为系统，将环境要求仅仅作为系统的约束条件，而绿色过程系统工程强调过程系统和自然系统之间的关系。绿色过程系统工程除了在方法论上继承过程系统工程的研究方法和手段外，还需要吸收绿色化学化工、工业生态学、生态工程及环境科学与工程等学科的研究方法和成果，其学科融合如图 12-1 所示。

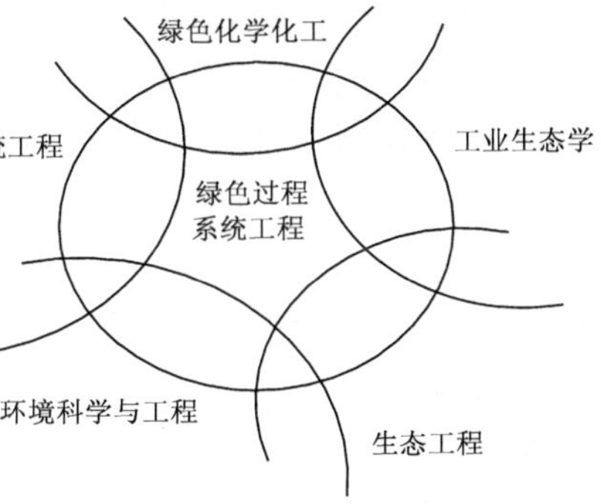

图 12-1　绿色过程系统工程的学科域位

自然生态系统的主体是生物，工业生态系统的主体应是工业生产部门。效仿自然生态系统的结构划分方法，根据原料来源不同将工业部门分为原材料获取、材料加工、产品制造、产品使用、废弃产品和工业废物的回收和处理部门。这种划分方法能较好地反映出物质和能量在工业系统中的流动方向。

基于工业生态系统思想，绿色过程系统工程已不再局限于生产工厂中的制造系统，除了需要从供应链的角度来考察外，还需要着眼于产品的生命周期的全过程，考察其对环境造成的影响，过程系统与环境间的关系是绿色过程系统工程的基点，如图 12-2 所示。

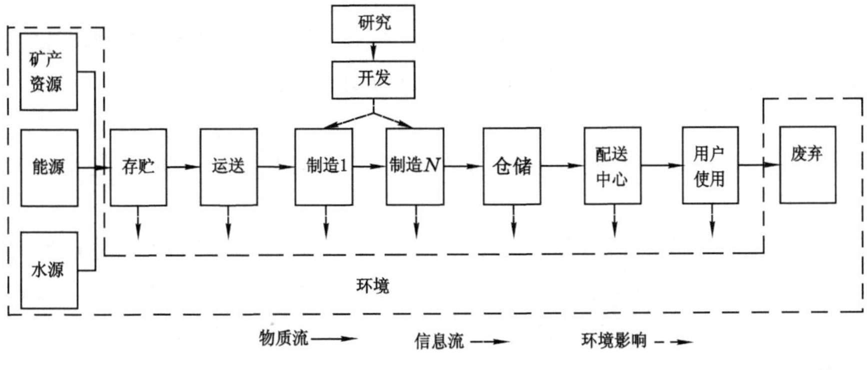

图 12-2　过程系统与环境的关系

从工业生产生命周期全过程或供应链的全过程来看，绿色过程系统对环境影响及要求可分为以下四个方面：① 能源、水源及矿物资源的获取和消耗过程中伴生的环境影响，即消耗最少能源、水源及矿物资源；② 生产制造过程生成的废物造成的污染，要求废物毒性小和排污最小；③ 产品在使用过程和废弃时造成的环境影响，要求产品使用中无二次污染，当产品失去使用价值成为垃圾，在处理时便于环境接受和易于降解；④ 供应链上运输、仓储、配送等其他环节对环境的污染和影响，要求原料、半成品和产品在存贮、运送过程中的污染最小。

绿色过程系统工程就是要全面研究供应链上各个环节对环境的影响，使系统不仅经济效益最大化且环境影响最小化。

第二节　工业生态系统的模拟与分析

工业生态系统的仿生思路必然要求其采用系统的观点，研究模拟和分析系统内物质、能量利用的各种复杂模式的功能。工业生态系统分析方法主要是指：面向物料的分析法——工业代谢；面向产品的分析法——生命周期评价；面向区域的研究方法——生态工业系统集成，亦称园区系统优化。

一、工业生态系统的模拟

工业生态系统的模拟主要指绿色过程系统的模拟，即基于“绿色化学”反应路径的微观层次模拟、基于工艺流程的中观层次模拟和基于工业园区等的宏观层次模拟。

（一）微观层次系统的模拟

微观层次上工业生态系统的模拟主要指在分子层次上即涉及“绿色化学”的工作领域进行模拟。“绿色化学”倡导“设计、制造和使用对环境良性的化学品及工艺过程，使环境得到保护并降低环境及人类健康的风险”。过程系统工程与“绿色化学”的交叉即绿色过程系统主要包括以下两方面内容。

1. 绿色产品设计

环境友好的产品成为近些年国际化学公司追求的重要目标。设计环境性能良好的化学产品需要分子模拟工具，用计算机软件“搭建”模拟分子，然后用“计算机实验”来检验这种分子的性能如生物活性、毒性等，使之更加符合要求，经计算机筛选后的分子结构再在实验室中进行合成，这就大大减少了绿色产品设计探索的工作量。现在已有几种商品化的分子模拟软件可供选择，如 TRIPOS 公司的 SYBYL，可针对小分子及蛋白质进行结构活性研究；Molecular simulation 公司的 Cerrius 可用于石化材料、表面活性剂、制药和催化剂等方面的研究；Biosym 公司的 InsightⅡ则可针对生物大分子进行设计。

2. 绿色反应路径的综合

如果目标产品为 T，而初始化原料均为 C，其反应路径的综合则可能是十分复杂的网络图，如图 12-3 所示。

从绿色要求来选择反应路径，需要考虑以下因素：① 初始原料应为对自然环境影响小或是可再生的原料，反应中涉及的所有化合物在其整个生命周期中只有很小毒性或没有毒性。② 反应的原子经济性好，原子经济反应指的是原料分子中的所有原子百分之百地转移到目标产物中去而不产生副产品。因此，这种反应在理论上能实现过程的零排放，然而，原子经济反应并不一定是高选择性反应，目前也只有少数工业化反应属于这个范畴，如甲醇羰基化制乙酸、乙烯及丙烯聚合制聚烯烃等。③ 反应的质量强度（指单位产品所消耗的所有原料、助剂、溶剂等物质）较低，而反应质量效率即产品质量与反应物质量之比值较高，单位

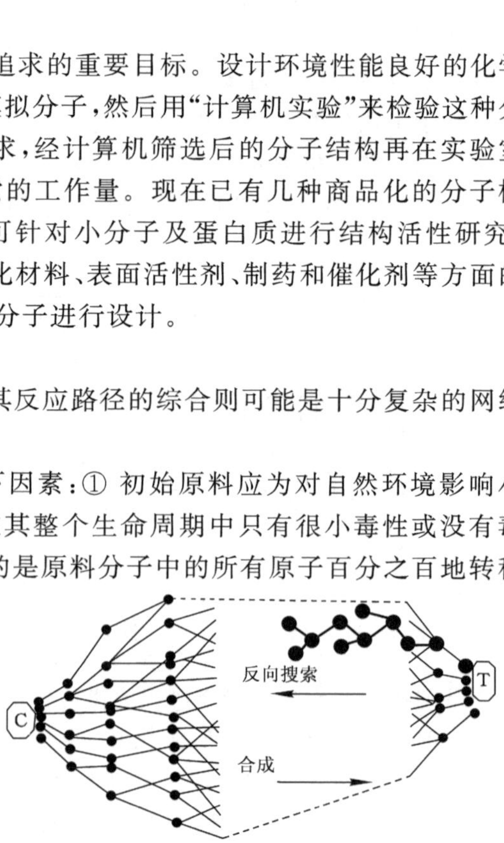

图 12-3　反应路径的综合示意图

产品生产过程的能耗较低。

绿色反应路径综合方法论可分为基于信息提供的方法和基于逻辑推理的方法两类。前者如美国化学工程师协会(AIChE)、美国国家制造科学中心(NCMS)和美国清洁工业及处理技术中心(CENCITT)联合开发的“清洁过程咨询系统”(CPAS);后者典型代表为英国帝国理工学院 Pistikopoulos 等将环境影响最小化方法运用到反应路径筛选中的方法和美国推崇的“逆向合成”,即从产品出发向前逆推可能制成产品的各种可能的中间产物,直到可获得的原料为止。

(二) 中观层次系统的模拟与分析

中观层次系统的模拟与分析是研究最多、相对成熟的领域,大体上可分为:基于流程模拟的方法、基于夹点分析的方法和基于热力学分析的方法。

1. 基于流程模拟的方法

这方面最有代表性的方法当推美国环保署(EPA)的国家风险管理研究所(NRMRL)开发的 WR(Waste Reduction)方法。这种算法基于污染衡算方程,引入了衡量环境影响函数 ψ_i、l 和污染指数 φ_s、k,通过物料衡算可以将不同流程方案的 ψ_i、l 计算出来,以资评价比较。

2. 基于夹点分析的方法

早在 20 世纪 80 年代末 El-Halwagi 等提出:用于降低能耗、改进换热网络的热夹点分析技术可以移植到“质量交换网络”中来,进行节水减排的网络分析。20 世纪 90 年代,王亚平和 R. Smith 发表了系统的“废水量最小化”的著名论文,推动夹点分析减少排废的方法在工业上的推广应用。

英国咨询公司 Linnhoff March 声称:根据他们做过的 30 多个项目的经验,这种方法在炼油厂应用可有 10%~30%的节水潜力,在食品工业应用有 30%~40%的节水潜力,而对于精细化工业具有高达 60%的节水潜力。然而该方法有其局限性,目前非线性数学规划方法正在逐步取代夹点分析,进行水网络系统的优化配置。

3. 基于热力学分析的方法

20 世纪 80 年代美国麻省理工学院的 Tribus 教授指出,20 世纪的热力学分析应当实现两个飞跃:一是将热力学第二定律分析与经济结合起来;二是进一步将其与环境生态分析结合起来,即利用生态㶲的分析方法。

(三) 宏观层次系统的模拟与分析

模拟自然生态系统,将生物代谢引入生态产业系统,与生物代谢过程如光合反应相比,生态产业系统的能源和物质利用尚有很大潜力,通过某些生物过程来代替机械过程,如在金属矿山采用细菌来处理尾矿,利用微生物进行垃圾处理等,也可引入菌根真菌生物技术处理煤矸石,进行土地复垦,加速土壤快速熟化,并且其具有抵消由于覆土少而导致的植株产量降低的潜力,对煤矸石、粉煤灰充填复垦的植被重建具有重要作用,且可以节约复垦费用。

20 世纪 90 年代起美国麻省理工学院开发了“人类造成的排放对全球气候影响模型”和“排放预测及政策分析模型 EPPA 及陆地生态模型”。它把世界划分为 12 个经济区,以 5 年时间为步长推算各地区经济发展及排放的增长(如 CO_2、CH_4、N_2O、CFC、NO_x、SO_x 等的排放)。1998 年开发的二维陆地和海洋交互化学的气候作用模型,涉及 18 种化合物的复杂气、液相反应,空间分辨率为 200 km。1999 年,Prinn 等将上述两个模型与已有的自然排放模型集成为"集成的全球系统模型 IGSM(integrated global system model)",此模型可用于控制温室气体排放的模拟政策效果评价,进行政策的相关效率分析。

二、工业生态系统的分析方法

工业生态系统的分析优化主要采用工业代谢(industrial metabolism,IM)、生命周期评价(life-cycle assessment,LCA)、投入产出分析(input-output analysis,IOA)、物流分析(material flow analysis,MFA)、生态工业评价指标(eco-industry indicator,EII)设计等方法。这些方法具有内在的一致性,一致性使这些分析方法呈现融合的趋势,如基于生命周期方法的投入产出分析与物流分析。

(一)工业代谢分析方法(IM)

工业代谢分析方法是建立工业生态行之有效的分析方法。工业代谢根据质量守恒原理,对物质从最初的开采,到工业生产、产品消费,直至变成最终的废弃物这一全过程进行跟踪。它通过建立物质衡算表,测量或估算物质流动与储存的数量及它们物理的和化学的状态,描绘其行进的路线和动力学机制,是基于模拟生物和自然界新陈代谢功能的一种系统分析方法,其研究旨在揭示经济活动物质的数量和质量规模,展示构成工业活动全部物质的流动与储存及其对环境的影响。

工业代谢的主要研究个体可以是一个单独企业或某个具体生产工艺代谢过程的效率,系统研究工业系统中化学反应和物质流的类型与模式,可以发现提高工业生态系统效率的潜在机会。工业生产常常包括若干环节,其中间代谢物常常作为废物排放,因此减少生产环节是提高能源利用效率和减少污染排放的强有力措施。理想的工业代谢模式应尽可能接近自然生态系统的代谢模式。工业代谢提供了一种认识产业过程的环境持续能力的思想方法,是生态产业的重要组成部分。工业系统代谢(ISM)过程模拟技术体现资源的循环利用和重复利用原则。

周哲等对煤的工业能源、化工过程进行了代谢分析,并根据代谢模型优化得到经济环境最优的煤化工产品结构和系统构成。煤的主要工业代谢流程如图 12-4 所示。

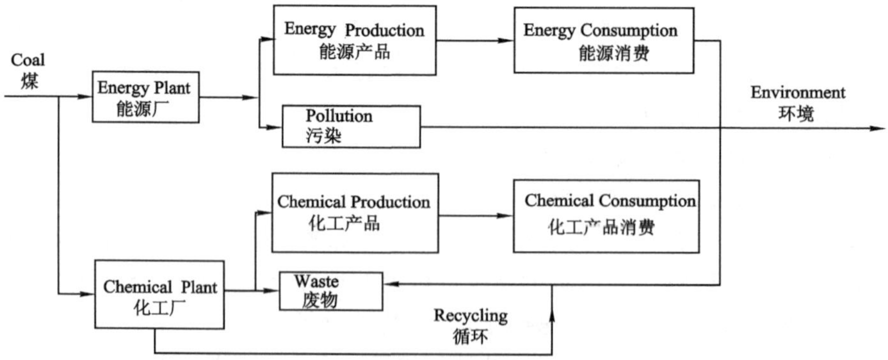

图 12-4　煤的主要工业代谢流程

从图中可以看出,在目前的工业生产体系中,煤炭资源基本上是单向流动的,即人们从自然界中索取大量煤炭资源,在满足人们生产生活需求后,又将大量的废弃物和污染物排放到环境中。虽然在化工生产中存在部分物质的循环利用,但其比例相对很小。煤的代谢造成的污染是非常严重的，主要是大量煤直接燃烧产生的烟尘、NO_x 和 SO_2 造成的大气污染及 CO_2 温室气体的排放，而且中国煤多油少的结构，决定了煤炭作为我国基础能源的局面短期内是难以改变的。

1. 工业代谢研究的重点

① 在有限区域内追踪某些污染物，江河流域地区往往工业集中并且人口密度高，特别适合于这类研究。

② 分析研究对象特别是某些重金属的工业代谢过程。

③ 分析研究对象可以仅限于某种物质成分，工业代谢研究的对象可以针对某种物质如镉、铅、硫、碳等，以确定其不同形态的特性及其与自然生物地球化学循环的相互影响。关于金属铅的代谢研究，揭示1880—1980年间工业提炼出的铅大部分是通过颜料、汽油添加剂等途径耗散至环境中而造成重金属污染。

④ 工业代谢可以研究与不同的产品或对象相联系的物质和能量流如电子芯片、城市家庭等。关于电子芯片的工业代谢分析结果表明，通常认为是清洁产业的电子工业，是单位产品生产全过程污染最为严重的行业之一。

2. 工业代谢研究的困难和缺陷

(1) 数据获取困难

虽然工业代谢所需要的大部分数据已经以某种形式存在于大量的监测报表、年鉴、行业数据库等各种各样的数据源中，但是要将其整理出来并进行分析的工作量是相当大的。

(2) 系统不完整或相关研究过于粗糙

由于代谢过程的复杂性，以及复杂系统相关知识的缺乏，比如工业物质循环与自然生物地球化学循环之间的相互动态影响，目前大部分的研究并不能真正涵盖研究对象的整个生命周期，对于复杂的对象尤为如此。

(3) 分析深度不足

绝大多数工业代谢的研究未充分挖掘表观数据，缺少对系统深层次属性的分析。工业代谢强调描述被研究对象的代谢过程(物、能的流动与变化)，并不关注其对环境的影响，与生命周期评价的清单分析阶段相当。

3. 工业代谢的度量

(1) 再循环和再利用率

在工业系统中，物质处于运动状态，在工业过程和最终阶段物质以废弃物的形态返回自然环境。废弃物最终有两个去向：再循环和再利用或者耗散损失掉。再循环和再利用的物质越多，耗散到环境中的就越少。工业代谢理论认为，可持续的一个好的度量是有无消耗性的使用资源，有别于资源的有用性。物质的再循环和再使用率是衡量工业体系是否为一个持续稳定体系的度量，可用式(12-1)表示。

$$\text{再循环和再利用率} = \frac{\text{再循环和再利用量}}{\text{资源消耗量}} \times 100\% \qquad (12\text{-}1)$$

(2) 原料生产力

度量工业代谢的另一个量是原料生产力，即每单位原料输入的经济输出。单纯的原料消耗量并不能够表示出原料的被利用程度，只有在与目的产物的产出结合在一起时，原料才能显出其生态价值。

$$原料生产力=\frac{目的产物总量}{原料输入总量} \tag{12-2}$$

（二）生命周期评价(LCA)

最早的生命周期分析可追溯到20世纪60年代，美国可口可乐公司用这一方法对不同种类饮料容器的环境影响进行分析。1997年国际标准化组织正式出台了ISO 14040环境管理的生命周期评价系列标准，以国际标准形式提出了生命周期评价方法的基本原则与框架。LCA定义的核心内容是：LCA是对产品全生命过程，包括原材料的提取和加工、产品制造、使用、再生循环直至最终废弃的环境因素的判别及潜在影响的评估和研究。

根据ISO 14040标准定义，LCA评价过程包含如下内容。

1. 目标与范围的确定(goal and scope definition)

LCA的研究目标可分为两大类：面向环境管理的清洁生产审核及绩效评定；面向生产过程的生态辨识、工艺改进及效果分析。研究范围的确定包括定义所研究的系统、系统边界，说明资料要求、重要假设和限制等。范围定义在评价过程中是一个反复确认的过程。

LCA方法是一种基于定量计算的评价方法，对产品系统各方面的描述就需要以一定的功能为基准，在此阶段，对产品系统输出功能量度的功能单位的选取至关重要，为有关的输入和输出提供参照基准，以保证LCA结果的可比性。

2. 生命周期清单分析(life cycle inventory, LCI)

清单分析是对产品、工艺和活动在整个生命周期内的能量与原材料消耗量，以及对环境的排放物(废气、废水、固体废弃物等)进行客观量化的过程。该分析评价贯穿于产品的整个生命周期，即原材料的提取、加工、制造和销售、使用和废弃处理，是LCA的核心部分，也是环境影响评价的基础。

清单分析有赖于将产品系统中的单元过程以简单的物流或能流相联系。大部分工业过程产出多种产品，并将中间产品和弃置的产品通过再循环用作原材料，当环境负荷需要用其中一种或部分产品来表征时，就需要根据程序将物流、能流和排放等输入输出数据在多个产品或多个系统间分配。

3. 生命周期影响评价(life cycle impact assessment, LCIA)

生命周期影响评价基于生命周期清单分析，根据分析数据与环境的相关性，评价各种环境问题造成的潜在环境影响的严重程度。LCA的4个阶段中，生命周期影响评价(LCIA)被认为是技术含量最高、难度最大也是发展最不完善的一个技术环节。生命周期影响评价的方法学、理论框架以及各种影响类别的评价模型，尚无统一的标准可以在清单数据和具体的潜在环境影响之间建立一致、准确的联系。

根据ISO 14040的规定，LCA体系中生命周期影响评价阶段包含必备要素和选择性步骤，影响评价的各个要素如图12-5所示。

以预防污染和节约资源为核心的生命周期设计的要求，主要包括两个方面。

(1) 产品生命周期设计要素

生命周期设计要素不仅着重于产品的使用功能，而且还特别强调产品的环境要求和对人体健康的安全性、能源和物料的多级使用。

(2) 以环境与资源效益的分析方法控制设计要素

该方法的关键是将环境与资源效益的分析方法运用到产品的设计中，实现产品的功能、

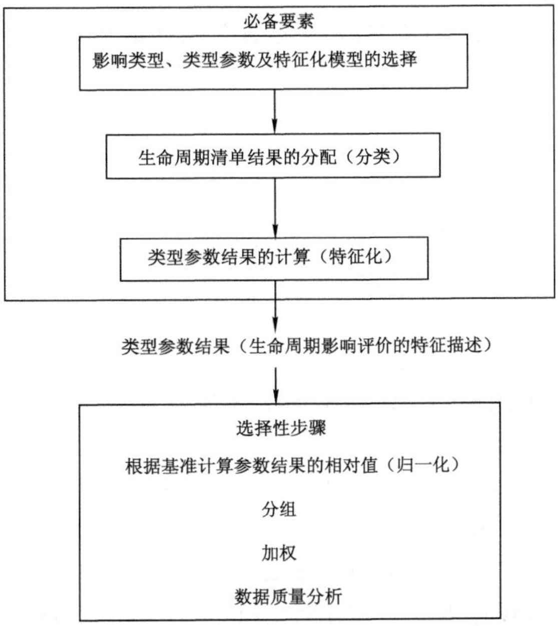

图 12-5　生命周期影响评价阶段的各个要素

环境和成本相协调，以获得最佳的环境效益与经济效益。美国电话电报公司(AT&T)将生命周期设计方法的设计要素控制总结为“将同时满足法规、性能、环境、文化和成本要求的设计要素首先纳入产品的设计中”。

由于实施 LCA 具有一定的复杂性，故需要建立各种简化的 LCA 方法，如简化评估矩阵法，通过 5×5 的评分矩阵评估产品在整个生命周期中的环境影响。

LCA 局限性如下：① 清单分析阶段，因数据完整性和精度有限影响评估可信度；常采用典型生产工艺、平均水平来替代，或采用经验公式估算或靠经验判断等来获取数据，其结果可能导致数据不准确、误差或偏差较大。② 影响评估阶段，尚无有效的方法将对环境的首要影响与第二、第三影响区分开来；不同模型评价某一系统影响作用的结果差别大，以数量级计，缺乏严谨的数学模型，可比性差。③ 方法执行所耗的时间和费用较高。

尽管如此，LCA 仍是工业生态学一个有潜力的分析工具。LCA 可以视为 IM 的自然延伸：IM 仅强调描述被研究对象的代谢过程如物、能的流动和变化，与 LCA 的清单分析阶段相当，而 LCA 不仅考察系统的资源利用和废物排放情况，还关注系统对环境的影响。

（三）投入产出分析(IOA)

投入产出分析作为一个具有很强实用性的方法，通过平衡方程，借用数学模型分析初始投入、中间投入、总投入和中间产品、最终产品、总产出之间的关系。模型核心是 Leontief 逆矩阵，它反映了其中各个流量的来源和去向。

Leontief 逆矩阵如下：建立由 n 个节点构成的网络投入产出矩阵 $\boldsymbol{P}$。

$$\boldsymbol{P}=\begin{pmatrix}\boldsymbol{Z} & \boldsymbol{F}\\ \boldsymbol{O} & \boldsymbol{Y}\end{pmatrix} \tag{12-3}$$

$$\boldsymbol{F}=[f_{ij}]^{n\times n},i,j=1,2,\cdots,n \tag{12-4}$$

$$\boldsymbol{Z} = \mathrm{diag}(z_{io}), \boldsymbol{Y} = \mathrm{diag}(y_{oi}), i = 1,2,\cdots,n \tag{12-5}$$

其中：f_{ij}表示从节点 j 到节点 i 的流量；$\boldsymbol{F}$ 表达各节点间的连接关系；$\boldsymbol{Z}$ 和 $\boldsymbol{Y}$ 分别代表节点从环境得到的输入和节点对环境的输出。

各节点通量为

$$T_k = \sum_{j=1}^{n} f_{kj} + Z_{ko} = \sum_{i=1}^{n} f_{ik} + y_{ok}, k = 1,2,\cdots,n \tag{12-6}$$

可得即时入流分率 $q_{\mathrm{I},ij}$、即时出流分率 $q_{\mathrm{O},ij}$、即时入流分率矩阵 $\boldsymbol{Q}_\mathrm{I}$ 和即时出流分率矩阵 $\boldsymbol{Q}_\mathrm{O}$，分别为

$$q_{\mathrm{I},ij} = f_{ij}/T_i, q_{\mathrm{O},ij} = f_{ij}/T_j, \tag{12-7}$$

$$\boldsymbol{Q}_\mathrm{I} = [q_{\mathrm{I},ij}]^{n\times n}, \boldsymbol{Q}_\mathrm{O} = [q_{\mathrm{O},ij}]^{n\times n}, \quad i,j = 1,2,\cdots,n \tag{12-8}$$

$\boldsymbol{Q}_\mathrm{I}$ 表示各节点单位产出所需的各种来源于其他节点的直接投入，$\boldsymbol{Q}_\mathrm{O}$ 表示各节点单位产出所分配到其他节点的直接输出。

传递闭包入流矩阵 $\boldsymbol{N}_\mathrm{I}$ 和传递闭包出流矩阵 $\boldsymbol{N}_\mathrm{O}$ 表达式如下：

$$\boldsymbol{N}_\mathrm{I} = (\boldsymbol{I} - \boldsymbol{Q}_\mathrm{I})^{-1}; \boldsymbol{N}_\mathrm{O} = (\boldsymbol{I} - \boldsymbol{Q}_\mathrm{O})^{-1} \tag{12-9}$$

传递闭包矩阵 $\boldsymbol{N}_\mathrm{I}$ 和 $\boldsymbol{N}_\mathrm{O}$ 即 Leontief 逆矩阵。

投入产出模型在实际应用中不断地被扩充和完善。从 20 世纪 70 年代初开始，西方经济学家将 IOA 应用到环境领域，建立了一系列包含环境内容的投入产出模型。由于 IOA 对构成整个经济结构的个体之间相互关系的关注，其成为工业生态学一个重要的分析方法，应用到不同尺度、不同拓扑结构的工业经济系统的分析中。它的对象从货币流扩展到物质流、能量流，以考虑工业生态学所关心的环境问题为主。IOA 是工业生态学一个最自然最强有力的数学工具。使用时将 IOA 与产品 LCA 结合起来，首先运用传统的经济投入产出模型计算出各生产部门为生产、消费、回收和最终处理某种产品所需的货币投入向量，然后左乘以一个环境负荷系数矩阵，最终得到该产品对应的环境负荷向量。

Bailey 意识到工业生态系统中的物质流和能量流分析是工业生态学的一个基本问题，其重要性如同在生物生态学中研究自然生态系统中的营养物质流和能量流；陈定江等对山东鲁北生态工业园区内的硫代谢过程进行了分析，并将图论、输入输出分析与效用输入输出分析三者结合起来，进一步提出工业生态系统耦合度的概念，它反映了系统各节点之间通过物流相互关联的紧密程度。区域生态经济系统的耦合是指区域内生态环境为区域社会经济发展提供各类资源与生存条件，由不协调向初级协调、由初级协调向高级协调发展的动态过程。

三、工业生态效率

（一）工业生态效率

生态效率(eco-efficiency)是指生态资源满足人类需要的效率。1992 年，世界可持续发展工商理事会(WBCSD)对其的定义如下：生态效率是指提供在价格上具有竞争力的产品和服务，在满足人们需求和提高生活质量的同时，使产品和服务在整个生命周期内对环境的影响及对自然资源的耗用逐渐降低到地球能承受的程度。

1. 企业生态效率

WBCSD 指出，企业生态效率应具有如下内涵：降低资源强度、降低能源强度、减少有毒物质的排放、加强各种物质的回收、最大限度地使用可再生资源、延长产品使用寿命和提高服务强度。

企业应从三个方面追求生态效率:① 减少能源、材料、水与土地资源消耗,加强产品的循环性和耐用性,尽可能封闭物质循环;② 减少废气排放、废物处置与有毒物质等对自然的影响;③ 增加产品或生态服务价值,为顾客提供更多的功效。Fussler 和 James 指出,企业实施生态效率需要掌握四个要素:注重客户服务、考量产品质量、考虑生命周期、关注生态承载。也有学者认为非物质化(dematerialization)是实现企业生态效率的关键点,生态效率可表达为“在不减少产品功能的同时减少材料的使用”。

各国学者卓有成效地开展适用于发电、石化、造纸等企业的生态效率分析。德国巴斯夫(BASF)集团自 1996 年起将生态效率评价作为保证企业持续发展的战略工具,研发出用生态效率评价产品生命周期的一整套方法和名为“生态效率管理”的应用软件,迄今已做过 220 项分析。软件从精细化工产品、原油和天然气等原材料消耗,能源消耗,土地使用,废气、废水和固体废物的排放,有毒物质的使用和排放,材料滥用和潜在的风险六个方面评价了企业的生态效率。

2. 产品生态效率

随着社会对生产者责任制和产品的环境绩效的日益关注,产品的生态效率研究渐渐从企业的生态效率研究延伸到生产技术、废旧产品的处理等。欧盟颁布的《废旧电子电器回收法》《报废电子电气设备指令》在 2005 年 8 月开始实施,规定生产商、进口商和经销商负责回收、处理进入欧盟市场的废弃电器和电子产品。美国在 20 世纪 90 年代初就对废旧家电的处理制定了强制性的条例,各州制定相关的法律条例,严格控制废旧电器的处理。电子产品的闭环回收系统的建立使可直接或经简单再加工还能够使用的元件等得到再次使用,从而减少了直接进入填埋场的垃圾数量,使原材料能实现其最大价值,有效降低了环境污染排放。

由此可见,生态效率的运用对系统的产品设计、生产技术、企业物流以及系统结构等产生了积极影响。

3. 行业生态效率

从行业的角度考虑生态效率,不仅能提高企业的经济绩效和环境绩效,也能从系统角度比较不同企业间产品、工艺流程和生产技术上的优劣。同类企业的生产特征类似,学者尝试采用不同的指标或指标体系评价行业内不同企业的生态效率。加拿大学者提出了生态效率指标(EEI),试图改善食品和饮料行业在能源使用、温室气体排放、水的使用、废水处理、有机废物和包装残余处理等方面产生的环境问题。生态效率指标评价的方法对同行业企业生态效率的比较评价十分有效。

(二)区域工业生态效率

利用工业生态效率对区域工业可持续性进行评价,内容如下:① 描述和反映任何一个时点上经济与环境的协调水平和状况;② 监测和评价一定时期内经济与环境变化的趋势及速度;③ 综合衡量各领域经济、制度等与环境之间的作用关系,分析其内在原因,为产业转型战略及政策效果的评价提供科学依据。

区域工业生态效率的定义为:某一区域,工业各行业生产产品或服务的经济价值和所付出的环境或资源代价的比值。它可以用来衡量一个地区在某段时间内可持续发展的水平。

$$\text{区域工业生态效率}=\frac{\text{工业各行业生产产品或服务的经济价值}}{\text{所付出的资源或环境代价}}$$

生态效率计算涉及经济、环境和资源三类指标。其中,经济类指标采用工业的国内生产总值(GDP),环境和资源类子指标的选取和换算采用生命周期分析中的相关步骤,各步骤的目标及方法如图 12-6 所示。

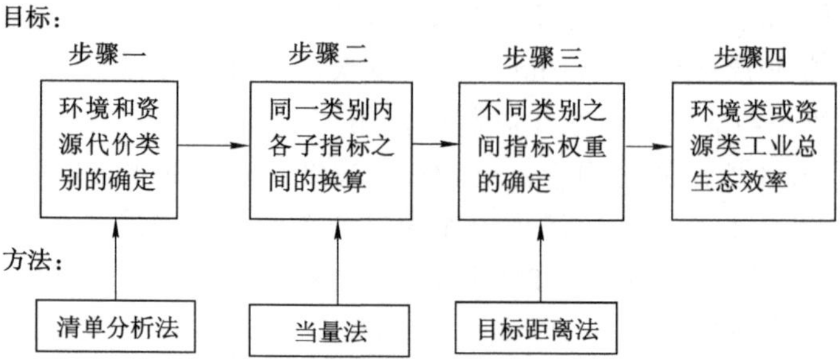

图 12-6 环境和资源类子指标的选取和换算步骤

第三节 工业生态系统建模方法

一、工业生态系统优化

工业生态系统的优化必然要求首先确立系统目标,要求用多目标优化代替单目标优化,替代如“费用-效益分析法”等传统单目标优化方法,用最优满意化来代替单纯的最优化,即采用满意化的形式先描述多目标问题,然后尽量向最优化方向努力。

工业生态系统的环境性能优化要求对环境性能进行定量指数化,工业系统过程筛选的环境性能评价指数可用式(12-10)高度概括,即

$$E_Q = E \cdot Q \tag{12-10}$$

式中 E_Q——环境性能评价指数;

E——单位产品所对应的物质量,由流程的质量平衡关系决定;

Q——环境性能指标,表征不同物质对环境影响的差别。

在环境性能评价指数的确立过程中,根据环境问题性质特点的不同及考虑环境因素的深度不同,可以将其归为以下不同层次:

① 生态毒性;

② 生态毒性、持久性;

③ 生态毒性、持久性、污染物归宿;

④ 生态毒性、持久性、污染物归宿、暴露途径。

在系统目标确立、环境性能进行定量指数化后,对系统进行多目标优化问题的求解。多目标优化问题的求解可以大致分为归一化法和 Pareto 解集法。归一化法将多个目标函数整合为一个,然后再采用单目标方法求解,如权重法、理想点法等。这类处理方法一次只能得到一个解,因此为了获得满意解需要大量试验。Pareto 解集法则有效克服了这一缺点,一次求解可以得到多个解甚至整个 Pareto 前沿,从而为决策者提供进一步决策的信息。优化算法的发展大大拓展了 Pareto 解集,使其成为多目标优化中最具活力的热点领域。

工业生态系统数学规划模型的建立和应用,使工业生态系统规划、设计和管理建立在定

量分析的基础上。工业生态系统数学规划模型大体上分为自上而下的数学规划模型和基于复杂适应系统理论的建模方法两种。

二、自上而下数学规划模型——MINLP 模型

自上而下的数学规划模型主要是指在上层统一的总体目标指导下，下层的成员各自进行调整，在满足约束条件下实现系统总体目标的模型。具体建模过程中，可以首先确定系统整体结构——实际结构或者超结构，然后再细化作为系统构件的底层成员模型；也可以首先确定成员模型，然后将之作为积木组织以构建整个系统模型。

Bailey 以卡伦堡工业生态系统为研究对象，利用软件 STELLA 建立系统动态响应模型，并在此基础上构建一个多目标线性规划模型。模型的优化目标包括成员之间物料和能量的供应与需求之间偏差最小、整个系统废物排放量最小；模型的优化变量是指各控制变量，如蒸汽产生速率、蒸汽调整时间等。

虚拟组织 Smart Growth 开发了一个工业生态系统设计软件包——DIET（designing industrial ecosystems tool），DIET 的功能包括：考查系统成员各种组合的可行性，在经济、环境和社会效益目标间进行权衡；估算建立工业共生关系后的生态效率；计算成员在环境和经济上的收益。该软件包的核心是线性规划模型，它将生态工业园区 EIP 成员的利润近似地表示为其每一项产出量的线性函数，成员面临的资源、环境等方面的限制也近似表示为线性不等式。目标函数包括废物净产量最小化、园区成员负担费用最小化、园区净收入最大化、创造更多就业机会等。

这类模型在表达系统的结构及连接约束方面缺乏灵活性，而生态工业园区 MINLP（mixed integer non-linear programming）模型则较好地解决这个问题。MINLP 模型即混合整数非线性规划模型，其功能和地位与 DIET 的线性规划模型相当，但因引入逻辑表达式约束和非线性约束，增加了模型的表达能力。模型的整数变量用以表示项目的投资与否、受投资总额的约束；模型的非线性简单地体现在某一分目标函数如就业目标上及与整数变量结合的一些约束上。

MINLP 模型包括成员模型和连接模型，成员模型作为积木，通过连接模型搭建成不同拓扑结构的生态工业园区模型。成员模型主要表达成员的物、能、资金等输入和输出间的关系；连接模型除了表达与连接相关的物、能平衡关系外，还引入了逻辑表达式来表达 EIP 成员间的连接约束。

（一）成员模型

图 12-7 是一个典型的 EIP 成员模型（虚框内）。

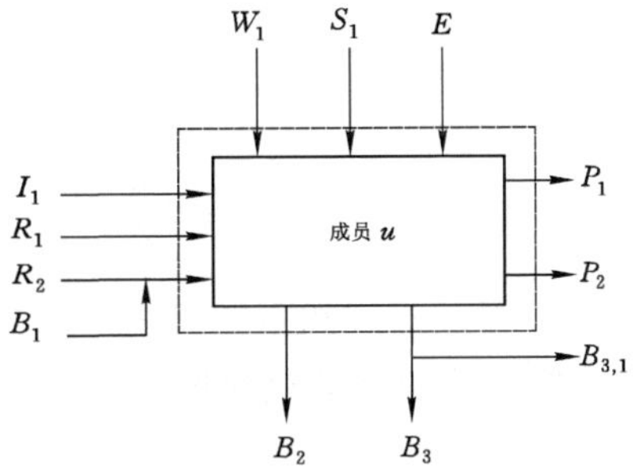

B—副产物；E—外界输入的能量；I—投资；P—主产品；R—原料；S—蒸汽；W—水。

图 12-7　典型的 EIP 成员模型

成员模型方程是一组表达成员的物流（如原料、产品、副产物、废物、水等）、能流（如电力等）、资金流（如投资）之间关系的方程式，即

$$\begin{cases} f_{u,R_1} = g_{u,R_1}(P_u, \alpha_u) \\ f_{u,R_2} = g_{u,R_2}(P_u, \alpha_u) \\ f_{u,I_1} = g_{u,I_1}(P_u, \alpha_u) \end{cases} \tag{12-11}$$

方程左侧表示物料流量和投资项目的经济指标等属性，右侧的 P 代表主产品产量向量，α 代表过程参数向量，下标指明流的来源和流的属性（物流、能流、资金流）。这些方程统一的形式为：

$$\text{attri } b_{u,*} = g_{u,*}(P_u, \alpha_u) \tag{12-12}$$

EIP 成员 u 的模型即用形如式(12-11)的一组方程来描述。

（二）连接模型

图 12-8 是一个典型的 EIP 成员连接模型。

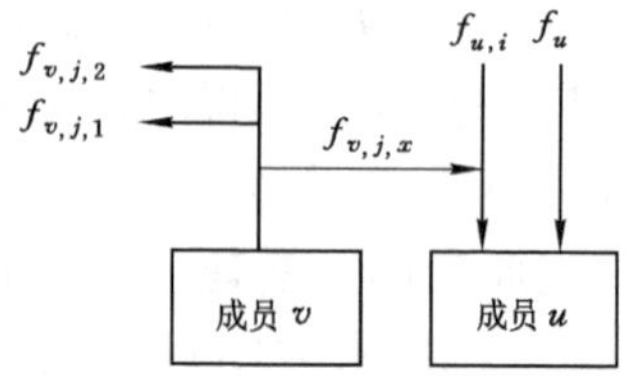

图 12-8 典型的 EIP 成员连接模型

假设成员 v 的废物 j 引入到成员 u（物流 $f_{v,j,x}$），部分或全部地替代物料 i，物料 j 也可以引入其他成员中（物流 $f_{v,j,1}$ 和 $f_{v,j,2}$）。成员间物流的连接要满足物料平衡关系，如下面的一组式子：

$$f_{u,i} = g_{u,i}(P_u, \alpha_u) - r_{i,j} \cdot f_{v,j,x}$$
$$\sum_x f_{v,j,x} = g_{v,j}(P_v, \alpha_v)$$
$$f_{u,i} \geqslant 0, f_{v,j,x} \geqslant 0 \tag{12-13}$$

式中，$r_{i,j}$ 表示物料 j 替换物料 i 的比例系数。

除了物料平衡约束外，连接模型中还引入逻辑表达式约束。考虑决策者可能加入这样的约束条件：只有当流量 $f_{v,j,x}$ 大于某个下限 $L^f_{v,j,x}$ 时，成员 u 和 v 之间关于物料 j 的连接才能建立；建立物料连接可能还需要投资，而投资只有在其回报率 N_u 达到一定的标准 S_u 时才有可能进行。将不等式 $f_{v,j,x} - L^f_{v,j,x} \geqslant 0$ 与一个[0,1]整数变量 y_1 相关联，将不等式 $N_u - S_u \geqslant 0$ 与[0,1]整数变量 y_2 相关联，将投资与否与 u、v 之间的物料 j 的连接建立与否分别与[0,1]整数变量 $y_{inv,u}$ 和 $y_{v,k,u}$ 相关联，可得到如下所示的一组逻辑表达式：

$$f_{v,j,x} - L^f_{v,j,x} \geqslant 0 \Rightarrow y_1 = 1$$
$$N_u - S_u \geqslant 0 \Rightarrow y_2 = 1$$
$$y_{inv,u} = y_2$$
$$y_{v,k,u} = y_1 \wedge y_{inv,u}$$
$$y_{v,k,u} = 0 \Rightarrow f_{v,i,x} = 0 \tag{12-14}$$

将逻辑表达式约束转换成代数表达式约束后，加上目标函数和其他约束条件，就构成标准的 MINLP 问题的优化模型：

$$\max J = \sum_u (p_{sp} + p_{sb} - p_r - p_b - p_w - p_f)_u \tag{12-15}$$

目标函数定为整个园区获取的年利润（各成员的年利润的加和）最大。目标函数中的 p_{sp} 和 p_{sb} 表示成员因出售产品和废物/副产物所得的收入；p_r 表示购买新鲜原料的支出；p_b 表示购买其他成员的废物作为原料的支出；p_w 表示成员因向园区外排放废物所付的罚金（排污费等）；p_f 表示由于建立成员间共生关系导致成员固定资产投入的增加。

优化模型的目标函数采用式(12-15)所示的单目标函数形式，将对环境目标如减少废物排放的考虑转化为对经济目标如减少排污费的考虑，通过这种方式 EIP 在环境和经济目标之间进行权衡。为了更全面地表达 EIP 对多种目标的综合考虑，优化模型也可采用多目标函数形式，将寻求在经济效益如园区年产值、环境效益如园区年废物排放总量、社会效益如园区增加就业人数等多目标间进行权衡的 Pareto 非劣解。多目标优化问题最终也转化为单目标优化问题才能进行求解。

利用数学规划法得到的生态工业系统集成方案保证系统利益的最大化，但方案在实施过程中常常遇到障碍。在市场经济环境下，每个企业自主决策，独立地根据市场、政策等外界环境条件变化做出自己响应，以自身利益的最大化为目标，当自身利益与整体利益发生冲突时，若没有外界（如政府管理部门）的强制管制，企业通常不会从整体利益出发决定自己的行为。

三、基于复杂适应系统（CAS）理论的建模方法

当前，复杂性科学建模方法诸如系统动力学、复杂适应系统、自组织临界性或混沌边缘、元胞自动机等已广泛地用来模拟复杂系统，模拟一定程度再现的复杂系统有序结构特别是分形或幂律结构的演化，其核心思想在于智能主体的复杂作用是有序结构形成的原因。动力学机制认为主体间趋向临界性、适应性、喜好性连接等是产生有序结构特别是分形或幂律结构的代表性机制。

复杂适应系统模型与 MINLP 模型不同，主要基于现实中大部分工业生态系统自组织形成、自适应演化的特点，利用复杂适应系统理论，通过建立基于多主体工业生态系统演化仿真模型，来定量研究工业生态系统的演化机制。

（一）复杂适应系统的基本思想

CAS 理论由遗传算法创始人 Holland（1995）提出，其基本思想是“适应性造就复杂性”。

① CAS 的基本单元是主体（Agent），它最重要的特性是能随着时间不断地进行演化，以提高自身对环境的适应度。所有主体处于一个共同的环境中，它们通过与周围的小环境和其他主体相互间的交流，并行且独立地进行着适应性学习和演化。这种适应性和学习能力是智能的一种表现形式，所以也有人将主体称为智能体。

② 主体在根据学到的经验修改自身的规则和调整行为方式的同时，也不断地改变和影响着环境。当处于 CAS 底层的主体数目较多时，大量的交互作用使得主体在整体层次上凸显出新的结构、现象和更复杂的行为。

总之，整个系统的进化过程如同自然界生态系统的进化过程，其成员不断地进行自我调整和完善以适应环境，也影响着环境，系统在此过程中不断地向前发展演化。

以卡伦堡生态工业系统为例，系统从起步到建成总共花了约 30 年的时间，目前还在不断地发展变化之中，原有的一些链接会发生变化甚至被打破，新的链接再产生。卡伦堡生态工业系统的形成还与企业对外界环境“刺激”的响应有关，这种刺激包括人们环境和资源保护意识的增强以及国家、区域环境法规政策标准的制定及实施等。当一些企业通过工业共生获益之后，对其他企业也或多或少地产生一种导向作用。

（二）复杂适应系统 Agent 结构模型

CAS 的基本单元是主体（Agent），Agent 结构模型如图 12-9 所示。

1. Agent 的目标

目标是 Agent 理性的体现，是 Agent 行动的指南，不同类型的 Agent 有着不同的目标，同类 Agent 在不同的阶段也有可能有着不同的目标。例如，企业 Agent 一般认为都是以经济效益为追求目标，但可能在某一阶段，企业出于法规的约束，或者为了树立良好形象，或者出于竞争的考虑，会以改进环境效益或者社会效益为目标。

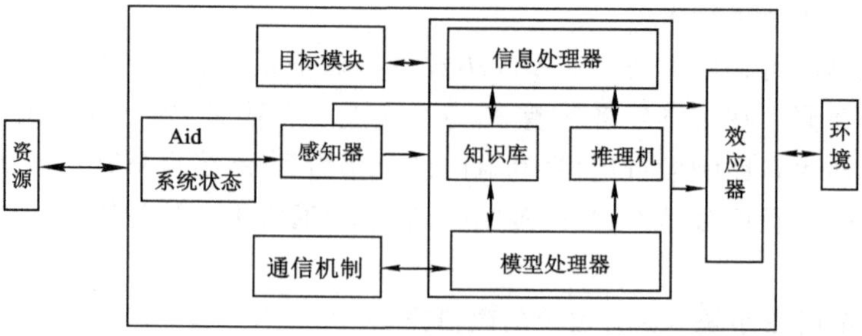

图 12-9 Agent 结构模型

2. Agent 的属性

属性是 Agent 特征的表现，随着系统的演变而不断变化。对于企业 Agent 来说，其拥有的属性具体如下：

① 经济属性：企业的成本、利润、产品价格。

② 环境属性：单位产品原材料消耗量、单位产品使用造成的垃圾量、废弃产品回收率、单位产品生产和使用造成的污染总量、单位产值能耗等。

③ 技术属性：企业资源及能源利用的技术水平、废弃产品可被重新利用的最低技术要求。值得指出的是，只有企业的技术水平超过该最低技术要求时，废弃物才能重新被使用。

3. Agent 的行为

行为是 Agent 能动性、适应性的具体表现。对于一个企业 Agent，它的行为包括对市场的判断、生产、销售、信息交流、合作等。

4. Agent 的知识

知识是指导 Agent 行为的控制信息，可以是某些生产技术、科学理论、政策法规、决策方法，甚至是某些交互信息。由于 Agent 具有学习、推理的能力，所以 Agent 的规则不是一成不变的，可随着 Agent 的学习和经验积累不断变化和发展。

CAS 的基本方法是基于主体（Agent）即企业的计算机进行仿真研究。这一理论与前述的自主实体型生态工业系统的特点比较接近，为人们认识、理解、控制、管理生态工业系统提供新的思路。

（三）工业生态系统演化仿真模型

在工业生态研究中，可应用适应复杂系统理论探讨工业生态系统的演化进程，建立自适应主体的输入输出响应模型，构建企业的若干属性和行为规划模型、市场评价模型、消费者属性及行为模型，模拟企业适应市场和环境条件的演化进程，分析外部条件（包括政策法规）对系统演化进程的影响；进一步研究企业间通过物质、能量交换，适应外部环境的生态系统自组织演化的进程，以期通过生态工业系统复杂性研究，探讨促进工业生态系统演化进程的机制。

例如考虑企业环境表现的市场行为仿真研究，该类模型由若干生产企业、市场和大量消费者组成。如果系统内企业数目由原来的 3 个逐渐增加，企业仍旧孤立地决策和行动，所有 Agent 的行为和规则保持不变，这时系统的经济效益和资源利用情况如表 12-1 所示。

表 12-1 反映了某些现实中的情况：随着市场上企业数目的增加，企业之间竞争加剧，产品供应量放大，市场产品价格下降和企业总利润减少。与此同时，系统的资源消耗量和单位利润的资源消耗量随之增加，资源利用的效率下降。

表 12-1　不同 Agent 数目下的系统特性

企业数目	总产量/万 t	产品价格/(元/t)	企业利润总额/万元	单位利润资源消耗量/[t/(万元)]
$n=3$	3.75	6 567	5 870	0.64
$n=4$	3.86	6 428	5 509	0.70
$n=5$	4.18	6 020	4 267	0.98
$n=6$	4.31	5 868	3 739	1.15

由此可见,工业生态系统演化仿真模型首先要考虑企业拥有的经济、环境和技术诸多属性,此外,分析模型的同时需要考虑企业决策行为,包括价格决策、内部调整决策、降低成本和改进环境的表现,对其进行定量化和仿真分析。给定模型仿真参数条件下,通过对上述由多主体组成的复杂适应系统市场行为的仿真分析,得到不同企业在不同的市场评价准则下决策行为的变化及经济效益和环境影响的演化进程。

第四节　工业生态系统的集成及调控

一、工业生态系统的集成

工业生态系统的集成是在区域范围内实现生态工业的方法。它综合考虑区域系统的物质流、能量流与信息流,通过共用信息和公共基础设施,考虑区域范围内企业、社区和自然之间的物质交换和能量利用,建立高效率、低消耗的可持续发展的区域工业生态系统。其目的是通过改进生产程序来减少原料消耗和废物排放以提高生态经济效率,主要研究工业过程中的物质流、能量流和信息流的改善方法,当前研究重点集中于物流过程的完善,能量流和信息流的研究较少。

(一) 物质集成

物质集成是工业生态系统的核心部分,是根据总体系统产业规划,确定成员之间的上下游关系,按照物质供需方的要求,通过产品体系规划、元素集成以及数学优化方法确定物质交换的组成、数量和路径,构建原料、产品、副产物及废物的工业生态链,实现物质的最优循环和利用,也可应用多层面生命周期评价方法进行产品结构的优化。

1. 产品体系规划

对于一个全新的生态工业系统,最主要的问题是规划系统的产品体系,要根据当地的资源状况、技术基础、资金数量和市场需求,结合多方面的发展规划,设计合理的产品体系。对于改造型的生态工业系统,则需首先分析系统现有产品和工艺体系,提出工艺改进方案,然后进行产品体系的规划。

2. 元素集成

针对现有工业系统的改进问题,尤其是涉及化学化工工业的系统,某些关键的元素对系统的物质循环、废物的排放具有重要影响,对这类元素要进行深入的分析,并通过数学方法提出元素集成的方案。以清华大学过程工程与生态工业研究中心主持的衢州沈家生态工业园区规划为例,氯元素是很多工艺生产过程用到或排放的,通过对园区的氯元素进行集成,可大幅度减少氯元素的使用和排放,降低环境污染。对氯元素的集成通过三个环节——减量化(物质替代及源头削减)、再利用(废物交换和再利用)和废物再循环(废物再循环和资源化）得出氯元素各种可能的单元过程，这些过程包括根据反应路径综合方法得到的产品生产新路线、原料替代方案、工艺改进方法、物质再利用和废物再循环等，共同构成一个新结构网络，应用 MINLP 模型混合整数非线性优化求出最优的元素集成方案。

3. 物质链的构建

构建工业系统的原料、产品、副产物及废物最优生态链是实现生态工业的重要一步，其方法与元素集成类似，考虑的对象是系统所有的过程和物质，以原有过程为基础，引入工艺改进、新的替代过程、替代原料、补链工艺等构建超结构模型，优化得到最优的生态工业物质链。

4. 多层面生命周期评价与产品结构优化

清华大学过程工程与生态工业研究中心扩展现有生命周期评价方法，建立包括经济、环境和社会的多层面产品评价模型，克服现有生命周期评价方主要从环境方面考察产品或过程的短板，并依据该评价结果决定产品或过程取舍的不足。

当一个工业系统有多个产品或多条产品链可供选择时，可以应用多层面评价模型，根据需要设置不同的优化目标，利用优化算法得到最优结果。例如衢州的一个有机硅生态工业园区，在构造有机硅产品体系时，首先以经济、环境和社会为优化目标得到三组不同的优化产品体系结构；然后，以总指标为优化目标，设置经济、环境和社会的不同权重，得到总指标最大的优化结果，不同的需求约束得到不同的结果。使用这样的方法辅助产品决策，有效地避免以往产品决策中可能带来的问题，保证经济、环境和社会的综合效益。

（二）能量集成

能量流的研究主要借助自然生态系统的能流分析方法。Lowenthal 研究指出工业系统中的能流分析要掌握如下原则：① 能量的获得和损失需放在整个系统包括产品使用中分析；② 高质量能量往往更有用，但在能量流通和转换过程中伴随着能量的损失，因此，恰当形式的能量（热能、动能、电磁能）通常比高质量的能量更有用；③ 对能量的每次传输或转换，其逆向行为费用要作为全球系统的一个因素加以考虑。能量集成应用这些原则及技术，可取得系统最大的能量利用率。合理地按质用能、梯级用能和优化过程用能结构，开发可再生能源和清洁能源。

（三）信息集成

信息是现代社会的典型特征，利用先进的信息技术对工业生态系统内各种各样的信息进行系统整合，加强与外界的合作与交流，对于技术含量高、知识和人才流动快的生态工业园区尤为重要。生态工业园区作为一个复杂的区域产业共同体，要求政府部门、园区管委会、园区现有企业、投资者、园区规划人员和园区居民等所有参与者的密切合作。信息在这些园区的参与者之间流动，园区管委会处于信息网络的中心地位，负有信息组织、集成与处理、调配的责任。开发服务于园区的生态工业园区信息管理系统，实现信息数字化管理，提高园区信息管理水平。某化工园区建立了我国第一个生态工业园区信息管理系统，该系统可集成企业日常管理的各方面信息，为园区生态管理和决策提供有力的信息支持。该信息系统主要包括日常事务处理、入园企业评价和河流污染事故源分析、园区风险防范等功能。

（四）生态集成

工业生态系统集成除考虑过程系统本身内部不同物理尺度的集成外，还要充分考虑过程系统与生态系统之间的集成，即所谓的生态集成。

目前，生态集成尚没有确切的定义，可以简单地理解为将生态因子纳入过程系统的综合设计、运行和控制中。这些生态因子包括可获取资源的特性、环境的迁移特征、生态承载力甚至生态美学观念等。在低水平层次上，要计算生态系统的环境容量和生态承载能力，在高水平层次上，还要考虑美学、生态和谐等综合性、抽象性的目标。这一集成尚存在诸多困难，如对生态系统关系程度、认识程度和理解程度的欠缺等，但毫无疑问这一集成将成为绿色系统工程的研究热点。生态工程领域原理的认知和工具的开发将有助于生态集成的进展。

二、工业生态系统的调控

（一）系统的不确定性

系统中的不确定变量包括系统内部的参量和系统外部的参量。

生态工业系统存在许多不确定的因素。例如，系统内部存在工艺参数改变、设备故障及工厂检修等意外情况，系统外部存在市场需求和价格等经济方面及天气等环境方面的不确定因素。

就生态工业系统而言，这些不确定因素不仅直接影响某些成员，而且会通过成员之间物质、能量、信息的交换进而对其他成员产生影响。当一个生产企业的生产状况发生了变化，其产生的废物组成也会相应变化。当该废物作为另一企业的原料时，就可能使其产品质量发生改变，这样工业生态系统就存在不稳定的风险。不确定因素对工业生态系统的影响存在放大效应，因此，企业在调整自身的操作时，须互相协调其相关企业。从系统出发，企业调整的影响必然是减缓的趋势。

（二）系统的操作柔性及调控

当不确定变量在某一范围内发生改变时，要求工业系统在运行过程中必须具有正常工作的能力。工业生态系统中不确定性因素的存在导致问题的产生。对于生产系统必须采取一定的措施来应对这些不确定的情况，柔性是指一个系统灵活适应不确定情况的能力。在设计工业生态系统时，要充分考虑到不确定性因素的影响，使过程达到合理的柔性要求。

1. 仓储柔性

为了应对在生产过程中可能出现的各种意外情况，在产业链连接物流的上下游间修建仓储设施，以增强工业生态系统的柔性。当某企业出现设备故障等问题而停产时，其上下游企业仍可正常工作。修建仓储设施，不仅可应对设备故障等意外情况，对于检修安排也同样起到缓冲作用。设备故障通常无法事先预知，故不能通过安排使系统所需的柔性降低。针对设备检修这类情况，可从以下两个方面统一安排，使其达到所需柔性的费用降低。

（1）相互连接的企业安排相同检修时间

当一个企业进行检修时，另一个企业就必须利用仓储设施中的备用原料来维持正常生产，同时产出的副产物也需暂时存放在仓储设施中。相互连接较紧密的企业，可将检修安排在同一时间进行，可尽量减少所需要的存储量以减少费用。

（2）生产同一产品工段安排不同检修时间

当两个工段生产同一种产品时，可将这两个工段检修时间错开，使得系统柔性所需费用减少。

2. 价格柔性

在市场经济条件下有很多不确定的因素。其中一个重要因素就是产品的市场价格。企业必须采取措施增强自己适应市场变化的能力，增加自身的柔性，以在竞争中取得优势地位。例如我国鲁北国家生态工业示范园区为提高企业的柔性，采取统一核算的方式，只要整个产业链盈利，即使某个企业亏损，仍然可以维持整个产业链的正常运作。与各企业单位独立核算相比，系统可承受的价格波动范围增大了，其柔性也相应增大。

3. 其他方面的柔性

系统的工艺管理可带来工艺改进的柔性。对于工业生态系统，由于成员之间的相互连接，当一个企业进行某些技术改造时，必然也会影响到系统其他企业的运作。一方面，一个企业进行技术改造时其他企业的生产也必须进行相应的调整才能适应条件的变化。另一方面，一个企业技术改造之后引起的工艺条件变化，可能使其他企业的技术改造失去作用。技术改造只有在产业链的统一协调安排下方可进行。

第五节　工业生态系统的构建

一、工业生态园的定义

工业生态园区是生态工业的重要发展形态。工业生态园区是依据循环经济理论和工业生态学原理设计而成的一种新型工业组织形态，是生态工业的聚集场所，通过模拟自然生态系统建立工业系统"生产者—消费者—分解者"的循环途径和食物链网。它的目标是尽量减少废物，将园内一个工厂或企业产生的副产品作为另一个工厂的投入或原材料，通过废物交换、循环利用、清洁生产等手段，实现园区污染的"近零排放"，实现物质闭环循环和能量多级开发利用，从而形成一个相互依存、类似自然生态系统食物链过程的工业生态系统。工业生态园区正在成为许多国家工业园区改造的方向，同时也正在成为我国第三代工业园区的主要发展形态。

EIP 项目在实施过程中往往面临技术、资金、组织等方面的诸多困难，比如：

① 建立起物流或能流联系的企业双方易受对方生产波动的影响，从而导致一种上下游风险，同时还有可能妨碍一方进行技术创新；

② 一些安全机制或后备系统所导致的额外费用，打击企业建立共生合作关系的积极性；

③ 缺乏有效的信息交流机制和平台；

④ 现行的企业会计制度缺乏对环境成本的考虑，使得某些企业难以意识到可以从参加合作项目中获利而不愿意投入资金。

由于不同类型工业园生态化的建设基础和目标不同，其建设内容差异较大，生态工业园理论和方法研究需要在充分掌握相关理论的基础上，通过寻找适合研究对象的具体方法，为解决研究对象面临的实际问题提供理论和方法支撑。

二、国外工业生态园

最为著名的当属丹麦卡伦堡工业生态园区。卡伦堡工业生态园区的建设起步于 1961 年，最初只是炼油厂，与市镇当局合作建设引水工程。此后，随着环境效益和经济效益的不断体现，附近越来越多的企业参与进来，直至 20 世纪 80 年代末，较为完整的工业共生系统才真正建成。

(一) 卡伦堡工业生态园区的主要参与者

卡伦堡工业生态园区的主要参与者为四个大型企业、一个公司和卡伦堡市政府。

Asnaesvaerket 发电厂，是丹麦最大的具有年发电 1 500 MW 能力的燃煤火力发电厂。

Statoil 炼油厂，是丹麦最大的具有年加工 320 万 t 原油能力的炼油厂。

Gypróc 石膏板生产厂，是一家具有年加工 1 400 万 m^2 石膏板墙能力的瑞典公司。

Novo-Nordisk 生物工程公司，是丹麦最大的一所国际性制药公司，年销售收入 20 亿美元，生产医药和工业用酶。

卡伦堡市政府使用热电厂出售的蒸汽给全市 2 万居民供暖。

这些企业与政府间建立了颇为创新的生态共生关系，它们通过市场交易共享水、气、废气、废物等，并实现经济利益的共享。值得注意的是，卡伦堡 EIP 并不是某个长期规划实施后的结果，而是企业间通过分析物流数据、协商合作，最后以合同的形式确定实施的。总之，卡伦堡共生体系为 21 世纪工业生态园区发展模式奠定了基础。

（二）卡伦堡工业生态园区的共生关系

卡伦堡工业生态园区模式可称为企业之间的循环经济，是目前世界上工业生态系统运行最为典型的代表，以上述四个企业为核心，通过贸易方式利用对方生产过程中产生的废弃物或副产品作为自己生产的原料。核心参与者中的燃煤电厂位于这个工业生态系统的中心，对热能进行了多级使用，对副产品和废物进行了综合利用。

① 蒸汽和供热。电厂在向炼油厂和制药厂供电过程中产生的蒸汽，通过地下管道向卡伦堡全镇居民供热，由此关闭了镇上 3 500 座燃烧油渣的炉子。它甚至还给一家养殖大菱鲆鱼的养殖场提供热水。

② 废弃物利用。将除尘脱硫的副产品工业石膏，全部供应给附近的 Gyproc 石膏板生产厂做原料。同时，还将粉煤灰出售供造路和生产水泥之用。炼油厂和制药厂废弃物也进行了综合利用。炼油厂产生的火焰气通过管道供石膏板生产厂用于石膏板的干燥，减少了火焰气的排空。一座车间进行酸气脱硫生产的稀硫酸供给附近的一家硫酸厂，炼油厂的脱硫气则供给电厂燃烧。

③ 水资源的循环使用。水源来自相距 15 km 的梯索湖(Tisso)。由于水资源稀缺，而大企业用水量很大，卡伦堡工业生态园采取了水资源重复利用的措施。Statoil 炼油厂的废水经过生物净化处理，通过管道向电厂输送，每年输送 70 万 m^3 的冷却水。整个工业园区由于水的循环使用，每年减少 25％的需水量。

（三）效益分析

企业因共生而实现了良好的经济效益，同时产生了良好的环境效应。由于废料和副产品得到循环利用，自然资源的投入和废物的排放都大大减少了。卡伦堡生态工业园还进行了水资源的循环使用。工业生态园区的环境效应见表 12-2。

表 12-2　工业生态园区的环境效应(引自 Erkman,1998)

自然资源消耗的减少量	
原油	4.5 万 t/a
煤	1.5 万 t/a
水	60 万 t/a
废物排放的减少量	
二氧化碳	17.5 万 t/a
二氧化硫	1.02 万 t/a

表 12-2(续)

废物的重新利用量	
硫	0.45 万 t/a
硫酸钙(石膏)	9 万 t/a
飞灰	13 万 t/a

三、国内工业生态园

以新疆伊犁四矿工业园区为例。园区中的核心企业是热电厂、水泥厂、洗煤厂、炼焦厂、矿井水和生活污水处理站,该园区产业基础好但产业结构不够合理,以重化工业为主,产业依附性大,产业链开发模式较为单一,配套服务产业相对滞后,产业链构建有待升级。重化工集聚工业区废弃物排放量巨大,可利用的废弃物资源和节能减排潜力大。

在煤矿开采过程中,煤矿水资源因利用率降低而出现水资源缺乏情况。根据调查,园区矿井水涌水量 250 m^3/h,疏干水排水量 680 m^3/h,井下矿井水经处理后可进入生产水池作为井下消防用水和煤壁注水,其余水提升至地面后可作为园区的其他用水如绿化、消防等,还可作为洗煤厂的补充水资源。洗煤生产会生成大量的废水,是矿区废水的重要水源之一。洗煤可筛选出精煤,其余部分如矸石、中煤和煤泥等可进入热电厂焚烧使用。焚烧过程中产生的电能可供给工业厂区用电和民用用户用电,产生的脱硫废渣、粗渣和细灰可制作水泥的原料,产生的余热也可进一步发电,从而大大提高了矿区的整体资源利用率,实现废物利用的目标。

园区通过对生产工艺和余热利用的优化,提高企业的经济效益,降低环境污染,实现资源的有效利用。对于焦炭产品链,提高焦炭生产全过程的焦炭收率和利用率,充分利用干法熄焦余热发电产汽。以冷 N_2 为热载体,由循环风机输入红焦冷却室,吸收焦炭热量之后,导入能量回收系统,通过加入软化水冷却高温 N_2,所产蒸汽并网,冷却后的 N_2 循环使用,提高余能余热回收利用率。

煤化工生产延伸煤化工产品链,尤其是煤焦油深加工产业链。采用加热脱水除去焦油中挥发性的铵盐,通过加入碳酸钠溶液脱盐除去焦油中的固体铵盐。并采用蒸馏对预处理后的煤焦油进一步分离,按不同沸点范围切取馏分得到轻油、酚油、洗油、蒽油和蒸馏残余物沥青。其中洗油可用于洗脱苯工艺,蒽油、萘油和酚油则用于进一步分离提纯生产成品。煤沥青可用于制预焙阳极,沥青经加热反应析出小分子气体得到改质煤沥青,通过与石油焦相结合的混炼技术,消化炼厂低质含硫焦和焦化厂的低质煤沥青,生产电解铝用预焙阳极。焦炉煤气采用变压吸附技术制氢,利用吸附剂对焦炉煤气各组分的选择性差异,通过加压吸附、降压解吸和升压三个过程,除去煤气中的碳烃、H_2S、O_2、N_2、NO 等杂质,实现氢气的制取。粗苯加氢精制,通过加氢进行脱硫、脱氮、脱氧、加氢裂解和脱烷基化反应,制取苯、甲苯、二甲苯和其他烃油产品。剩余氨水送入换热器与蒸氨废水换热,在蒸氨塔内与碱液混合,经蒸馏得到氨气,用于生产硫酸铵。蒸氨废水经过换热之后,送入生化废水处理系统,经回收工序进入废水梯级利用系统。

上述园区所有这些可能的成员连接组合在一起,构成新疆伊犁四矿 EIP 的方案,如图 12-10 所示。

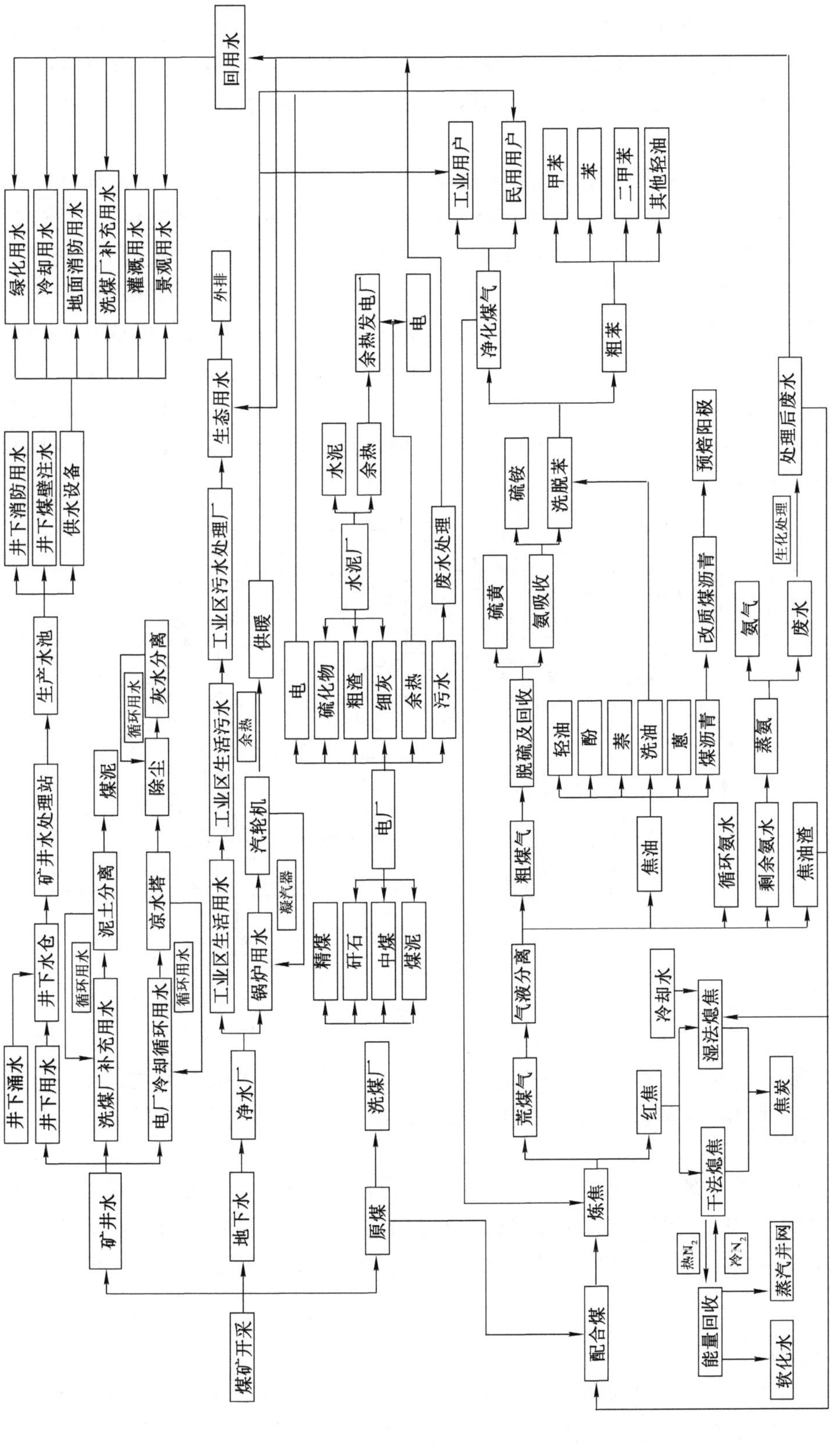

图12-10 新疆伊犁四矿EIP方案

以山东枣庄市南工业园区为例，园区中的核心企业是合成氨厂、热电厂和水泥厂，其他成员包括化工厂(生产电石乙炔)、地毯厂、污水处理厂和居民小区。枣庄 EIP 规划之前，园区成员间已经有一些简单的物、能连接：热电厂的蒸汽供居民区冬季取暖，合成氨厂、热电厂和地毯厂的煤渣供给水泥厂做原料，将园区成员间的这种物、能连接关系和结构称之为方案 1。

实际上，工业园区内的成员之间存在着不少潜在的工业共生机会，比如热电厂的蒸汽可供给其他企业使用，这样可避免夏季居民不需要供热时造成热电厂的蒸汽浪费，同时保证系统过程的稳定；化工厂的电石渣可以代替热电厂的石灰石做烟气脱硫原料；热电厂副产物脱硫石膏可代替部分水泥厂的天然石膏做生产原料；污水处理厂的出水可以供化肥厂和热电厂做冷却水，以缓解枣庄的严重缺水问题。将上述所有这些可能的成员连接组合在一起就构成枣庄 EIP 的方案 2，如图 12-11 所示。方案 2 是在方案 1 的基础上增加了一些物、能连接，并对成员间的连接进行协调，比如地毯厂和热电厂之间的蒸汽连接可以消除低效率的小锅炉，减少 SO_2 的排放和煤耗，但煤渣产生量减少，相应地减少了对水泥厂的原料供应。

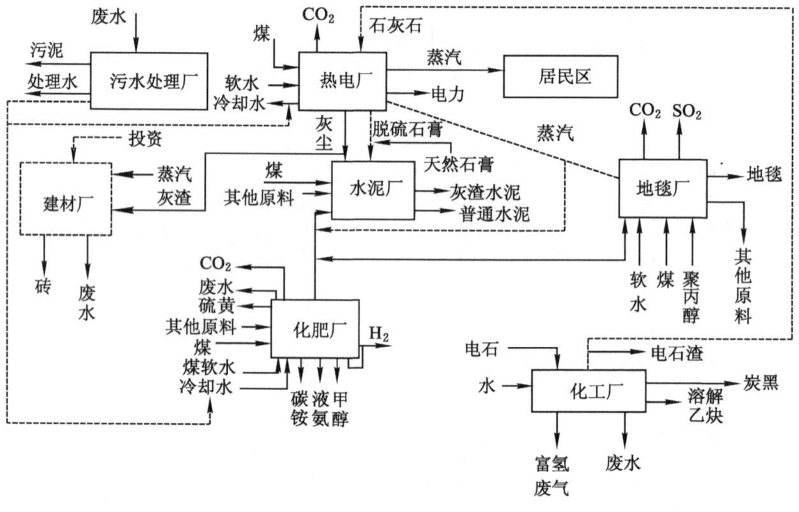

图 12-11 枣庄 EIP 方案

方案 3 又在方案 2 的基础上根据市场需求和物质、能量的集成策略增加了一些新的成员和新的物、能连接，新增的成员包括利用煤渣为原料的建材厂、CO_2 气肥厂、双氧水厂和轻质碳酸钙厂。

枣庄 EIP 不同方案的优化结果表明，方案 1 对现有的连接进行优化就可以获得较好的经济效益；方案 2 中，当园区成员间建立起更复杂的工业共生关系时，可以得到更多的经济和环境效益；方案 3 与方案 2 相比，经济效益更明显，但也伴随着更大的经济风险。

思考题

1. 为何说工业生态系统实际上是一个通过自适应、自组织逐步演化的复杂系统？试分析说明工业生态系统具有的多样性、自主性、开放性、涌现性和演进性的系统特征。

2. 工业生态系统的工业代谢、投入产出分析和生命周期评价的分析方法的基本要点及其应用特征是什么？工业代谢研究的主要方向有哪些？IM 研究的困难和缺陷表现在哪些方面？

3. 工业生态系统数学规划模型有哪两种？自上而下的数学规划模型是如何建立 MINLP 问题的优化模型的？

4. 复杂适应系统的基本思想是什么？如何建立 Agent 结构模型？在演化仿真模型中如何具体体现企业拥有的经济、环境和技术诸多属性？

5. 为何说物质集成是工业生态系统的核心部分？以新疆伊犁四矿 EIP 为例，说明工业生态系统的物质集成包含哪些方面内容。

参考文献

[1] 曹明秀，关忠良，纪寿文，等.资源型城企物流耦合系统的耦合度评价模型及其应用[J].物流技术，2008，27(6)：45-49.
[2] 陈定江.工业生态系统分析集成与复杂性研究[D].北京：清华大学，2003.
[3] 陈胜兵，娄金生.排水管网平面布置的优化[J].工业用水与废水，2005，36(6)：47-49.
[4] 程声通，陈毓龄.环境系统分析[M].北京：高等教育出版社，1990.
[5] 程声通.环境系统分析教程[M].北京：化学工业出版社，2006.
[6] 程声通.环境系统分析教程[M].2 版.北京：化学工业出版社，2012.
[7] 程声通.环境系统分析教程习题集及题解[M].北京：化学工业出版社，2007.
[8] 揣小明. 雾霾成因与对策的国内外研究进展[J]. 河南科技，2015(12)：154-156.
[9] 董洪艳，陈淑媛. 灰色系统模型在大气环境质量预测中的应用[J]. 环境科学研究，1995，8(6)：53-57.
[10] 杜祥琬，钱易，陈勇，等.我国固体废物分类资源化利用战略研究[J].中国工程科学，2017，19(4)：27-32.
[11] 冯齐友. 成都城市雾霾成因及其治理对策研究[D].成都：成都理工大学，2017.
[12] 冯霞.固体废物综合处理技术的现状及对策[J].中国资源综合利用，2019，37(10)：50-52.
[13] 付倩娆. 基于多元线性回归的雾霾预测方法研究[J]. 计算机科学，2016，43(6A)：526-528.
[14] 傅国伟，程声通.水污染控制系统规划[M].北京：清华大学出版社，1985.
[15] 高峰.生命周期评价研究及其在中国镁工业中的应用[D].北京：北京工业大学，2008.
[16] 耿丽芳.城乡一体化进程中公共基础设施建设研究：以生活垃圾转运系统布局研究为例[D].华中科技大学，2009.
[17] 郭迎庆，王文标.直接优化法优化设计城市污水管道系统[J].给水排水，2002，28(2)：37-39.
[18] 洪瑞. 城市雾霾天气成因新解及控制措施：第十八届全国二氧化硫、氮氧化物、汞污染防治暨细颗粒物(PM2.5)治理技术研讨会论文集[C].北京：[出版者不详]，2014.
[19] 侯克复.环境系统工程[M].北京：北京理工大学出版社，1992.
[20] 胡二邦.环境风险评价实用技术和方法[M].北京：中国环境科学出版社，2000.

[21] 胡山鹰，李有润，沈静珠. 生态工业系统集成方法及应用[J]. 环境保护，2003(1)：16-19.
[22] 蒋军成，郭振龙. 安全系统工程[M]. 北京：化学工业出版社，2004.
[23] 李贵义. 排水管网优化设计[J]. 中国给水排水，1986，2(2)：18-23.
[24] 李井明，刘志斌. 基于自适应遗传算法的水污染控制系统规划[J]. 科学技术与工程，2006，6(22)：3597-3600.
[25] 李如忠，钱家忠，汪家权. 水污染物允许排放总量分配方法研究[J]. 水利学报，2003(5)：112-115.
[26] 李瑶. 基因芯片数据分析与处理[M]. 北京：化学工业出版社，2006.
[27] 李悦，谈进忠，陈鹏，等. 基于多元线性回归算法的雾霾预测模型的研究[J]. 沙漠与绿洲气象，2019，13(2)：102-107.
[28] 李悦，赵信一，陈鹏，等. 乌鲁木齐市冬季雾霾天气预测模型研究[J]. 电脑知识与技术，2018，14(05)：247-249.
[29] 梁一鸣. 环境预测模型的应用评述[J]. 价值工程，2019，38(23)：245-246.
[30] 林道辉，朱利中. 工业生态学的演化与原理[J]. 重庆环境科学，2002，24(4)：14-17.
[31] 林建伟. 城市生活垃圾管理系统规划模型及其应用研究[D]. 重庆：重庆大学，2003.
[32] 刘敏. 生态工业系统演化的复杂系统新模型[D]. 天津：天津大学，2009.
[33] 刘征，胡山鹰，陈定江，等. 中国磷资源产业中磷元素循环的投入产出分析[J]. 清华大学学报：自然科学版，2006，46(6)：847-850.
[34] 陆少鸣，刘遂庆. 城市污水管网可行管径法优化设计[J]. 同济大学学报：自然科学版，1996，24(3)：275-280.
[35] 孟小燕，王毅，苏利阳，等. 我国普遍推行垃圾分类制度面临的问题与对策分析[J]. 生态经济，2019，35(5)：184-188.
[36] 欧阳建新，陈信常. 排水管系设计的罚函数离散优化法[J]. 中国给水排水，1997，13(1)：38-39.
[37] 潘琳. 基于灰色系统的空气质量变化及影响因子分析[D]. 天津：天津大学，2012.
[38] 彭永臻，崔福义. 给水排水工程计算机程序设计[M]. 北京：中国建筑工业出版社，1994.
[39] 彭永臻，王淑莹，王福珍. 排水管网计算程序设计的全局优化[J]. 中国给水排水，1994，10(4)：21-24.
[40] 孙源远，武春友. 工业生态效率及评价研究综述[J]. 科学学与科学技术管理，2008，29(11)：192-194.
[41] 童玉芬，王莹莹. 中国城市人口与雾霾：相互作用机制路径分析[J]. 北京社会科学，2014(5)：4-10.
[42] 汪荣鑫. 数理统计[M]. 西安：西安交通大学出版社，1986.
[43] 汪应洛. 系统工程理论方法与应用[M]. 北京：高等教育出版社，1992.
[44] 汪元辉. 安全系统工程[M]. 天津：天津大学出版社，1999.
[45] 王柏仁. 污水管道系统的计算程序与优化选择[J]. 中国给水排水，1985，1(2)：15-19.
[46] 王建雄. GIS在水污染控制规划方案研究中的应用[J]. 地矿测绘，2006，22(3)：36-37.

[47] 王瑾.综合类开发区生态工业系统仿真及管理策略研究[D].南京:南京大学,2011.
[48] 韦鹤平,徐明德.环境系统工程[M].北京:化学工业出版社,2009.
[49] 魏峻青. 国内外城市生活固体废弃物管理模式的比较研究[D].青岛:青岛大学,2011.
[50] 吴珉. 雾霾污染的成因及控制对策分析[J]. 资源节约与环保,2017(3):107-108.
[51] 吴文东.面向生态工业园的工业共生体成长建模及其共生效率评价[D].天津:天津大学,2007.
[52] 吴正朋,周宗福,刘思峰.灰色缓冲算子理论及其应用[M].合肥:安徽大学出版社,2010.
[53] 席北斗,夏训峰,苏婧,等.城市固体废物系统分析及优化管理技术[M].北京:科学出版社,2010.
[54] 许振宇,贺建林.湖南省生态经济系统耦合状态分析[J].资源科学,2008,30(2):185-191.
[55] 薛惠锋,程晓冰,乔长录,等.水资源与水环境系统工程[M].北京:国防工业出版社,2008.
[56] 杨桂兴.论固体废弃物管理现状及改进对策[J].集成电路应用,2017,34(5):86-90.
[57] 叶常明.多介质环境污染研究[M].北京:科学出版社,1997.
[58] 袁增伟,毕军,王习元,等.生态工业园区生态系统理论及调控机制[J].生态学报,2004,24(11):2501-2508.
[59] 曾滨,谢文军.市政排水管网规划和优化设计探讨[J].山西建筑,2009,35(18):161-163.
[60] 曾光明,李晓东,梁婕,等.环境系统模拟与最优化[M].长沙:湖南大学出版社,2011.
[61] 张海燕,郑仁栋,袁璐韫,等.固体废弃物资源化的发展趋向分析[J].中国资源综合利用,2019,37(10):81-83.
[62] 张景国.排水管道系统设计最优化[J].西安冶金建筑学院学报,1993,25(3):305-310.
[63] 张景林,崔国璋.安全系统工程[M].北京:煤炭工业出版社,2002.
[64] 张联民.污水管网优化设计的流速控制法[J].中国给水排水,1994,10(5):41-43.
[65] 张全升,李乐,谢新民,等.环境系统分析原理[M].北京:地质出版社,2005.
[66] 张思锋,雷娟.基于 MFA 方法的陕西省物质减量化分析[J].资源科学,2006,28(4):145-150.
[67] 张新波,赵新华,从月宾.污水管网的优化设计[J].中国给水排水,2004,20(12):56-59.
[68] 张自杰.排水工程[M]. 4 版.北京:中国建筑工业出版社,2000.
[69] 赵焕臣,许树柏,和金生.层次分析法[M].北京:科学出版社,1986.
[70] 郑彤,陈春云.环境系统数学模型[M].北京:化学工业出版社,2003.
[71] 周哲,李有润,沈静珠,等.煤工业的代谢分析及其生态优化[J].计算机与应用化学,2001,18(3):193-197.
[72] 周哲.生态工业复杂适应系统研究[D].北京:清华大学,2005.
[73] 左玉辉.环境系统工程导论[M].南京:南京大学出版社,1985.
[74] CHARNES A, COOPER W W, RHODES E. Measuring the Efficiency of Decision

Making Units[J]. European Journal of Operation Research, 1978(2):429-444.

[75] CUI HUA HUO,LI HE CHAI. Physical principles and simulations on the structural evolution of eco-industrial systems[J] . Journal of Cleaner Production,2008,16(18): 1995-2005.

[76] DA SILVA L,MARQUES P P D,KORF E P. Sustainability indicators for urban solid waste management in large and medium-sized worldwide cities[J]. Journal of Cleaner Production, 2019,237:117802.

[77] FALAHI M,AVAMI A. Optimization of the municipal solid waste management system using a hybrid life cycle assessment-emergy approach in Tehran[J]. Journal of Material Cycles and Waste Management,2019.

[78] FUSSLER C,JAMES P. Driving eco innovation:a breakthrough discipline for innovation and sustainability[M]. London:Pitman,1996.

[79] JACO HUISMAN A, STEVELS L N, STOBBE I. Eco-efficiency considerations on the end-of-life of consumer electronic products[J]. IEEE Transactions on Electronics Packing Manufacturing,2004 (27):9-25.

[80] KHOSHBEEN A R,LOGAN M,VISVANATHAN C. Integrated solid-waste management for Kabul city,Afghanistan[J]. Journal of Material Cycles and Waste Management, 2019.

[81] KUO J T,YEN B C,WANG H G P. Optimal design for storm sewer system with pumping stations[J]. Journal of Water Resource Planning and Management,ASCE, 1991,117(1):11-27.

[82] LI G Y,MATTHEW G S R. New approach for optimization of urban drainage systems[J]. Journal of Environmental Engineering,ASCE,1990,116(5):927-944.

[83] SCHWEITZER F. Brownian agents and active particles: collective dynamics in the natural and social science[C]. Heidelberg: Springer-Verlag, 2003: 1-100.

[84] SHARABAROFF A, BOYD R, CHIMELI A. The environmental and efficiency effects of restructuring on the electric power sector in the United States:an empirical analysis[J]. Energy Policy, 2009, 37(11):4884-4893.

[85] SINGH A. Solid waste management through the applications of mathematical models [J]. Resources Conservationand Recycling, 2019,151:104503.

[86] SRINIVAS M,PATNAIK L M. Adaptive probabilities of crossover and mutation in genetic algorithm[J]. IEEE Trans Systems Man and Cybernetics, 1994, 24(4): 656-667.